高等院校精品教材

光 电 技 术

缪家鼎　徐文娟　牟同升　编著

ZHEJIANG UNIVERSITY PRESS
浙江大学出版社

内 容 简 介

本教材系统地介绍了各类光电器件的工作原理,特性参数,光电信号检取的基本线路及应用。内容包括辐射度学和光度学的基本物理量,光电仪器中的常用光源,光辐射探测器的理论基础,真空光电器件,半导体光电导器件和结型器件,真空成像器件,固体成像器件和红外探测器及其列阵。

本书内容新颖,全面,既有理论分析,又注重实用,可作为光学仪器、光电技术及仪器、精密仪器及办公自动化等专业本科生教材,也可作为仪器仪表,自动控制等相关专业本科生、研究生和有关科技人员的参考书。

图书在版编目 (CIP) 数据

光电技术 / 缪家鼎等编著. —杭州:浙江大学出版社,
1995.3 (2022.1 重印)
ISBN 978-7-308-01392-5

Ⅰ. 光… Ⅱ. 缪… Ⅲ. 光电技术－高等学校－教材
Ⅳ. TN2

中国版本图书馆 CIP 数据核字 (2001) 第 095136 号

光电技术

缪家鼎等 编著

责任编辑	王　波	
出版发行	浙江大学出版社	
	(杭州市天目山路 148 号　邮政编码 310007)	
	(网址:http://www.zjupress.com)	
排　　版	杭州青翊图文设计有限公司	
印　　刷	杭州良诸印刷有限公司	
开　　本	787mm×1092mm　1/16	
印　　张	16.25	
字　　数	409 千	
版 印 次	1995 年 3 月第 1 版　2022 年 1 月第 21 次印刷	
印　　数	39001—40000	
书　　号	ISBN 978-7-308-01392-5	
定　　价	45.00 元	

前　言

　　光电技术是将传统光学技术与现代微电子技术和计算机技术紧密结合在一起的一门高新技术，是获取光信息或者借助光来提取其它信息，例如力、温度、声音、电流、生物的重要手段。这一先进的技术也使人类更有效地扩展了自身的视觉功能，促进了人类视觉探测域的光谱延伸、阈值扩展和时间暂留。使视觉的光谱长波限延伸到 40 微米波段、以及亚毫米波，短波限延伸到紫外、X 射线、γ 射线，以至高能粒子。探测阈值达到接近光子探测的极限水平。超快速现象（核爆炸、火箭发射等）可以在纳秒、皮秒、以至飞秒级记录变化过程。

　　当前光电技术已渗透到许多科学领域，并得到迅猛的发展。具有代表性的是：半导体激光器的广泛应用，具有高量子效率的负电子亲和势光电阴极的光电倍增管和第三代微光像增强器的实用化，超大规模的 CCD 面阵的固体摄象器件已在工业和民用领域都得到了广泛应用，在热成象中的红外焦平面技术应用等等。因此，新技术和新器件不断涌现。编者通过总结近几年浙江大学光电与科学仪器工程学系本科生教学的经验，为了适应目前新技术的发展和学生学习的要求而编写了本教材。

　　本书主要根据光电技术及仪器等学科方向的学生要求，着重从工程技术中应用光电器件的角度出发，理论方面力求清楚易懂，阐述各种光电现象和光电效应；重点介绍各种光电器件的结构原理、特性和参数；为了在实际中更好地运用这些器件，对光电信号的输出方式和外电路前置放大单元的要求也作了较详细的分析，还例举了几例各种类型器件的实际应用系统。此外，为了便于学生更好地理解书中的有关内容，各章都给出部分思考题和计算题。

　　全书共分九章。第一章介绍辐射度学和光度学的基本知识，对光电技术中经常遇到的辐射度和光度的基本物理量的概念及相互关系作简要的叙述。第二章介绍了光电仪器中常用光源的原理和特性。第三章讲述了光辐射探测器的理论基础，主要是半导体光电效应的物理基础和衡量探测器品质的主要特性参数。第四章至第六章主要讲述根据光电发射效应、均质光电导效应和结型光电效应制成的单元光电探测器的工作原理，主要特性和参数，基本的信号输出电路和典型应用等内容。第七章和第八章分别讲述了真空成象器件和固体成象器件，其中固体成象器件 CCD 和 SSPD 用了较多篇幅作详细的阐述。第九章是红外探测器及其列阵，其中对红外焦平面列阵等新型器件也作了较为详细的分析。

　　本书第一、二、三、四和八章的自扫描光电二极管列阵由牟同升编写，第五、六、七和八章的电荷藕合器件由徐文娟编写，第九章由缪家鼎编写。全书由缪家鼎教授统稿。

　　由于从组织编写到定稿出版，时间较紧；而且新技术发展迅速，日新月异，许多材料还未整理编入。虽然我们竭尽全力认真编写，但终因水平有限，书中难免有不足或错误之处，诚望读者批评指正。

编者
1994 年 10 月

目　　录

第一章　　辐射度与光度学的基础知识

光是人们最熟悉的物质。广义上讲，指的是光辐射，按波长可以分为 X 射线、紫外辐射、可见光和红外辐射。而从狭义上讲，人们所说的"光"指的就是可见光，即对人眼能产生目视刺激而形成"光亮"感的电磁辐射。可见光的波长范围是 380～780nm。

辐射度学是研究电磁辐射能测量的一门科学。在光辐射能的定量描述中，采用了各种辐射度量。简单地说：辐射度量是用能量单位描述光辐射能的客观物理量。光度学是研究光度测量的一门科学。光度量是光辐射能为平均人眼接受所引起的视觉刺激大小的度量。也就是说：光度量是具有标准人眼视觉特性的人眼所接收到辐射量的度量。因此，辐射度量和光度量都是用来定量地描述辐射能强度的，两者在研究方法和概念上基本相同，它们的基本物理量也是一一对应的。然而，辐射度量是辐射能本身的客观度量，是纯粹的物理量；而光度量则还包括了生理学和心理学等概念在内。

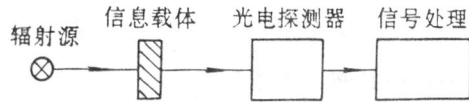

图 1-1　光电测量系统

光电测量系统的典型配置示于图 1-1。它包括了辐射源（或光源）、信息载体、光电探测器以及信息处理装置。

衡量光电探测器的性能，或者是评价光电测量系统的指标，辐射量和光度量是紧密相关的。因此在讨论光电技术知识之前，先介绍有关辐射度学和光度学的基本概念。

§1-1　辐射度的基本物理量

一、辐射能 Q_e

辐射能是一种以辐射的形式发射、传播或接收的能量，单位为 J（焦耳）。当辐射能被其它物质吸收时，可以转变为其它形式的能量，如热能、电能等等。

二、辐射通量 Φ_e

辐射通量又称辐射功率 P_e，是以辐射形式发射、传播或接收的功率，单位为 W（瓦），即 1W ＝ 1J/s（焦耳每秒）。它也是辐射能随时间的变化率

$$\Phi_e = \frac{dQ_e}{dt} \tag{1.1}$$

三、辐射强度 I_e

辐射强度定义为在给定方向上的单位立体角内，离开点辐射源（或辐射源面元）的辐射通量。从图 1-2 可见：

$$I_e = \frac{d\Phi}{d\Omega} \tag{1.2}$$

图 1-2　点辐射源的辐射强度

单位为 W/sr（瓦每球面度）。

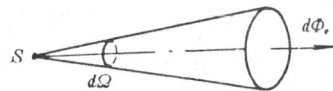

若点辐射源是各向同性的，即其辐射强度在所有方向上都相同，则该辐射源在有限立体角

内发射的辐射通量为

$$\Phi_e = I_e \Omega \tag{1.3}$$

在空间所有方向$(\Omega = 4\pi)$上发射的辐射通量为

$$\Phi_e = 4\pi I_e \tag{1.4}$$

实际上，一般辐射源多为各向异性的辐射源，其辐射强度随方向而变化，可用极坐标辐射强度表示，即 $I_e = I_e(\varphi, \theta)$，如图1-3所示。这样，点辐射源在整个空间发射的辐射通量为

$$\Phi_e = \int I_e(\varphi, \theta) d\Omega$$
$$= \int_0^{2\pi} d\varphi \int_0^{\pi} I_e(\varphi, \theta) \sin\theta d\theta \tag{1.5}$$

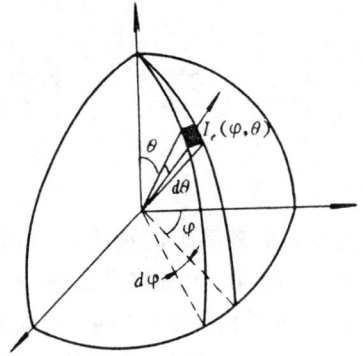

图1-3　某一方向上的发光强度

四、辐射出射度 M_e

辐射出射度为面辐射源表面单位面积（通常往半空间 2π 立体角）上发射的辐射通量，即

$$M_e = \frac{d\Phi}{dS} \tag{1.6}$$

单位为 W/m^2（瓦每平方米）。

五、辐射照度 E_e

辐射照度为接收面上单位面积所照射的辐射通量，即

$$E_e = \frac{d\Phi}{dA} \tag{1.7}$$

辐射通量的单位为 W/m^2（瓦每平方米）。

辐射出射度 M_e 与辐射照度 E_e 的表达式和单位完全相同，其区别仅在于前者是描述面辐射源向外发射的辐射特性，而后者则为描述辐射接收面所接收的辐射特性。对此，应从概念上区别。

六、辐射亮度 L_e（图 1-4）

辐射亮度定义为辐射源表面一点处的面元在给定方向上的辐射强度，除以该面元在垂直于该方向的平面上的正投影面积，即

$$L_e = \frac{dI_e}{dS \cos\theta} = \frac{d^2\phi_e}{d\Omega dS \cos\theta} \tag{1.8}$$

单位为 $W/sr \cdot m^2$（瓦每球面度平方米）。

一般辐射源表面各处的辐射亮度及该面源各方向上的辐射亮度都是不相同的，此时辐射源的辐射亮度的一般表达式为

图1-4　辐射源的辐亮度

$$Le(\varphi, \theta) = \frac{d^2\Phi_e(\varphi, \theta)}{d\Omega dS \cos\theta} \tag{1.9}$$

七、光谱辐射量

实际上，辐射源所发射的能量往往由很多波长的单色辐射所组成。为了研究各种波长的辐射能量，还须对单一波长的光辐射作相应的规定。前面介绍的几个重要辐射量，都有与其相对应的光谱辐射量。光谱辐射量又叫辐射量的光谱密度，是辐射量随波长的变化率。

光谱辐射通量 $\Phi_e(\lambda)$：辐射源发出的光在波长 λ 处的单位波长间隔内的辐射通量。辐射通量与波长的关系曲线如图1-5所示，其关系式为

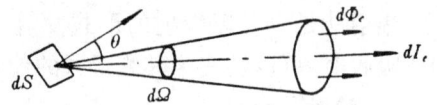

$$\Phi_e(\lambda) = \frac{d\Phi_e}{d\lambda} \qquad (1.10)$$

单位为 W/μm(瓦每微米),或 W/nm(瓦每纳米)。

其它辐射量也有类似的关系:

光谱辐照度

$$E_e(\lambda) = \frac{dE_e}{d\lambda} \qquad (1.11)$$

光谱辐射出射度

$$M_e(\lambda) = \frac{dM_e}{d\lambda} \qquad (1.12)$$

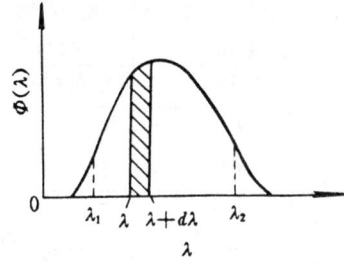

图 1-5　光谱辐射通量与波长的关系

光谱辐射亮度

$$L_e(\lambda) = \frac{dL_e}{d\lambda} \qquad (1.13)$$

辐射源的总辐射通量是

$$\Phi_e = \int_0^\infty \Phi_e(\lambda)d\lambda \qquad (1.14)$$

对其它辐射量也有类似的关系。用一般的函数表示:

$$X_e = \int_0^\infty X_e(\lambda)d\lambda \qquad (1.15)$$

§1-2　光度的基本物理量

一、光谱光视效率

人眼的视网膜上布满着大量的感光细胞:杆状细胞和锥体细胞。杆状细胞的灵敏度高,能感受极微弱的光,但不能辨别颜色和分清视场中的细节;锥体细胞灵敏度较低,只能感受较亮的物体,但能很好地区分颜色,辨别细节。

视神经对各种不同波长光的感光灵敏度是不一样的。对绿光最灵敏,对红、蓝光灵敏度较低。另外,由于受视觉生理和心理作用,不同的人对各种波长光的感光灵敏度也有差别。国际照明委员会(CIE)根据对许多人的大量观察结果,确定了人眼对各种波长光的平均相对灵敏度,称为"标准光度观察者"光谱光视效率,或称视见函数。如图 1-6 所示,图中实线是亮度大于 3cd/m² 时的明视觉光谱光视效率,用 $V(\lambda)$ 表示,此时的视觉主要由锥体细胞的刺激所引起

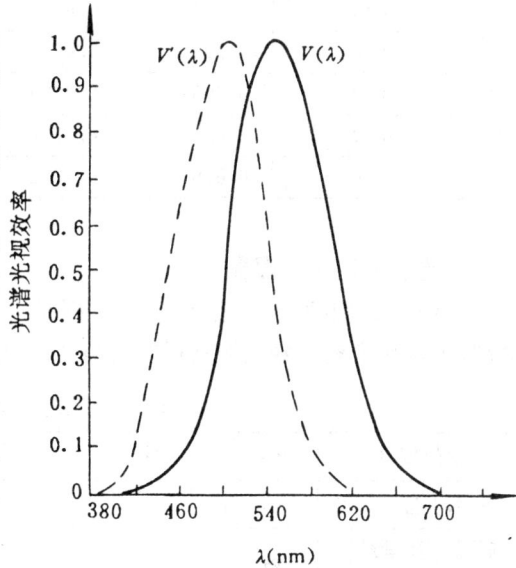

图 1-6　光谱光视效率曲线

的;$V(\lambda)$ 的最大值在 555nm 处。图中虚线是亮度小于 0.001cd/m² 时的暗视觉光谱光视效率,用 $V'(\lambda)$ 表示,此时的视觉主要由杆体细胞的刺激所引起的;$V'(\lambda)$ 的最大值在 507nm 处。表1-1给出了人眼的光谱光视效率的数值。

表 1-1　明视觉和暗视觉的光谱光视效率(最大值 = 1)

波 长 (nm)	明视觉 $V(\lambda)$	暗视觉 $V'(\lambda)$	波 长 (nm)	明视觉 $V(\lambda)$	暗视觉 $V'(\lambda)$
380	0.00004	0.000589	590	0.757	0.0655
390	0.00012	0.002209	600	0.631	0.03315
400	0.0004	0.00929	610	0.503	0.01593
410	0.0012	0.03484	620	0.381	0.00737
420	0.0040	0.0966	630	0.265	0.003335
430	0.0116	0.1998	640	0.175	0.001497
440	0.023	0.3281	650	0.107	0.000677
450	0.038	0.455	660	0.061	0.0003129
460	0.060	0.567	670	0.032	0.0001480
470	0.091	0.676	680	0.017	0.0000715
480	0.139	0.793	690	0.0082	0.00003533
490	0.208	0.904	700	0.0041	0.00001780
500	0.323	0.982	710	0.0021	0.00000914
510	0.503	0.997	720	0.00105	0.00000478
520	0.710	0.935	730	0.00052	0.000002546
530	0.862	0.811	740	0.00025	0.000001379
540	0.954	0.650	750	0.00012	0.000000760
550	0.995	0.481	760	0.00006	0.000000425
560	0.995	0.3288	770	0.00003	0.0000002413
570	0.952	0.2076	780	0.000015	0.0000001390
580	0.870	0.1212			

二、光度的基本物理量

　　光度量和辐射度量的定义、定义方程是一一对应的。为避免混淆,在辐射度量符号上加下标"e",而在光度量符号上加下标"V"。表 1-2 给出了辐射度量与光度量之间的对应关系。

表 1-2　辐射度量和光度量的对照表

辐射度量	符号	单 位	光 度 量	符号	单 位
辐[射]能	Q_e	J	光量	Q_v	lm · s
辐[射]通量或辐[射]功率	Φ_e	W	光通量	Φ_v	lm
辐[射]照度	E_e	W · m^{-2}	[光]照度	E_v	lx = lm · m^{-2}
辐[射]出度	M_e	W · m^{-2}	[光]出射度	M_v	lm · m^{-2}
辐[射]强度	I_e	W · sr^{-1}	发光强度	I_v	cd = lm · sr^{-1}
辐[射]亮度	L_e	W · m^{-2}sr^{-1}	[光]亮度 光谱光视效率	L_v $V(\lambda)$	cd · m^{-2}

由于人眼对等能量的不同波长的可见光辐射能所产生的光感觉是不同的。光谱辐射通量为 $\Phi_e(\lambda)$ 的可见光辐射,所产生的视觉刺激值,即光通量

$$\Phi_v(\lambda) = K_m \cdot V(\lambda) \cdot \Phi_e(\lambda) \tag{1.16}$$

K_m 称为明视觉最大光谱光视效能,它表示人眼对波长为 555nm〔$V(555)=1$〕光辐射产生光感觉的效能。K_m 等于 683lm/W。对含有不同光谱辐射通量的一个辐射量,它所产生的光通量为

$$\Phi_v = K_m \int_{380}^{780} V(\lambda)\Phi_e(\lambda)\mathrm{d}\lambda$$

同理,其它光度量也有类似的关系。用一般的函数表示光度量与辐射量之间的关系,则有

$$X_v = K_m \int_{380}^{780} V(\lambda)X_e(\lambda)\mathrm{d}\lambda \tag{1.17}$$

光度量中最基本的单位是发光强度的单位 —— 坎德拉(Candela),记作 cd,它是国际单位制中七个基本单位之一。其定义是发出频率为 540×10^{12}Hz(对应在空气中 555nm 波长)的单色辐射,在给定方向上的辐射强度为 $1/(683)$Wsr^{-1} 时,在该方向上的发光强度为 1cd。

光通量的单位是流明(lm),它是发光强度为 1cd 的均匀点光源在单位立体角(1sr)内发出的光通量。

光照度的单位是勒克斯(lx),它相当于 1lm 的光通量均匀地照射在 1m^2 面积上所产生的光照度。

§1-3 辐射度与光度中的基本定律

一、余弦定律

由图 1-7 可见,与光束传输方向成 θ 角的表面积 S' 和它在垂直传播方向上的投影面积 S 对 O 点所张的立体角 Ω 是相同的。在该立体角内点光源发出的辐射通量不随传输距离而变化。这样,投影面积 S 和 S′ 的表面上的辐照度 E 和 E' 分别为

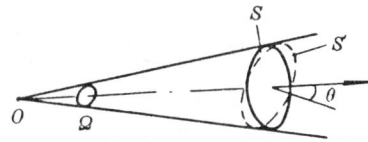

图 1-7　点光源光能的传输

$$E = \frac{\Phi}{S}, \qquad E' = \frac{\Phi}{S'}$$

因为 $S = S'\cos\theta$,所以 $E' = E\cos\theta$ (1.18)

这就是辐射度的余弦定律(图 1-7)。它表明:**任一表面上的辐照度随该表面法线和辐射能传输方向之间夹角的余弦而变化。**

余弦定律的另一种情况是对完全漫射体而言的,也叫朗伯余弦定律。朗伯把理想漫射表面定义为:在任意发射(漫射、透射)方向上辐亮度不变的表面,即对任何 θ 角 L_e 为恒定值。通常把具有这种特性的表面称做朗伯表面。见图 1-8,由辐亮度的定义:法线方向上辐射强度为 I_0、表面积为 dA 的辐射表面,其辐亮度为 $I_0/\mathrm{d}A$,而沿与表面法线成 θ 角方向的辐亮度为 $I_0/(\mathrm{d}A\cos\theta)$。对于朗伯表面有 $I_0/\mathrm{d}A = I_\theta/(\mathrm{d}A\cos\theta)$,所以

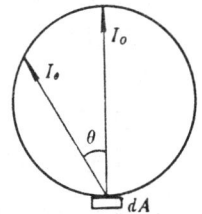

$$I_\theta = I_0\cos\theta \tag{1.19}$$

这就是说,**朗伯辐射表面在某方向上的辐射强度随与该方向和表面法线之间夹角的余弦而变化。**如果以代表法线方向上的辐射强度值的线段为直径作一与表面 dA 相切的球,那么由表面 dA 的中心向某 θ 角方向所作的到球面交点的矢量长度,就表示该方向的辐射强度的大小。

图 1-8　朗伯表面的余弦定律

二、距离平方反比定律

点光源在传输方向上某点的辐照度和该点到点光源的距离平方成反比。平方反比定律是来自均匀点光源向空间发射球面波的特性。

如前所说,在任一锥立体角内,假设在传输路径上没有光能损失或分束,那么由点光源向空间发出的辐通量 Φ 是不变的。然而位于球心的均匀点光源所张的立体角所截的表面积却和球半径 R 的平方成正比,这样在球表面上的辐照度 E 就和点光源到该表面的距离的平方成反比,即

$$E = \frac{\Phi}{4\pi R^2} \tag{1.20}$$

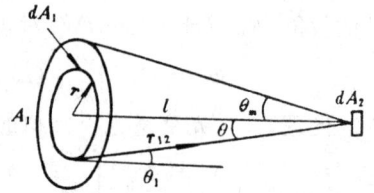

图 1-9　均匀发光圆盘在 dA_2 上辐照度

实际光源总有一定的几何尺寸,根据光能的叠加原理,所求表面上某面元的辐照度,实际上是该有限尺寸光源上每一面元对该接收面元辐照度贡献之和。图 1.9 是假设一辐亮度为 L 的圆形均匀发光表面 A_1,半径为 R,现来求到它的距离为 l 的面元 dA_2 上的辐照度。

把圆盘分成若干个环带。半径为 r 处的环带面积为 $2\pi r dr$,又由几何关系 $r = l \cdot \text{tg}\theta$,则

$$2\pi r dr = 2\pi l^2 \text{tg}\theta \frac{d\theta}{\cos^2\theta} = 2\pi l^2 \frac{\sin\theta d\theta}{\cos^3\theta}$$

由 $2\pi r dr$ 环带发光面在 dA_2 上产生的辐照度

$$dE = \frac{d\Phi}{dA_2} = \frac{2\pi r dr L \cos\theta d\Omega}{dA_2}$$

因为

$$d\Omega = \frac{dA_2\cos\theta}{r_{12}^2} = \frac{dA_2\cos\theta}{(l/\cos\theta)^2} = \frac{\cos^3\theta dA}{l^2}$$

所以　　　　　　$dE = 2\pi L\sin\theta\cos\theta d\theta$

对整个表面 A_1 进行积分,得

$$E = \int_0^{\theta_m} 2\pi L\sin\theta\cos\theta d\theta = \pi L \frac{R^2}{R^2 + l^2}$$

当 $l \gg R$ 时,则

$$E \approx \pi L \frac{R^2}{l^2} \tag{1.21}$$

即只有当面元 dA_2 距光源表面足够远时,才能用平方反比定律而不产生明显的误差。现在来估算一下有限距离上的误差,其相对误差为

$$\varepsilon = \frac{E'}{E} - 1 = \frac{\pi L(R/l)^2}{\pi L[R^2/(l^2 + R^2)]} - 1 = \frac{1}{4}\left(\frac{2R^2}{l}\right) \tag{1.22}$$

式中 E' 为近似值,E 为真值。当光源的尺寸和距离之比($2R/l$)为 $1:5$ 时,用平方反比定律所产生的辐照度误差为 1%;而当($2R/l$)为 $1:15$ 时,该误差只有 0.1% 了。一般辐射测量中,待测表面到光源的距离远大于光源的线尺寸,这时用距离平方定律所产生的误差可忽略不计。

三、亮度守恒定律

在光束传输路径上任取两个面元 1 和 2,面积分别为 dA_1 和 dA_2(图 1-10)。取这两个面元时,使通过面元 1 的光束也都通过面元 2。设它们之间的距离为 r,它们的法线与传输方向的夹角分别为 θ_1 和 θ_2,则

$$d\Omega_1 = \frac{dA_2\cos\theta_2}{r^2}, \quad d\Omega_2 = \frac{dA_1\cos\theta_1}{r^2}$$

设面元 1 的辐亮度为 L_1。当把面元 1 看作子光源,面元 2 看作接收表面时,则由面元 1 发出、面元 2 接收的辐通量

$$d^2\Phi_{12} = L_1 dA_1\cos\theta_1 d\Omega_1 = L_1 dA_1\cos\theta_1 \frac{dA_2\cos\theta_2}{r^2}$$

根据辐亮度定义，面元 2 的辐亮度 L_2 为

$$L_2 = \frac{d^2\Phi_{12}}{dA_2 d\Omega_2\cos\theta_2} = \frac{d^2\Phi_{12}}{dA_2\cos\theta_2 dA_1\cos\theta_1/r^2}$$

将 $d^2\Phi_{12}$ 值代入上式，得

$$L_2 = L_1 \tag{1.23}$$

可见，光辐射能在传输介质中没有损失时，表面 2 的辐亮度和表面 1 的辐亮度是相等的。即辐亮度是守恒的。

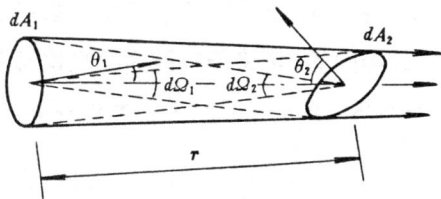

图 1-10　辐亮度守恒关系　　　　图 1-11　在介质边界上传输的辐亮度关系

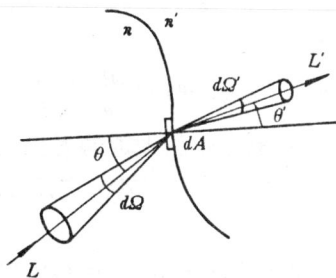

再来讨论面元 1 和 2 在不同介质中的情况。如图 1-11 所示，设辐通量在介质边界上没有反射、吸收等损失，这样

$$d^2\Phi_{12} = L dA d\Omega\cos\theta = L' dA d\Omega'\cos\theta'$$

而　　　　　　$d\Omega = \sin\theta d\theta d\varphi$　　　　$d\Omega' = \sin\theta' d\theta' d\varphi$

再由折射定律 $n\sin\theta = n'\sin\theta'$　　则

$$\frac{d\Omega\cos\theta}{d\Omega'\cos\theta'} = \frac{\sin\theta\cos\theta d\theta}{\sin\theta'\cos\theta' d\theta'} = \left[\frac{n'}{n}\right]\frac{d\sin\theta}{d\sin\theta'} = \left[\frac{n'}{n}\right]^2$$

代入上式，得

$$\frac{L}{n^2} = \frac{L'}{n'^2} \tag{1.24}$$

若将 L/n^2 叫做基本辐亮度，那么在不同介质中，传播光束的基本辐亮度是守恒的。

此外还可以证明，当有光学系统时，光学系统将改变传输光束的发散或会聚状态，象面辐亮度 L' 与物面辐亮度 L 之间有如下关系：

$$L' = \tau\left(\frac{n'}{n}\right)^2 L \tag{1.25}$$

式中，n,n' 分别为物空间和像空间的折射率，τ 为光学系统的透射比。一般成像系统中，$n' = n$，τ 小于 1，因此像的辐亮度不可能大于物的辐射亮度，即光学系统无助于亮度的增加。

§1-4　黑体辐射

有关黑体辐射的理论在物理学教科书中有详尽阐述。此处只讲述几个基本的定律。

一、基尔霍夫定律

设用一根不导热的线将物体 A_1 悬挂于黑体的空腔中，使它与腔壁热绝缘，如图 1-12。如果腔壁保持恒定的温度，那么热辐射将充满整个腔，其中部分辐射为物体吸收，与此同时物体 A_1 也发射辐射，通过这样的热交换，最终物体温度与腔温度相等而达到热平衡。这时物体发射的

辐射必然和吸收的辐射相同。令 $E_{eb}(\lambda,T)$ 为热平衡温度 T 时投射在物体上的光谱辐照度,令 $a_1(\lambda,T)$ 为相同条件下的吸收比,$M_{e1}(\lambda,T)$ 为其光谱辐射出度。于是

$$M_{e1}(\lambda,T) = a_1(\lambda,T)E_{eb}(\lambda,T) \qquad (1.26)$$

现在假定空腔内还有其他的物体,它们分别具有不同的吸收比 $a_2(\lambda,T)$、$a_3(\lambda,T)\cdots$ 和光谱辐射出射度 $M_{e2}(\lambda,T)$、$M_{e3}(\lambda,T)\cdots$ 等等。于是可列出:

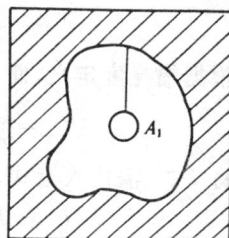
图 1-12 黑体辐射

$$M_{e2}(\lambda,T) = a_2(\lambda,T)E_{eb}(\lambda,T)$$

$$M_{e3}(\lambda,T) = a_3(\lambda,T)E_{eb}(\lambda,T)$$

由此可见:

$$E_{eb}(\lambda,T) = \frac{M_{e1}(\lambda,T)}{a_1(\lambda,T)} = \frac{M_{e2}(\lambda,T)}{a_2(\lambda,T)} = \cdots \qquad (1.27)$$

此式表明,**所有物体的光谱辐射出射度与吸收比的比值是相同的,并等于空腔内的光谱辐照度**。这一规律被称为**基尔霍夫定律**。此定律也说明,良好的吸收体必然是良好的发射体,反之亦然。

对于绝对黑体 $a(\lambda,T) = 1$,则(1.27)式变为

$$\frac{M_e(\lambda,T)}{a(\lambda,T)} = M_{eb}(\lambda,T) = E_{eb}(\lambda,T) \qquad (1.28)$$

式中 $M_{eb}(\lambda,T)$ 是绝对黑体的光谱辐射出射度,实际上也是任何物体在确定的 λ 和 T 时所能发射的最大光谱辐射出射度,这时发射的光谱辐射通量与吸收的光谱辐射通量相等。

一般物体的 $a(\lambda,T)$ 总小于1,所以 $M_{eb}(\lambda,T)$ 总大于物体的 $M_e(\lambda,T)$。我们把两者的比值定义为物体的光谱发射率,即

$$\varepsilon(\lambda,T) = \frac{M_e(\lambda,T)}{M_{eb}(\lambda,T)} = a(\lambda,T) \qquad (1.29)$$

这样又得一重要结论,即**物体的光谱发射率总等于其光谱吸收比**。也就是**强吸收体必然是强发射体**。如果一物体的 $a(\lambda,T)$ 为一常数并小于1,那么该物体常称为灰体。

二、普朗克辐射公式

普朗克根据光的量子理论,推导出描述黑体光谱辐射出射度与波长、绝对温度之间关系的著名公式

$$M_{eb}(\lambda,T) = \frac{c_1}{\lambda^5(e^{c_2/\lambda T} - 1)} \qquad (1.30)$$

式中　　$c_1 = 2\pi hc^2 = 3.74 \times 10^{-16}(\mathrm{Wm^2})$

$c_2 = hc/k = 1.43879 \times 10^{-2}(\mathrm{mK})$

c 为光速,k 和 h 分别为玻尔兹曼常数和普朗克常数。如果 λ 用 m 为单位代入,得到的光谱辐射出度的单位为 $\mathrm{W/m^3}$,应再把它们化为 $\mathrm{W(m^2\mu m)}$ 的合理单位。

在短波区或温度不高的情况下,$\lambda T \ll c_2$,则可将此式简化成

$$M_{eb}(\lambda,T) = c_1\lambda^{-5}e^{-c_2/\lambda T} \qquad (1.31)$$

图 1-13 表示按公式(1.30)求得的黑体光谱辐射出度与波长和温度的关系。可见,随着温度的升高,曲线下的面积(即黑体的总辐射出度)迅速增加,光谱辐射出度峰值波长逐渐减小,向短波方向移动。它们间的

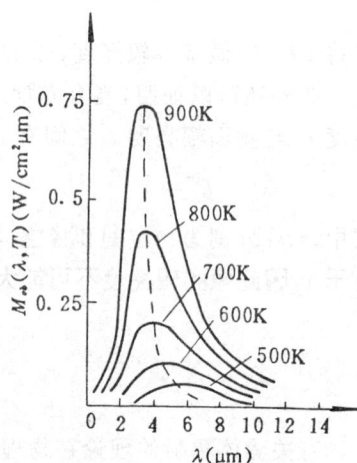
图 1-13　黑体光谱辐射出度与波长和温度的关系

数量关系将在下面阐述。

三、维恩位移定律

为了求出不同温度的黑体最大光谱辐射出度的峰值波长 λ_m，可以对(1.30)式取波长 λ 的导数且令其等于零。结果为

$$\lambda_m T = hc/5k = 2897 \ (\mu m \cdot K) \tag{1.32}$$

这就是著名的维恩位移定律。

利用此公式可求得室温(300K)下黑体的 $\lambda_m \approx 10\mu m$，在中红外区，是无法观察的。而太阳表面的温度约为 6000K，其 $\lambda_m \approx 0.5\mu m$，在人眼响应最灵敏区。

四、斯蒂芬 —— 玻尔兹曼定律

如果将(1.30)式按所有的波长积分，就能得到黑体的总辐射出度，即

$$M_{eb} = \int_0^\infty M_{eb}(\lambda, T) d\lambda = \sigma \cdot T^4$$

式中，σ 是斯蒂芬 — 玻尔兹曼常数，它为

$$\sigma = \frac{\pi^4 c_1}{15 c_2^4} = 5.67 \times 10^{-12} (Wcm^{-2}K^{-4})$$

关系式 $M_{eb} = \sigma \cdot T^4$ 称为斯蒂芬 — 玻尔兹曼定律。为建立数量概念可取下列数值：当 $T = 300K$，M_{eb} 约为 460W $\cdot$ m^{-2}；而当 $T = 6000K$ 时，M_{eb} 达到 7.36×10^7 W $\cdot$ m^{-2}。

思考题与计算题

〔1-1〕用目视观察发射波长分别为 435.8nm 和 546.1nm 的两个发光体，它们的亮度相同，均为 3cd/m^2。如果在这两个发光体前分别加上透射比为 10^{-4} 的光衰减器，问此时目视观察的亮度是否相同？为什么？

〔1-2〕一支氦 — 氖激光器(波长为 632.8nm)发出激光的功率为 2mW。该激光束的平面发散角为 1mrad，激光器的放电毛细管直径为 1mm。

① 求出该激光束的光通量、发光强度、光亮度、光出射度。

② 若激光束投射在 10m 远的白色漫反射屏上，该漫反射屏的反射比为 0.85，求该屏上的光亮度。

〔1-3〕一只白炽灯，假设各向发光均匀，悬挂在离地面 1.5m 的高处，用照度计测得正下方地面上的照度为 30lx，求出该白炽灯的光通量。

〔1-4〕在大气层外的卫星上，测得太阳光谱的峰值波长为 456.0nm。求出太阳表面的温度。

参考文献

1.［美］F・格鲁姆 R・J・贝彻雷著，缪家鼎等译. 辐射度学. 北京：机械工业出版社，1987

2.车念曾等编. 辐射度学和光度学. 北京：北京理工大学出版社，1990

3.薛君敖等编. 光辐射测量原理和方法. 北京：中国计量出版社，1980

4.郝允祥等编. 光度学. 北京：北京师范大学出版社，1988

5.吴继宗，叶关荣编. 光辐射测量. 北京：机械工业出版社，1989

6. 朱小清等编. 光度测量技术及仪器. 北京：中国计量出版社,1992

7. 徐大刚. 光及有关电磁辐射的量和单位. 北京：中国计量出版社,1983

8. John W. T. Walsh. Photometry. Constable & Co. Ltd,1958

9. Bartleson C J. Optical Radiation Measurements：Visual Measurements. Academic Press,1984

第二章　　光电仪器中的常用光源

一切能产生光辐射的辐射源,无论是天然的,还是人造的,都称为光源。天然光源是自然界中存在的,如太阳、恒星等,在天文光电探测中,常常会遇到这些光辐射的测量。人造光源是人为将各种形式的能量(热能、电能、化学能)转化成光辐射能的器件,其中利用电能产生光辐射的器件称为电光源。在一般光电测量系统中,电光源是最常见的光源。按照发光机理,光源可以分成如下几类:

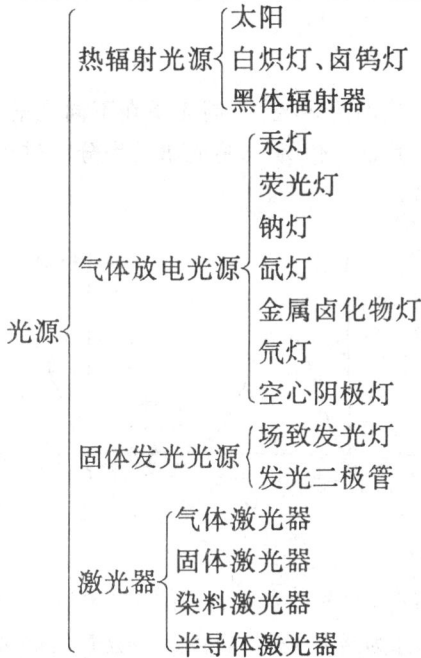

光源
- 热辐射光源
  - 太阳
  - 白炽灯、卤钨灯
  - 黑体辐射器
- 气体放电光源
  - 汞灯
  - 荧光灯
  - 钠灯
  - 氙灯
  - 金属卤化物灯
  - 氪灯
  - 空心阴极灯
- 固体发光光源
  - 场致发光灯
  - 发光二极管
- 激光器
  - 气体激光器
  - 固体激光器
  - 染料激光器
  - 半导体激光器

本章将简要地叙述它们的工作原理,介绍它们的重要特性。为读者在设计光电测量系统中,正确选用光源提供依据。

§2-1　　光源的基本特性参数

一、辐射效率和发光效率

在给定 $\lambda_1 \sim \lambda_2$ 波长范围内,某一光源发出的辐射通量与产生这些辐射通量所需的电功率之比,称为该光源在规定光谱范围内的辐射效率,于是

$$\eta_e = \frac{\Phi_e}{P} = \frac{\int_{\lambda_1}^{\lambda_2} \Phi_e(\lambda) d\lambda}{P} \tag{2.1}$$

如果光电测量系统的光谱范围为 $\lambda_1 \sim \lambda_2$,那么应尽可能选用 η_e 较高的光源。

某一光源所发射的光通量与产生这些光通量所需的电功率之比,就是该光源的光效率,即

$$\eta_v = \frac{\Phi_v}{P} = \frac{K_m \int_{380}^{780} \Phi_e(\lambda) V(\lambda) d\lambda}{P} \tag{2.2}$$

单位为 lm/W(流明每瓦)。在照明领域或光度测量系统中,一般应选用 η_v 较高的光源。表 2-1 中所列的为一些常用光源的发光效率。

表 2-1　常用光源的发光效率

光源种类	发光效率(lm/W)	光源种类	发光效率(lm/W)
普通钨丝灯	8～18	高压汞灯	30～40
卤钨灯	14～30	高压钠灯	90～100
普通荧光灯	35～60	球形氙灯	30～40
三基色荧光灯	55～90	金属卤化物灯	60～80

二、光谱功率分布

自然光源和人造光源大都是由单色光组成的复色光。不同光源在不同光谱上辐射出不同的光谱功率,常用光谱功率分布来描述。若令其最大值为 1,将光谱功率分布进行规化,那么经过归化后的光谱功率分布称为相对光谱功率分布。

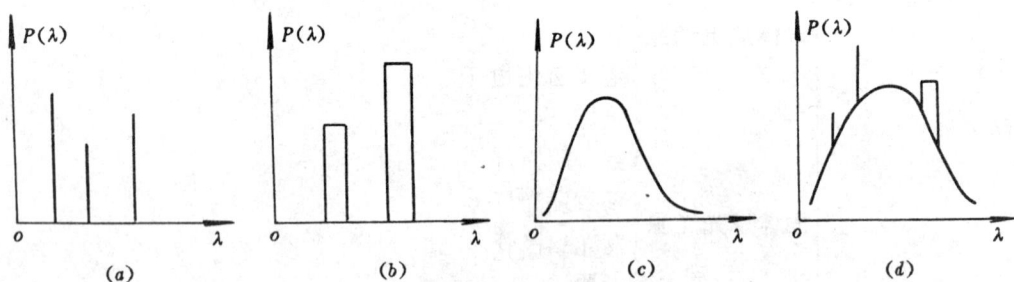

图 2-1　四种典型的光谱功率分布

光源的光谱功率分布通常可分成四种情况,如图 2-1 所示。图中(a)称为线状光谱,由若干条明显分隔的细线组成,如低压汞灯。图(b)称为带状光谱,它由一些分开的谱带组成,每一谱带中又包含许多细谱线。如高压汞灯、高压钠灯就属于这种分布。图(c)为连续光谱,所有热辐射光源的光谱都是连续光谱。图(d)是混合光谱,它由连续光谱与线、带谱混合而成,一般荧光灯的光谱就属于这种分布。

在选择光源时,它的光谱功率分布应由测量对象的要求来决定。在目视光学系统中,一般采用可见区光谱辐射比较丰富的光源。对于彩色摄影用光源,为了获得较好的色彩还原,应采用类似于日光色的光源,如卤钨灯、氙灯等。在紫外分光光度计中,通常使用氘灯、紫外汞氙灯等紫外辐射较强的光源。

三、空间光强分布

对于各向异性光源,其发光强度在空间各方向上是不相同的。若在空间某一截面上,自原点向各径向取矢量,矢量的长度与该方向的发光强度成正比。将各矢量的端点连起来,就得到光源在该截面上的发光强度曲线,即配光曲线。图 2-2 是超高压球形氙灯的光强分布。

在光学仪器中,为了提高光的利用率,一般选择发光强度高的方向作为照明方向。为了进一步利用背面方向的光辐射,还可以在光源的背面安装反光罩,反光罩的焦点位于光源的发光

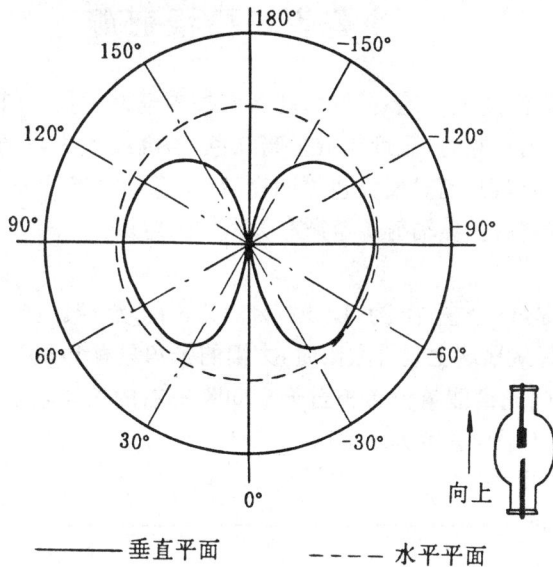

图 2-2　超高压球形氙灯光强分布

中心上。

四、光源的色温

黑体的温度决定了它的光辐射特性。对非黑体辐射,它的某些特性常可用黑体辐射的特性来近似地表示。对于一般光源,经常用分布温度、色温或相关色温表示。

1.　分布温度　辐射源在某一波长范围内辐射的相对光谱功率分布,与黑体在某一温度下辐射的相对光谱功率分布一致,那么该黑体的温度就称为该辐射源的分布温度。这种辐射体的光谱辐亮度可表示为:

$$L_e(\lambda, T_v) = \varepsilon \frac{c_1}{\pi\lambda^5} \frac{1}{e^{c_2/\lambda T_v} - 1} \tag{2.3}$$

式中　T_v 为分布温度;ε 为发射率,它是一与波长无关的常数,这类辐射体又称灰体。

2.　色温　辐射源发射光的颜色与黑体在某一温度下辐射光的颜色相同,则黑体的这一温度称为该辐射源的色温。由于一种颜色可以由多种光谱分布产生,所以色温相同的光源,它们的相对光谱功率分布不一定相同。

3.　相关色温　对于一般光源,它的颜色与任何温度下的黑体辐射的颜色都不相同,这时的光源用相关色温表示。在均匀色度图中,如果光源的色坐标点与某一温度下的黑体辐射的色坐标点最接近,则该黑体的温度称为该光源的相关色温。

五、光源的颜色

光源的颜色包含了两方面的含义,即色表和显色性。用眼睛直接观察光源时所看到的颜色称为光源的色表。例如高压钠灯的色表呈黄色,荧光灯的色表呈白色。当用这种光源照射物体时,物体呈现的颜色(也就是物体反射光在人眼内产生的颜色感觉)与该物体在完全辐射体照射下所呈现的颜色的一致性,称为该光源的显色性。国际照明委员会(CIE)规定了14种特殊物体作为检验光源显色性的"试验色"。在我们国家标准中,增加了我国女性面部肤色的色样,作为第15种"试验色"。白炽灯、卤钨灯、镝灯等几种光源的显色性较好,适用于辨色要求较高的场合,如彩色电影、彩色电视的拍摄和放映、染料、彩色印刷等行业。高压汞灯、高压钠灯等光源显色性差一些,一般用于道路、隧道、码头等辨色要求较低的场合。

§2-2　热辐射源

任何物体只要其温度大于绝对零度,就会向外界辐射能量,其辐射特性与温度有关。例如炉上的一块铁,刚开始加热时,温度较低呈暗红色。若继续加热,随着温度的升高,铁块的颜色会由暗红色逐渐变为炽白,而且发光也更明亮。物体靠加热保持一定温度,使其内能不变而持续辐射的形式称为热辐射。热辐射源遵循有关黑体的定律。

一、太阳

太阳可看成是一个直径为 1.392×10^9m 的光球。它到地球的年平均距离是 1.496×10^{11}m。因此从地球上观看太阳时,太阳的张角只有 $0.533°$。

大气层外的太阳光谱能量分布相当于 5900K 左右的黑体辐射(图 2-3)。其平均辐亮度为 2.01×10^7Wm^{-2}sr^{-1} 平均亮度为 1.95×10^9cdm^{-2}。

图 2.1

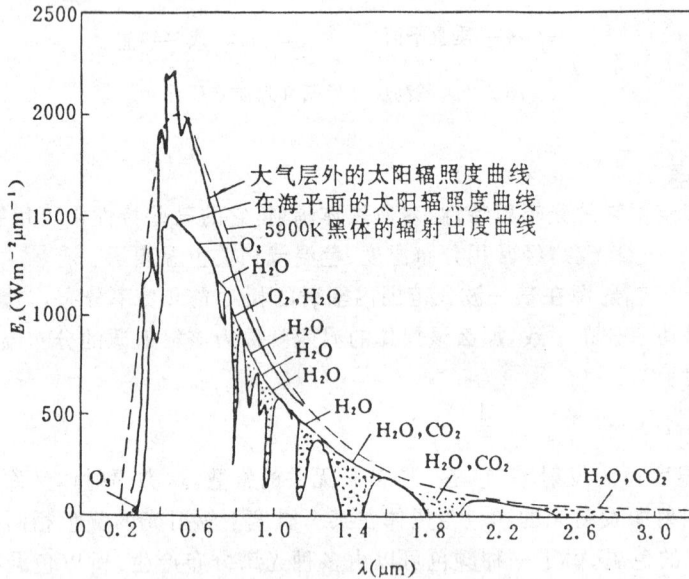

图 2-3　太阳的光谱能量分布曲线

在地球 —— 太阳的年平均距离,在垂直太阳的入射方向上,大气层外太阳对地球的辐照度叫做太阳常数。它表征地球所接收的总太阳辐射能的大小,经过长年累月对太阳的观测,1972 年国际照明委员会推荐该值等于 1350Wm^{-2}。1971 年美国航空与航天管理局(NASA)提出作为设计标准用的太阳常数值为 1353 ± 21Wm^{-2}。在 1969 年至 1980 年期间,大量的地面、飞机、火箭、卫星的观测表明,最可能的太阳常数值为 1367 ± 7Wm^{-2},并为世界辐射中心(WRC)所采纳。在大气层外,太阳对地球的辐照度值在不同的光谱区所占的百分比为

紫外区(< 0.38μm)　　　　　6.46

可见区($0.38 \sim 0.78$μm)　　　46.25

红外区(> 0.78μm)　　　　　47.29

射到地球上的太阳辐射,要斜穿过一层厚厚的大气层,使太阳辐射在光谱和空间分布、能量大小、偏振状态等都发生了变化。大气的吸收光谱比较复杂,其中氧(O_2)、水汽(H_2O)、臭氧

(O_3)、二氧化碳(CO_2)、一氧化碳(CO)和其它碳氢化合物（如CH_4）等，都在不同程度上吸收了太阳辐射，而且它们都是光谱选择性的吸收介质。在标准海平面上太阳的光谱辐射照度曲线，如图 2-3 所示，其中的阴影部分表示大气的光谱吸收带。

二、黑体模拟器

在许多光电仪器或系统中，往往需要这样一种辐射源，它的角度特性和光谱特性酷似理想黑体的特性。这种辐射源常称为黑体模拟器。

图 2-4 是一种黑体摸拟器的结构示意图。圆柱体状的内芯是用热传导性能优良、表面耐氧化的材料制成的，如黄铜或不锈钢。它里面的空腔可以是锥状、圆柱状或者圆柱——锥状。空腔内表面选择一种热稳定性以及吸收特性优良的材料。内芯外面外覆一层石棉、云母等绝缘层，再在外面绕电热丝，如镍铬丝。电热丝通以可精确监控的电流，保证腔体温度的准确调节和分布的均匀性。电热丝外面的绝缘层隔绝黑体温控腔与外界环境的热对流。在内芯里还埋设了一个或数个热电元件，作为测温和控温的传感器。黑体总辐射出度和它的温度的四次方成正比。因此实际工作温度的精确测量和控制是黑体能产生已知且稳定辐射的关键。黑体的前部为

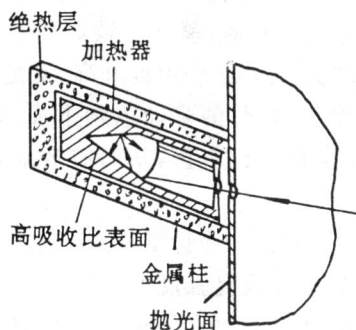

图 2-4   黑体模拟器的结构

一小孔，表面抛光的小孔板和内腔构成了黑体腔的雏形，使这种黑体模拟器的发射率达 0.95 ～ 0.999。

目前的黑体模拟器最高工作温度为 3000K，而实际应用的大多是在 2000K 以下。过高的温度不仅要消耗大量的电功率，而且内腔表面材料的氧化会加剧。

三、白炽灯

白炽灯是光电测量中最常用的光源之一。白炽灯发射的是连续光谱，在可见光谱段中部和黑体射曲线相差约 0.5%，而在整个光谱段内和黑体辐射曲线平均相差 2%。此外，白炽灯使用和量值复现方便，它的发光特性稳定，寿命长，因而也广泛用作各种辐射度量和光度量的标准光源。

白炽灯有真空钨丝白炽灯、充气钨丝白炽灯和卤钨灯等，光辐射由钨丝通电加热发出的。真空钨丝白炽灯的工作温度为 2300 ～ 2800K，光效约 10lm/W。由于钨的熔点约为 3680K，进一步增加钨的工作温度会导致钨的蒸发率急剧上升，从而使寿命骤减。

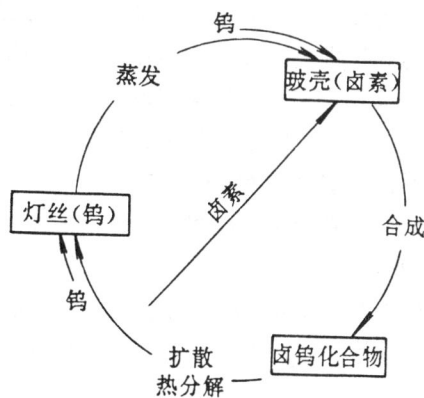

图 2-5   卤钨循环工作原理

充气钨丝白炽灯，由于在灯炮中充入和钨不发生化学反应的氩、氮等惰性气体，使由灯丝蒸发出来的钨原子在和惰性气体原子碰撞时，部分钨原子能返回灯丝。这样可以有效地抑制钨的蒸发，从而使白炽灯的工作温度可以提高到 2700K ～ 3000K，相应的光效提高到 17lm/W。

如果在灯泡内充入卤钨循环剂（如氯化碘、溴化硼等），在一定温度下可以形成卤钨循环，即蒸发的钨和玻璃壳附近的卤素合成卤钨化合物，而该卤钨化合物扩散到温度较高的灯丝周

围时，又分解成卤素和钨。这样，钨就重新沉积在灯丝上，而卤素被扩散到温度较低的泡壁区域再继续与钨化合。这一过程称为钨的再生循环，如图 2-5。为了使玻壳区的卤钨化合物呈气态，而不致于凝结在它上面，玻壳温度不能太低，如碘钨灯的管壁温度应高于 250℃。但管壁温度也不能太高，否则卤钨化合物就要部分分解，造成泡壳发黑。卤钨循环进一步提高了灯的寿命。灯的色温可达 3200K，光效也相应提高到 30lm/W。

白炽灯的光参数（光通量 Φ、光效 η）、电参数（灯电压 V、电流 I、功率 P、电阻 R）和寿命之间有着密切的关系。如图 2-6 所示，对一定的灯，当灯的工作电压升高时，就会导致灯的工作电流 I 和功率 P 增大，灯丝工作温度升高，发光效率 η 和光通量 Φ 增加，而灯的寿命急剧下降。在实际使用中，可适当降低灯电压，从而有效地延长灯的寿命。

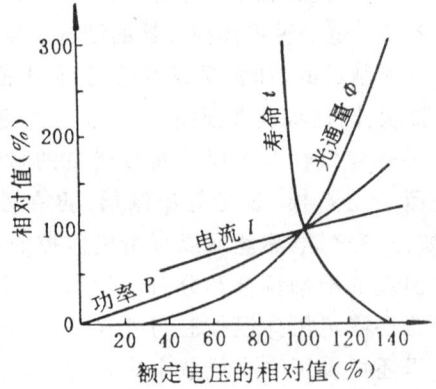

图 2-6　电压与灯参数的变化曲线

图 2-7 是用于光计量的几种标准光源。图(a)所示为 BDQ 型发光强度标准灯，用来传递和复现发光强度单位(cd)的量值。发光强度标准灯是通过精确控制流过灯丝的直流电流，复现在规定的色温下和在灯丝平面中心的法线方向上的光强度。它要求灯丝的结构为一平面形，每根灯丝都要均匀地排列并支挂在一个平面上。同时，为了使灯丝成为发光强度标准灯的唯一发光体，应使玻壳的反射中心与灯丝重叠。图(b)是 BDT 型光通量标准灯，用来传递和复现光通量值。光通量标准灯的灯丝是旋转对称的，这样使

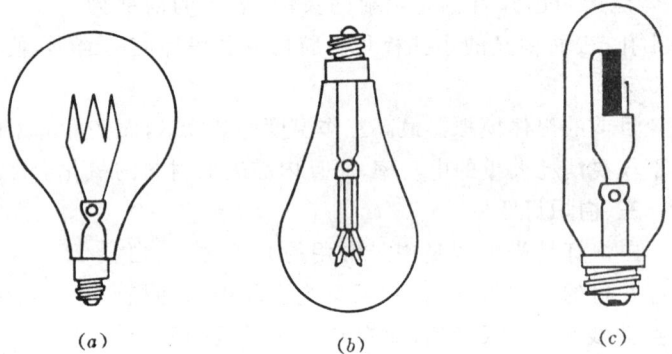

图 2-7　几种标准灯的外形图

其光分布在各旋转方向尽可能一致。图(c)为 BW 型温度标准灯，它的发光体是一条狭长的钨带，当通以电流时，钨带炽热发光。由于钨带两端与电极相联，钨带上各区域色温不均匀，因此一般取中心的 1/3 区域作为标准发光区。温度标准灯主要用于工作在 800℃～2500℃ 范围内，复现和检定光学高温计及某些以光电高温计作标准的温度源；也可以代替能量标准灯使用。

§2-3　气体放电光源

利用气体放电原理制成的光源称为气体放电光源。制作时在灯中充入发光用的气体，如氢、氦、氖、氙、氪等，或金属蒸气，如汞、镉、钠、铟、铊、镝等。在电场作用下激励出电子和离子，气体变成导电体。当离子向阴极、电子向阳极运动时，从电场中得到能量，当它们与气体原子或分子碰撞时会激励出新的电子和离子。由于这一过程中有些内层电子会跃迁到高能级，引起原子的激发，受激原子回到低能级时就会发射出可见辐射或紫外、红外辐射。这样的发光机制被

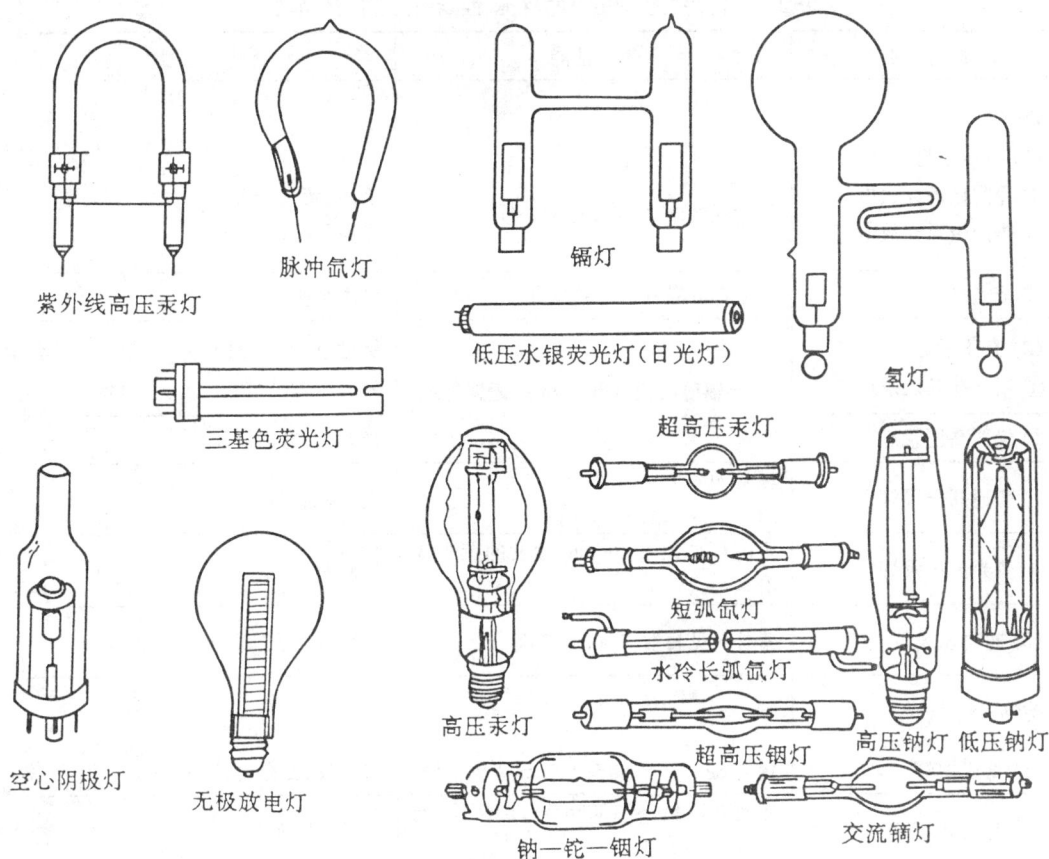

紫外线高压汞灯　脉冲氙灯　镉灯　低压水银荧光灯(日光灯)　氢灯　三基色荧光灯　超高压汞灯　空心阴极灯　无极放电灯　高压汞灯　短弧氙灯　水冷长弧氙灯　高压钠灯　低压钠灯　钠—铊—铟灯　交流镝灯

图 2-8　几种气体放电灯的外形图

称为气体放电原理。气体放电光源的种类很多,主要按下列方法分类:

1. 按气体放电类型分,有辉光放电灯、弧光放电灯和高频放电灯等。

2. 按放电时灯内气体压强分,有低压放电灯、高压放电灯和超高压放电灯等。

3. 按放电发光物质的种类分,有汞灯、钠灯、各种金属卤化物灯和稀有气体灯(如氙灯、氖灯、氦灯等)。

4. 按灯的电极形式分,有冷阴极气体放电灯、热阴极气体放电灯和无极气体放电灯。

气体放电光源具有下列共同的特点:

1. 发光效率高。比同瓦数的白炽灯发光效率高 2～10 倍,因此具有节能的特点。

2. 结构紧凑。由于不靠灯丝本身发光,电极可以做得牢固紧凑,耐震、抗冲击。

3. 寿命长。一般比白炽灯寿命长 2～10 倍。

4. 光色适应性强,可在很大范围内变化。

由于上述特点,气体放电灯具有很强的竞争力,因而发展很快,并在光电测量和照明工程中得到广泛使用。

图 2-8 是常用气体放电灯的外形图。表 2-2 列出了常用的气体放电灯的种类、性能以及它们的主要应用领域。气体放电光源种类较多,这里就光学仪器中常用的几种光源作简要介绍。

表 2-2　常用气体放电灯的种类、性能和主要应用领域

种　　类	主　要　性　能	应　　用
1. 汞灯		
（1）低压汞灯		
① 冷阴极辉光放电灯	辐射强的 253.7nm 远紫外线	杀菌、荧光分析
② 热阴极弧光放电灯		光谱仪波长基准
③ 荧光灯	253.7nm 激发荧光粉发光	室内照明
（2）高压汞灯		保健理疗、塑料和橡胶试验、荧光
① 紫外线高压汞灯	主要辐射波长 365.0nm 的近紫外线	分析、紫外探伤
② 仪器高压汞灯		光刻机、光学仪器
③ 普通高压汞灯	辐射 404.7nm、435.8nm、546.1nm、577nm 等光谱	大面积照明
④ 荧光高压汞灯	汞的可见光谱,365nm 激发的荧光辐射	厂矿照明
（3）超高压汞灯	紫外可见辐射丰富、亮度高	荧光分析、光刻、光学仪器
2. 钠灯		
（1）低压钠灯	辐射 589.0nm 和 589.6nm 黄色谱线	偏振仪,旋光仪,波长基准
（2）高压钠灯	光效高达 90～100lm/W,寿命长,光色金白	大面积照明
3. 金属卤化物灯	光效高达 70lm/W,光色好,Ra 为 80	电影、电视摄影、照相制版、投影
（1）镝灯		仪、植物温室照明
（2）铊铟灯	发兰绿色光,光效高	灯光诱鱼、水下照明
（3）碘化铊灯	发绿色光,光效高	水下照明、飞机着落信号灯
4. 氙灯		
（1）长弧氙灯	紫外可见连续光谱,光色接近日光	大面积照明、材料老化试验
（2）短弧氙灯	高亮度点光源,光色接近日光	电影放映、光学仪器、摄影制版
（3）脉冲氙灯	连续光谱,脉冲闪光 0.2～1ms	激光器光泵、测速、照相、光信号
5. 空心阴极灯	辐射阴极金属（合金）的原子光谱线	原子吸收分光光度计
6. 氘灯	辐射 190～400nm 连续紫外光谱	紫外分光光度计
7. 氢灯	辐射 434.1nm、486.1nm 和 656.3nm 谱线	干涉仪、分光计、偏振仪
8. 氦灯	辐射 587.6nm 和 706.5nm 谱线	
9. 真空紫外灯	He I 和 He II 谱线 58.4nm、30.4nm	单能光子源、真空紫外波长基准
10. 无极放电灯	（汞）气体发光、荧光;无电极,寿命长	长寿命特殊照明、印刷制版

一、汞灯

1. 低压汞灯

汞灯在低压放电时主要辐射二条共振辐射线：253.7nm 和 185.0nm。所谓共振辐射线是指从激发态跃迁到基态时发出的辐射。当汞蒸气压为 0.8Pa(6×10^{-3}mmHg)，玻壳温度 40℃ 时，253.7nm 的辐射效率最大，约占输入电功率的 60%，而可见光只占 2%。它的光谱分布如图 2-9(a) 所示。

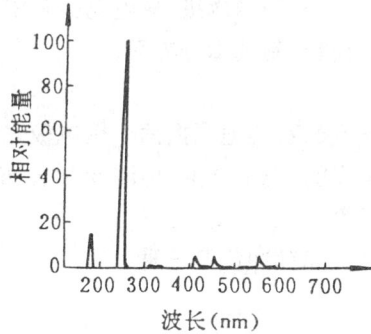

(a) 低气压汞灯

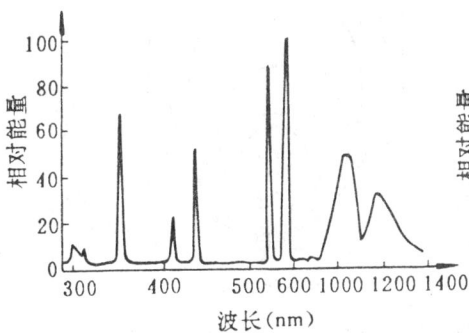

(b) 高压汞灯

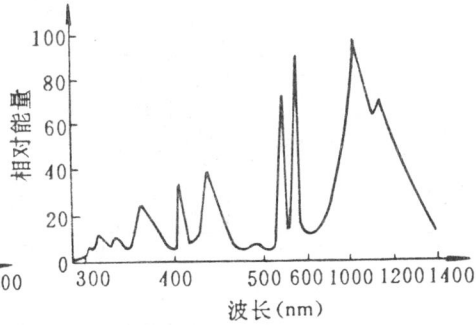

(c) 超高压汞灯

图 2-9　汞灯光谱能量分布图

低压汞灯有两类：一类是冷阴极辉光放电灯。这种灯的灯管细长，玻壳常用石英玻璃或透紫外玻璃制作，启动电压高，供电电源用漏磁变压器或高频振荡电源。灯点燃时，主要辐射出 185.0nm、253.7nm、296.7nm、312.2nm、313.2nm、365.0nm 等紫外特征谱线，可用作紫外杀菌、光化学反应、荧光分析以及臭氧发生器的紫外光源。为了使发光面集中，也有将细长的灯管绕成紧凑的盘形状或螺旋状。

另一类是热阴极弧光放电灯。玻壳用普通玻璃制作这类灯，其在可见区的特征谱线，如404、7nm、435.8nm、546.1nm、577.0nm、579.0nm 等，常用作光谱仪的波长基准。此外，还有用石英玻璃等制作的低压紫外汞灯，用作杀菌、光化学反应及荧光分析等。

2. 高压汞灯

当汞灯内的蒸气压达到 1～5 大气压时，汞灯电弧的辐射光谱就会产生明显变化，光谱线加宽，出现弱的连续光谱，紫外辐射明显减弱，而可见辐射增加，其光谱分布如图 2-9(b) 所示。

高压汞灯的发光效率达 64lm/W，除供照明以外，在光学仪器、光化反应、紫外线理疗、荧光分析等方面都有广泛的应用。

2. 球形超高压汞灯

球形超高压汞灯点燃时，灯内汞蒸气压达到 1～20MPa（约 10～200 个大气压），这样灯的辐射光谱与高压汞灯相比有明显的不同：紫外辐射减少，可见辐射光谱线较宽，连续部分增加，并且红外光谱辐射增强，如图 2-9(c) 所示。在球形超高压汞灯中，如果启动气体改为高气压的氙气，则此时称为球形超高压汞氙灯。灯一经启动就辐射出强烈的连续光谱，并且远紫外区光谱明显增加。

球形超高压汞灯中的电极距离一般为毫米级，放电电弧集中在电极之间，因此电弧的亮度很高，常应用于光学仪器、荧光分析和光刻技术等方面。

二、氙灯

氙灯是由充有惰性气体——氙的石英泡壳内两个钨电极之间的高温电弧放电，从而发出强光。高压氙灯的辐射光谱是连续的，与日光的光谱能量分布相接近（图 2-10），色温为 6000K 左右，显色指数 90 以上，因此有"小太阳"之称。

氙灯可分为长弧氙灯、短弧氙灯和脉冲氙灯三种。

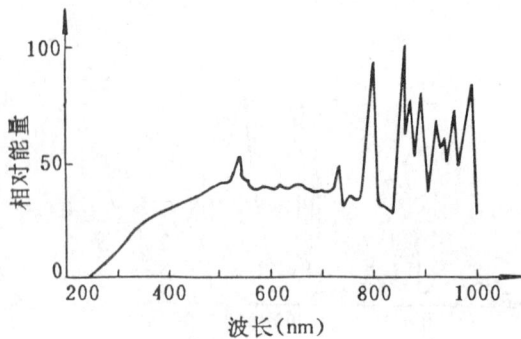
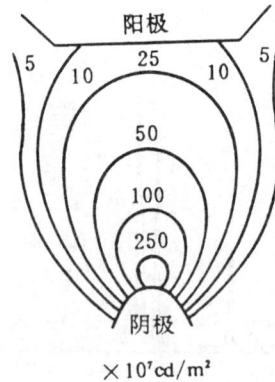

图 2-10　短弧氙灯光谱能量分布　　图 2-11　短弧氙灯的电弧亮度分布

当氙灯的电极间距为 15～130cm 时称为长弧氙灯，是细管形。它的工作气压一般为一个大气压，发光效率 25～30lm/W。

当氙灯的电极间距缩短到毫米数量级时称为短弧氙灯。灯内的氙气气压约为 1～2MPa（10～20 大气压）左右。一般为直流供电，立式工作，上端为阳极，下端为阴极。该灯的电弧亮度很高，其阴极点的最大亮度可达几十万坎德拉每平方厘米，电弧亮度在阴极和阳极距离上分布是很不均匀的，如图 2-11 所示。短弧氙灯常用于电影放映、荧光分光光度计及模拟日光等场合。

脉冲氙灯的发光是不连续的，能在很短的时间内发出很强的光。它的结构有管形、螺旋形和 U 型三种。管内气压均在 100Pa（约一个大气压）以下。它用高压电脉冲激发产生光脉冲。脉冲氙灯广泛用作固体激光器的光泵、照相制版、高速摄影和光信号源等方面。

三、空心阴极灯

空心阴极灯属于冷阴极低气压正常辉光放电灯。该灯的外形如图 2-12 所示，其阴极由金属元素或其它合金制成空心圆柱形，圆环形阳极是用吸气性能很好的锆材料制成的。空心阴极放电的电流密度可以比正常辉光放电时高 10 倍以上，而阴极位降比正常辉光放电时低 100V

左右。正常辉光放电时因为放电电流小,主要是辐射工作气体的原子光谱线;而在空心阴极放电时,放电正离子在很高的阴极位降区被加速轰击阴极,使阴极金属被溅散,被溅散出来的阴极金属原子蒸气,在空心阴极灯中被激发,辐射出该金属的原子特征谱线。

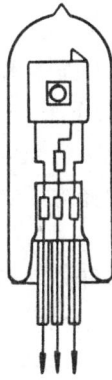

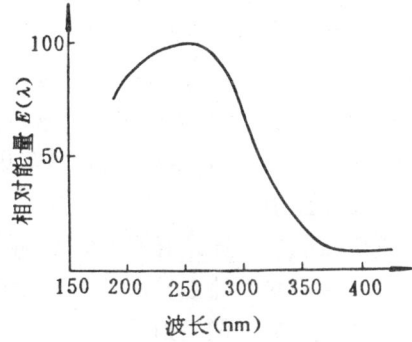

图 2-12　空心阴极灯外形图　　　　　　　　图 2-13　氘灯

(a) 外形　　　　　(b) 光谱能量分布

空心阴极灯也叫做原子光谱灯,阴极材料根据所需的谱线选择相应的金属;窗口有石英玻璃和普通玻璃两种,则根据辐射的原子光谱波长而定。空心阴极灯是原子吸收分光光度计上必不可少的光源。由于这种灯工作时阴极的温度并不高,所辐射出的金属原子谱线很窄,强度很大,稳定性好。因此,空心阴极灯用作对微量金属元素吸收光谱定性或定量分析的光源,以及用于光谱仪器波长定标上。

四、氘灯

氘灯是一种热阴极弧光放电灯,泡壳内充有高纯度的氘气。氘(H_1^2)是氢(H_1^1)的同位素,又叫重氢。氘灯的阴极是直热式氧化物阴极,阳极是用 0.5 毫米厚的钽皮做成矩形,阳极矩形中心正对着灯的输出窗口,外壳由紫外透射比较好的石英玻璃制成。工作时先加热灯丝,产生电子发射,当阳极加高压后,氘原子在灯内受高速电子的碰撞而激发,从阳极小圆孔中辐射出连续的紫外光谱(185～500nm)。图 2-13 是氘灯的外形及其紫外光谱分布图。表 2-3 是几种氘灯的参数。氘灯的紫外线辐射强度高、稳定性好、寿命长,因此常用作各种紫外分光光度计的连续紫外光源。

表 2-3　氘灯的规格和参数

型号 \ 参数	工作电流 (mA)	工作电压 (V)	灯丝电压 (V)	启动电压 (V)	灯丝电流 (A)	寿命 (h)
国产 QH4	300	75	4	350	8	200
滨松 L1626	300	80	10	350	1.2	1000
日立 H4141	300	90	10	300	0.8	500
英国 DE75	300	75	4	300	8	—

§2-4 固体发光光源

场致发光是固体在电场的作用下将电能直接转换为光能的发光现象,也称为电致发光。

场致发光最早发现于 1923 年,但当时并没有引起人们的普遍注意。随着近代技术的发展,对发光光源和器件提出了新的要求。例如,电子仪器的固体化和小型化,要求显示的固体化,新的照明技术和显象技术的发展,要求对新的发光材料作深入的研究。场致发光不但能使人们得到全固体化的光源,而且为全固体化显示开辟了途径,为光电子学提供了不可缺少的器件。所以,从 60 年代开始,随着半导体材料、集成化技术和光电子学的发展,进一步推动了场致发光光源的研究和应用。

目前常见的场致发光有三种形态,即粉末、薄膜和结型。有场致发光本领的固体材料很多,但达到实际应用水平的主要是 II-VI 族和 III-V 族化合物半导体。II-VI 族化合物既是发光效率很高的光致发光和阴极射线发光材料,亦是目前用于实际的唯一的粉末和薄膜场致发光材料。III-V 族发光材料在发光二极管方面得到广泛应用。

一、粉末场致发光光源

按激发方式不同,场致发光光源有交流电场激发和直流电场激发两种。

1. 交流粉末场致发光光源

交流粉末场致发光光源的结构如图 2-14 所示。该器件的发光材料(通常为 ZnS:Cu)悬浮在介电系数很高、透明而又绝缘的胶合介质中,并被两电极所挟持。背电极由金属导电膜制作,透明的 SnO_2 导电膜作为另一电极。高介电系数的 TiO_2 反射层不仅能有效地反射光,而且还有防止击穿作用。两电极之间通常没有一条完整的导电支路,所以不能用直流激励。当在两电极间加上交变电场时,粉末就会产生场致发光。

交流场致发光光源的亮度 L 与所加的交流电压幅度 V 和频率 f 有关。当 V 一定时,L 与 f 的关系如图 2-15 所示。外加电压的频率对亮度有很大的

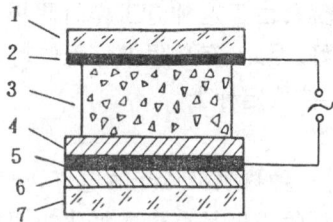

1 — 玻璃基板, 2 — 透明导电膜(SnO_2)
3 — 发光材料, 4 — TiO_2 反射层
5 — 背电极(金属), 6 — 防潮树脂
7 — 防潮盖板
图 2-14 交流粉末场致发光光源

影响。在较低频率下,亮度随频率线性增加。频率高到一定范围,亮度就出现饱和趋势。饱和频率的高低随具体发光材料的种类而变。对同一种发光材料,电压越高,饱和频率也越高。

当 f 一定时,亮度与电压的关系可以用经验公式表示:

$$L = L_0 \exp\left[-\left(\frac{V_0}{V}\right)^{1/2}\right] \qquad (2.4)$$

式中 L_0 和 V_0 是与频率、温度及所用发光材料有关的常数。

场致发光的颜色随基质和激活剂的不同,可以有兰、绿、黄、红等各种颜色。外加电压的频率对发光的颜色有影响。图 2-16 是目前常用的 ZnS:Cu 绿色场致发光光源的光谱能量分布,它通常包含两个谱带,一个绿带,一个兰带。随着频率的增高,兰带相对增强,而发光颜色由黄绿向兰改变。交流场致发光的外加激发电压是随时间变化的,相应的发光亮度也随时间而变化,这种变化的图形称为发光波形。当用正弦交流电压激发时,场致发光的波形在交流电压的

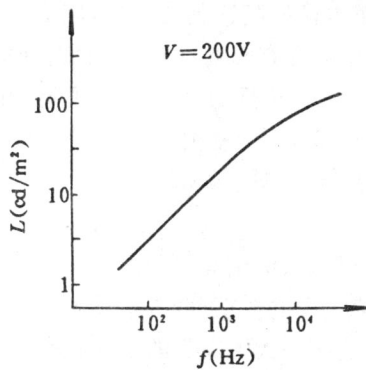

图 2-15　发光亮度与频率和电压的关系曲线

每半周期中有高低两个发光峰,如图 2-17(a)所示。高峰叫主峰,低峰叫次峰。用矩形脉冲的前沿和后沿位置分别出现一个发光峰,如图 2-17(b)所法。脉冲激发的场致发光峰衰减很快,衰减时间常数是微秒数量级。

因此,场致发光的余辉是极短的,电压一去掉,发光马上消失。脉冲激发下,场致发光的反应速度很快,上升时间常数比衰减时间小得多。

由含有粉末的绝缘介质做成的交流场致发光光源,其发光波形基本上不受激发电压中直流成分的影响。也就是说,场致发光波形仅取决于外加电压的变化量,和直流分量关系不大。

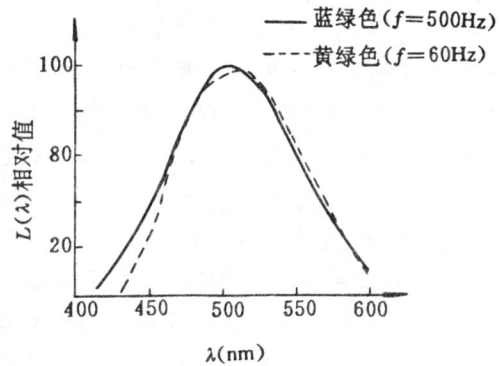

图 2-16　光谱能量分布图

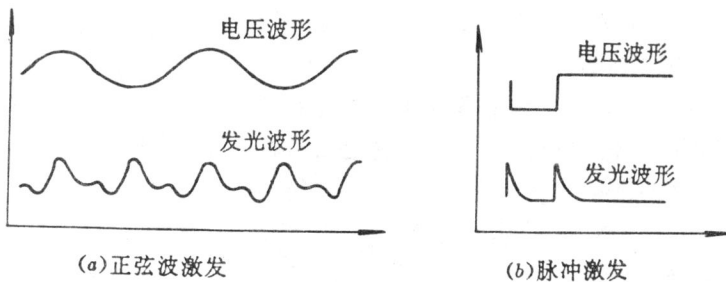

（a)正弦波激发　　　（b)脉冲激发

图 2-17　场致发光波形图

场致发光光源在使用过程中亮度会逐渐下降,这种现象叫老化。老化曲线的主要部分可用下列经验公式表示:

$$L = L_0/(1 + t/t_0) \tag{2.5}$$

式中 L_0 为初使亮度,t_0 为时间常数,它与频率有关。场致发光光源的寿命通常以发光亮度降到初始值的 $1/3 \sim 1/4$ 的时间为使用寿命。寿命和激发电压的频率有很大的关系,频率越高,老化越快,寿命越短。老化后发光亮度下降,但光谱基本保持不变。激发电压对老化的影响比频率小得多。常用的 ZnS:Cu 场致发光光源的使用寿命超过 3000 小时。

交流粉末场致发光光源在近几年得到多方面的应用和发展,与其它光源相比,它有独特的优点：(1) 固体化、平板化，因而可靠、安全、占地小，易于安装；(2) 面积、形状几乎不受限制，因此可以通过光刻、透明导电膜和金属电极掩蔽镀膜的方法，制成任意发光图形；(3) 无红外辐射的冷光源，因而隐蔽性好，对周围环境没有影响；(4) 视角大，光线柔和，易于观察；(5) 寿命长，可连续使用几千小时，而发光不会突然全部熄灭；(6) 功耗低，约几毫瓦/厘米²；(7) 发光易于电控。当然场致发光光源也存在一些缺点，主要是亮度较低(一般使用亮度为 50cd/m² 左右)、驱动电压高(通常需上百伏)、老化快等等。

场致发光光源主要应用下述几个方面：

(1) 特殊照明。如仪表表盘、飞机座舱、坑道等照明。

(2) 数字、符号显示。如可以做成大型的数字钟，电子称等显示。

(3) 模拟显示。如显示生产工艺流程和大型设备的工作状态，各种应急系统标志显示等。

(4) 矩阵显示，又叫交叉电极场致发光显示。主要用于雷达、航迹显示及电视等。

(5) 象转换及象增强器。把场致发光屏与光导材料联合使用，可以做成显象器件，例如 X 光象增强与象转换器件。

2. 直流粉末场致发光光源

直流粉末场致发光光源的结构与交流粉末场致发光光源类似。但其发光材料(常用 ZnS：Cu、Mn)的涂层是导电的 Cu_xS，而不是大量分布在中间的绝缘胶合介质。它的激发情况也与交流场致发光不同，后者是依靠交变电场激发的，也就是说是从交变电场中吸收能量实现光的转换。而直流场致发光吸收的能量等于通过发光体的传导电流与实际施加在发光体上电压的乘积。因此它要求发光体与电极有良好的接触，有电流流过发光体颗粒。正常使用之前，一般需在两电极上施加短暂的高压脉冲，使铜离子从紧挨着阳极的发光体表面上失落，该表面就形成一薄层高阻的 ZnS，如图 2-18 所示。当工作时，电压较低，但由于大部分电压降落在该高阻层上，因此也能使 ZnS 发光。

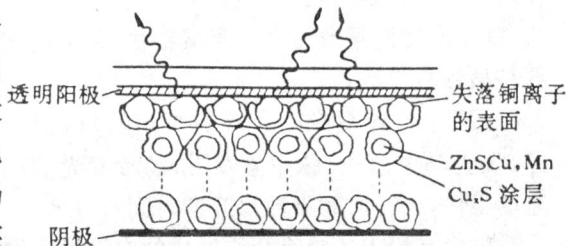

图 2-18　直流粉末场致发光光源

直流粉末场致发光光源的亮度较高，在约 100V 的直流电压激发下，发光亮度达 300cd/m²，且亮度随电压上升而迅速上升；制造工艺简单，成本低，外部驱动方便。目前的主要缺点是效率低，功率转换效率只有 0.1%，寿命短(约 1000 小时)。

该直流粉场致发光器件特别适用于数码、字符和矩阵寻址显示等方面。

二、薄膜场致发光光源

将固体发光材料制成薄膜的形式，在电场作用下出现的发光现象，称为薄膜场致发光。

薄膜场致发光光源与粉末场致发光光源在形式上极其相似，发光层夹在两个平板电极之间，如同一个平板电容器。两个电极中，至少一个是透明的或半透明的，如导电玻璃等。当在两电极上加电压时，薄膜发光并通过它透射出来。

但是，薄膜场致发光层和粉末场致发光层在结构上有本质的不同。薄膜发光层的突出特点是没有介质，它仅仅由 ZnS 多晶掺 Mn 后彼此联接而成，而粉末层通常要用有机介质将发光粉粘结在一起而形成发光层。因此薄膜发光体可与电极直接接触，加之薄膜很薄(约 1μm 左右)，因而可获得低压直流场致发光，一般工作电压十几伏至几十伏。

薄膜场致发光也有直流和交流两种。直流薄膜场致发光有橙黄和绿色两种，工作电压为

10～30V,亮度约 3cd/m²,发光能量转换效率为 0.1%。寿命大于 1000h（小时）。交流薄膜场致发光光源在发光膜层与电极之间多一层绝缘层,因此只在交流电压激发下才发光,发光每颜色有橙色和绿色两种。工作电压为 100～300 伏,频率由数十到数千周,亮度达几百坎德拉每平方米,发光能量转换效率为 0.1%。寿命在 5000 小时以上。

薄膜场致发光由于薄膜的厚度很薄,又没有介质,均匀细密,可以有很高的分辨率,成象质量高。发光亮度随电压增加迅速上升,因此显示对比度好。直流薄膜发光器件的驱动电压低,可直接用集成电路驱动。薄膜光源同样具有粉末器件的一些优点,诸如固体平板化,可制成各种形状,视角大,光线柔和,制备工艺简单,造价便宜等等,因此在显示和显象方面是很有前途的发光器件。

三、发光二级管

发光二极管是少数载流子在 p-n 结区的注入与复合而产生发光的一种半导体光源。也称作注入式场致发光光源。随着半导体技术的发展,近几年发光二极管器件发展很快,并且在光电子学及信息处理技术中起着越来越重要的作用。

1. 发光二极管原理

实际上发光二极管就是一个由 p 型和 n 型半导体组合成的二极管,如图 2-19。在 p-n 结附近,n 型材料中的多数载流子是电子,p 型材料中的多数载流子是空穴,p-n

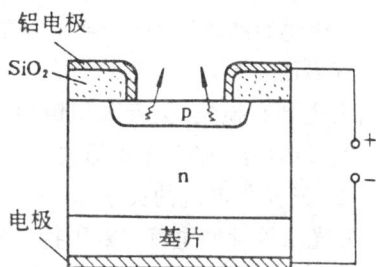

图 2-19　发光二极管原理结构

结上未加电压时构成一定的势垒,当加上正向偏压时,在外电场作用下,p 区的空穴和 n 区的电子就向对方扩散运动,构成少数载流子的注入,从而在 p-n 结附近产生导带电子和价带空穴的复合。一个电子和一个空穴的每一次复合,将释放出与材料性质有关的一定复合能量,这个能量会以热能、光能、或部分热能和部分光能的形式辐射出来。随着进一步的研究,某些半导材料,特别是 Ⅲ－Ⅴ 族元素化合物,如 GaAs、GaP 和 $GaAs_{1-x}P_x$,复合能将以一定频率的光能大量释放出来。

2. 发光二极管的特性参数

(1) 量子效率

辐射源效率的基本含义是表示输入和输出能量之间的数量关系。在前面介绍的各种电光源中,为了表示辐射可见光的性能,常用光效率 η 来表征。发光二极管一般用量子效率来表示。

我们知道,二极管的发光是正向偏置的 p-n 结中注入载流子的复合引起的。但是注入的载流子不见得都复合,而复合后也不定都发光。注入的载流子,一部分是通过电子空穴对复合掉,也有一部分可能通过结区的隧道效应和其他的形式流走;复合的载流子一部分以光的形式放出能量,另一部分也可能将放出的能量变成晶格振动的热能或其他形式的能量,即所谓的无辐射复合。发光复合究竟在整个过程中占多大的比例,即描述这一物理过程中的数量关系就是内量子效率,用符号 η_{qi} 表示,有

$$\eta_{qi} = \frac{N_r}{G} \tag{2.6}$$

式中　N_r 为产生的光子数;G 为注入的电子空穴对数。这里,产生的光子数并不能全部射出器件之外。作为一种发光器件,我们感兴趣的是它能射出多少光子。表征器件这一性能的参数就是外量子效率,用 η_{qe} 表示,

$$\eta_{qe} = \frac{N_T}{G} \tag{2.7}$$

式中，N_T 为器件射出的光子数。

虽然某些发光二级管材料的内量子效率很高，接近 100%，但外量子效率却很低。主要原因是由于所用半导体材料的折射率较高，如 GaAs 的折射率 n 为 3.6，其临界角很小，大部辐射光都以大于临界角的角度照射到材料与空气的界面上，它们几乎全部被反射回去，故光能损失很大。为了减少全反射损失，通常采用两种方法：一种是把半导体与空气的交界面做成半球形，以便让绝大部分的光线以小于临界角的方向射出表面，如图 2-20(a) 所示。但是，这种方法因制造困难、价格昂贵，只有在大功率器件中偶尔采用。另一种方法较为通用 —— 将 p-n 结密封在透明的高折射率（$n = 1.5$）的塑料中。这种结构与半导体 空气界面相比，光输出约增大三倍。当然光输出在塑料空气界面上也会有损失，但若采用铸塑方法把塑料做成半球形，如图 2-20(b) 所示。那么光能损失可进一步减少。

(2) 发光与电流的关系

发光二极管的电流 - 电压特性和普通的二极管大体一样。对于正向特性，电压在开启点以前几乎没有电流，电压一超过开启点就显示出欧姆导通特性，工作电流一般为 $5 \sim 50\text{mA}$。开启点随半导体材料的不同而不同，如 GaAs 为 1.0V，GaP 为 1.8V。在发光工作状态，压降约为 $0.3 \sim 0.5\text{V}$。反向击穿电压一般在 5V 以上。

图 2-21 表示几种发光二极管的光出射度与电流密度的关系。从图中可见 $GaAs_{1-x}P_x$、$Ga_{1-x}Al_xAs$ 和 GaP（绿色）的发光二极管，其光出射度与电流密度近似地成正比增加，不易饱和。而 GaP：(Zn、O) 的红色发光二极管则极易达到饱和。

发光二极管的光出射度还强烈地依赖于工作温度。当环境温度较高或工作电流过大时，由于热损耗，使光出射度不再继续随着电流成比例地提高，即出现热饱和现象，使用时必需加以考虑。

(3) 光谱特性

发光二极管的发光光谱直接决定着它的发光颜色。根据半导体材料的不同，目前能制造出红、绿、黄、橙、蓝、红外等各种颜色的发光二极管，如表 2-3 所列。

图 2-22 表示 $GaAs_{0.6}P_{0.4}$ 和 GaP 红色发光的光谱能量分布。$GaAs_{1-x}P_x$ 由于 x 值的不同，发光的峰值波长在 620nm 到 680nm 之间变化，其光谱半宽度约为 $20 \sim 30\text{nm}$。

GaP 红色发光管的峰值波长在 700nm 附近，半宽度约 100nm，而 GaP 绿色发光管的峰值波长 565nm 附近，半宽度约 25nm。另外，随着结温的上升，峰值波长将以 $0.2 \sim 0.3\text{nm}/℃$ 的比例向长波方向漂移，即发射波长具有正的温度系数。

(4) 响应时间

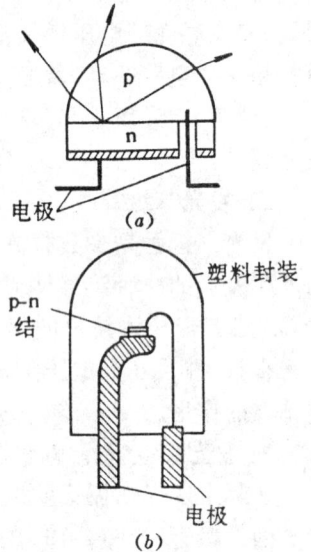

图 2-20　减少全反射损失的结构图

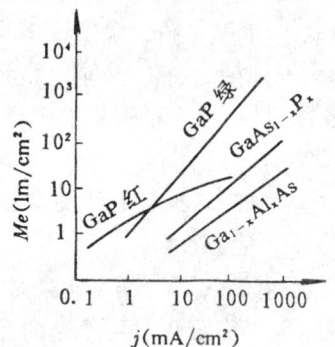

图 2-21　光出射度与电流密度的关系曲线

表 2-3 几种发光二极管的特性

材料	禁带宽度(eV)	峰值波长(nm)	颜色	外量子效率
GaP	2.24	565	绿	10^{-3}
GaP	2.24	700	红	3×10^{-2}
GaP	2.24	585	黄	10^{-3}
$GaAs_{1-x}P_x$	$1.84 \sim 1.94$	$620 \sim 680$	红	3×10^{-3}
GaN	3.5	440	蓝	$10^{-4} \sim 10^{-3}$
$Ga_{1-x}Al_xAs$	$1.8 \sim 1.92$	$640 \sim 700$	红	4×10^{-3}
GaAs：Si	1.44	$910 \sim 1020$	红外	0.1

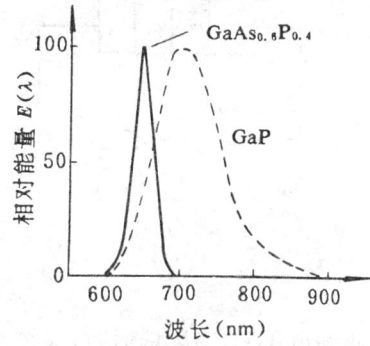

图 2-22　发光二极管的光谱能量分布

发光二极管的响应时间是表示反应速度的一个重要参数,尤其在脉冲驱动或电调制时显得十分重要。响应时间是指注入电流后发光二极管启亮(上升)或熄灭(衰减)的时间。发光二极管的上升时间随着电流的增大近似地成指数减小。直接跃迁的材料(如 $GaAs_{1-x}P_x$)的响应时间仅几个纳秒,而间接跃迁材料(如 GaP)的响应时间则约为 100 纳秒。

发光二级管可利用交流供电或脉冲供电获得调制光或脉冲光,调制频率可达几十兆赫。这种直接调制技术使发光二极管在相位测距仪、能见度仪及短距离通讯中获得应用。

(5)寿命

发光二极管的寿命一般是很长的,在电流密度小于 $1A/cm^2$ 的情况下,寿命可达 10^6 小时,即可连续工作一百余年。这是任何光源均无法与之竞争的。

发光二极管的亮度随着工作时间的增加而衰减,这就是老化。老化的快慢与电流密度 j 和老化时间常数 τ 有关,其关系式为

$$L(t) = L_0 e^{-(j/\tau)t} \tag{2.8}$$

式中　L_0 为起始亮度;$L(t)$ 为点燃 t 时间后的亮度;τ 约为 $10^6 h \cdot A/cm^2$。

3. 新型多功能器件

随着光电子学的发展,以 p-n 结发光为中心的具有光电转换、存储、放大、光电双控、逻辑功能等性能的新型器件不断出现,这就进一步丰富了发光器件的内容。由于多功能器件才问世不久,许多方面还需进一步完善和发展。这里仅简述数例。

(1)光耦合器件

光耦合器件是将发光二极管和光电接收元件组合而构成的一种器件。它是以光子作为传输媒介,将输入端的电信号耦合到输出端。因此具有体积小、寿命长、抗干扰能力强和输入输出间绝缘,单向传输等特点,因而得到广泛的应用。这方面的详细内容将在第六章光电耦合器中介绍。

(2)负阻发光器件

负阻发光二极管的工作原理如图 2-23(a) 所示,它相当于两个 p-n 结发光二极管串在一起,其 S 型伏安特性曲线如图 2-23(b)。当加上如图(a)所示的电压时,由于 p-n 结 J_2 是反向,故几乎无电流流过。当偏压提高到 J_2 的击穿电压时,电流才开始上升,但由于 $p_1n_1p_2$ 和 $n_1p_2n_2$ 晶体管作用,整个体系的倍增率大于1,于是电流急增,并流经外电路。但由于串联电阻 R_L 的限流作用,电流不能无限制地增加。实际工作时,在负阻发光管上预先加上 V_t^0 的直流偏压,它低于负阻

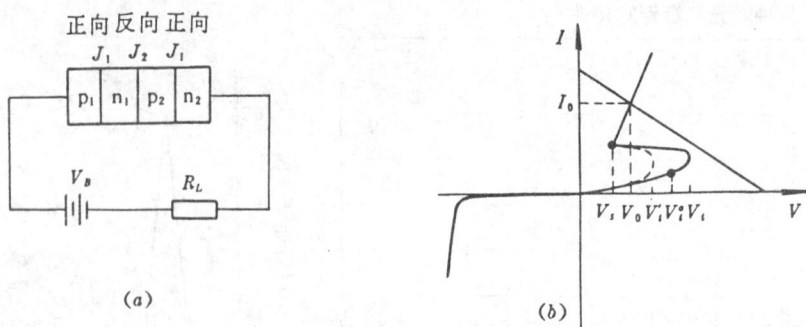

图 2-23 负阻发光二极管工作原理图

管 的闭锁电压 V_t；当要选通时，只需加一幅度大于 $V_t - V°_s$ 的脉冲电压，负阻发光管就可以呈"开"态，由于 R_L 的限流作用，最大只能流过 I_0 电流，对应在负阻发光管上的电压降为 V_0。在 I_0 电流下足以发出很明亮的光，并且一直保持着，即已把电信号用发光的形式"记住"。要擦除这个"记住"的信号，除非电压低于维持电压 V_s。于是可外加反向负脉冲来擦除，其幅度应大于 $V°_s$ — V_s。当外加光照时，脉冲开启电压可以降低，甚至直接用光照就可使负阻发光管的闭锁电压 V_t 降到比所加直流偏压 $V°_s$ 还低的状态，即直接用光开启。这就是用光笔把信号直接写入，使负阻发光管"记住"。显然，后一性能，可用作光放大，光波长转换等。

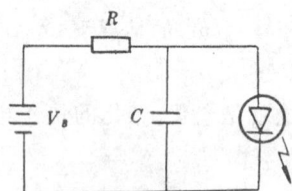

图 2-24 光脉冲发生器

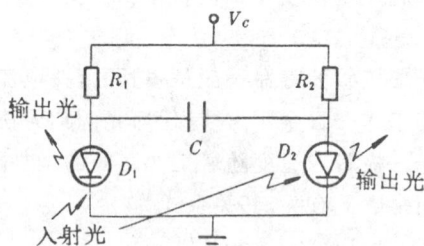

图 2-25 双光稳态电路

根据以上原理可作成光脉冲发生器，如图 2-24 所示；也可以作成光输入、光输出的双稳态，如图 2-25 所示。在图 2-25 所示电路中，设 D_1、D_2 分别处于"关"和"开"状态。若同时受光照，则 D_1 由"关"变成"开"，而同时通过 C 充电的脉冲使 D_2 变成"关"状态，即光入射可使这种光控负阻发光二极管 D_1 和 D_2 交替地开启。光双稳态器件是数字光计算机中的最基本单元之一。半导体光学双稳态器件具有体积小、功耗低、速度快、易于集成等优点，近几年已引起世界各国的重视，这方面的工作得到了迅猛的发展。

具有负阻特性的材料有多种：例如 GaAlAs 在液相外延中掺进 p 型杂质 Zn 和 n 型杂质 Te，制成 pnpn 电流控制负阻发光器件；用 GaP 制成室温闭锁电压只有 12 伏，维持电压约 $2 \sim 4$ 伏的绿色发光的负阻开关器件；用它制成 5×7 矩阵元的显示器，在开关发光二极管上加 7 伏的直流偏压，用大于 $1\mu s$、$\pm 5V$ 脉冲开关的发光二极管，这时额定通过 15mA 电流能发出 $1200cd/m^2$ 的绿光，甚至在一定的偏压（大于 4 伏）下用光笔寻趾（光照）也能开关它。

（3）双导态发光器件

图 2-26 是双导态发光二极管的伏安特性曲线。器件具有两种不同的状态，每一种都具有它自己的整流特性。图中，AOB 曲线表示高导态，即通态，在电流未到 B 点之前，器件将保持高

导态；当电流超过 B 点，器件即经过过渡变化到达低导态（断态）COD。这种特性也能稳定地保存着，直到电压超过对应 C 点的阈值，器件才回到它的高导态。利用这种特性即可做成开关和存储器件，该器件同时具有发光功能。

图 2-26　双导态发光器件伏安特性

例如，用 ZnSe 多晶掺杂一定浓度的 Al、Mn 和 Ag 制成的发光二极管，B 点的电流密度约为 $10A/cm^2$，C 点的阈值电压范围 5～15V，器件的低导存储态可维持 1000 小时以上，且不需要维持偏压。如图中所示，在 1.5V 的正向偏压下能产生 7mA 的高导态和 0.07mA 的低导态。开关时间约为 100ns。在低导态时，二极管不发光，而高导态时发黄—橙色光。这样，贮存既可用电方法读出，也可用光读出。

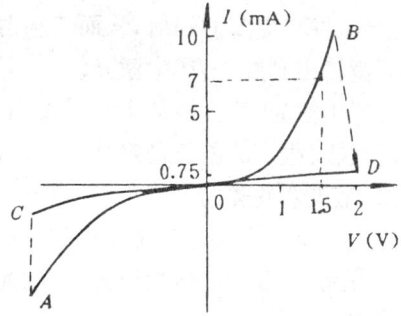

近年来，由于半导体材料的制备和 p-n 结制造技术的发展，发光二极管得到广泛的重视和应用。归纳起来它具有如下优点：

（1）属于低电压（1～2V）、小电流（每个发光单元只需 10mA）器件，在室温下即可得到足够的亮度（一般 $3000cd/m^2$ 以上）；

（2）发光响应速度快（10^{-7}～$10^{-9}s$）；

（3）由于器件在正向偏置下使用，因此性能稳定，寿命长（一般 10^5 小时以上）；

（4）易于和集成电路匹配，且驱动简单；

（5）与普通光源相比，单色性好，其发光的半宽度一般为几十纳米；

（6）小型、耐冲击。

当然它也存在一些缺点，主要是功率较小，只有 μW、mW 级；光色有限，较难获得短波发光（如紫外、蓝色），且发光效率低。因此目前主要作为仪表指示器和小型或超小型的文字、数字显示器等方面。随着大功率器件和多功能器件的发展，其应用领域将日益扩大。

§2-5　激光器

从 1960 年发现激光器以来，激光器件、激光技术和它们的应用均以很快的速度发展，目前已渗透到所有的学科和应用领域。有关它们的专著和论文大量涌现。本章准备用很短的篇幅简单介绍激光器，其目的在于提醒读者重视这一类性能十分优越的辐射源。历史已告诉我们，合理地使用激光器往往形成新的光电技术和测量方法，有时还会提高测量的精度。

一、激光器的工作原理

激光器一般是由工作物质、谐振腔和泵浦源组成，如图 2-27 所示。常用的泵浦源是辐射源或电源，利用泵浦源能量将工作物质中的粒子从低能态激发到高能态，使处于高能态的粒子数大于处于低能态的粒子数，构成粒子数的反转分布，这是产生激光的必要条件。处于这一状态的原子或分子称为受激原子或分子。

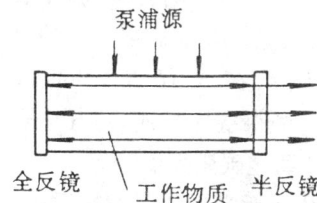

图 2-27　激光器工作原理图

当高能态粒子从高能态跃迁到低能态而产生辐射后，它通过受激原子时会感应出同相位同频率的辐射。这些辐射波沿由两平面构成的谐振腔来回传播时,沿轴线的来回反射次数最多,它会激发出更多的辐射,从而使辐射能量放大。这样,受激和经过放大的辐射通过部分透射的平面镜输出到腔外,产生激光。

要产生激光,激光器的谐振腔要精心设计,反射镜的镀层对激发波长要有很高的反射率、很小的吸收、很高的波长稳定性和机械强度。因此实用的激光器要比图 2-27 所示的复杂得多。

二、激光器的类型

目前已研制成功的激光器达数百种,输出波长范围从近紫外直到远红外,辐射功率从几毫瓦至上万瓦,一般按工作物质分类,激光器可分为气体激光器、固体激光器、染料激光器和半导体激光器等。

1. 气体激光器

气体激光器采用的工作物质很多,激励方式多样,发射波长也最广。这里主要介绍氦氖激光器、氩离子激光器和二氧化碳激光器。

(1) 氦 - 氖激光器(图 2-28)

氦氖激光器工作物质由氦气和氖气组成,是一种原子气体激光器。在激光器电极上施加几千伏电压使气体放电,在适当的条件下氦氖气体成为激活的介质。如果在激光管的轴线上安装高反射比的多层介质膜反射镜作为谐振腔,则可获得激光输出。主要输出的波长有 632.8nm、1.15μm、3.39μm。若反射镜的反射峰值设计在 632.8nm,其输出为最大。氦氖激光器输出一毫瓦左右至数十毫瓦的连续光,波长的稳定度为 10^{-6} 左右,主要用于精密计量、全息术、准直测量等场合。激光器的结构有内腔式、半内腔式和外腔式三种,如图 2-28。外腔式输出的激光偏振特性稳定,内腔式激光器使用方便。

(2) 氩离子激光器

氩离子激光器的工作物质是氩气,在低气压大电流下工作,因此激光管的结构及其材料都与氦氖激光器不同。连续的氩离子激光在大电流的条件下运转,放电管

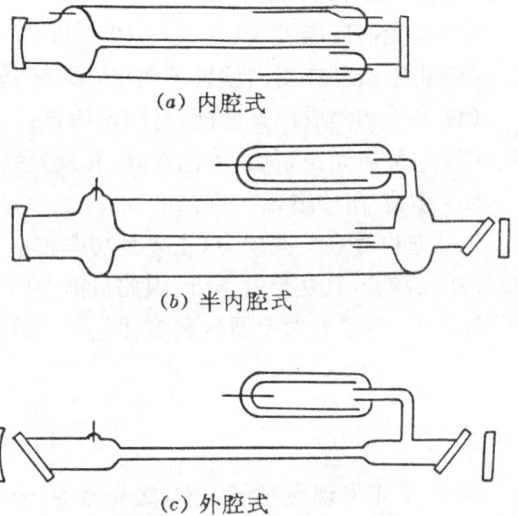

(a) 内腔式

(b) 半内腔式

(c) 外腔式

图 2-28 氦 — 氖激光器示意图

需承受高温和离子的轰击,因此小功率放电管常用耐高温的熔石英做成,大功率放电管用高导热系数的石墨或 BeO 陶瓷做成。在放电管的轴向上加一均匀的磁场,使放电离子约束在放电管轴心附近。放电管外部通常用水冷却,降低工作温度。氩离子激光器输出的谱线属于离子光谱线,主要输出波长有 452.9nm、476.5nm、496.5nm、488.0nm、514.5nm,其中 488.0nm 和 514.5nm 二条谱线为最强,约占总输出功率的 80%。

(3) 二氧化碳激光器

二氧化碳激光器的工作物质主要是二氧化碳,掺入少量 N_2 和 He 等气体,是典型的分子气体激光器。激光输出谱线波长分布在 9 ~ 11μm 的红外区域,典型的波长为 10.6μm。

二氧化碳激光器的激励方式通常有低气压纵向连续激励和横向激励两种。低气压纵向激励的激光器的结构与氦氖激光器类似,但要求放电管外侧通水冷却。它是气体激光器中连续输

出功率最大和转换效率最高的一种器件,输出功率从数十瓦至数千瓦.横向激励的激光器可分为大气压横向激励和横流横向连续激励两种.大气压横向激励激光器是以脉冲放电方式工作的,输出能量大,峰值功率可达千兆瓦的数量级,脉冲宽度约 $2 \sim 3\mu s$.横流横向激励激光器可以获得几万瓦的输出功率.二氧化碳激光器广泛应用于金属材料的切割、热处理、宝石加工和手术治疗等方面.

2. 固体激光器

固体激光器所使用的工作物质是具有特殊能力的高质量的光学玻璃或光学晶体,里面掺入具有发射激光能力的金属离子.

固体激光器有红宝石、钕玻璃和钇铝石榴石等激光器.其中红宝石激光器是发现最早、用途最广的晶体激光器.粉红色的红宝石是掺有 0.05% 铬离子(Cr^{3+})的氧化铝(Al_2O_3)单晶体.红宝石被磨成圆柱形的棒,棒的外表面经粗磨后,可吸收激励光.棒的两个端面研磨后再抛光,使两个端面相互平行,并垂直于棒的轴线,再镀以多层介质膜,构成两面反射镜.其中激光输出窗口为部分反射镜(反射比约 0.9),另一个为高反射比镜面.如图 2-29 所示,与红宝石棒平行的是作为激励源的脉冲氙灯.它们分别位于内表面镀铝的椭圆柱体谐振腔的两个焦点上.脉冲氙灯的瞬时强烈闪光,借助于聚光镜腔体会聚到红宝石棒上,这样红宝石激光器就输出波长为 $694.3nm$ 的脉冲红光.激光器的工作是单次脉冲式,脉冲宽度为几毫秒量级,输出能量可达 $1 \sim 100$ 焦耳.

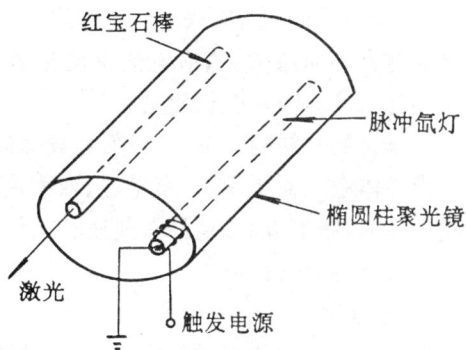

图 2-29　红宝石激光器原理图

3. 染料激光器

染料激光器(图 2-30)以染料为工作物质.染料溶解于某种有机溶液中,在特定波长光的激发下,能发射一定带宽的荧光.某些染料,当在脉冲氙灯或其它激光的强光照射下,可成为具有放大特性的激活介质,用染料激活介质做成的激光器,在其谐振腔内放入色散元件,通过调谐色散元件的色散范围,可获得不同的输出波长,称为可调谐染料激光器.

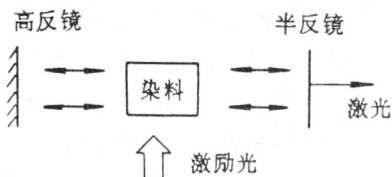

图 2-30　染料激光器原理图

若采用不同染料溶液和激励光,染料激光器的输出波长范围达 $320nm \sim 1000nm$.染料激

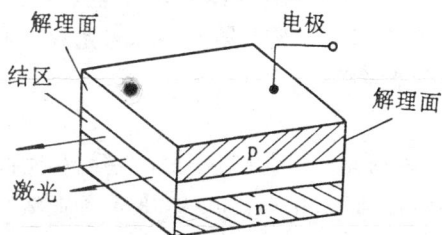

图 2-31　GaAs 半导体激光器

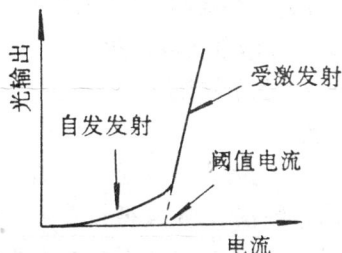

图 2-32　半导体激光器输出 - 电流特性

光器有连续和脉冲两种工作方式.连续方式输出稳定,线宽小,功率大于 $1W$.脉冲方式的输出功率高,脉冲输出能量可达 $120mJ$.

四、半导体激光器

半导体激光器的工作物质是半导体材料。它的原理与前面讨论过的发光二极管没有太多差异，p-n结就是激活介质，如图2-31为砷化镓同质结二极管激光器的结构，两个与结平面垂直的晶体解理面构成了谐振腔。p-n结通常用扩散法或液相外延法制成。当p-n结正向注入电流时，则可激发激光。

半导体激光器光输出-电流特性如图2-32所示，其中受激发射曲线与电流轴的交点就是该激光器的阈值电流，它表示半导体激光器产生激光输出所需的最小注入电流。阈值电流还会随温度的升高而增大。阈值电流密度是衡量半导体激光器性能的重要参数之一，其数值与材料、工艺、结构等因素密切相关。

根据材料及结构的不同，目前半导体激光器的波长为 $0.33\mu m \sim 44\mu m$，如表2-4所示。

半导体激光器体积小、重量轻、效率高，寿命超过一万小时，因此广泛应用于光通信、光学测量、自动控制等方面。是最有前途的辐射源之一。

三、激光的特性

1. 单色性

普通光源发射的光，即使是单色光也有一定的波长范围。这个波长范围即谱线宽度，谱线宽度越窄，单色性越好。例如：氦氖激光器发出的波长为632.8nm的红光，对应的频率为 $4.74 \times 10^{14}Hz$，它的谱线宽度只有 $9 \times 10^{-2}Hz$；而普通的氦氖气体放电管发出同样频率的光，其谱线宽度达 1.52×10^9Hz，比氦氖激光器谱线宽度大 10^{10} 倍以上，因此激光的单色性比普通光高 10^{10} 倍。目前普通单色气体放电光源中，单色光最好的同位素氪灯，它的谱线宽度约 $5 \times 10^{-3}Å$，而氦氖气体激光器产生的激光谱线宽度小于 $10^{-7}Å$，可见它的单色性要比氪灯高几万倍。

2. 方向性

普通光源的光是均匀射向四面八方，因此照射的距离和效果都很有限，即使是定向性比较好的探照灯，它的照射距离也只有几公里。直径一米左右的光束，不出十公里就扩大为直径几十米的光斑了。而一根氦氖气体激光器发射的光，可以得到一条细而亮的笔直光束。激光器的方向性一般用光束的发射角表示。氦氖激光器的发散角可达到 $3 \times 10^{-4}rad$，十分接近于衍射极限（$2 \times 10^{-4}rad$）；固体激光器的方向性较差，一般为 $10^{-2}rad$ 量级；而半导体激光器一般为 $5° \sim 10°$。

3. 亮度

激光器由于发光面小，发散角小，因此可获得高的光谱辐亮度。与太阳相比可高出几个乃至十几个数量级。太阳的亮度值约为 $2 \times 10^3W/(cm^2sr)$，而常用的气体激光器的亮度为 $10^4 \sim 10^8W/(cm^2sr)$，固体激光器可达 $10^7 \sim 10^{11}W/cm^2sr$）。用这样的激光器代替其它光源可解决由于弱光照明带来的低信噪比问题，也为非线性光学创造了前提。

4. 相干性

由于激光器的发光过程是受激辐射，单色性好，发射角小，因此有很好的空间和时间相干性。如果采用稳频技术，氦氖稳频激光的线宽可压缩到10kHz，相干长度达30km。因此激光的出现就使相干计量和全息术获得了革命性变化。

这个特性在通讯中也发挥愈来愈大的作用。对具有高相干性的激光，可以进行调制、变频和放大等，由于激光的频率一般都很高，因此可以提高通讯频带，能够同时传送大量信息。用一束激光进行通信，原则上可以同时传递几亿路电话讯息，且通讯距离远、保密性和抗干扰性强。

表 2-4　半导体激光器的材料及波长

材　　料	波长(μm)	激 发 方 式
硫化锌 ZnS	0.33	电子束、光
氧化锌 ZnO	0.37(室温)	电子束
硫化镉(CdS)	0.49(室温)	光、电子束
硒化镓 GaSe	0.59	电子束
镉硫硒 CdS_xSe_{1-x}	0.49 ～ 0.68	光、电子束
硒化镉 CdSe	0.675	光、电子束
碲化镉 CdTe	0.785	电子束
铝镓砷 $Al_xGa_{1-x}As$	0.63 ～ 0.9(室温)	p-n 结
镓砷磷 $GaAs_xP_{1-x}$	0.61 ～ 0.9(室温)	p-n 结、电子束
砷化镓 GaAs	0.83 ～ 0.91	p-n 结、电子束、光、雪崩击穿
磷化铟 InP	0.91	p-n 结、雪崩击穿
铟镓砷 $In_xGa_{1-x}As$	0.85 ～ 3.1	p-n 结
锑化镓 GaSb	1.55	p-n 结、电子束
铟磷砷 InP_xAs_{1-x}	0.9 ～ 3.2	p-n 结、电子束、光
碲 Te	3.72	电子束
汞镉碲 $Hg_xCd_{1-x}Te$	3 ～ 15	光、电子束
硫化铅 PbS	4.3	电子束
锑化铟 InSb	5.2	p-n 结、电子束、光、雪崩击穿
铟砷锑 $InAs_{1-x}Sb_x$	3.1 ～ 5.4	p-n 结
碲化铅 PbTe	6.5	p-n 结、电子束
硒化铅 PbSe	8.5	p-n 结、电子束
铅锡碲 PbSnTe	28	p-n 结
铅锡硒 PbSnSe	8 ～ 34	p-n 结

　　各种类型激光器的性能差异比较大,因此在选用时,还需根据实际的要求作出相应的选择。

思考题与计算题

〔2-1〕普通白炽灯降压使用有什么好处?灯的功率、光通量、发光效率、色温有何变化?

〔2-2〕试比较卤钨灯、超高压短弧氙灯、氘灯和超高压汞灯的发光性能。在普通紫外一可见分光光度计(200nm ～ 800nm) 中,应怎样选择照明光源?

〔2-3〕场致发光有哪几种形式?各有什么特点?

〔2-4〕简述发光二极管的发光原理。发光二极管的外量子效率与哪些因素有关?

〔2-5〕简述半导体激光器的工作原理，它有哪些特点？对工作电源有什么要求？

参考文献

1. 复旦大学电光源实验室编. 电光源原理. 上海：上海人民出版社，1977
2. 陈大华编. 光源基础. 上海：中国人民解放军空军政治学校，1986
3. 刘榴娣等编. 显示技术. 北京：北京理工大学出版社，1993
4. 杨经国等编. 光电技术. 成都：四川大学出版社，1990
5. 史锦珊等编. 光电子学及其应用. 北京：机械工业出版社，1991
6. 缪家鼎等编. 光电技术基础. 杭州：浙江大学出版社，1988
7. 蔡伯荣等编. 激光器件. 长沙：湖南科学技术出版社，1981

第三章　　光辐射探测器的理论基础

光辐射探测器是一种由入射光辐射引起可度量物理效应的器件。这里所指的物理效应可能是光电效应，或者是温度变化等等。目前，光辐射探测器的种类很多，新的器件也不断出现。现按照工作原理和结构将常用的光辐射探测器分类如下：

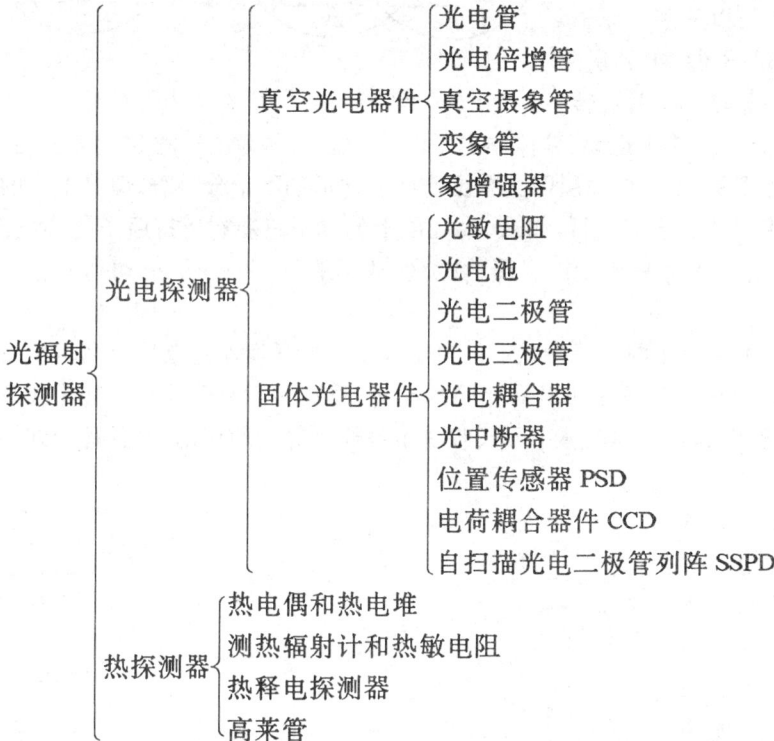

$$
\text{光辐射探测器}
\begin{cases}
\text{光电探测器}
\begin{cases}
\text{真空光电器件}
\begin{cases}
\text{光电管} \\
\text{光电倍增管} \\
\text{真空摄象管} \\
\text{变象管} \\
\text{象增强器}
\end{cases} \\[2ex]
\text{固体光电器件}
\begin{cases}
\text{光敏电阻} \\
\text{光电池} \\
\text{光电二极管} \\
\text{光电三极管} \\
\text{光电耦合器} \\
\text{光中断器} \\
\text{位置传感器 PSD} \\
\text{电荷耦合器件 CCD} \\
\text{自扫描光电二极管列阵 SSPD}
\end{cases}
\end{cases} \\[2ex]
\text{热探测器}
\begin{cases}
\text{热电偶和热电堆} \\
\text{测热辐射计和热敏电阻} \\
\text{热释电探测器} \\
\text{高莱管}
\end{cases}
\end{cases}
$$

由于大部分光辐射探测器采用半导体材料制成。因此在介绍具体的光辐射探测器之前，本章将简述一下半导体的基础知识和半导体的光电效应。

此外，本章还将叙述各种探测器普遍存在的噪声及主要特性参数。

§3-1　半导体基础

一、半导体的结构

半导体材料大多数是晶体材料。晶体可分为单晶和多晶。在一块材料中原子全有规则的周期性排列，这种晶体称为单晶。如果只在很小范围内原子有规则的排列，形成小晶粒，而晶粒之间有无规则排列的晶粒界隔开，这种材料称为多晶。

1. 电子的共有化运动

在晶体中电子的运动状态与孤立原子中的电子状态有所不同。在孤立原子中，原子核外的电子按照一定的壳层排列，每一壳层容纳一定数量的电子。电子在壳层上的分布遵守泡利不相容原理和能量最低原理。电子具有确定的分立能量值，也就是电子按能级分布。在晶体中大量原子集合在一起，而且原子之间距离很近。例如硅晶体中，每立方厘米有 5×10^{22} 个原子，原子之间最短距离为 0.235nm。它们的原子间距离非常近，以致使原子的各个壳层之间有不同程度的交叠。最外面的电子壳层交叠最多，内层交叠较少，如图 3-1 所示。于是外层电子的状态有很明显的变化，而内层电子状态基本上还保持孤立原子中的状态。壳层的交叠使电子不再局限于某个原子上，它可能转移到相邻原子的相似壳层上去，也可能从相邻原子运动到更远的原子壳层上去，如图 3-1 所示。电子可以从某个原子的 2P 壳层转移到相邻原子的 2P 壳层，或从 3S 壳层往其它原子的 3S 壳层转

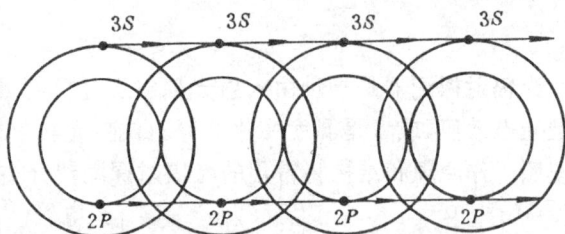

图 3-1　电子共有化运动示意图

移，这样电子有可能在整个晶体中运动。晶体中电子的这种运动称为电子的共有化运动。外层电子的共有化运动较为显著，而内层壳层因交叠少而共有化运动不十分显著。但是电子的共有化运动只能在原子中相似的壳层间进行，如从 3S 壳层上的电子只能在所有原子的 3S 壳层上做共有化运动。电子没有获得外来能量或者释放能量，故不能从某一壳层运动到其它壳层上去。

电子共有化会使得本来处于同一能量状态的电子发生了能量微小的差异。例如，组成晶体的 N 个原子在某一能级上的电子本来都具有相同的能量，现在它们由于处于共有化状态而具有各自不尽相同能量。因为它们在晶体中不仅仅受本身原子势场的作用，而且还受到周围其它原子势场的作用。如果一块晶体中具有 N 个原子，那么 N 个原子中每一个相同能级都分裂成为 N 个新的能级，这 N 个能级之间能量差异极小。一般 N 值很大，这 N 个能级就形成了有一定宽度的能带。能带的示意图如图 3-2 所示，能带是描述晶体中电子状态的重要方法。

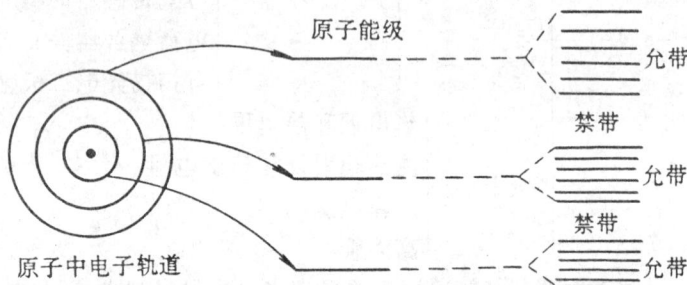

图 3-2　原子能级分裂成能带示意图

2. 能带结构

原子中每一电子所在能级在晶体中都分裂成能带。这些允许被电子占据的能带称为允带。允带之间的范围是不允许电子占据的，这一范围称为禁带。

如同在原子中一样，在晶体中电子的能量状态也遵守能量最低原理和泡利不相容原理。内层能级所分裂的允带总是被电子先占满，然后再占据能量更高的外面一层允带。被电子占满的允带称为满带。原子中最外层电子称为价电子。在晶体最外层电子壳层分裂所成的能带称为价带。价带可能被电子填满，也可能不被填满，填满的能带称为满带。

满带电子是不导电的，泡利不相容原理认为，每个能级只能容纳自旋方向相反的两个电子，在外加电场上，这两个自旋相反的电子受力方向也相反。它们最多可以互换位置，不可能出现沿电场方向的净电流，所以说满带电子不导电。同理，未被填满的价带就能导电。金属之所以

有导电性就是因为其价带电子是不满的。

3. i、n 和 p 型半导体

半导体材料多为共价键。例如,锗(Ge)或硅(Si)原子外层有 4 个价电子,它们与相邻原子组成共价键后形成原子外层有 8 个电子的稳定结构。如图 3-3(a)所示。在绝对零度时,材料不导电。但是,共价键上电子所受束缚力较小,它会因为受到热激发而跃过禁带,去占据价带上面的能带。比价带能量更高的允许带称为导带。电子从价带跃迁到导带后,导带中的电子称为自由电子。因为它们能量很高,不附着于任何原子上,它们有可能在晶体中游动,在外加电场作用下形成电流。另一方面,价带中电子跃迁到导带后,价带中出现电子的空缺称为自由空穴。在外电场作用下,附近电子可以去填补空缺,于是犹如自由空穴发生定向移动形成自由空穴运动,从而形成电流。所以说在常温下半导体有导电性。

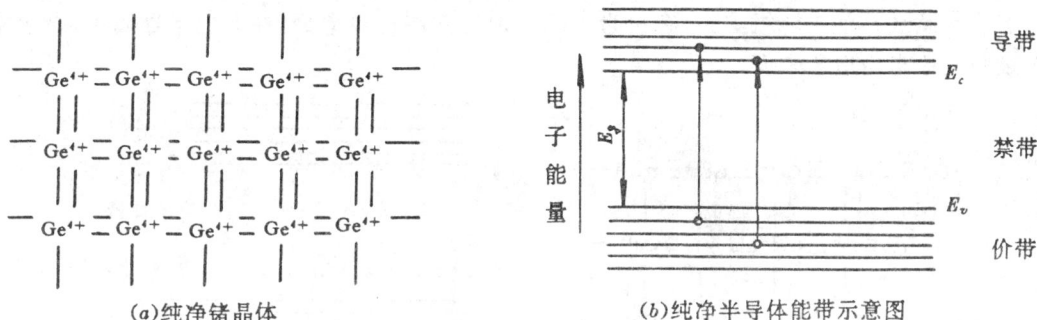

(a)纯净锗晶体　　　　　　　　(b)纯净半导体能带示意图

图 3-3　纯净半导体能带结构

由上可知,与半导体导电特性有关的能带是导带和价带。所以通常用图 3-3(b)所示的能带示意图来表示纯净半导体的能带结构。在纯净半导体中,电子获取热能后从价带跃迁到导带,导带中出现自由电子,价带中出现自由空穴,出现电子 - 空穴对导电载流子。这样的半导体常称为本征半导体,而导电的自由电子和自由空穴统称为载流子。本征半导体导电性能高低与材料的禁带宽度有关。禁带宽度小者,电子容易跃迁到导带,因而导电性就高。

锗的禁带宽度比硅的小,所以其导电性随温度变化就比硅更显著。绝缘体因禁带宽度很大则呈现无导电性。

半导体中人为掺入少量杂质形成掺杂半导体。杂质对半导体的导电性有很大的影响。

如果在四价原子锗(Ge)或硅(Si)组成的晶体中掺入五价原子砷(As)或磷(P),在晶格中某个锗原子被砷原子所替代。五价原子砷用四个价电子与周围的锗原子组成共价键,尚有一个电子多余。这个多余电子受原子的束缚力要比共价键上电子所受束缚力小得多,它很容易被砷原子释放,跃迁到导带而形成自由电子。易释放电子的原子称为施主。施主束缚电子的能量状态称为施主能级,它位于禁带之中比较靠近材料的导带底,如图 3-4(b)所示。施主能级 E_d 和导带底 E_c 间的能量差为 ΔE_d,它称为施主电离能。这种由施主控制材料导电性的半导体称为 n 型半导体,如图 3-4(b)所示。在 n 型半导体中,自由电子浓度将高于自由空穴浓度。

同理,如果在四价锗晶体中掺入三价原子硼(B),就形成了 p 型半导体。晶体中某锗原子被硼原子所替代,硼原子的三个价电子和周围锗原子的四个价电子要组成共价键,形成八个电子的稳定结构尚缺一个电子,如图 3-5(a)所示。于是它很容易从锗晶体中获取一个电子形成稳定结构。这样就使硼变成负离子而在锗晶体中出现自由空穴。容易获取电子的原子称为受主。受主获取电子的能量状态称为受主能级。受主能级用 E_a 表示,如图 3-5(b)所示。它也处于禁带

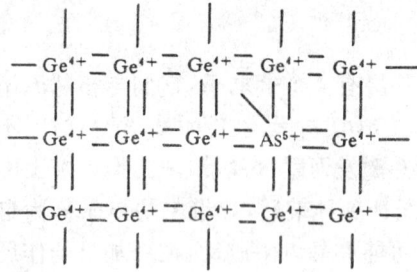

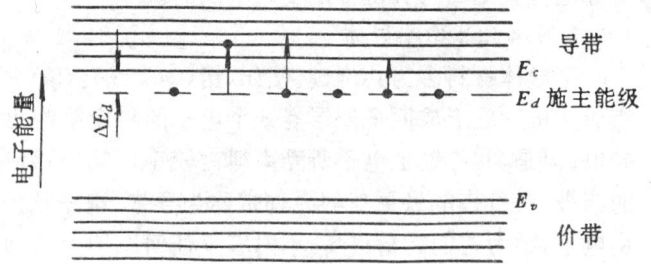

（a）锗掺砷晶体　　　　　　　　（b）n型半导体能带示意图

图 3-4　n型半导体的能带结构

之中,位于价带项 E_v 附近。E_a 与 E_v 之能量差 ΔE_a,称为受主电离能。受主电离能愈小,价带中的电子愈容易跃迁到受主能级上去,在价带中的自由空穴浓度也愈高。在 p 型半导体中,自由空穴浓度将高于自由电子浓度。

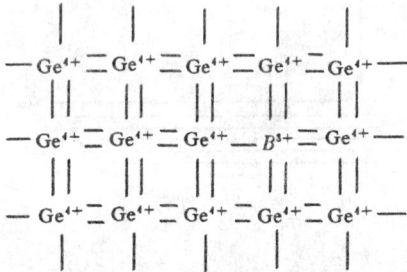

（a）锗掺硼晶体　　　　　　　　（b）p型半导体能带示意图

图 3-5　p型半导体的能带结构

掺杂半导体的导电性能完全由掺杂情况决定。通常称纯净半导体为本征半体,称掺杂半导体为非本征半体。

二、热平衡下的载流子的浓度

半导体的电学性质与材料的载流子浓度有关。所谓载流子浓度就是指单位体积内的载流子数。在一定温度下,若没有其他的外界作用,半导体中的自由电子和空穴是由热激发产生的。电子从不断热振动的晶体中获得一定的能量,从价带跃迁到导带,形成自由电子,同时在价带中出现自由空穴。在热激发的同时,也有电子从导带跃迁到价带并向晶格放出能量,这就是电子空穴的复合。在一定温度下激发和复合两种过程形成平衡,称为热平衡状态,这时的载流子浓度即为某一稳定值。当温度改变后,就破坏原来的平衡状态而建立起新的平衡状态,即达到另一个稳定值。由固体理论得知:热平衡时半导体中自由载流子浓度与两个参数有关。一是在能带中能级(或能态)的分布,二是在这些能级中每一个能级可能被电子占据的概率。

1. 能级密度

能级密度是指在导带和价带内单位体积、单位能量能级数目,用 $N(E)$ 表示。由固体理论得知,在导带内的能级密度

$$N(E) = \frac{4\pi}{h^3}(2m_e^*)^{3/2}(E - E_c)^{1/2} \tag{3.1}$$

在价带内的能级密度

$$N(E) = \frac{4\pi}{h^3}(2m_r^*)^{3/2}(E_v - E)^{1/2} \tag{3.2}$$

式中 $N(E)$ 为在电子能量 E 处的能级密度；m_e^* 为自由电子的有效质量；m_p^* 为自由空穴的有效质量；h 为普朗克常数。

从上两式可知，当离 E_c 或 E_v 愈远时，能级密度 $N(E)$ 愈大。

2. 费米能级和电子占据率

关于电子占据能级的规律，根据量子理论和泡利不相容原理，半导体中电子的能级分布服从费米统计分布规律。在热平衡条件下，能量为 E 的能级被电子占据的概率为

$$f_n(E) = \cfrac{1}{1 + \exp\left(\cfrac{E - E_f}{kT}\right)} \tag{3.3}$$

式中 E_f 为费米能级；k 为玻耳兹曼常数，即 1.38×10^{-23} J/K；T 为绝对温度。

(1) 由式(3.3)可以看出，当 $T = 0(K)$ 时，若 $E < E_f$，则 $f_n(E) = 1$。这说明温度在绝对零度时，凡是能量比 E_f 小的能级被电子占据的概率为 1。也就是说，电子全部占据费米能级 E_f 以下的能级，而 E_f 以上的能级是空的，不被电子占据。

(2) 当 $T > 0(K)$ 时，

若 $E = E_f$，则 $f_n(E) = 0.5$，因此通常把电子占据率为 0.5 的能级定义为费米能级；

若 $E < E_f$，则 $f_n(E) > 0.5$。说明比费米能级低的能级被电子占据的概率大于 0.5；

若 $E > E_f$，则 $f_n(E) < 0.5$。说明比费米能级高的能级被电子占据的概率小于 0.5。而且比费米能级能量高得愈多的能级，电子的占据概率愈小。此外电子占据高能级的概率还随温度升高而增加。

在价带中，如已知电子的占据概率，即可求出空穴的占据概率 $f_p(E)$。空穴的占据概率也就是不被电子占据的概率，则

$$f_p(E) = 1 - f_n(E) = \cfrac{1}{1 + \exp\left(\cfrac{E_f - E}{kT}\right)} \tag{3.4}$$

3. 平衡载流子浓度

在导带中能级为 E 的电子浓度等于在 E 处的能级密度和可被电子占据的概率的乘积。即

$$n(E) = N(E) \cdot f_n(E)$$

在整个导带中总的电子浓度应该是 $n(E)$ 在导带底 E_c 以上所有能量状态上的积分。即

$$n = \int_{E_c}^{\infty} n(E)dE = \int_{E_c}^{\infty} f_n(E)dE$$

将式(3.1)及(3.3)代入上式得积分结果为

$$n = N_c \exp\left[-\frac{E_c - E_f}{kT}\right] \tag{3.5}$$

式中，$N_c = 2\left(\dfrac{2m_e^* kT}{h^2}\right)^{3/2}$，称为导带有效能级密度。

上式说明自由电子浓度 n 与温度有关。在温度一定时与费米能级位置呈指数关系。

同样，在价带中能级 E 的空穴浓度为

$$p(E) = N(E)f_p(E)$$

整个价带中的空穴浓度 p 为

$$p = \int_{-\infty}^{E_v} N(E)f_p(E)dE = N_v \exp\left[-\frac{E_f - E_v}{kT}\right] \tag{3.6}$$

式中，$N_v = 2\left(\dfrac{2\pi m_p^* kT}{h^2}\right)^{3/2}$ 称为价带有效能级密度。

上式说明价带中的自由空穴也是温度的函数，也与费米能级位置呈指数关系。

对于 $N(E)$、$f(E)$、n 和 p 与 E 的关系表示在图 3-6 中。

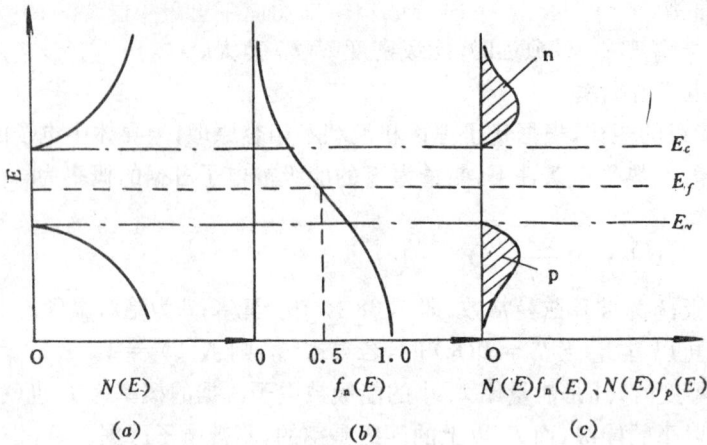

图 3-6　半导体中的：(a) 能级密度；(b) 费米分布函数；
(c) 载流子浓度。

如果把式（3.5）和式（3.6）相乘，可得

$$n \cdot p = N_c N_v \exp\left[-\frac{E_c - E_f}{kT}\right] \cdot \exp\left[-\frac{E_f - E_v}{kT}\right]$$

$$= N_c N_v \exp\left[-\frac{E_g}{kT}\right] \tag{3.7}$$

式中 E_g 为禁带宽度。从（3.7）式可得到如下结论：

（1）在每种半导体中平衡载流子的电子数和空穴数乘积与费米能级无关；

（2）能隙 E_g 愈小，n 和 p 的乘积愈大，导电性愈好；

（3）半导体中的载流子浓度随温度的增加而增大。

4. 本征半导体中的载流子浓度

在本征半导体中，自由电子浓度等于自由空穴浓度。即

$$n_i = p_i$$

由式（3.5）和式（3.6）得

$$N_c \exp\left[-\frac{E_c - E_f}{kT}\right] = N_v \exp\left[-\frac{E_f - E_v}{kT}\right]$$

于是，得到本征半导体的费米能级

$$E_{fi} = \frac{1}{2}(E_c + E_v) + \frac{1}{2}kT\ln\frac{N_v}{N_c} = E_i + \frac{3}{4}kT\ln\left(\frac{m_p^*}{m_e^*}\right) \tag{3.8}$$

式中的 E_i 为中间能级，处于禁带中间位置。对于硅、锗等半导体材料，$m_p^*/m_e^* = 0.5 \sim 1$；对砷化镓则 $m_p^*/m_e^* = 7.4$。式（3.8）的第二项很小，可以忽略。因此本征半导体的费米能级 E_f 位于禁带中线处，大体上与 E_i 重叠。

再由式（3.7）得到本征半导体载流子浓度为

$$n_i = p_i = (N_c N_v)^{1/2} \exp(-E_g/2kT) \tag{3.9}$$

表 3-1 列出了几种材料在室温下的载流子浓度。

表 3-1　室温下硅、锗、砷化镓的本征载流子浓度

数值 参量 \ 半导体	Ge	Si	GaAs
$E_g(\text{eV})$	0.67	1.12	1.35
m_e^*	$0.56m$	$1.08m$	$0.068m$
m_p^*	$0.37m$	$0.59m$	$0.50m$
$n_i(1/\text{cm}^3)$	2.1×10^{13}	1.3×10^{10}	1.1×10^{7}

$m = 9.11 \times 10^{-31}\text{kg}$

5. 掺杂半导体载流子浓度

n 型半导体中,施主原子的多余价电子易跃迁进入导带,使导带中的自由电子浓度高于本征半导体的电子浓度。室温下施主原子基本上都电离,此时导带中的电子浓度

$$n = N_d + p_i \approx N_d \tag{3.10}$$

式中 N_d 为 n 型半导体中掺入的施主原子浓度。

由式(3.7)得到空穴的浓度

$$p = \frac{n_i^2}{N_d} \tag{3.11}$$

将式(3.5)代入式(3.10),得到 n 型半导体的费米能级

$$N_d = N_c \exp\left[-\frac{E_c - E_{fn}}{kT}\right] = n_i \exp\left[\frac{E_{fn} - E_{fi}}{kT}\right]$$

式中 n_i 为本征半导体浓度。于是

$$E_{fn} = E_{fi} + kT\ln\frac{N_d}{n_i} \approx E_i + kT\ln\frac{N_d}{n_i} \tag{3.12}$$

由上式可见:n 型半导体中的费米能级位于禁带中央以上;掺杂浓度愈高,费米能级离禁带中央愈远,愈靠近导带底。

同样,在 p 型半导体中,受主原子易从价带中获得电子。价带中的自由空穴浓度将高于本征半导体中的自由空穴浓度。设掺入的受主原子的浓度为 N_a,那么室温下价带中的空穴浓度 p 和电子浓度 n 分别为

$$p = N_a + n \approx N_a \tag{3.13}$$

$$n = \frac{n_i^2}{N_a} \tag{3.14}$$

将式(3.6)代入(3.13)式中,得到 p 型半导体的费米能级

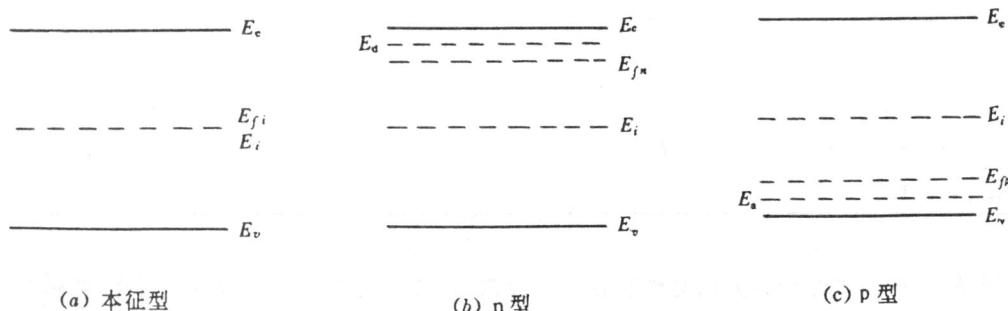

　(a) 本征型　　　　　　　　(b) n 型　　　　　　　　(c) p 型

图 3-7　本征和掺杂半导体中的费米能级

$$E_{fp} = E_i - kT\ln\frac{N_a}{n_i} \tag{3.15}$$

由上式可知：p 型半导体费米能级位于禁带中央位置以下；掺杂浓度愈高，费米能级离禁带中央愈远、愈靠近价带顶。

图(3-7)表示本征型和掺杂型半导体中的费米能级位置。

三、半导体中的非平衡载流子

大多数半导体器件通过外部注入载流子或用光激发方式而使载流子浓度超过热平衡时的浓度。这些超出部分的载流子通常称为非平衡载流子或过剩载流子。半导体材料吸收光子能量而转换成电能是光电器件的工作基础。

1. 材料的光吸收效应

(1) 本征吸收　　对于一块本征半导体(纯净半导体)材料，在一定温度条件下，无光照时材料中的电子和空穴浓度分别为 n_0 和 p_0。当半导体受光照时，价带中的电子吸收光子能量而跃迁到导带，在价带中留下空穴，产生了电子空穴对。在导带中比平衡时多出一部分电子，即电子浓度增加 Δn；在价带中多出了一部分空穴，即空穴浓度增加 Δp。这些载流子称为光生载流子或叫过剩载流子。此时，总的载流子浓度就比热平衡下载流子浓度要大。这种吸收光子能量的过程称为本征吸收。本征吸收只决定于半导体本身的性质，与它所含杂质和缺陷无关。要发生本征吸收，光子能量必须大于材料禁带宽度，即

$$h\nu \geqslant E_g \ \text{或} \ h\frac{c}{\lambda} \geqslant E_g \tag{3.16}$$

式中　　h 是普朗克常数；c 是光速；λ 是光的波长。

表 3-2　常用半导体的禁带宽度和长波限

半 导 体	$T(K)$	$E_g(\text{eV})$	$\lambda_0(\mu m)$
CdS	295	2.4	0.52
CdSe	295	1.8	0.62
CdTe	295	1.50	0.83
GaP	295	2.24	0.56
GaAs	295	1.35	0.92
Si	295	1.12	1.1
Ge	295	0.67	1.8
PbS	295	0.42	2.9
PbSe	295	0.23	5.4
InAs	295	0.39	3.2
InSb	77	0.23	5.4
$Pb_{0.2}Sn_{0.3}Te$	77	0.1	12
$Hg_{0.8}Cd_{0.2}Te$	77	0.1	12

于是，本征吸收在低频方向必然存在一个界限 ν_0，或者说在长波方向存在一个界限 λ_0，本征吸收的长波限为

$$\lambda_0 = \frac{hc}{E_g} = \frac{1.24}{E_g} \ (\mu m) \tag{3.17}$$

半导体的禁带宽度愈窄,长波限 λ_o 愈长。根据半导体不同的禁带宽度可算得相应的本征吸收长波限。表 3-2 是常用半导体本征吸收限和禁带宽度的对应关系。

(2)杂质吸收 掺有杂质的半导体在光照下,中性施主的束缚电子可以吸收光子而跃迁到导带。同样,中性受主的束缚空穴亦可以吸收光子而跃迁到价带。这种吸收称为杂质吸收。本征吸收和杂质吸收的能带示意图如图 3-8 所示。施主释放束缚的电子到导带,受主释放束缚空穴到价带,它们所需能量称为电离能 ΔE_d 和 ΔE_a。显然,杂质吸收的最低光子能量等于杂质的电离能 ΔE_d(或 ΔE_a)。即杂质吸收光的长波限

$$\lambda_o' = \frac{hc}{\Delta E_d} = \frac{1.24}{\Delta E_d} \; (\mu m)$$

或

$$\lambda_o' = \frac{hc}{\Delta E_a} = \frac{1.24}{\Delta E_a} \; (\mu m)$$

(3.18)

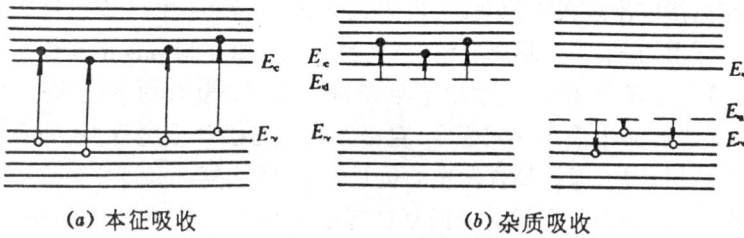

(a) 本征吸收   (b) 杂质吸收

图 3-8 本征和杂质吸收能带示意图

由于杂质的电离能 ΔE_d、ΔE_a 一般比禁带宽度 E_g 小得多,所以杂质吸收的光谱也就在本征吸收的长波限 λ_o 以外。

表 3-3 硅、锗掺杂半导体的电离能和长波限

半 导 体	施主或受主	ΔE_d(eV)	ΔE_a(eV)	λ_o'(μm)
Ge:Li	施主	0.0095		133
Ge:Cu	受主		0.041	30
Ge:Au	施主	0.053		25
Ge:Zn	受主		0.033	38
Ge:Cd	受主		0.06	21
Ge:B	受主		0.0104	120
Ge:Hg	受主		0.09	14
Si:B	受主		0.0439	29
Si:Al	受主		0.0685	18
Si:Ga	受主		0.0723	17
Si:In	受主		0.155	8
Si:P	施主	0.045		29
Si:As	施主	0.0537		23

表 3-3 列出了一些锗和硅掺杂半导体中杂质的电离能及其长波限 λ_o' 的数据。

(3)其它吸收 其它还有激子吸收、自由载流子吸收、晶格吸收等。这些吸收很大程度上

是将能量转换成热能,增加热激发载流子浓度。引起光电导现象主要是本征吸收和杂质吸收。

2. 非平衡载流子浓度

光照射半导体材料时,在本征半导体中电子吸收能量大于禁带宽度的光子,并产生了电子 — 空穴对即光生载流子。或者,非本征半导体吸收能量大于杂质电离能的光子后也产生光生载流子。无论哪一种情况,自由载流子浓度都比热平衡时的浓度要大,即打破了原来的平衡。可是,如果突然停止光照,光生载流子就不再产生,而载流子浓度因复合而逐渐减小,最后恢复到热平衡时的浓度值。

载流子复合过程大致可分为直接复合和间接复合两种。

直接复合是指晶格中运动的自由电子直接由导带回到价带与自由空穴复合,释放出多余的能量,消失电子 — 空穴对。这种复合很重要,但是通常不在复合过程中起主要作用。

间接复合是自由电子和自由空穴通过禁带中的复合中心间接进行复合。因为在晶体形成过程中不可避免地在晶体中出现极少的缺位、错位或杂质。缺位和错位上有价键未被填满的原子起着施主或受主的作用,在禁带中形成能级。杂质也能在禁带中形成能级起施主或受主的作用。禁带中的这些能级就是复合中心,自由电子可先与复合中心复合而消失其导电性能,使复合中心带电。再由库仑力的作用而与空穴复合。自由空穴也可经类似过程。这种间接复合往往在复合过程中起主要作用。随着间接复合发生的位置不同,间接复合又可分为体内复合和表面复合。材料表面因加工方式和形状不同对表面复合起很大影响,如材料表面的研磨、抛光时会出现许多缺陷与损伤,从而产生大量复合中心,使表面载流子复合速度与体内复合速度大不相同。

如果无光照时载流子的浓度为 p 和 n,加光照后载流子浓度的增量为 $\Delta p(t)$ 和 $\Delta n(t)$。此时若光照突然停止,光生载流子浓度会因复合而逐渐减小。从直接复合过程看:起初光生载流子浓度较高,电子和空穴复合机会较多,瞬间复合率较高;由于复合不断进行,光生载流子愈来愈少,复合机会逐渐减少,瞬间复合率也就逐渐下降。从间接复合来看:起初,由于复合中心很多,瞬间复合率很高;当一些复合中心逐渐被填充时,剩下来的中心就愈来愈少,这时其余的载流子就比较难以找到未被占据的中心,于是复合率随时间的增加而减小,最后逐渐回到平衡状态。所以,光生载流子停留在自由状态的时间是不等的,有的长些,有的短些。光生载流子的平均生存时间称为光生载流子的寿命 τ。

半导体中,光生电子 - 空穴对的直接复合率与载流子浓度成正比。可表示为

$$- \frac{dn(t)}{dt} = - \frac{d\Delta n(t)}{dt}$$
$$= B[n_0 + \Delta n(t)][p_0 + \Delta p(t)] - B n_i^2$$

式中　B 是比例系数;$n(t) = n_0 + \Delta n(t)$ 为瞬间载流子浓度。因 $n_i^2 = n_0 p_0$,$\Delta n(t) = \Delta p(t)$,于是上式又可写成为

$$- \frac{d\Delta n(t)}{dt} = B\{(n_0 + p_0)\Delta n(t) + [\Delta n(t)]^2\} \tag{3.19}$$

如果光生载流子浓度不高,$[\Delta n(t)]^2$ 可以忽略;如果考虑非本征半导体(如 n 型)材料中,多数载流子是电子,少数载流子为空穴,少数载流子浓度很低,可以忽略。于是,式(3.19)又可写为

$$- \frac{d\Delta n(t)}{dt} = Bn_0\Delta n(t) \tag{3.20}$$

解上式微分方程,得

$$\Delta n(t) = \Delta n(0) e^{-Bn_0 t} = \Delta n(0) e^{-\frac{t}{\tau}} \tag{3.21}$$

$\Delta n(0)$ 为光照刚停时($t=0$)的光生载流子浓度。$\tau=1/(Bn_0)$，τ 是载流子浓度下降的衰减系数，它为一常数。τ 等于浓度下降到初始值 $\frac{1}{e}$ 时所经过的时间，也是载流子平均寿命（称载流子寿命）。光生载流子复合过程如图 3-9 所示。用 τ 代入式(3.20)，得载流子的复合率一般表达式

$$-\frac{d\Delta n(t)}{dt} = \frac{\Delta n(t)}{\tau} \tag{3.22}$$

间接复合过程计算更复杂，就不作推导了。

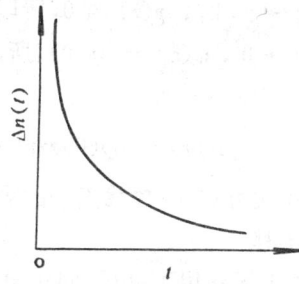

图 3-9　光生载流子复合过程

四、载流子的扩散与漂移

1. 扩散

当材料的局部位置（如材料表面）受到光照时，材料吸收光子产生光生载流子，在这局部位置的载流子浓度就比平均浓度要高。这时电子将从浓度高的点向浓度低的点运动，使自己在晶体中重新达到均匀分布。这种现象称为扩散。由于扩散作用，流过单位面积的电流称为扩散电流密度，它们是正比于光生载流子的浓度梯度，即

$$J_{nD} = qD_n\frac{dn}{dx} \tag{3.23}$$

$$J_{pD} = -qD_p\frac{dp}{dx} \tag{3.24}$$

J_{nD}、J_{pD} 分别为电子扩散电流密度矢量和空穴扩散电流密度矢量。式中的 D_n、D_p 分别是电子的扩散系数和空穴的扩散系数；dn/dx 和 dp/dx 是指在 x 方向上的电子浓度梯度和空穴浓度梯度。

由于载流子扩散取载流子浓度增加相反方向，所以空穴电流是负的。因电子的电荷是负值，扩散方向的负号与电荷的负号相乘，使电子电流是正值。

设想如图 3-10 所示的一块半导体，光生空穴产生于 $x=0$ 处，它将沿 x 方向扩散。若考虑 Δx 长度单位体积内光生空穴净增数，从这区域左边流入的空穴数为

$$-D_p\left[\frac{d}{dx}\Delta p(x)\right]A \tag{3.25}$$

式中，A 为材料截面积。从右面扩散流出 Δx 区的量为

$$-D_p\left\{\left[\frac{d}{dx}\Delta p(x)\right] + \frac{d}{dx}\left[\frac{d}{dx}\Delta p(x)\right]\Delta x\right\}A$$
$$\tag{3.26}$$

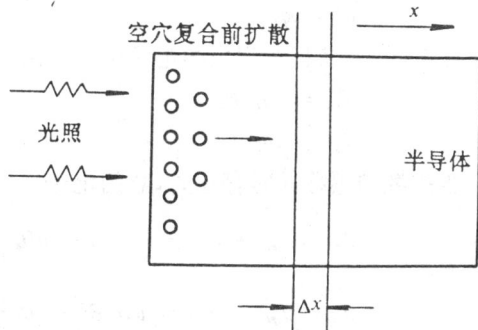

图 3-10　过剩载流子扩散

(3.25)、(3.26) 两式之差就是 Δx 单元体积内的净增载流子数。稳态时它等于剩余空穴的复合率，即

$$-D_p\frac{d^2[\Delta p(x)]}{dx^2}\Delta xA = -\frac{\Delta p(x)\Delta xA}{\tau}$$

或

$$\frac{d^2\Delta p(x)}{dx^2} - \frac{\Delta p(x)}{\tau D_p} = 0 \tag{3.27}$$

该方程通常被称为稳态扩散方程，其解为

$$\Delta p(x) = B_1\exp\left(\frac{x}{L_p}\right) + B_2\exp\left(-\frac{x}{L_p}\right)$$

式中，$L_p = \sqrt{D_p\tau}$ 为空穴扩散长度，常数 B_1 和 B_2 由边界条件确定。对于以上讨论的情况有

当 $x \to \infty$ 时，$\Delta p(x) = 0$，所以 $B_1 = 0$；

当 $x \to 0$，$\Delta p(x) = \Delta p(0)$，所以 $B_2 = \Delta p(0)$。

于是

$$\Delta p(x) = \Delta p(0)\exp\left(-\frac{x}{L_p}\right) \tag{3.28}$$

由(3.28)式可知，少数载流子的剩余浓度随距离指数规律下降。

2. 漂移

在外电场作用下，电子向正电极方向运动，空穴向负电极方向运动，这种运动称为漂移。

在弱电场作用下，半导体的电导遵循欧姆定律。在强电场作用时，由于饱和及雪崩击穿，半导体的电导会偏离欧姆定律。下面介绍弱电场作用下电子的漂移运动。

欧姆定律指出：电流密度矢量 J 正比于电场矢量 E，σ 为比例系数，称为电导率，单位为 $\Omega^{-1}\mathrm{cm}^{-1}$。于是

$$J = \sigma E \tag{3.29}$$

沿 x 方向有

$$J_x = \sigma E_x$$

电流密度矢量应与载流子浓度和载流子沿电场的漂移速度成正比。对于 n 型半导体有

$$J_x = qnv_x \tag{3.30}$$

式中 q 是电子的电荷；v_x 为电子沿 x 方向的速度。v_x 与电场强度成线性关系：

$$v_x = \mu_n = E_x \tag{3.31}$$

式中，μ_n 为电子迁移率，单位是 $\mathrm{cm \cdot s^{-1}/Vcm^{-1}}$。联立式(3.29)、(3.30)、(3.31)解得

$$\sigma = nq\mu_n \tag{3.32}$$

对于 p 型材料有

$$\sigma = pq\mu_p \tag{3.33}$$

在电场中，漂移所产生的电子电流密度矢量 J_{nE} 和空穴电流密度矢量 J_{pE} 分别为

$$J_{nE} = nq\mu_n E_x$$
$$J_{pE} = pq\mu_p E_x \tag{3.34}$$

当扩散和漂移同时存在时，总的电子电流密度矢量 J_n 和空穴电流密度矢量 J_p 分别为

$$J_n = J_{nD} + J_{nE} = nq\mu_n E + qD_n\frac{dn}{dx}$$

$$J_p = J_{pD} + J_{pE} = pq\mu_p E - qD_p\frac{dp}{dx} \tag{3.35}$$

总电流密度为

$$J = J_n + J_p \tag{3.36}$$

上述的半导体知识对理解光电探测器的工作原理是十分必要的。

§3-2　半导体的光电效应

一、光电导效应

光电导效应是一种内光电效应，是光电导探测器光电转换的基础。当半导体材料受光照时，由于对光子的吸收引起载流子浓度的增大，因而导致材料电导率增大，这种现象称为光电导效应。材料对光的吸收有本征型和非本征型，所以光导效应也有本征型和非本征型两种。当

光子能量大于材料禁带宽度时，把价带中的电子激发到导带，在价带中留下自由空穴，从而引起材料电导率的增加，即本征光电效应。若光子激发杂质半导体，使电子从施主能级跃迁到导带或从价带跃迁到受主能级，产生光生自由电子或自由空穴，从而增加材料电导率，即非本征光电导效应。

1. 光电流

材料样品两端涂有电极，沿 x 方向加有弱电场，在 y 方向有均匀光照，如图 3-11 所示。当入射光功率 Φ_s 为常数（或单位面积接收的光功率为常数）时，所得的光电流称稳态光电流。

在无光照时，常温下的样品具有一定的热激发载流子浓度，因而样品具有一定的暗电导率。样品暗电导率由(3.32)和(3.33)式转写为

$$\sigma_0 = q(n_0\mu_n + p_0\mu_p) \quad (3.37)$$

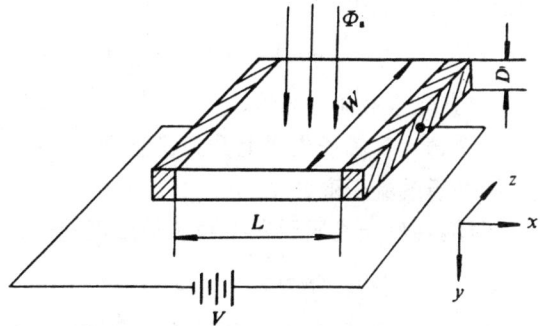

图 3-11　光电导效应

样品在有光照时由于吸收光子而产生的光生载流子浓度用 Δn 和 Δp 表示。光照稳定情况下的电导率为

$$\sigma = q[(n_0 + \Delta n)\mu_n + (p_0 + \Delta p)\mu_p] \tag{3.38}$$

得到光电导率为

$$\Delta\sigma = \sigma - \sigma_0 = q(\Delta n\mu_n + \Delta p\mu_p)$$
$$= q\mu_p(b\Delta n + \Delta p) \tag{3.39}$$

式中，$b = \mu_n/\mu_p$ 为迁移比。

在恒定的光照下，光生载流子不断产生，同时也不断复合。在稳定的情况下，光生载流子的浓度为

$$\Delta p_0 = g\tau \tag{3.40}$$

其中 g 为载流子产生率。若入射的光功率为 Φ_s，载流子产生率与入射光功率的关系为

$$g = \frac{\Phi_s\eta}{h\nu(LWD)} \tag{3.41}$$

η 为量子效率，LWD 为材料体积（见图 3-11）。于是，式(3.40)可改写为

$$\Delta p_0 = \frac{\Phi_s\eta}{h\nu(LWD)}\tau \tag{3.42}$$

若在 x 方向有均匀电场 $E_x = V/L$，那么短路光电流密度为

$$\Delta J_0 = E_x \cdot \Delta\sigma = q\mu_p(b+1)E_x\frac{\Phi_s\eta}{h\nu LWD}\tau \tag{3.43}$$

设

$$T_r = \frac{L}{\mu_p(b+1)E_x} \tag{3.44}$$

$$N = \frac{\Phi_s\eta}{h\nu} \tag{3.45}$$

T_r 的物理意义为载流子在两极之间的渡越时间，N 为光生载流子数，那么

$$\Delta J_0 = \frac{qN}{WD}\frac{\tau}{T_r} \tag{3.46}$$

2. 时间响应

光电导材料从光照开始到获得稳定的光电流是需要一定时间的。同样,当光照停止后光电流也是逐渐消失的。以上整个过程如图 3-12 所示,称为光电导驰豫过程。

通常材料突然受光照到稳定状态时光生载流子浓度的变化规律为:

$$\Delta p = \Delta p_0 (1 - \exp(-\frac{t}{\tau})) \quad (3.47)$$

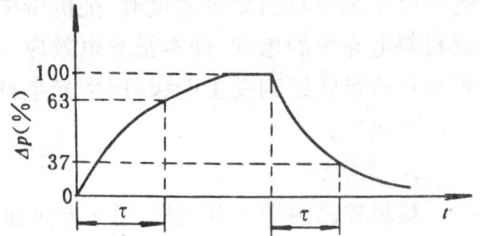

图 3-12　光电导驰豫过程

Δp_0 为稳态光生载流子浓度。

定义光生载流子浓度上升到稳态值的 63% 所需的时间称为光电探测器上升响应时间。响应时间等于载流子寿命 τ。

同样,在停止光照后光生载流子浓度的变化为

$$\Delta p = \Delta p_0 \exp(-\frac{t}{\tau}) \quad (3.48)$$

光照停止后,定义光生载流子下降到稳定值的 37% 时所需的时间为下降时间 τ(上升时间等于下降时间)。

当输入光功率按正弦规律变化时,光生载流子浓度随光功率频率变化的关系为

$$\Delta p = \frac{g\tau}{\sqrt{1 + \omega^2 \tau^2}} = \frac{\Delta p_0}{\sqrt{1 + \omega^2 \tau^2}} \quad (3.49)$$

即输出光电流与频率变化的关系,是一个低通特性,如图 3-13 所示。光电导的迟豫特性限制了器件对调制频率高的光信号的响应。许多光电导材料在弱光照时表现为线性光电导,即光电导与入射光功率成正比,其时间响应和频率响应规律如图 3-12 和图 3-13 所示。而在强光照时表现为抛物线光电导,即光电导与入射光功率的平方根成正比。强光照时的时间响应规律如图 3-14 所示,呈抛物线特性。定义其上升和下降时间仍是 $t = \tau$。它们相当于上升到稳态值的 76%,下降到稳态值的 50%。

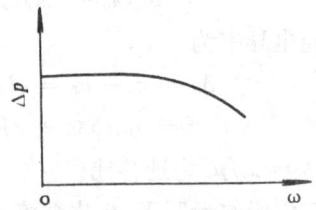

图 3-13　光电导频率特性

3. 光谱响应

如果光电导材料对各种波长的入射辐射(各种频率的光子)量子效率相同,则在相同入射功率下得到理想的光谱响应是与波长呈线性关系的。波长愈短,光子能量愈大。图 3-15(a) 为本征光电导材料的理想光谱响应。但是,实际光电导材料对各波长辐射的吸收系数是不同的。在材料不同深度上获得的光功率

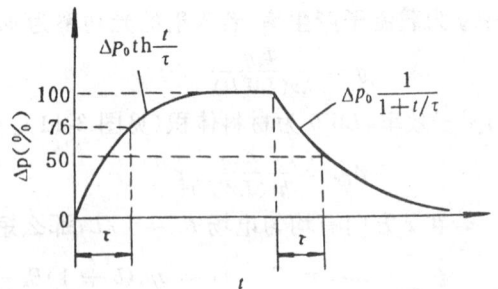

图 3-14　强光照射时的时间响应

为 $\Phi = \Phi_o(1 - e^{-\alpha x})$。在较长波长上,吸收系数 α 很小,一部分辐射会穿过材料,于是量子效率较低。随着波长减小,吸收系数增大,入射光功率几乎全被材料吸收,光电导率将达到峰值。当波长再减小时,吸收系数进一步增加,靠近材料表面附近光生载流子比较密集,致使复合增加,光生载流子寿命减低,量子效率也随之下降,向短波长方向的光谱响应显著下降。一般,峰值靠近长波限,所以实际定义长波限为峰值一半处所对应的波长。实际光电导材料的光谱响应的一般

规律如图 3-15(b) 所示。

二、p-n 结光伏效应

光生伏特效应是一种内光电效应,当光子激发时能产生一个光生电动势。当两端短接时能得到短路电流。这种效应是基于两种材料相接触形成内建势垒,光子激发的光生载流子被内建电场扫向势垒

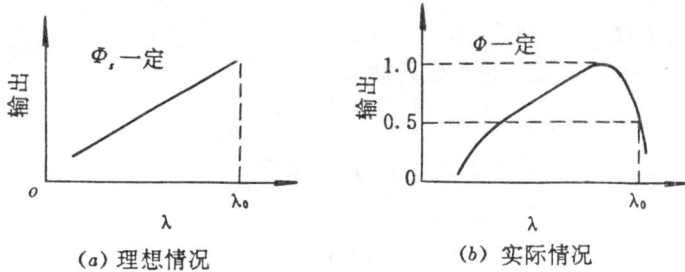

图 3-15 光电导材料的光谱响应

两边,从而形成了光生电动势。因为所用材料不同,有半导体 p-n 结势垒、金属与半导体接触肖特基势垒,以及异质结势垒等多种结构。本书主要讨论 p-n 结光伏效应的原理。

1. 半导体 p-n 结

p-n 结就是在一块单晶中存在紧密相邻的 p 区和 n 区结构。通常是在一种导电类型(p 型或 n 型)半导体上用合金、扩散、外延生长等方法得到另一种导电类型(n 型或 p 型)的薄层,如图 3-16 所示。在这两种半导体材料的交界处就形成了 p-n 结。

在 n 型材料中,电子浓度大而空穴浓度很小。在 p 型材料中,空穴浓度大而电子浓度很小。在结区,刚开始它们存在着载流子浓度梯度,导致空穴从 p 区到 n 区和电子从 n 区到 p 区的扩散运动。在 p 区,空穴扩

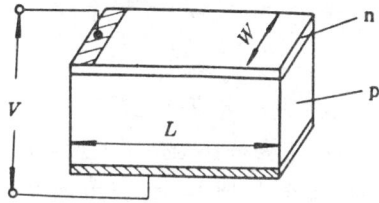

图 3-16 p-n 结的原理结构

散后,留下不可移动的带负电的电离受主。在 n 区,电子扩散后,留下了不可移动的带正电的电离施主。这些正负离子在结区附近形成空间电荷区,这个区域称为耗尽区。空间电荷区中形成的电场是由 n 区指向 p 区的,称为内建电场(或结电场)。在内建电场作用下,载流子出现漂移运动,方向与扩散运动相反,起着阻止扩散的作用。随着扩散运动的不断进行,空间电荷逐渐增加,阻碍扩散进行的漂移作用也随之增强。最后扩散与漂移运动形成动态平衡,结区建立了相对稳定的内建电场。

p-n 结的能带图如图 3-17 所示。n 型材料中电子浓度较高,费米能级位置亦较高。在 p 型材料中空穴浓度较高,费米能级位置较低。在平衡时,费米能级应在同一高度上。

结区的内建电场使 p 区相对于 n 区具有负电位,使结区造成了能带弯曲,形成 p-n 结势垒,势垒的作用是阻挡多数载流子运动。

p-n 结势垒高度与掺杂程度密切相关。由式(3.5)可知,p 区导带中的电子浓度为

$$n_p = N_c \exp\left[-\frac{E_{cp} - E_{fp}}{kT}\right]$$

同样,n 区内的电子浓度为

$$n_n = N_c \exp\left[-\frac{E_{cn} - E_{fn}}{kT}\right]$$

如上所述,平衡时 p 区和 n 区的费米能级相等,即 $E_{fp} = E_{fn} = E_f$。上两式整理后可得

$$E_{cp} - E_{cn} = kT\ln\left(\frac{n_n}{n_p}\right) = qV_0 \tag{3.50}$$

其中 qV_0 为势垒高度,V_0 为电势差。于是

$$V_0 = \frac{kT}{q}\ln\left(\frac{n_n}{n_p}\right) \tag{3.51}$$

在室温下，多数载流子的浓度等于杂质浓度，即 $n_s = N_d, p_s = N_a$，且有 $n_p = n_i^2/N_a$，则式(3.51)也可改写成

$$V_0 = \frac{kT}{q}\ln\left(\frac{N_a N_d}{n_i^2}\right) \quad (3.52)$$

由上式可见，p-n 结两边的掺杂浓度愈高，p-n 结的势垒也愈大。

由式(3.15)可求出 p-n 结两边少数载流子与多数载流子浓度之间的重要关系：

$$n_p = n_s\exp\left(\frac{-qV_0}{kT}\right) \quad (3.53)$$

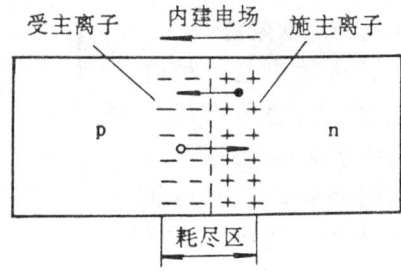

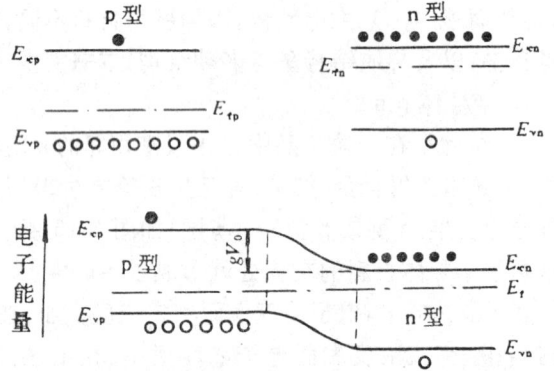

同理

$$p_s = p_p\exp\left(\frac{-qV_0}{kT}\right) \quad (3.54)$$

2. p-n 结的电流电压特性

p-n 结主要特性是整流效应，即单向导电性，如图 3-18 所示。在施加外电压时，若 p 区接正端、n 区接负端，称为正向偏置。这时，通过 p-n 结的电流随着电压的增加急剧上升。

若 n 区接正端、p 区接负端，称为反向偏置。这时通过 p-n 结的电流与正向偏置时相反，数值很小，而且随着电压的增加，电流趋向饱和。下面对 p-n 结的电流电压特性作进一步的分析。

(1)正向偏置

如图 3-19(b)所示：在 p-n 结两端加上正向偏置。由于耗尽区的电阻远比体电阻大，故外加电压 V 几乎全部降落在耗尽层上，势垒高度降低到 $(V_0 - V)$，p-n 结两边的费米能级错开 qV，空间电荷区变窄。同时，原来扩散电流和漂移电流的平衡关系被破坏，多数载流子很容易越过势垒，于是扩散电流增加，有更多的电子从 n 区向 p 区注入，也有更多的空穴从 p 区向 n 区注入。结果 p-n 结附近的少数载流子浓度上升。出现剩余少数载流子的浓度梯度。这些载流子由 p-n 结向外扩散，在外电路中就形成了正向电流。

p-n 结的正向电流由 p 边界的电子扩散电流和 n 边界的空穴扩散电流组成。现在先考虑 n 边界的空穴扩散电流。

由式(3.54)可知，由于正偏使耗尽层附近 n 区内的少数载流子浓度变为

$$p_n' = p_p\exp\left[\frac{-q(V_0 - V)}{kT}\right]$$

再将 p_p 用式(3.54)中的 p_n 代入，p_n 为 n 区内未加偏置时的空穴浓度，于是

$$p_s' = p_s\exp\left(\frac{qV}{kT}\right) \quad (3.55)$$

图 3-17 p-n 结能带

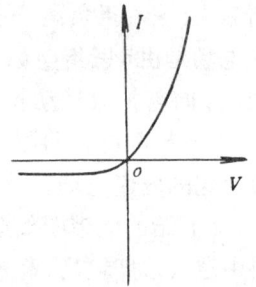

图 3-18 p-n 结导电特性

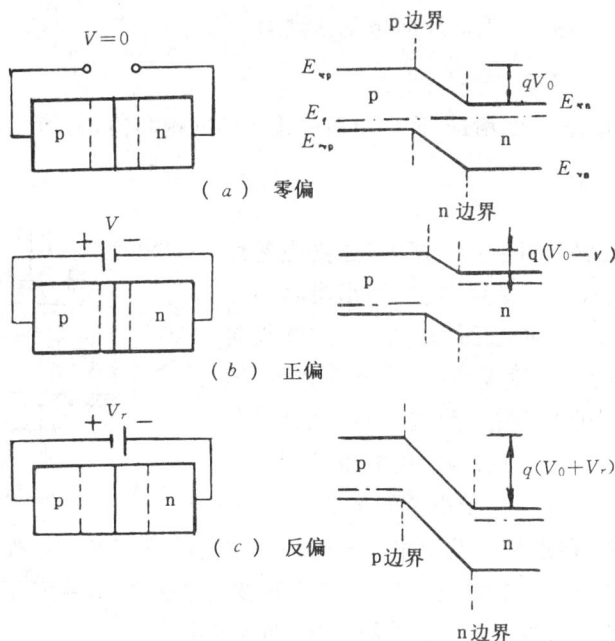

图 3-19　偏置情况下的 p-n 结能带图

由于扩散过程中载流子的复合作用,剩余载流子的浓度随着离开 p-n 结边界的距离而衰减,由式(3.28)可得

$$\Delta p(x) = \Delta p(0)\exp\left(\frac{-x}{L_p}\right) \tag{3.56}$$

在边界处($x = 0$),剩余少数载流子浓度为

$$\Delta p(0) = p_n' - p_n = p_n\left[\exp\left(\frac{qV}{kT}\right) - 1\right] \tag{3.57}$$

由扩散公式(3.23)可知,n 区内剩余载流子扩散电流密度

$$J_p = qD_p\frac{dp(x)}{dx} = \frac{qD_p}{L_p}\Delta p(0)\exp\left(\frac{-x}{L_p}\right)$$

在 n 边界 $x = 0$ 处,利用式(3.57)得出

$$J_p = \frac{qD_p}{L_p}p_n\left[\exp\left(\frac{qV}{kT}\right) - 1\right] \tag{3.58}$$

类似地,p 边界的电子扩散电流密度

$$J_n = \frac{qD_n}{L_n}n_p\left[\exp\left(\frac{qV}{kT}\right) - 1\right] \tag{3.59}$$

因此,总的正向电流密度为

$$J = J_0\left[\exp\left(\frac{qV}{kT}\right) - 1\right] \tag{3.60}$$

其中

$$J_0 = q\left(\frac{D_p}{L_p}p_n + \frac{D_n}{L_n}n_p\right)$$

式中,J_0 为反向饱和电流。从式(3.60)可见,随正向偏压的增加,正向电流密度呈指数上升。

(2)反向偏置

反向偏置情况如图 3-19(c)所示,施加的电压方向与自建电场的方向相同,结果势垒高度增加到($V_0 + V_r$),空间电荷区增宽。同时,原来的 p-n 结平衡关系也被破坏,多子的扩散运动受阻,漂移电流占主导地位。漂移电流的方向由 n 区流向 p 区。

推导反向偏置时的电流电压之间的关系,完全可以依照正偏时的方法,唯一不同的是需用 $-V_r$ 代替正向电流公式中的 V。因此反向电流密度为

$$J = J_0 \Big[1 - \exp\Big(\frac{-qV_r}{kT} \Big) \Big] \qquad (3.61)$$

从上式可见,随着反向偏压 V_r 的增加,反向电流密度 J 趋向饱和值 J_0。因此 J_0 是反向饱和电流密度的极值。

3. p-n 结光伏效应

p-n 结光伏器件的结构如图 3-20 所示,通常在基片(假定为 n 型)的表面形成一层薄反型层—p 型层,p 型层上做一小的欧姆电极,整个 n 型底面为欧姆电极,光投向 p 型表面,光子在近表面层内激发出电子——空穴对,其中少数载流子——电子将向前扩散,到达 p-n 结区并立即被结电场拉到 n 区,为了使 p 型层内产生的电子能全部被拉到 n 型区,p 型层的厚度应小于电子的扩散长度。光

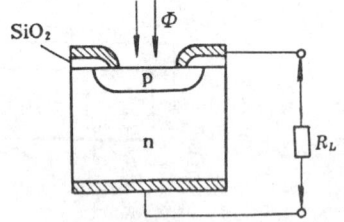

图 3-20　p-n 结光伏器件结构意图

子也可能到达 n 型区内,在那里激发出电子——空穴对,其中空穴也将依赖扩散及结电场的作用进入 p 型区。所以,光子所产生的电子—— 空穴对被结电场分离,空穴流入 p 区,电子流入 n 区。这样,入射的光能就转变成流过 p-n 结的电流,即为光电流。

电子与空穴的这一流动,使 p 区的电势高于 n 区电势,相当于 p-n 结上加了正向偏压,这一正向偏压就会引起 p-n 结的正向电流,如式(3.60)所表示。这一电流的方向正好与上述光电流的方向相反。因此,在光照下流过 p-n 结的总电流为

$$I = LWJ = I_0 \Big[\exp\Big(\frac{qV}{kT} \Big) - 1 \Big] - I_r \qquad (3.62)$$

式中　$I_0 = LWJ_0$ 为反向饱和电流;LW 为材料的截面积;I_r 为光生电流。若入射光的辐通量为 Φ,光电流为

$$I_r = q \frac{\eta \Phi}{h\nu} \qquad (3.63)$$

式中,η 为量子效率。

在短路($R_L = 0$)情况下,$V = 0$,得到短路电流为

$$I_{sc} = - I_r \qquad (3.64)$$

即短路电流与光生电流值相等,与入射光辐通量成正比。

在开路($R_L \rightarrow \infty$)情况下,$I = 0$,开路电压为

$$V_{oc} = \frac{kT}{q} \ln(I_r/I_0 + 1) \qquad (3.65)$$

从上式及式(3.63)可见,开路电压与入射光辐通量成对数关系。

三、光电子发射效应

1. 光电发射定律

当光照射某种物质时,若入射的光子能量 $h\nu$ 足够大,它和物质中的电子相互作用,致使电子逸出物质表面,这种现象称为光电发射效应,又称外光电效应。

外光电效应具有两个基本定律。

光电发射第一定律　当入射辐射的光谱分布不变时,饱和光电流 I 与入射的辐通量 Φ 成正比。

光电发射第二定律　发射的光电子的最大动能随入射光子光频率的增加而线性地增加,

而与入射光的强度无关。该定律为爱因斯坦发现，故又称**爱因斯坦定律**，表达式为

$$\frac{1}{2} m_e v_{\max}^2 = h\nu - W \tag{3.66}$$

式中　m_e 为光电子的质量；$v_{\max}$ 为出射光电子的最大速度；ν 为光频；W 为发射体材料的逸出功。公式表明，入射光子的能量必须大于物体的逸出功，才能使电子有足够的动能逸出表面。

2. 金属逸出功和半导体的发射阈值

金属的逸出功 —— 金属中虽有大量的自由电子，但在通常条件下并不能从金属表面挣脱出来。这是因为在常温下虽然有部分自由电子克服了原子核的库仑引力而能逸出金属表面，但是由于逸出表面的电子对金属的感应作用，使金属中电荷重新分布，在表面上出现与电子等量的正电荷。逸出电子受到这种正电荷的作用，动能减小，以致不能远离金属，只能出现在靠近金属表面的地方。金属表面形成的偶电层使表面电位突变，阻碍电子向外逸出。所以电子欲逸出金属表面必须克服两部分功，即克服原子核的静电引力和偶电层的势垒作用所作的功。电子所需做的这种功，称为逸出功或功函数 W。

金属光电发射过程可以归纳为以下三个步骤：

（1）金属吸收光子后体内的电子被激发到高能态；

（2）被激发电子向表面运动，在运动过程中因碰撞而损失部分能量；

（3）克服表面势垒逸出金属表面。

电子逸出表面必须获得的最小能量，即为逸出功 W

$$W = E_0 - E_f \tag{3.67}$$

式中　E_0 表示体外自由电子的最小能量，即真空中一个静止电子的能量；E_f 表示费米能级。绝对零度时金属中自由电子在费米能级以下，如图 3-21 所示。

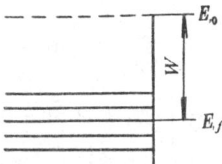

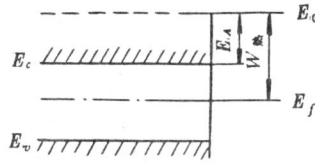

图 3-21　金属能带　　　　图 3-22　半导体能带

对于半导体，光电发射的逸出功和热电子发射的逸出功是不同的。如图 3-22 所示，本征半导体，热电子发射的逸出功为

$$W_{热} = E_0 - E_f = \frac{1}{2} E_g + E_A \tag{3.68}$$

式中　E_g 是半导体禁带宽度（因费米能级在禁带中央）；$E_A = E_0 - E_c$，E_c 为导带底的能量，E_A 称电子亲和势。而光电子发射逸出功为

$$W_{光} = E_g + E_A \tag{3.69}$$

所以用费米能级来表示光电子发射是不够确切的。一般情况下，能够有效吸收光子的电子大多是处在价带顶附近，所以半导体材料光电发射的能量阈值为 $E_{th} = E_g + E_A$。

半导体受光照后能量的转换公式为

$$h\nu = \frac{1}{2} mv_0^2 + E_{th} = \frac{1}{2} mv_0^2 + E_g + E_A \tag{3.70}$$

如果光子能量：$E_g \leqslant h\nu \leqslant E_g + E_A$，则说明电子吸收光子能量后只能克服禁带能量跃入导带，而没有足够能量克服电子亲和势逸入真空。

3. 阈值波长

由式(3.67)和式(3.70)可知,光子的最小能量必须大于光电发射阈值或功函数,否则电子就不会逸出物质表面。这个最小能量对应的波长称为阈值波长(或称长波限)。阈值波长可由下式计算

$$h\nu = \frac{hc}{\lambda} \geqslant E_{th} \text{ 或 } \frac{hc}{\lambda} \geqslant W$$

$$\lambda_{max} = \frac{hc}{E_{th}} \text{ 或 } \lambda_{max} = \frac{hc}{W} \tag{3.71}$$

式中:$h = 4.13 \times 10^{15}\text{eV} \cdot \text{s}$,是普朗克常数;$c = 3 \times 10^{14}\mu\text{m/s}$,是光速。把 h、c 值代入式(3.71)得

$$\lambda_{max} = 1.24/E_{th} \text{ 或 } \lambda_{max} = 1.24/W \text{ (}\mu\text{m)} \tag{3.72}$$

由上式算出 $0.4 \sim 0.7\mu\text{m}$ 的(可见光区)光子能量为 $3.1 \sim 1.8\text{eV}$,大于 $0.7\mu\text{m}$ 的红外光的光子能量更小,因此用于红外光电子发射的半导体材料,其能量阈值必须低于 1.8eV。

§3-3　探测器中的噪声

从前面讨论的光电效应知道,光电探测器在一定功率的光照下能输出一定的光电流或光电压信号。光电流或光电压实际上是在一定时间间隔中的平均值。在示波器上显示,可以看到探测器输出的光电信号并不是平坦的,而是在平均值上下随机的起伏,如图 3-23 所示。这种随机的、瞬间的幅度不能预先知道的起伏,称为噪声。图中的直流信号值

$$I = i_{平均} = \frac{1}{T}\int_0^T i(t)dt \tag{3.73}$$

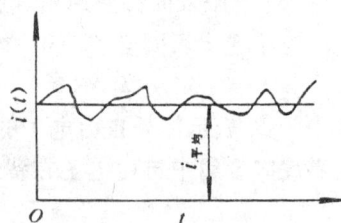

图 3-23　信号的随机起伏

由于噪声是在平均值附近随机起伏的,其长时间的平均值为零,所以一般用均方噪声来表示噪声值的大小:

$$\overline{i_n^2} = \overline{\Delta i(t)^2} = \frac{1}{T}\int_0^T [i(t) - i_{平均}]^2 dt \tag{3.74}$$

噪声电流的均方值 $\overline{i_n^2}$ 和噪声电压的均方值 $\overline{v_n^2}$ 代表了单位电阻上所产生的功率,它是实际可测得的,是确定的正值。当光电探测器中存在多个噪声源时,只要这些噪声是独立的、互不相关的、其噪声功率就可以进行相加,即有

$$\overline{i_{n总}^2} = \overline{i_{n1}^2} + \overline{i_{n2}^2} + \cdots + \overline{i_{nk}^2} \tag{3.75}$$

通常把噪声这个随机的时间函数进行傅氏频谱分析,得到噪声功率随频率变化关系,这就是噪声的功率谱 $s(f)$。$s(f)$ 数值为频率 f 的噪声在 1Ω 电阻上所产生的功率,即 $s(f) = \overline{i_n^2}(f)$。

根据噪声的功率谱与频率的关系,常见有两种典型的情况:一种是功率谱大小与频率无关的噪声,通常称白噪声;另一种噪声是功率谱与 $1/f$ 成正比,称为 $1/f$ 噪声。如图 3-24 所示。

一般光电测量系统的噪声可分成三类,如图 3-25 所示。

(1)光子噪声

包括:A. 信号辐射产生的噪声;B. 背景辐射产生的噪声。

(2)探测器噪声

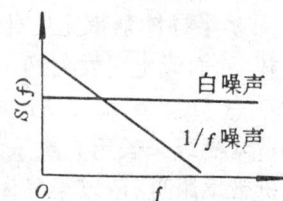

图 3-24　白噪声和 $1/f$ 噪声

包括:A. 热噪声;B. 散粒噪声;C. 产生－复合噪声;D. $1/f$ 噪声;E. 温度噪声。

(3)信号放大及处理电路噪声

本书主要介绍光辐射探测器中的几种噪声源性质及其功率表达式

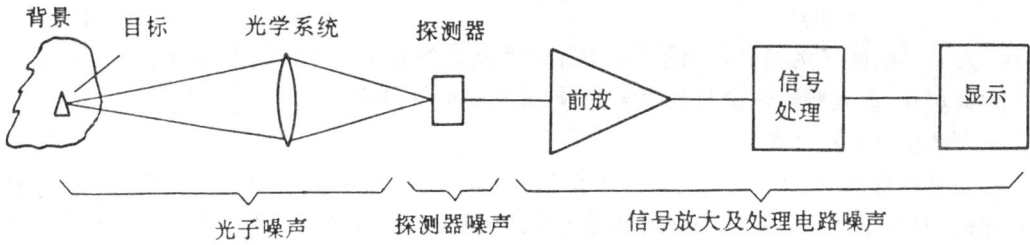

图 3-25　光电测量系统噪声分类

1. 热噪块（Johnson 噪声）

热噪声存在于任何导体和半导体中。因为在导体和半导体中载流子在一定温度下作无规则的热运动,载流子的热运动方向可以是任何方向,载流子在作热运动时频繁地与原子碰撞而改变运动方向。它们在两次碰撞之间的自由运动过程中表现出电流。但是它们的路程长短是不一定的,碰撞后的方向也是任意的。所以在没有外加电压时,从导体中某一截面看,往左和往右两个方向上都有一定数量的载流子穿过截面,其长时间的平均值是相同的,导体中不出现净电流。但是,每一瞬间两个方向穿过某截面的载流子数目是有差别的,是在平均值上下有起伏的。这种载流子热运动引起的电流起伏或电压起伏称为热噪声。热噪声均方电流 $\overline{i_n^2}$ 和热噪声均方电压 $\overline{v_n^2}$ 分别由下式决定

$$\overline{i_n^2} = \frac{4kT\Delta f}{R}$$

$$\overline{v_n^2} = 4kT\Delta fR \tag{3.76}$$

式中　k 是玻尔兹曼常数;T 是温度(K);R 是器件电阻值;Δf 为所取的通带宽度(频率范围)。

因温度影响电子运动速度,所以热噪声功率与温度有关。在温度一定时,热噪块只与电阻和通带有关,故热噪声又称电阻噪声或白噪声。因此,所取的带宽愈大,噪声功率也愈大。当然并不是带宽无限增大,噪声功率也会无限增大。在常温下,式(3.76)可适合于 10^{12}Hz 频率以下范围。频率再高,该公式就要修正,噪声的功率谱随频率的增加急剧减小。目前的电子技术难以处理这样高的频率,因此可不予考虑。

热噪声通常由图 3-26 所示的等效电路来表示。等效电路由一个无噪声的理想电导和一个噪声电流源并联输出,或由一个无噪声的理想电阻与一个噪声电压源相串联输出。在室温(295K)时,kT 等于 4.07×10^{-21}W。一欧姆电阻在单位赫兹带宽内产生的热噪声功率为 1.62×10^{-20}W,均方噪声电压 $\overline{v_n^2} = 1.62 \times 10^{-20}R\Delta f$,均方噪声电流 $\overline{i_n^2} = 1.62 \times 10^{-20}\Delta f/R$。

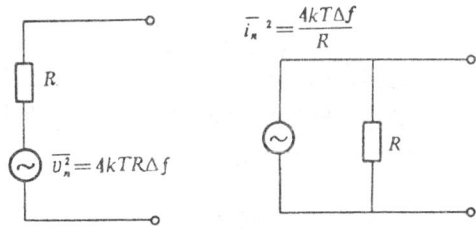

图 3-26　热噪声的等效电路

2. 散粒噪声

散粒噪声,它犹如射出的散粒无规则地落在靶上所呈现的起伏,每一瞬间到达靶上的值有多有少,这些散粒是完全独立的事件。这种随机起伏所形成的噪声称为散粒噪声。在光电管中光电子从阴极表面逸出的随机性和 p-n 结中载流子通过结区的随机性都是一种散粒噪声源。此外,入射到光辐射探测器表面的光子是随机起伏的,它在某些探测器光电转换后也表现为散粒噪声。散粒噪声的表达式为

$$\overline{i_n^2} = 2qI\Delta f \tag{3.77}$$

式中 e 为电子电荷；I 为器件输出平均电流；Δf 为所取的带宽。

由此可见，散粒噪声也是与频率无关、与带宽有关的白噪声。

3. 产生 —— 复合噪声

在半导体样品中，在一定温度下，或者在一定的光照下，载流子不断地产生 — 复合。在平衡状态时，载流子产生和复合的平均数是一定的，但其瞬间载流子的产生数和复合数是有起伏的，于是载流子浓度的起伏引起样品的电导率起伏。在外加电压下，电导率的起伏使输出电流中带有产生 —— 复合噪声。产生 —— 复合噪声电流均方值

$$\overline{i_n^2} = \frac{4I^2\tau\Delta f}{N_0[1+(2\pi f\tau)^2]} \tag{3.78}$$

式中 I 为总的平均电流；N_0 为总的自由载流子数；τ 为载流子寿命；f 为测量噪声的频率。对于光电导器件，光子噪声表现为产生 —— 复合噪声。在以后介绍光电导器件中，此式可得到进一步的简化。

4. $1/f$ 噪声

这种噪声的功率谱近似与频率成反比变化，故称 $\frac{1}{f}$ 噪声。其噪声电流的均方值近似表示为

$$\overline{i_n^2} = \frac{cI^\alpha}{f^\beta}\Delta f \tag{3.79}$$

式中 α 接近于 2；β 在 $0.8\sim1.5$ 之间；c 是比例常数。α、β、c 值是由实验测得。在半导体器件中 $1/f$ 噪声与器件表面状态有关，它在半导体光电器件和晶体管中都存在。在碳质电阻中与工艺有关。解释 $1/f$ 噪声产生的机理很复杂，目前尚没有十分精确的解释。但是多数器件的 $\frac{1}{f}$ 噪声在 $200\sim300Hz$ 以上已衰减为很低水平，所以可忽略不计。

5. 温度噪声

在热探测器中，不是由于辐射信号的变化，而是由于器件本身吸收和传导等的热交换引起的温度起伏称为温度噪声。温度起伏的均方值为

$$\overline{t_n^2} = \frac{4kT^2\Delta f}{G_t[1+(2\pi f\tau_t)^2]} \tag{3.80}$$

式中 G_t 为器件的热导；$\tau_t = C_t/G_t$ 是器件的热时间常数，C_t 是器件的热容；T 是周围温度(K)。

在低频时，$(2\pi f\tau_t)^2 \ll 1$；(3.80) 式可简化为

$$\overline{t_n^2} = \frac{4kT^2\Delta f}{G_t} \tag{3.81}$$

低频噪声也具有白噪声的性质。

在实际的光辐射探测器中，由于光电转换机理的不同，上述各种噪声的作用大小亦各不相同。每一种探测器所含的噪声种类及大小详见后面各章介绍。若综合上述各种噪声源，其功率谱分布可用图 3-27 表示。由图可见：在频率很低时，$1/f$ 噪声起主导作用；当频率达到中间频率范围时，产生 — 复合噪声比较显著；当频率较高时，只有白噪声占主导地位，其它噪声影响很小了。

上述噪声表达式中的 Δf 是等效噪声带宽，简称为噪声带宽。若光电系统中的放大器或网络的功率增益为 $A(f)$，功率增益的最大值为 A_m(图 3-28 所示)，则噪声带宽为

$$\Delta f = \frac{1}{A_m}\int_0^\infty A(f)df \tag{3.82}$$

从而可求得通频带内的噪声。

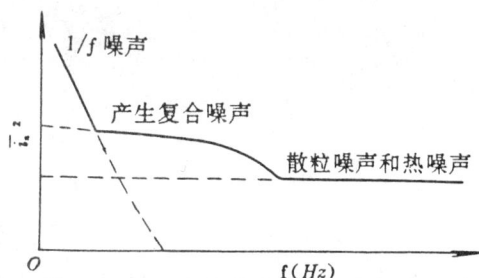

图 3-27 光电探测器噪声功率谱综合示意图

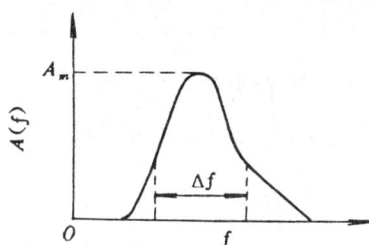

图 3-28 等效噪声带宽

§3-4 探测器的主要特性参数

在设计光电测量系统时,首先根据测量的要求反复比较各种探测器的主要特性参数,然后选定最佳的器件。因此,最关心的问题有:

(1) 根据测量光信号大小,探测器能输出多大的电信号,即探测器的响应率大小。

(2) 探测器的光谱响应范围是否同测量光信号的相对光谱功率分布一致。

(3) 对某种探测器,它能探测的极限功率是多少 —— 需要知道探测器的等效噪声功率;需要知道所产生电信号的信噪比。

(4) 当测量调制或脉冲光信号时,探测器输出电信号是否能正确反映光信号的波形 —— 探测器的响应时间。

(5) 当测量的光信号幅度变化时,探测器输出的信号幅度是否能线性地响应。

下面,对各种探测器中的主要特性参数作进一步的讨论。

1. 响应率(或积分灵敏度)

探测器的输出信号电压 V_s 或电流 I_s 与入射的辐通量 Φ_e 之比,称为响应率。即

$$S_v = \frac{V_S}{\Phi_e} \text{ 或 } S_I = \frac{I_S}{\Phi_e} \tag{3.83}$$

S_v 的单位为 V/W,S_I 的单位为 A/W。由于采用不同的辐射源,其发射的光谱功率分布也不相同,测得的响应往往不一样。因此,在光电探测器中,辐射源一般采用色温为 2856K 的 A 光源,在热探测器中,一般采用色温为 500K 的黑体。

若探测器的入射光是光通量信号,那么由式(3.83)得到的是光照响应率,或称光照灵敏度。此时 S_v 的单位为 V/lm,S_I 的单位为 A/lm。

2. 光谱响应率

探测器在波长为 λ 的单色光照射下,输出的电压 $V_S(\lambda)$ 或电流 $I_S(\lambda)$ 与入射的单色辐通量 $\Phi_e(\lambda)$ 之比称为光谱响应率。即

$$S_v(\lambda) = \frac{V_S(\lambda)}{\Phi_e(\lambda)} \text{ 或 } S_I(\lambda) = \frac{I_S(\lambda)}{\Phi_e(\lambda)} \tag{3.84}$$

$S_v(\lambda)$ 或 $S_I(\lambda)$ 随波长 λ 的变化关系称为探测器的光谱响应函数(曲线)。若将光谱响应函数的最大值归化为 1,得到的响应函数称为相对光谱响应函数(曲线)。

3. 等效噪声功率和探测率

如果入射到探测器上的辐通量按某一频率变化,当探测器输出信号电流 I_s(或电压 V_s) 等于噪声的均方根电流 $\sqrt{\overline{i_n^2}}$(或电压 $\sqrt{\overline{v_n^2}}$) 时,所对应的入射辐通量 Φ_e 称为等效噪声功率 NEP。

即

$$NEP = \frac{\Phi_e}{I_S / \sqrt{\overline{i_n^2}}} \quad (W) \tag{3.85}$$

式中 $I_S / \sqrt{\overline{i_n^2}}$ 称为信噪比。

将(3.84)代入上式,又可写成

$$NEP = \frac{\sqrt{\overline{i_n^2}}}{S_I} \tag{3.86}$$

等效噪声功率愈小,探测器能探测到的最小辐通量就愈低,性能愈好。但是 NEP 参数不适于作为探测器探测能力的一个指标,它与人们的习惯不一致。所以,通常用 NEP 的倒数,即探测率 D 作为探测器探测最小光信号能力的指标。探测率 D 的表达式为

$$D = \frac{1}{NEP} = \frac{S_I}{\sqrt{\overline{i_n^2}}} \quad (W^{-1}) \tag{3.87}$$

对于探测器,D 越大越好。

许多红外探测器的 NEP 通常与探测器的面积 A_d 和测量系统的带宽 Δf 乘积的平方根成正比,即 $NEP \propto \sqrt{A_d \Delta f}$。因探测器的面积 A_d 大,接收到的背景噪声功率也大。为了比较各种探测器的性能,需除去 A_d 和 Δf 的差别所带来的影响,因此用归一化参数来表示。归一化等效噪声功率为

$$NEP^* = \frac{NEP}{(A_d \Delta f)^{1/2}} = \frac{\sqrt{\overline{i_n^2}}}{(A_d \Delta f)^{1/2} S_I} \tag{3.88}$$

归一化探测率为

$$D^* = \frac{1}{NEP^*} = \frac{S_I (A_d \Delta f)^{1/2}}{\sqrt{\overline{i_n^2}}} = D(A_d \Delta f)^{1/2} \tag{3.89}$$

式中 A_d 的单位为 cm^2;Δf 的单位为 Hz;$\sqrt{\overline{i_n^2}}$ 的单位为 A;S_I 的单位为 A/W。所以,D^* 的单位为 $cm \cdot Hz^{1/2} \cdot W^{-1}$。

因一般光电探测器的光谱响应都是有选择性的,响应率是指某一特定光源下的响应率。探测器的光谱响应与光源的光谱匹配得愈好,探测率也就愈高。此外,某些探测器的噪声还与频率有关。所以在 D^* 后面通常附有测量条件。如 $D^*(500K, 900, 1)$ 表示是用温度为 500K 的黑体做光源,调制频率为 900Hz,测量带宽为 1Hz 等测量条件。

4. 响应时间

当照射探测器的辐通量突然从零增加到某值时,即阶跃光输入,一般探测器瞬间输出信号不能完全跟随输入的变化。同样,在光照突然停止时也是这样。探测器的响应如图 3-29 所示。这是由于探测器惰性而出现上升沿和下降沿。通常用响应时间 τ 来衡量探测器的惰性。

当阶跃光输入时,光信号上升弦输出电流为

$$I_S(t) = I_0(1 - e^{-t/\tau_1}) \tag{3.90}$$

定义 $I_S(t)$ 上升到稳态值 I_0 的 0.63 倍的时间为探测器的上升响应时间,即 $\tau_{上} = \tau_1$。

在下降弦,探测器的输出电流为

$$I_S(t) = I_0 e^{-t/\tau_2} \tag{3.94}$$

定义 $I_S(t)$ 下降到稳态值 I_0 的 0.37 倍时的时间为探测器的下降响应时间。此时 $\tau_下 = \tau_2$。一般光电器件 $\tau_1 = \tau_2$。

当用一定振幅的正弦调制光照射探测器时,若调制频率低,则响应率与调制频率无关;若频率较高,响应率就随频率升高而降低,如图 3-13 所示。多数探测器的响应率与频率的关系是

$$S_l(f) = \frac{S_{l0}}{\left[1 + (2\pi f\tau)^2\right]^{1/2}} \qquad (3.92)$$

式中　S_{l0} 为频率 $f = 0$ 的响应率,τ 为响应时间。

当探测器在频率 f_0 处的响应率下降到零频 S_{l0} 的 0.707 倍时,即

$$f_0 = \frac{1}{2\pi\tau} \qquad (3.93)$$

f_0 称探测器的上限频率。

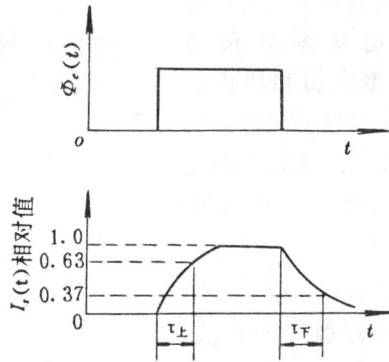

图 3-29　探测器的响应时间

5. 线性

线性是指探测器的输出光电流或电压与输入光的辐通量成比例的程度和范围。探测器线性的下限往往由暗电流和噪声等因素决定的,而上限通常由饱和效应或过载决定的。

实际上,探测器的线性范围的大小与其工作状态有很大的关系。如偏置电压、光信号调制频率、信号输出电路等,可能会发生这样的情况:一个探测器的光电流信号用运算放大器作电流电压转换输出,在很大的范围内是线性的,而同一探测器,其光电流通过一只 $100\text{k}\Omega$ 的电阻输出、线性范围可能就很小。因此要获得宽的线性范围,必须使探测器工作在最佳的工作状态。

探测器的线性在光度和辐射度等测量中是一个十分重要的参数。

§3-5　探测器的主要参数测试

一般探测器的产品说明书中提供的特性参数都是典型值,由于制造工艺的离散性,实际的探测器往往偏离典型值。在光电测量系统的设计过程中,要使探测器获得最合理的. 使用,或者有时需要从成批的探测器中挑选出适合使用要求的优质器件,都必需对具体探测器的参数进行准确测试。由于探测器的种类很多,各有其特点和参数,因此测试所涉及的范围较广,内容很多。下面仅就目前通用的几种探测器主要参数的测试方法作一些讨论。

1. 光谱响应率函数的测试

探测器光谱响应率函数的测试方法很多,总的来说可分为两类。一类是用光谱响应率函数已知的标准探测器,通过比较被测探测器与标准探测器在每一波长上的响应,来确定被测探测器的光谱响应率函数,通常称标准探测器法。另一类是用光谱功率分布已知的标准灯,标定照到被测探测器上的光谱辐射功率(通量),然后根据式(3.84)测出被测探测器的光谱响应率函数。这种方法称光谱功率分布标准灯法。

(1)标准探测器法

用标准探测器法测量探测器的光谱响应率函数的原理如图 3-30 所示。光源发出的光经聚光镜会聚到单色仪的入射狭缝上,入射的光辐射经光栅(或棱镜)色散后,单色光从出射狭缝射出。分束器再将单色光分成两部分,一部分单色光照射到参考探测器 D_r 上,另一部分单色光照射到被测探测器 D_t 上或标准探测器 D_s 上。探测器输出的光电流(或电压)经前置放大器放大后,送到计算机的 A/D 转换中,或者由数字仪表直接显示。

参考探测器固定不动,标定和测量时,测量光路上分别装上光谱响应率已知的标准探测器

或被测探测器。设光源的光谱功率分布为 $\Phi(\lambda)$，聚光镜和单色仪系统的综合光谱透射比为 $T(\lambda)$，分束器在参照光路上的分束比为 $\tau_r(\lambda)$，参考探测器的光谱响应率为 $S_r(\lambda)$。上述这些参数都是未知量，因此首先必须用光谱响应率 $S_s(\lambda)$ 已知的标准探测器进行标定。标定

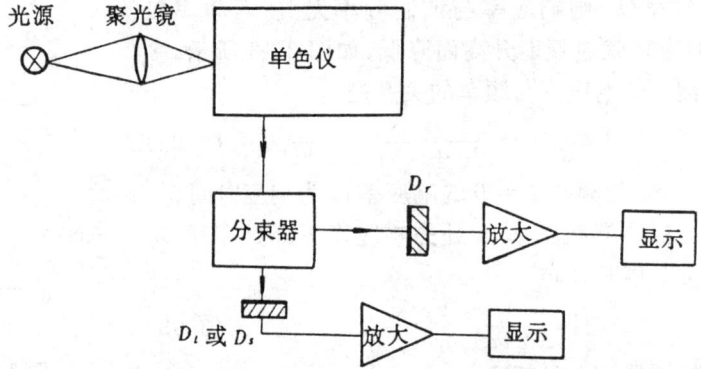

图 3-30　探测器光谱响应率测试原理图

时，设参考探测器和标准探测器输出电流分别为 $i_{r_1}(\lambda)$、$i_s(\lambda)$，则

$$i_{r_1} = \Phi_1(\lambda) \cdot T(\lambda) \cdot \tau_r(\lambda) \cdot S_r(\lambda)$$

$$i_s(\lambda) = \Phi_1(\lambda) \cdot T(\lambda) \cdot \tau_t(\lambda) \cdot S_s(\lambda)$$

整理后，得 $\dfrac{\tau_r(\lambda) \cdot S_r(\lambda)}{\tau_t(\lambda)} = \dfrac{i_{r_1}(\lambda)}{i_s(\lambda)} \cdot S_s(\lambda)$　　　　　　　　　(3.94)

当对被测探测器测量时，输出电流信号为

$$i_{r_2}(\lambda) = \Phi_2(\lambda) \cdot T(\lambda) \cdot \tau_r(\lambda) \cdot S_r(\lambda)$$

$$i_t(\lambda) = \Phi_2(\lambda) \cdot T(\lambda) \cdot \tau_t(\lambda) \cdot S_t(\lambda)$$

整理后，得到被测探测器的光谱响应率为

$$S_t(\lambda) = \frac{\tau_r(\lambda) \cdot S_r(\lambda)}{\tau_t(\lambda)} \cdot \frac{i_t(\lambda)}{i_{r_2}(\lambda)}$$

将式(3.94)代入上式，得

$$S_t(\lambda) = \frac{i_{r_1}(\lambda)}{i_{r_2}(\lambda)} \cdot \frac{i_t(\lambda)}{i_s(\lambda)} \cdot S_s(\lambda)　　　　　　　(3.95)$$

标准探测器通常采用热电偶或热释电探测器，它们的光谱响应率函数平坦，即 $S_s(\lambda) = 1$。目前也有采用稳定性好的其它探测器，如线性硅光电池，它的光谱响应率是经过标准计量部门标定的。在图 3-31 中，由于采用了参考探测器 D_r，因此可以消除测量中光源的波动以及分束器两路分束比不一致带来的误差。

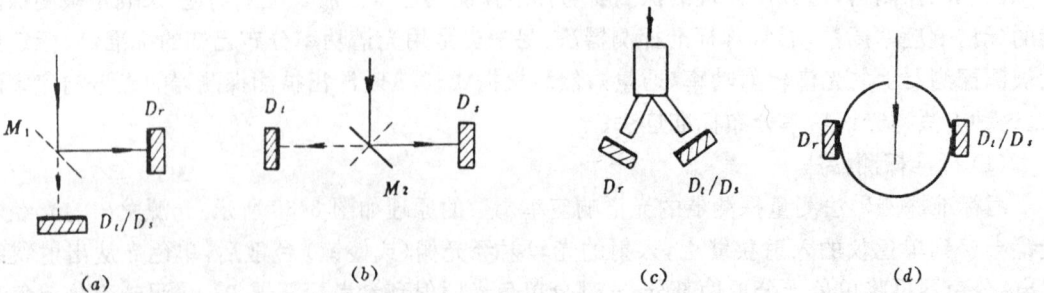

图 3-31　几种分束器结构

目前，分束器的结构有好几种，如图 3-31 所示：图(a)采用简单的透半反射镜 M_1；图(b)采用摆动反射镜，将单色辐射交替照射到被测探测器和标准探测器上；图(c)采用 Y 形光纤分束，

入射端正对着单色仪的出射狭缝,出射光分成两路,分别投到参考探测器和测量探测器上;图(d)是将单色仪出射的单色光先通过一只小积分球混光,积分球内壁涂有白色的漫反射材料 MgO 或 BaSO₄),参考和测量探测器分别装在积分球两侧面的出光窗上。这种方可以使探测器得到均匀的漫射光照明。

（2）光谱功率分布标准灯法

测量系统的原理结构如图3-32所示。如果从单色仪 I 出射的光谱功率为 $\Phi(\lambda)$,被测探测器装在测试室中,由式(3.84)可知,探测器的光谱响应率为

$$S_t(\lambda) = \frac{i_t(\lambda)}{\Phi(\lambda)} \qquad (3.96)$$

$\Phi(\lambda)$ 可通过单色仪 II 测出。将漫反射白板装入测试室,设单色仪 II 的光谱响率为 $k(\lambda)$。单色仪 I 出射的单色辐射经漫反射白板〔反射比为 $\rho(\lambda)$〕反射后,进入单色仪 II 系统,输出的光电信号为

$$i_1(\lambda) = \Phi(\lambda) \cdot \rho(\lambda) \cdot k(\lambda) \qquad (3.97)$$

然后,漫反射白板转动90°,由单色仪 II 系统测量标准光源的光辐射,输出的光电信号为

图 3-32　光谱功率分布标准灯法

$$i_2(\lambda) = \Phi_S(\lambda) \cdot \rho(\lambda) \cdot k(\lambda) \qquad (3.98)$$

整理式(3.97)和式(3.98),得

$$\Phi(\lambda) = \frac{i_1(\lambda)}{i_2(\lambda)} \cdot \Phi_S(\lambda) \qquad (3.99)$$

式中 $\Phi_S(\lambda)$ 为标准光源的光谱功率分布。因此,只要在每一波长上测出探测器在单色仪 I 出射的单色辐射 $\Phi(\lambda)$ 照射下的光电信号 $i_t(\lambda)$,由式(3.96)和式(3.99)就能算出被测探测器的光谱响应率。

2. 响应率的测试

探测器的响应率可以通过前面测量光谱响应率 $S(\lambda)$,再由公式

$$S = \frac{\int_0^\infty \Phi(\lambda) \cdot S(\lambda) d\lambda}{\int_0^\infty \Phi(\lambda) d\lambda} \qquad (3.100)$$

计算得到。式中 $\Phi(\lambda)$ 为某一特定辐射源的光谱功率分布。对于可见光或近红外探测器,一般为 2856K 的 A 光源。对于中、远红外探测器,为 500K 的黑体辐射。

通常,红外探测器的响应率采用模拟黑体直接测量。如图3-33所示。辐射源为精确控制的 500K 黑体模拟器,斩光器将辐射调制,调制频率为1000Hz。探测器接收辐射后输出光电信号,再通过放大器放大,由电表或示波器显示,也可通过锁相放大获得高信噪比的信号。这时探测器接收的辐通量

$$\Phi_e = \tau F(\sigma T^4 A_s A_d / \pi l^2) \qquad (3.101)$$

式中　τ 为中间大气和光窗的透过比;σ 为斯蒂芬 — 玻尔兹曼常数;T 为黑体模拟器的温度;A_s 为出光孔面积;A_d 为探测器的受光面积;l 为出光孔到探测器表面的距离;F 为与斩光波形有关

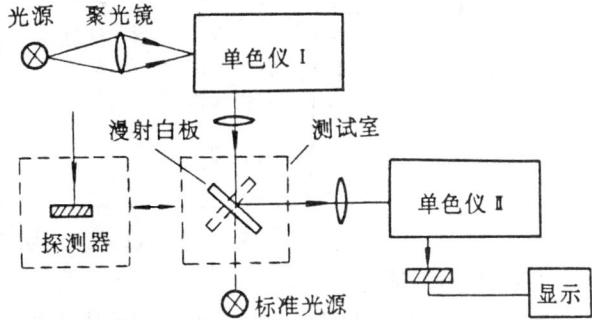

的常数,当光束口径远小于斩光板开口时,$F = 0.45$。那么,探测器的响应率

$$S(500, 1000) = \frac{V_s / K_a}{\Phi_e} \quad (\mathrm{V/W}) \tag{3.102}$$

式中 K_a 为放大器的放大倍数;V_s 为放大器输出的电压值。当测量远红外探测器的响应率时,还需考虑斩光板的热辐射和背景辐射的影响。

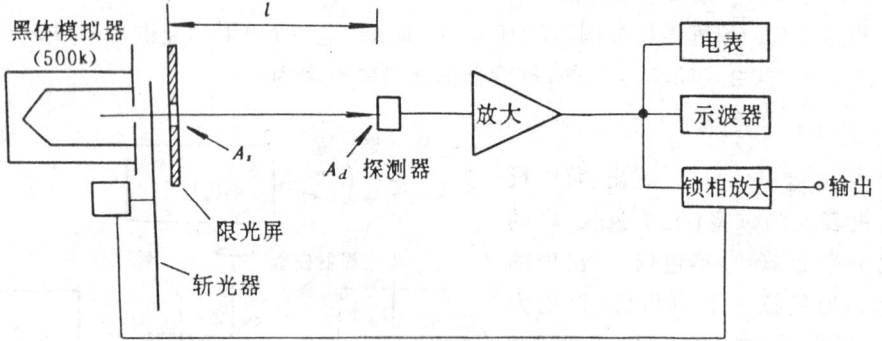

图 3-33 红外探测器响应率测试原理

3. 线性的测试

测量探测器线性的方法很多,如平方反比律法、叠加法和滤光片法等。它们的目的都是使在探测器上得到从小到大的各种入射通量,从而使探测器产生相应数值的光电信号,以便确定探测器在各种光照下的线性特性。下面主要介绍平方反比律法。

测量系统的原理结构如图 3-34 所示。光源固定不动,探测器安放在支架上,该支架可在导轨(如 9 米)上平行移动。根据点光源的距离平方反比定律,若探测器光敏面与光源的距离为 l,光源辐射强度为 I_e,那么探测器接收的辐照度

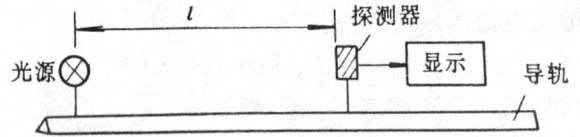

图 3-34 线性测试原理图

$$E_e = \frac{I_e}{l^2} \tag{3.103}$$

实际使用的往往是有一定尺寸的光源,只要测试的距离 l 比光源发光面的最大尺寸大 10 倍以上,利用这一公式计算的误差小于 1%。

测量时,移动探测器的位置,记录每一距离 l_i 时的探测器输出信号 V_i,因

$$V_i = S_i \Phi_{ei} = S_i \frac{I_e}{l_i^2} A_d$$

则,在该辐射通量下的响应率

$$S_i = \left(\frac{l_i^2}{I_e A_d} \right) V_i \tag{3.104}$$

式中,A_d 为探测器的受光面积。画出响应率 S_i 与不同辐通量的关系曲线,即可求出探测器的线性范围。

思考题与计算题

〔3-1〕计算出 300K 温度下掺入 $10^{15}/\mathrm{cm}^3$ 硼原子的硅片中电子和空穴的浓度以及费米能级,画出其能带图。(当 300K 时,$n_i = 1.5 \times 10^{10}/\mathrm{cm}^3$,$E_g = 1.12\mathrm{eV}$)。

〔3-2〕求出 300K 时 n 型硅半导体中的电子和空穴的浓度以及费米能级,画出其能带图。这时掺

入的施主浓度为 $2.25 \times 10^{16} \text{cm}^3$。

〔3-3〕说明光电导器件、p-n 结光电器件和光电发射器件的禁带宽度和截止波长间的关系。

〔3-4〕(a) 求在 300K 时,本征硅的电导率

(b) 倘若每 10^8 硅原子中掺入一浅能级施主杂质原子,求出电导率。〔硅的原子数为 5×10^{22} 个 $/\text{cm}^3$,迁移率 $\mu_n = 1350 \text{cm}^2/(\text{V} \cdot \text{s})$,$\mu_p = 480 \text{ cm}^2/(\text{V} \cdot \text{s})$〕

〔3-5〕何谓"白噪声"?何谓"1/f 噪声"?要降低电阻的热噪声应采用什么措施?

〔3-6〕探测器的 $D^* = 10^{11} \text{cm} \cdot \text{Hz}^{1/2} \cdot W^{-1}$,探测器光敏面的直径为 0.5cm,用于 $\Delta f = 5 \times 10^3 \text{Hz}$ 的光电仪器中,它能探测的最小辐射功率为多少?

〔3-7〕某一干涉测振仪的最高频率为 20MHz,选用探测器的时间常数应小于多少?

〔3-8〕某一金属光电发射体有 $-$ 2.5eV 的逸出功,并且导带底在真空能级下 7.5eV。试计算:

(a) 产生光电效应的长波限。

(b) 求出费米能级相对于导带底的能级。

〔3-9〕光电发射的基本定律是什么?它与光电导和光伏特效应相比,本质的区别是什么?

参考文献

1. 黄昆编. 固体物理学. 北京:人民教育出版社,1979

2. 刘恩科等编. 半导体物理. 北京:国防工业出版社,1979

3. 刘振玉编. 光电技术. 北京:北京理工大学出版社,1990

4. 齐丕智等编. 光敏感器件及其应用. 北京科学出版社,1987

5. 张雨印编. 半导体光电子学. 上海:上海科学技术出版社,1987

6. Kittel,C. ,Solid State Physics. Wiley,New York,1969

7. Pankove,J. I. ,Optical Processes in Semiconductors,Dover,New York,1971

8. E. L. Derenik. Optical Radiation Detectors. Wiley,New York,1984

9. Keyes R. J. Optical and Infrared Detectors. Springer-Verlays,1977

第四章 真空光电器件

真空光电器件是基于外光电效应的光电探测器,包括光电管和光电倍增管两类。40年代以来,半导体光电器件得到了迅速发展,其低廉的价格、稳定的性能及使用方便等特点,已取代光电管的大多数应用和光电倍增管的部分应用。但由于光电倍增管具有极高的灵敏度、快速响应等特点,在探测微弱光信号及快速脉冲弱光信号方面仍然是一个重要的探测器件。因此广泛应用于航天、材料、生物、医学、地质等等领域。

§4-1 光电阴极

在光电管、光电倍增管、变象管、象增加器和一些摄象管等光电器件中,使不同波长的各种辐射信号转换为电信号,均依靠光电阴极。因而光电阴极关系到光电器件的各项光电性能。

一、光电阴极的主要参数

表征光电阴极的主要参数有灵敏度、量子效率、光谱响应曲线、暗电流等。

1. 灵敏度

光电阴极的灵敏度包括光照灵敏度、色光灵敏度和光谱灵敏度。

(1)光照灵敏度 表示光电阴极在一定的白光(通常为色温2856K的钨丝灯)照射下,阴极光电流与入射的光通量之比。光照灵敏度也称白光灵敏度或积分灵敏度,单位为μA/lm。

(2)色光灵敏度 就是局部光谱区域的积分灵敏度。它表示在某些特定的波长区,通常用特性已知的滤光片(蓝色为QB24、红色为HB11、红外为HWB3)插入光路,然后测得的光电流与未插入滤光片时阴极所受光照的光通量之比。根据插入滤光片的光谱透射比的不同(图4-1),它又分别称为蓝光灵敏度、红光灵敏度及红外灵敏度。它们与光照灵敏度的比值分别称为蓝白比、红白比和红外白比。

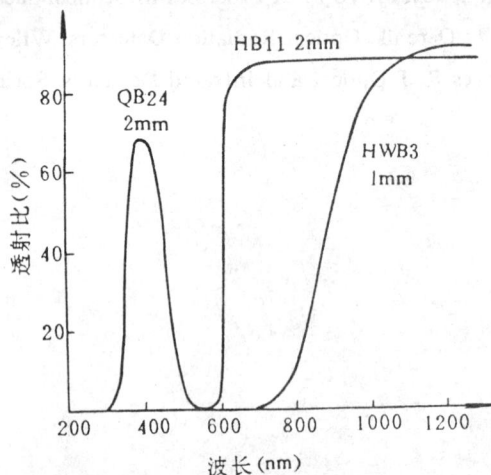

图4-1 滤光片的光谱透射比

(3)光谱灵敏度 表示一定波长的单色辐射照到光电阴极上,阴极光电流与入射的单色辐射通量之比。单位为mA/W或A/W。

2. 量子效率

它表示一定波长的光子入射到光电阴极时,该阴极所发射的光电子数 $N_e(\lambda)$ 与入射的光子数 $N_p(\lambda)$ 之比值。称为量子产额,用符号 $Q(\lambda)$ 表示,即 $Q(\lambda) = \dfrac{N_e(\lambda)}{N_p(\lambda)}$。量子效率和光谱灵敏度是一个物理量的两种表示方法。它们之间的关系如下：

$$Q(\lambda) = \frac{I(\lambda)/q}{\Phi_e(\lambda)/h\nu} = \frac{S(\lambda)hc}{\lambda q} = \frac{S(\lambda) \times 1240}{\lambda} \qquad (4.1)$$

式中 λ 单位为 nm；$S(\lambda)$ 为光谱灵敏度，单位为 A/W。

3. 光谱响应曲线

光电阴极的光谱灵敏度或量子效率与入射辐射波长的关系曲线，称为光谱响应曲线。真空光电器件中的长波灵敏度极限，主要由光电阴极材料的长波限 λ_0 决定。

4. 热电子发射

光电阴极中有少数电子的热能大于光电阴极逸出功，因而产生热电子发射。室温下典型阴极每秒每平方厘米发射二个数量级的电子，相当于 $10^{-16} \sim 10^{-17} \mathrm{Acm^{-2}}$ 的电流密度。这些热发射电子会引起噪声，限制着探测器的灵敏度极限。

二、银氧铯(Ag-O-Cs) 光电阴极

银氧铯阴极是最早出现的实用光电阴极。目前，除了 Ⅲ-Ⅴ 族的光电阴极外，它仍然是在近红外区具有使用价值的唯一阴极。

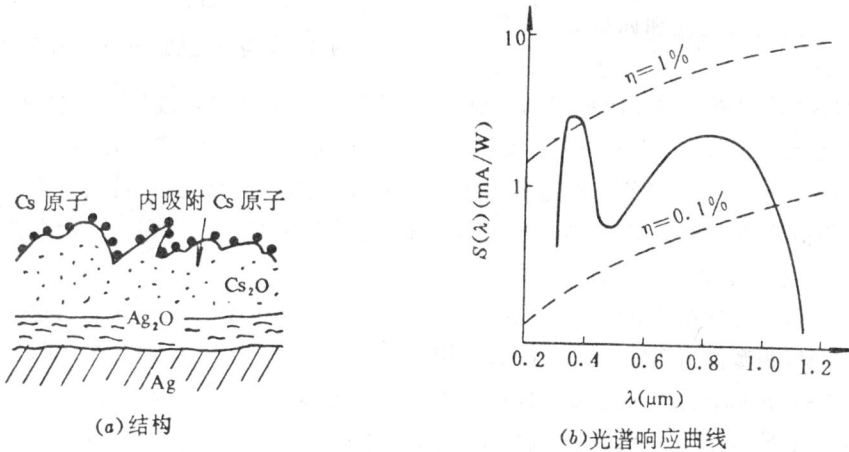

(a) 结构　　　　　　　　　　(b) 光谱响应曲线

图 4-2　银氧铯光电阴极

银氧铯阴极是以 Ag 为基底，氧化银为中间层，上面再有一层带有过剩 Cs 原子及 Ag 原子的氧化铯，而表面由 Cs 原子组成，可用〔Ag〕— Cs_2OAgCs-Cs 的符号表示，如图 4-2(a) 所示。有一些光电器件也有不用氧化，而是用硫化，或以碱金属代替铯原子，目的都是希望得到高的响应率及合适的光谱响应范围。

Ag-O-Cs 光电阴极的光谱响应曲线如图 4-2(b) 所示。它的长波灵敏度延伸至红外 1.2μm，并且有两个峰值，近红外 800nm 处有一主峰，另一主峰处于紫外 350nm。

Ag-O-Cs 光电阴极的灵敏度较低。光照灵敏度约为 $30\mu A/lm$，辐照灵敏度为 3mA/W，量子效率在峰值波长处也只有 1%，它的热电子发射密度在室温下超过任何其它实用阴极，约为 $10^{-11} \sim 10^{-14} \mathrm{A/cm^2}$。此外，当阴极长期受光照后，会产生严重的疲劳现象，且疲劳特性与光照度、光照波长等都有密切关系，疲劳后光谱响应曲线也会发生变化，因此它的应用受到很大限制。

将近红外区具有高灵敏度的 Ag-O-Cs 阴极和蓝光区具有高灵敏度的 Bi-Cs-O 阴极相结合，可获得在整个可见光谱范围内具有较均匀响应和高灵敏度的 Bi-Ag-O-Cs 光电阴极。该阴极的量子效率达 10%，但长波限只有 750nm。随着多碱光电阴极的不断发展，而且灵敏度都高于

Bi-Ag-O-Cs 阴极，因此 Bi-Ag-O-Cs 阴极逐渐被多碱阴极所取代。

三、单碱锑化物光电阴极

金属锑与碱金属锂、钠、钾、铷、铯中的一种化合，都能形成具有稳定光电发射的发射体 LiSb、NaSb、KSb、RbSb 和 CsSb 等。其中，以 CsSb 阴极的灵敏度为最高，是最有实用价值的光电发射材料，广泛用于紫外和可见光区的光电探测器中。

锑铯阴极的典型光谱响应曲线如图 4-3 所示。它在可见光的短波区和近紫外区（0.3～0.45μm）响应率最高，其量子效率可达 25%，长波限在 0.65μm 附近；它的典型光照灵敏度达 60μA/lm，比银氧铯阴极高得多。CsSb 阴极的热电子发射（约 10^{-16}A/cm²）和疲劳特性均优于银氧铯阴极，而且制造工艺简单，目前使用比较普遍。

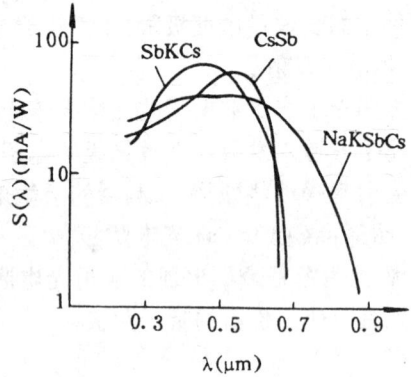

图 4-3　锑化物光电阴极光谱响应曲线

四、多碱锑化物光电阴极

当锑和几种碱金属形成化合物时，具有更高的响应率，其中有双碱、三碱和四碱等，统称为多碱锑化物光电阴极。

锑钾钠（NaKSb）阴极是双碱阴极中的一种，它的光谱响应与锑铯阴极相近，在峰值波长 0.4μm 处的量子效率达 25%，其典型光照灵敏度可达 50μA/lm。它的最大特点是耐高温，工作温度可达 175℃，而一般含铯阴极的工作温度不能超过 60℃，因此锑钾钠阴极可用于石油勘探等特殊场合。与之相关，NaKSb 阴极的热电子发射很小，室温下约 10^{-17}～10^{-18}A/cm²，光电疲劳效应也小，因此也常用于光子计数技术中。

另一些双碱阴极为含铯的 SbKCs 或 SbRbCs 等。SbKCs 阴极在波长 0.4μm 处的量子效应为 26%，光照灵敏度（典型值为 70μA/lm）比 CsSb 阴极高，热电子发射小（约为 10^{-17}A/cm²）。

锑钾钠铯（NaKSbCs）阴极是三碱阴极中最有实用价值的一种，它从紫外到近红外的光谱区都具有较高的量子效率。NaKSbCs 阴极典型的光照灵敏度为 150μA/lm，长波限为 850nm，热电子发射约 10^{-14}～10^{-16}A/cm²，而且工作稳定性好，疲劳效应很微小。近几年，经过特殊处理的 NaKSbCs 阴极，其光谱响应的长波限可扩展到 930nm，峰值波长也从 420nm 延伸至 600nm，光照灵敏度提高到 400μA/lm。

五、紫外光电阴极

一般来说，对可见光灵敏的光电阴极，对紫外光也都具有较高的量子效率。但在某些应用中，为了消除背景辐射的影响，要求光电阴极只对所探测的紫外辐射信号灵敏，而对可见光无响应，这种阴极通常称为"日盲"型光电阴极。

目前比较实用的"日盲"型光电阴极有碲化铯（CsTe）和碘化铯（CsI）两种。CsTe 阴极的长波限为 0.32μm，而 CsI 阴极的长波限为 0.2μm。

六、负电子亲和势光电阴极

前面讨论的常规光电阴极都属于正电子亲和势（PEA）类型，表面的真空能级位于导带之上。但如果给半导体的表面作特殊处理，使表面区域能带弯曲，真空能级降到导带之下，从而使有效的电子亲和势为负值，经这种特殊处理的阴极称作负电子亲和势光电阴极（NEA）。

1963 年 Simon 根据半导体物理的研究，首先提出了负电子亲和势（NEA）理论，1965 年 J·J·Scheer 和 J·V·laar 首先研制出 GaAs-Cs 负电子亲和势阴极，光照灵敏度达 500μA/lm，长波限为 900nm。这一成果引起了人们的普遍关注。

现以 Si-Cs$_2$O 光电阴极为例加以说明，它是在 p 型 Si 的基质材料上涂一层极薄的金属 Cs，经特殊处理而形成 n 型 Cs$_2$O。表面为 n 型的材料有丰富的自由电子，基底为 p 型材料有丰富的空穴，它们相互扩散形成表面电荷局部耗尽。与 p-n 结情况类似，耗尽区的电位下降 E$_d$，造成能带弯曲，如图 4-4(b) 所示。图 4-4(a) 分别表示 p 型 Si 和 n 型 Cs$_2$O 两种材料的能带图。

本来 p 型 Si 的发射阈值是 E$_{d_1}$ = E$_{A1}$ + E$_{g1}$，电子受光激发进入导带后需克服亲和势 E$_{A1}$ 才能逸出表面。现在由于表面存在 n 型薄层，使耗尽区的电位下降，表面电位降低 E$_d$。光电子在表面附近受到耗尽区内建电场的作用，从 Si 的导带底部漂移到表面 Cs$_2$O 的导带底部。此时，电子只需克服 E$_{A2}$ 就能逸出表面。对于 p 型 Si 的光电子需克服的有效亲和势为

$$E_{Ae} = E_{A2} - E_d \qquad (4.2)$$

由于能级弯曲，使 $E_d > E_{A2}$，这样就形成了负电子亲和势。

负电子亲和势光电阴极与前述的正电子亲和势光电阴极相比，具有以下特点：

(1) 量子效率高　负电子亲和势阴极因其表面无表面势垒，所以受激电子跃迁到导带并迁移到表面后，无需克服表面势垒就可以较容易地逸出表面。受激电子在向表面迁移过程中，因与晶格碰撞，使其能量降到导带底而变成热化电子后，仍可继续向表面扩散并逸出表面。对于一般的正电子亲和势光电阴极来说，激发到导带的电子必须克服表面势垒，只有高能电子才能发射出去，所以负电子亲和势光电阴极的有效逸出深度要比正电子亲和势阴极大得多。如 GaAs 负电子亲和势光电阴极的逸出深度可达数微米，而普通多碱阴极只有几十纳米，因此负电子亲和势光电阴极的量子效率较高。

(2) 光谱响应延伸到红外、光谱响应率均匀的阈值波长为

$$\lambda_0 = \frac{1240}{E_g + E_A} \text{(nm)}$$

而负电子亲和势光电阴极的阈值波长为

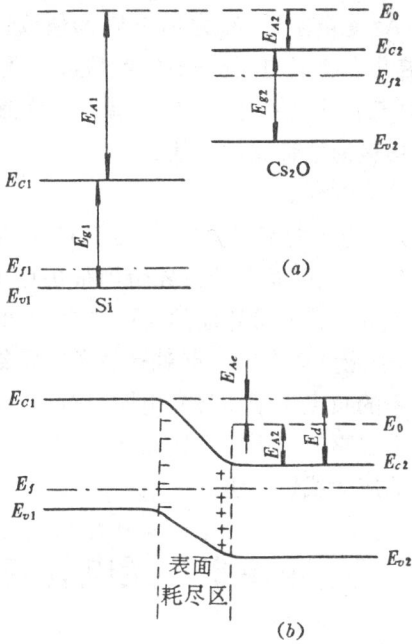

图 4-4　负电子亲和势材料表面能带弯曲图

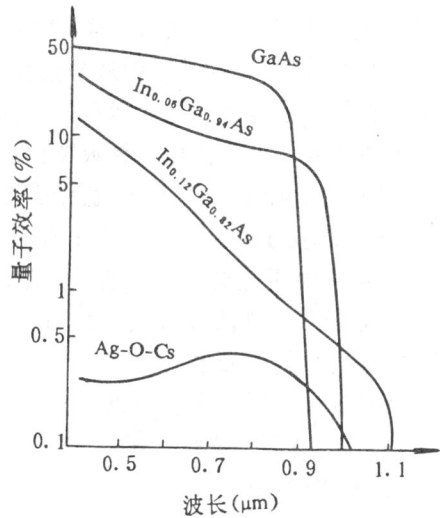

图 4-5　负电子亲和势材料的光谱响应曲线

由 (3.74) 式可知，正电子亲和势光电阴极

$$\qquad\qquad (4.3)$$

$$\lambda_0 = \frac{1240}{E_g} \text{(nm)} \tag{4.4}$$

例如 GaAs 光电阴极,E_g 为 1.4eV,阈值波长 λ_0 约为 890nm。对于禁带宽度比 GaAs 更小的多元 Ⅲ-Ⅴ 族化合物光电阴极来说,响应波长还可向更长的红外延伸。

(3)热电子发射小　与光谱响应范围类似的正电子亲和势的光电发射材料相比,负电子亲和势材料的禁带宽度一般比较宽,所以在没有强电场作用的情况下,热电子发射较小,一般只有 10^{-16}A/cm^2。

(4)光电子的能量集中　当负电子亲和势光电阴极受光照时,价带中的电子受激发而跃迁至导带,此光激发电子在导带内很快热化(约 10^{-12}s),落入导带底(寿命达 10^{-9}s),热化电子很容易扩散到达能带弯曲的表面,然后发射出去,所以其光电子能量基本上都等于导带底的能量。光电子能量集中这一点对提高光电成象器件的空间分辨力和时间分辨力都有很大意义。

实用的负电子亲和势光电阴极有 GaAs、InGaAs、GaAsP 等,其光谱响应曲线如图 4-5 所示。由图可看出它的量子效率比经典 Ag-O-Cs 光电阴极要高 $10 - 10^2$ 倍,而且在很宽的光谱范围内光谱响应曲线较平坦。

§4-2　光电管与光电倍增管的工作原理

一、光电管

光电管主要由光电阴极和阳极两部分组成,因管内有抽成真空或充入低气压惰性气体的不同,所以有真空型和充气型两种。它的工作电路如图 4-6 所示,阴极和阳极之间加有一定的电压,且阳极接正,阴极接负。

真空光电管的工作原理:当入射的光线透过光窗照射到光电阴极面上时,光电子就从阴极发射至真空,在电场的作用下光电子在极间作加速运动,被高电位的阳极收集,其光电流的大小主要由阴极的灵敏度和光照强度等决定。

在充气光电管中,光照产生的光电子在电场的作用下向阳极运动,由于途中与气体原子碰撞而发生电离现象,由电离过程产生新的电子与光电子一起都被阳极接收,正离子向反方向运动被阴极接收,因此在阴极电路内形成有数倍于真空光电管的光电流。

图 4-6　光电管电路

由于光电倍增管工艺的成熟及半导体光电器件的发展,光电管已基本上被上述这些器件所替代,因此这里对光电管不再作进一步的介绍。

二、光电倍增管

光电倍增管是一种真空光电器件,它主要由光入射窗口、光电阴极、电子光学系统、倍增极和阳极组成,如图 4-7(a) 所示。

光电倍增管的工作原理:① 光子透过入射窗口入射在光电阴极 K 上;② 光电阴极的电子受光子激发,离开表面发射到真空中;③ 光电子通过电场加速和电子光学系统聚焦入射到第一 倍增极 D_1 上,倍增极将发射出比入射电子数目更多的二次电子。入射电子经 N 级倍增极倍增后,光电子就放大 N 次。④ 经过倍增后的二次电子由阳极 P 收集起来,形成阳极光电流,在负载 R_L 上产生信号电压。光电倍增管的工作原理如图 4-7(b) 所示。

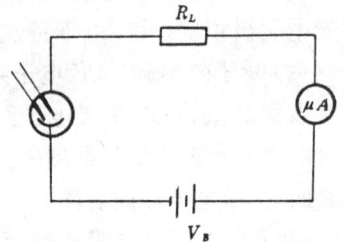

（a）结构　　　　　　　　　　（b）工作原理

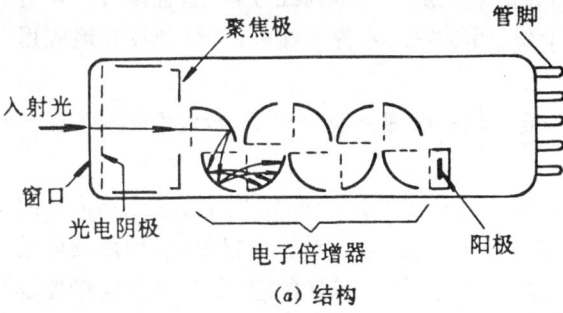

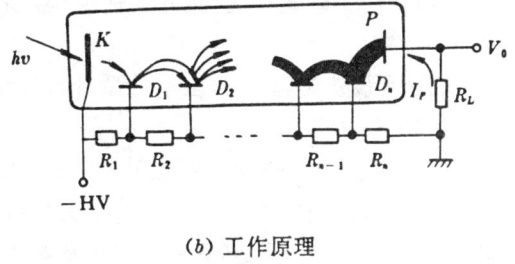

图 4-7　光电倍增管原理图

　　为了使光电子能有效地被各电极收集并通过各倍增极倍增,阴极与第一倍增极、各倍增极之间以及末级倍增极与阳极之间都必须施加一定的电压。最普通的形式是外接一系列电阻,在阴极和阳极之间加上适当的高压,阴极接负,阳极接正,使各电极之间获得一定的偏压,如图4-7(b)。

1. 入射窗口和光电阴极结构

　　光电倍增管通常有侧窗和端窗两种形式,如图 4-8 所示。侧窗型光电倍增管是通过管壳的侧面接收入射光,而端窗式光电倍增管是通过管壳的端面接收入射光。侧窗式光电倍增管一般使用反射式光电阴极,而且大多数采用鼠笼式倍增极结构,如图 4.9(a) 所示。这种型式广泛应用在分光光度计和光度测量中。

　　端窗式光电倍增管通常使用半透明光电阴极,光电阴极材料沉积在入射窗的内侧面。如图 4.9(b) 所示。一般半透明光电阴极的灵敏度均匀性比反射式阴极好,而且阴极面可以做成各种大小,从几十平方毫米到几百平方厘米,例如在高能物理测量中使用的 R1449 光电倍增管,直径达 50 厘米。为了使各处的灵敏度一致,阴极面做成半球状。

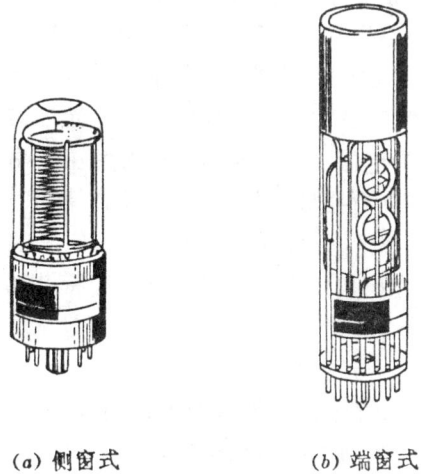

（a）侧窗式　　　　　（b）端窗式

图 4-8　光电倍增管类型

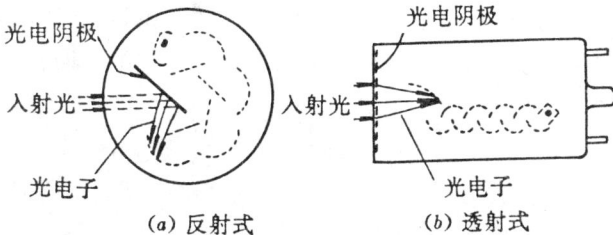

（a）反射式　　　　　　　　（b）透射式

图 4-9　光电阴极类型

光电倍增管的短波灵敏度一般受窗口材料限制。常用的窗口材料有下列几种：

(1)硼硅玻璃　该窗口材料应用广泛，透射光谱范围从300nm到红外，不适合作紫外辐射窗口材料。由于硼硅玻璃(也称无钾玻璃)克服了钾(^{40}K)带来的背景噪声，所以能较好地应用于闪烁计数。

(2)透紫外玻璃　该玻璃透紫外性能很好，紫外波段的截止波长约185nm。和硼硅玻璃一样，应用普遍。

(3)熔融石英(熔融二氧化硅)　这种材料透紫外波长可到达160nm。由于石英和Kovar的热膨胀系数不一样，它不适合作芯柱材料，仅用于管子的头。熔融石英作窗口时，一般用硼硅玻璃作芯柱，然后把不同膨胀系数的玻璃材料作过渡封接，最后与石英封接。由于过渡封接处容易炸裂，故操作时应加倍小心。

(4)蓝宝石　蓝宝石是一种Al_2O_3晶体，紫外区透射比介于透紫玻璃和熔融石英之间，但当波长小于150nm时的透射比却比石英要高。由于蓝宝石不需要过渡材料封接，因此整个管子的长度可做得比较短。

(5)MgF_2　碱金属卤化物在紫外波段具有较高的透射比，但普遍存在吸潮问题。其中MgF_2吸潮比较小，紫外透射波长可达115nm。

图4-10是常用几种窗口材料的光谱透射比曲线。光电倍增管的光谱响应特性主要由窗口材料和光电阴极材料决定，因此在使用时应根据窗口和阴极材料的特性，选择相应的管子。实用光电倍增管的阴极光谱响应特性如图4-11和表4-1所示。

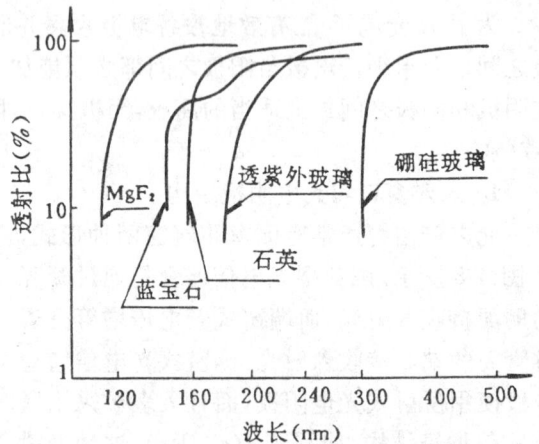

图4-10　窗口材料的光谱透射比曲线

2. 电子光学系统

电子光学系统主要有两方面的作用，使光电阴极发射的光电子尽可能全部会聚到第一倍增极上，而将其它部分的杂散热电子散射掉，提高信噪比，一般用电子收集率ε_0表示；二是使阴极面上各处发射的光电子在电子光学系统中渡越的时间尽可能相等，以保证光电倍增管的快速响应，这一参数常用渡越时间的离散性Δt表示。

下面介绍几种典型的结构和性能。图4-12(a)是最简单的电子光学系统。图(a)中：1是光电阴极；2是与光电阴极同电位的金属筒或镀在玻壳上的金属导电层；3是带孔膜片；4是第一倍增极。当阴极与第一倍增极之间加上电压后，形成的电场能很好地把来自光电阴极的光电子会聚成束，并通过膜孔打到第一倍增极上。它的收集效率在85%以上，渡越时间的离散性Δt是指阴极面上各点所发射的光电子到达第一倍增极上各处时产生的时间差(经过的轨迹不同)。在图4-12(a)系统中约为10ns

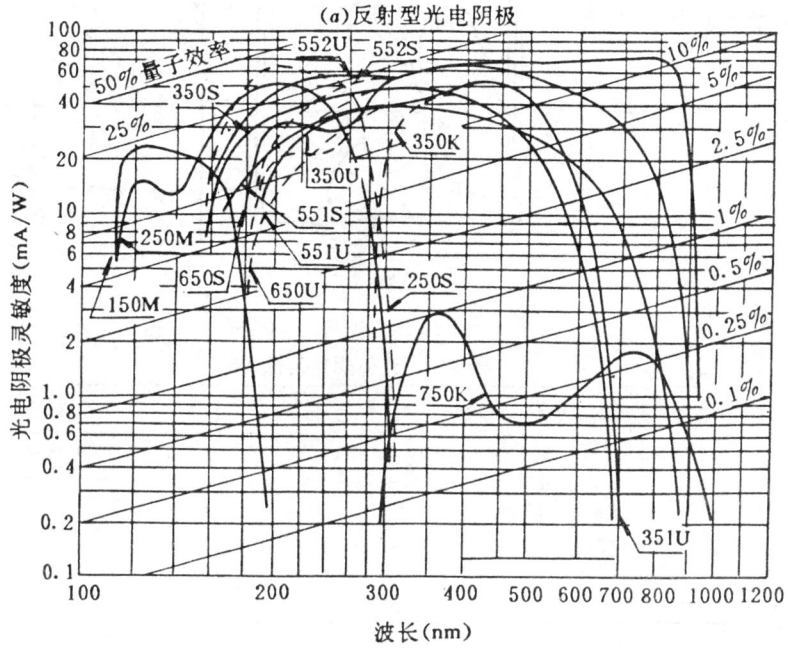

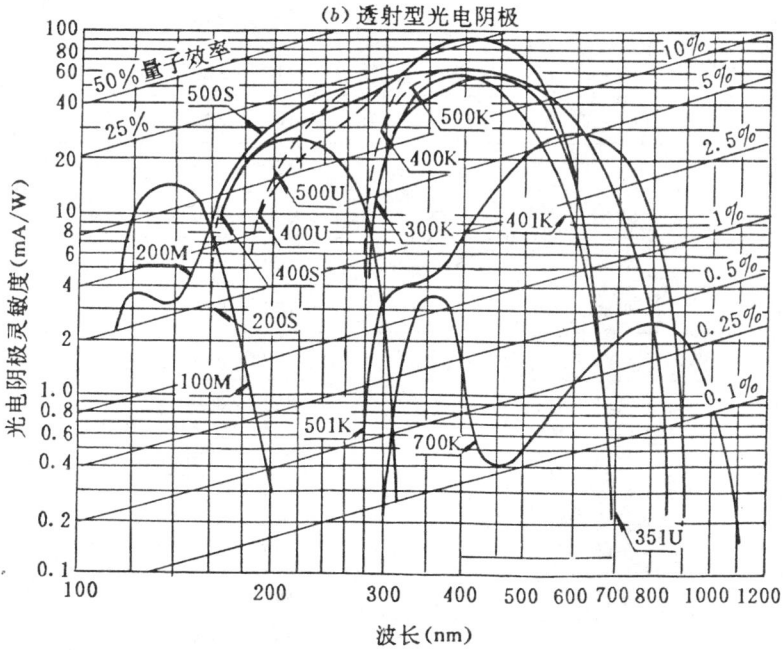

图 4-11　光电阴极光谱响应曲线

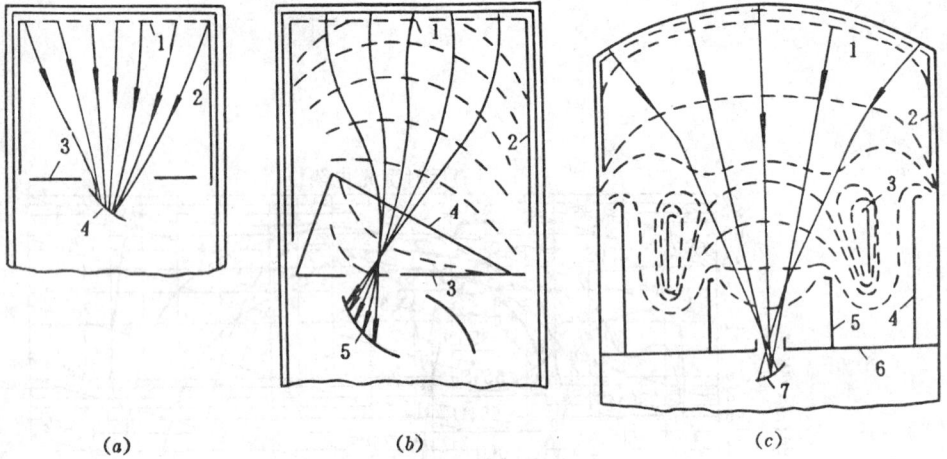

(a)   (b)   (c)

图 4-12　电子光学系统

表 4-1　光电阴极特性参数

光谱响应曲线编号	光电阴极	窗口材料	光谱特性		
			波长范围(nm)	峰值波长(nm)	
				灵敏度	量子效率

透射型光电阴极

○	100M	Cs・I	MgF$_2$	115～200	140	130
○	200S	Cs・Te	石英	160～320	210	200
○	200M	Cs・Te	MgF$_2$	115～320	210	200
—	201S	Cs・Te	石英	160～320	240	220
—	201A	Cs・Te	蓝宝石	150～320	250	220
○	300K(S-11)	Sb-Cs	硼硅	300～650	440	410
○	400K	双碱	硼硅	300～650	420	390
○	400U	双碱	UV	185～650	420	390
○	400S	双碱	石英	160～650	420	390
○	401K	高温用双碱	硼硅	300～650	375	360
—	402K	双碱	硼硅	300～650	375	360
○	500K(S-20)	多碱	硼硅	300～850	420	360
○	500U	多碱	UV	185～850	420	290
○	500S	多碱	石英	160～850	420	280
○	501K(S-25)	多碱	硼硅	300～900	650	600
○	700K(S-1)	Ag-O-Cs	硼硅	400～1200	800	780

光谱响应曲线编号	光电阴极	窗口材料	光谱特性		
			波长范围 (nm)	峰值波长(nm)	
				灵敏度	量子效率

反射型光电阴极

○	150M	Cs・I	MgF$_2$	115～195	120	120
○	250S	Cs・Te	石英	160～320	200	200
○	250M	Cs・Te	MgF$_2$	115～320	200	190
○	350K(S-4)	Sb-Cs	硼硅	300～650	400	350
○	350K(S-5)	Sb-Cs	UV	185～650	340	270
○	350S(S-19)	Sb-Cs	石英	160～650	340	210
○	351U(Extd S-5)	Sb-Cs	UV	185～700	450	235
—	451U	双碱	UV	185～730	340	320
—	452U	双碱	UV	185～750	350	315
—	453K	双碱	硼硅	300～650	400	360
—	453U	双碱	UV	185～650	400	330
—	454K	双碱	硼硅酸	300～680	450	430
—	455U	双碱	UV	185～680	420	400
—	456U	低暗电流双碱	UV	185～680	375	320
—	457U	双碱	UV	300～680	450	450
—	550U	多碱	UV	185～850	530	250
—	550S	多碱	石英	160～850	530	250
○	551U	多碱	UV	185～870	330	280
○	551S	多碱	石英	160～870	330	280
○	552U	多碱	UV	185～900	400	260
○	552S	多碱	石英	160～900	400	215
—	554U	多碱	UV	185～900	450	370
—	555U	多碱	UV	185～850	400	320
—	556U	多碱	UV	185～930	420	320
—	557U	多碱	UV	185～900	420	400
—	558K	多碱	硼硅	300～800	530	510
○	650U	GaAs(Cs)	UV	185～930	300～800	300

光谱响应曲线编号	光电阴极	窗口材料	光谱特性		
			波长范围(nm)	峰值波长(nm)	
				灵敏度	量子效率
○ 650S	GaAs(Cs)	石英	160～930	300～800	280
— 651U	GaAs(Cs)	UV	185～910	350	270
○ 750K	Ag-O-Cs	硼硅	400～1100	730	730
— 850U	InGaAs(Cs)	UV	185～1010	400	330

为了使小型光电倍增管的倍增极合理安排在管壳内(具有对称性),充分利用玻璃管内的空间,同时保证有高的电子收集率,可采用图 4-12(b) 所示电子光学系统。图中增加了斜劈式圆柱筒电极 4,该电极固定在偏心的带孔膜片上,其轴线与阴极的轴线之间的夹角常取 20°。这种结构的性能与前者相近。

图 4-12(c) 所示的是性能最好的一种结构,它采用了球面形光电阴极,并附加了 3 个圆筒形电极。此时,阴极表面电位分布比较均匀,而且从阴极中心和边缘发射的电子的轨迹长度相差甚小,可使渡越时间的离散性接近于零。

3. 电子倍增极

(1) 二次电子发射

具有足够动能的电子轰击某些材料时,材料表面将发射新的电子,这种现象称为二次电子发射。轰击材料的入射电子称为一次电子,从材料表面发射出的电子称为二次电子。不同材料的二次电子发射能力是不一样的。为表征材料的这种能力,通常把二次发射的电子数 N_2 与入射的一次电子数 N_1 的比值定义为该材料的二次发射系数 σ,即

$$\sigma = \frac{N_2}{N_1} \tag{4.5}$$

二次发射过程可以分三步来描述:① 材料吸收一次电子的能量,激发体内电子到高能态,这些被激电子称为内二次电子;② 内二次电子中初速指向表面的那一部分向表面运动,在运动过程中因散射而损失能量;③ 如果到达界面的内二次电子仍有足以克服表面势垒的能量,即逸出表面成为二次电子。

材料的二次发射系数 σ 随一次电子的能量 E_p 不同而改变,图 4.13 表示 σ 与 E_p 的一般关系。开始时 σ 随 E_p 的增大而增大,直到达最大值 E_{pmax},随后若继续增大 E_p,σ 的值却反而减小。其原因是:当一次电子能量过大,电子穿透材料的有效深度增加;尽管激发的内二次电子数有所增加,但许多深层的内二次电子在逸出过程中,由于碰撞散射而损失能量,结果不能逸出,反而使 σ 减少。不同的发射材料,当二次发射系数达最大值 σ_{max} 时,相应的一次电子能量 E_{pmax} 变化很大,约 100～2000 电子伏。

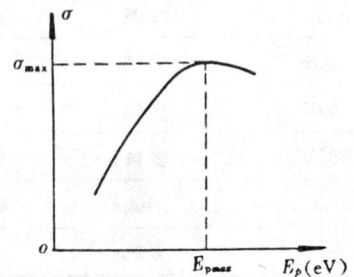

图 4-13 二次发射系数与一次电子能量的关系

光电倍增管中的二次电子发射材料应具有：① 在低的工作电压下具有大的 σ 值；② 热电子发射小；③ 在较高温度和较大的一次电子密度条件下，发射系数保持稳定。

常用的倍增极材料有：

① 复杂的半导体型　如锑铯($CsSb$)、锑铯钾($KCsSb$)等碱金属化合物，不仅是良好的光电阴极材料，也是常用的二次电子发射材料。对 $CsSb$ 而言，当入射的一次电子能量为 200eV、厚度为 $80 \sim 100nm$ 时，σ 约为 7；当入射的电子密度较大时，稳定性较差。

② 合金型　合金型二次发射材料主要是指由重金属与轻金属制成的合金电极。经过特殊加工，使合金电极的表面形成轻金属氧化物的半导体薄膜。在各种合金电极中，表面形成的氧化物有氧化镁(MgO)、氧化铍(BeO)和氧化钡(BaO)等几种，它们在光电倍增管中被广泛采用。如 $Cu-Be$ 合金发射极，在工作过程中疲劳小，稳定性好，不受磁场的干扰，能承受较大的电流密度；室温下热发射极小，在每平方厘米上每分钟发射约 10 个电子，比 $CsSb$ 电极要小几个数量级。它的缺点是在低的一次电子能量时，σ 值较小。

③ 负电子亲和势型　目前有用 Cs 激活的磷化镓($GaP:Cs$)和 $Cs-O$ 激活的硅($Si:Cs-O$)等负电子亲和势型二次电子发射材料。这种材料的二次电子发射系数 σ 较大，可达 100 以上。即使一次电子的能量达几千电子伏，其 σ 仍继续上升。其原因在于负电子亲和势发射材料的逸出深度远大于一般材料，高能量的一次电子轰击时，可以在很深的范围内激发更多的电子。

图 4-14 是几种倍增极材料的二次电子发射特性曲线。

（2）倍增极结构

光电倍增管中的倍增极一般由几级到十五级组成。根据电子轨迹的型式可分为两大类，即聚焦型和非聚焦型。凡是由前一倍增极来的电子被加速和会聚在下一倍增极上，在两个倍增极之间可能发生电子束交叉的结构称为聚焦型。非聚焦型形成的电场只能使电子加速，电子轨迹都是平行的。

根据电子倍增极的结构形式，目前光电倍增管分成六种形式，如图 4-15 所示。

① 鼠笼式　光电阴极一般做成反射式，用于侧窗式光电倍增管，如国产的 GDB-159、日本的 1P28、R928 等。这种光电倍增管的阴极面通常做成长方形，适宜与光谱仪器的狭缝匹配。

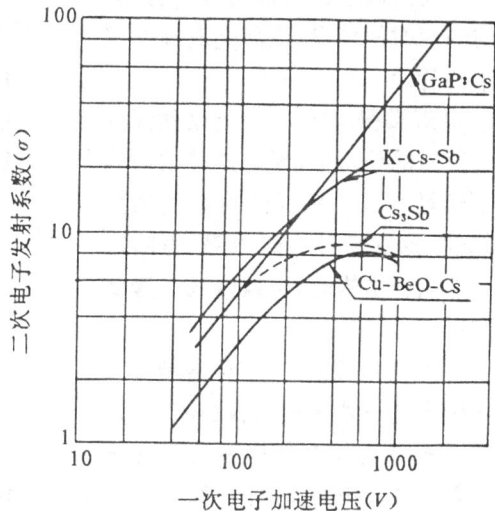

图 4-14　二次电子发射特性

鼠笼式的倍增极是聚焦型结构，倍增极形状是瓦片形的，因此电子渡越时间的离散性很小，电子的收集效率也比较高。这种倍增极系统的最大特点是结构紧凑，时间响应快。

② 直线聚焦式　是一种聚焦式结构，两列形似半圆柱状的瓦片形倍增极交替地安置在管子的轴向，它所形成的电场使电子轨迹在极间会聚交叉并落到下一极的靠近中心处，使二次电子得到充分利用，而且极间电子渡越时间的离散性很小。这种结构的倍增极大多用于端窗式光电倍增管。其主要特点是时间响应很快，线性好。

③ 盒栅式　常用盒栅式倍增极为 1/4 的圆柱面，两端加盖而成。倍增极前有栅网，栅网与盒子同电位，可加强对入射电子的吸引力，防止二次电子往入射方向逃逸，从而提高了电子的

收集效率(可达95%)。倍增极的排列如图 4-15(b) 所示。这种结构的倍增极设计比较容易,广泛用于端窗式光电倍增管。其主要特点是均匀性和稳定性较好,但时间响应稍慢一些。

④ 百叶窗式　它的每一倍增极均由一组相互平行并有一定倾角(一般为 45°)的同电位叶片组成。在叶片的前方装有金属栅网,其作用和盒栅式相同。有效工作面积可以做得很大,它与大面积的光电阴极相配合,可以做成探测微弱光辐射的大型光电倍增管。管子的均匀性好,输出电流大并且稳定。它的主要缺点是某些一次电子可能未经倍增,直接穿过倍增极打到下一级的倍增极上,使电子渡越时间的离散性增加。因此这种管子的响应时间较慢,最高响应频率仅几十兆赫。

⑤ 近贴栅网式　用近贴的栅网代替普通的倍增极,因此这种结构的光电倍增管具有极好的均匀性和脉冲线性,抗磁场影响能力强。当阳极采用多电极结构时,可以做成位置敏感型器件。

⑥ 微通道板式　这种倍增极系统实际上是一块微通道板(MCP),该微通道板是由许多直径为几十微米的玻璃管平行排列而成的(具体详见 §4.5 中的分析。)微通道板式光电倍增管的响应速度极快,抗磁场干扰能力强、线性好。

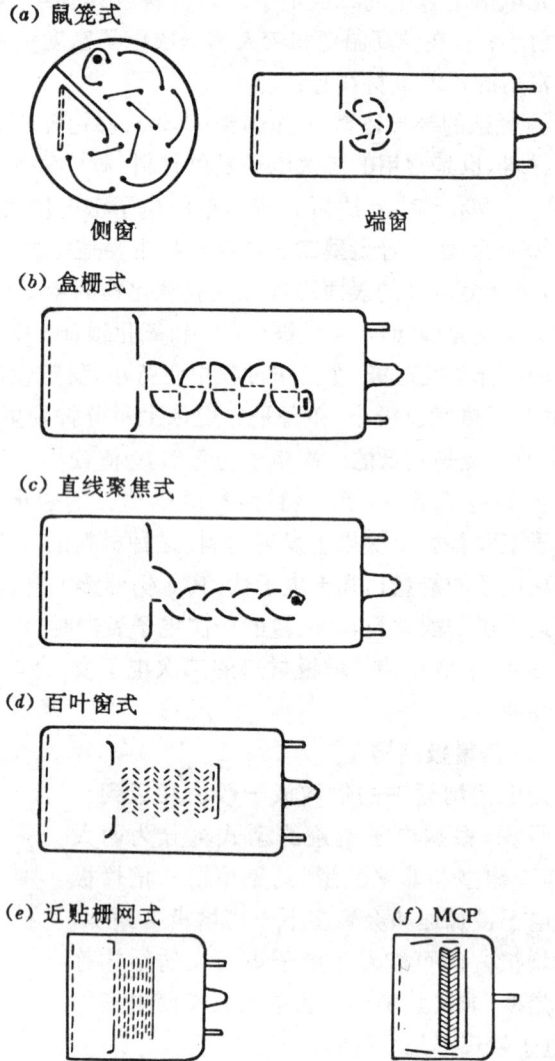

(a) 鼠笼式

侧窗　　　　端窗

(b) 盒栅式

(c) 直线聚焦式

(d) 百叶窗式

(e) 近贴栅网式　　　　(f) MCP

图 4-15　电子倍增极的结构

最近,国外也研制了一些将上述两种结构组合在一起的新型倍增极系统,充分发挥各种型式的优点。表 4-2 列出上述六种倍增极系统的主要特性参数。

4. 阳极

阳极结构比倍增极系统简单得多,它的作用是接收从末级倍增极发射出的二次电子,通过引线向外输出电流。对于阳极的结构要求具有较高的电子收集率,能承受较大的电流密度,并且在阳极附近的空间不致产生空间电荷效应。此外,阳极的输出电容要小,即阳极与末级倍增极及与其它倍增极间的电容要很小,因此目前阳极广泛采用栅网状结构。

表 4-2　各种倍增极系统的主要特性参数

特性　型式	上升响应时间 (ns)	最大线性输 出电流(2%) (mA)	抗磁场 能　力 (mT)	均匀 性	收集 效率	特征
鼠笼式	0.9 ～ 3.0	1 ～ 10	0.1	差	好	小巧、高速
直线聚焦式	0.7 ～ 3.0	10 ～ 250		差	好	高速,线性好
盒栅式	6 ～ 20	1 ～ 10		好	极好	高收集率
百叶窗式	6 ～ 18	10 ～ 40		好	差	大面积
近贴栅网式	1.5 ～ 5.5	300 ～ 1000	*700 ～ 1200 以上	好	差	抗大磁场 高线性
MCP 式	0.1 ～ 0.3	700	15 ～ *1200 以上	好	差	超高速

* 管轴方向

§4-3　光电倍增管的主要特性参数

一、灵敏度

灵敏度是衡量光电倍增管探测光信号能力的一个重要参数。光电倍增管的灵敏度一般包括光谱响应、阴极光照灵敏度和阳极灵敏度,有时还包括辐照灵敏度以及阴极的蓝光、红光灵敏度等参数。

1. 光谱响应

阴极的光谱灵敏度取决于光电阴极和窗口的材料性质。阳极的光谱灵敏度等子阴极的光谱灵敏度与光电倍增管放大系数的乘积,而其光谱响应曲线基本上与阴极的相同。

一般手册上给出光电倍增管的光谱响应的波长范围、峰值波长以及光谱响应曲线代码。我国规定的代码由三部分组成:第一部分表示光电阴极形式;第二部分表示阴极材料的种类;第三部分表示光窗材料,如表4-3所示。国外曾普遍采用S系列代码,从S1至S25分别表示各种光谱响应曲线。但目前也有采用其它的表示方法,如日本采用图4-11和表4-1所列的符号。

表 4-3　国产光电阴极系列

第一栏	第	二　栏		第 三 栏	
R 反射式	10	AgOCs	35　KCsSb(双碱)	L	钠钙玻璃
T 透射式	11	AgORbCs	36　KCsSb(双碱长波延伸)	B	硼硅玻璃
	15	BiAgOCs	40　NaKSb(双碱高温)	U	透紫玻璃
	20	CsI	50　NaKCsSb(多碱)	Q	石英
	25	CsTe	51　NaKCsSb(多碱红外延伸)	S	白宝石
	26	RbTe	60　GaAs(Cs)		蓝宝石
	30	CsSb	70　GaInAs(Cs)	M	氟化镁

实际使用中还应注意环境温度对光电倍增管光谱响应的影响。图 4-16(a)和(b)分别表示锑铯光电阴极和多碱光电阴极的光电倍增管光谱响应曲线与温度的关系。曲线按20℃时的光谱灵敏度规一化。显然,不同波长的温度系数是不同的。如果一个含有光电倍增管的仪器在温度急剧变化的环境下工作,必然产生相当大的误差。

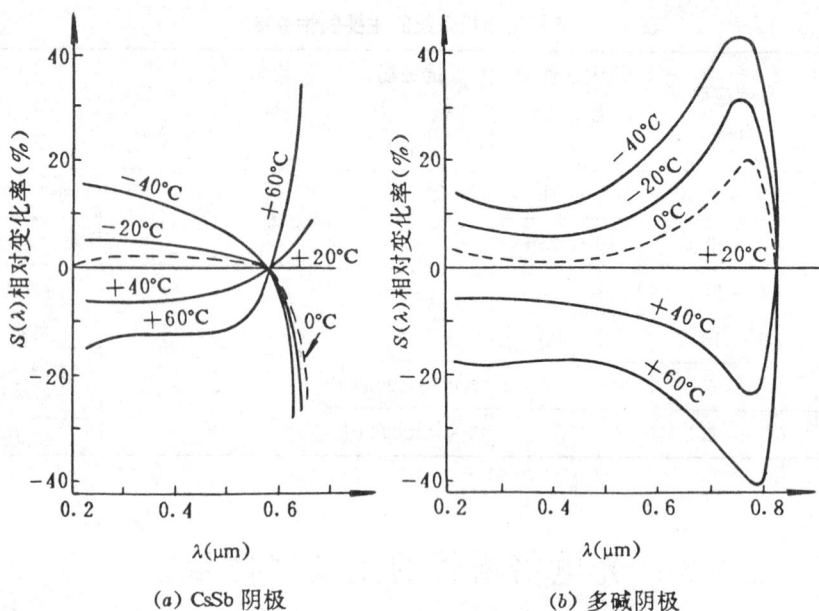

(a) CsSb 阴极　　　　　　　(b) 多碱阴极

图 4-16　温度对光谱响应曲线的影响

2. 阴极光照灵敏度

由 §4-1 中的定义可知,若入射到光电阴极面上的光通量为 Φ,阴极输出的光电流为 I_K,那么阴极的光照灵敏度为。

$$S_K = \frac{I_K}{\Phi} \tag{4.5}$$

S_K 的单位为 $\mu A/lm$ 或 A/lm。

光电倍增管阴极光照灵敏度的测量原理如图 4-17 所示。设光源的发光强度为 I_0,光电阴极面的面积为 A,阴极面离光源的距离为 L。光电倍增管接收到的光通量

$$\Phi = \frac{I_0}{L^2} A \tag{4.6}$$

由(4.5)式可算出阴极光照灵敏度。

入射到光电阴极上的光通量值不应太大,否则由于光电阴极层的电阻损耗会引起测量误差。Φ 也不能太小,否则由于欧姆漏电流影响光电流的测量精度,因此通常采用范围为 $10^{-5} \sim 10^{-2} lm$。在光电流的测量支路中,串一只 $1M\Omega$ 的电阻,其作用是在测量过程中光电倍增管一旦受损(例如放电或短路)时限制电流。

在该测试电路中,至少应使最前两级倍增极也工作在正常电压下,以使电场分布不受影响。所加电压应足够大,以保证阴极饱和特性,一般为 $100 \sim 400V$。

3. 阳极光照灵敏度

阳极光照灵敏度表示光电倍增管在接收分布温度为 2856K 的光辐射时阳极输出电流与入射光通量的比值,即

$$S_P = \frac{I_P}{\Phi} \tag{4.7}$$

式中:S_P 为阳极光照灵敏度;I_P 为阳极输出电流,单位为 A/lm。

光电倍增管的阳极光照灵敏度通常采用图 4-18 所示的系统测试。入射光通量范围通常为 $10^{-10} \sim 10^{-6} lm$。入射的光通量太大会导致非线性,并使输出电流超过额定值;若太小,由于暗电流的作用使光电倍增管的输出光电流的测量比较困难。所加的工作电压应保证光电倍增管

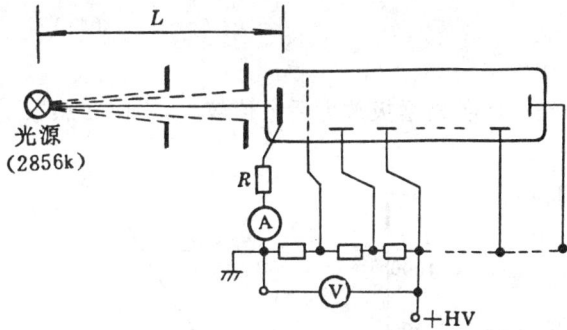

图 4-17　阴极灵敏度测试　　图 4-18　阳极灵敏度测试

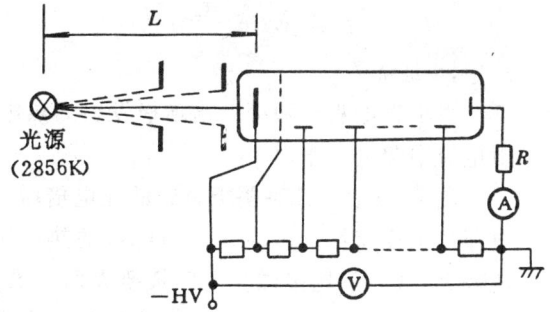

工作在线性范围内。为了得到比较弱的光照,也可以在光源和光电倍增管之间插入一块无色漫射屏;或者将光先照到一块漫反射屏(如 $BaSO_4$ 或 MgO 漫反射屏)上,再将漫反射光照到光电阴极上。

二、放大倍数(增益)

前面已谈到,光电倍增管倍增极的二次电子发射系数 σ 与一次电子的加速电压 V_d 有关。当电压在几十 ~ 几百伏范围时,可用下式表示:

$$\sigma = C \cdot V_d^k \tag{4.8}$$

式中　C 是常数;k 值与倍增极的材料和结构有关,一般为 $0.7 \sim 0.8$。

如果光电倍增管有 n 级倍增极,那么光电阴极发射的光电流经过各级倍增极倍增后,从阳极输出的电流

$$I_P = I_K \cdot \varepsilon_0(\varepsilon_1\sigma_1)(\varepsilon_2\sigma_2)\cdots(\varepsilon_n\sigma_n) \tag{4.9}$$

式中　ε_0 为电子光学系统的收集率;ε_1、$\varepsilon_2\cdots\varepsilon_n$ 和 σ_1、$\sigma_2\cdots\sigma_n$ 分别为第 1、2、$\cdots n$ 级倍增极的电子收集率和二次电子发射系数。同时,假定阳极电子收集率为 1,如果各倍增极的 ε 和 σ 均相等,那么光电倍增管的放大倍数

$$M = \frac{I_P}{I_K} = \varepsilon_0(\varepsilon\sigma)^n \tag{4.9}$$

将 (4.8) 式代入上述子中,再假定倍增管均匀分压,级间电压 V_d 相等,那么放大倍数与光电倍增管所加电压 V 的关系为

$$M = \varepsilon_0[\varepsilon \cdot C \cdot (\frac{V}{n+1})^k]^n = A \cdot V^{kn} \tag{4.10}$$

从上式可知,光电倍增管的放大倍数和阳极输出电流随所加电压的 kn 次方指数变化。因此,在使用光电倍增管时,为了使输出电流稳定,所加电压应保持稳定。可作如下计算:

$$\frac{dM}{M} = kn\frac{dV}{V} \tag{4.11}$$

一般情况下,$n = 9 \sim 12$,因此得出电压的稳定度应比测量精度高一个数量级的结论。例如测量精度为 1%,所加电源电压的稳定度应为 0.1%。

三、暗电流

光电倍增管的暗电流是指在施加规定的电压后,在无光照情况下测定的阳极电流。暗电流决定光电倍增管的极限灵敏度。

1. 暗电流的组成

(1) 热电子发射

热电子发射是光电倍增管暗电流的主要部分,根据 W. Richardson 的研究表明,热发射电流

i_s 与温度 T 和逸出功 E_W 的关系：

$$i_s = AT^{5/4}e^{-\frac{qE_W}{kT}}$$ 　　　　(4.12)

式中，A 是常数。

由于光电阴极和第一倍增极发射的热电子经后面各倍增极放大后数值较大，因而在热发射电流中起主要作用。

图 4-19 表示几种阴极材料的光电倍增管阳极暗电流的温度特性。Ag-O-Cs 光电阴极的热电子发射电流较大，常温下比多碱光电阴极要大两个数量级。紫外光电阴极（Cs-Te、Cs-Ⅰ）的热电子发射是最小的。

降低热发射电流的有效方法是降低光电倍增管的工作温度。从图 4-19 可见，当将光电倍增管冷却到 $-20℃$ 时能有效地减少热发射电流。

（2）极间漏电流

所谓极间漏电流是指光电倍增管内支撑电极的绝缘体（如陶瓷片、玻璃件和芯柱等）在高电压下的欧姆漏电。此外，当管座和玻壳表面被沾污和受潮时也会引起漏电。在正常条件下，极间漏电流小于热发射电流。因此在使用光电倍增管时，保证管壳和所有连接件的清洁和干燥是十分必要的。

（3）残余气体的离子发射

光电倍增管内的残余气体可能被光电子电离而产生正离子。由于在阳极附近，电流密度较高，所以在阳极附近往往有较多的正离子。它们被电场加速后，可能会轰击光电阴极和前几级倍增极而产生二次电子发射，从而引起很大的输出噪声脉冲。具体表现为随着信号脉冲存在一个后继脉冲，这种情况在探测短脉冲信号时比较明显。

（4）玻璃闪烁

当部分电子偏离正常轨迹打到管壁上时会出现闪烁现象，引起暗电流脉冲。为了消除这种形式的暗电流脉冲，可使管子工作在高阳极电压和阴极接地的供电方式，在玻壳外涂敷一层导电层并和阴极相连，即能有效地解决玻璃外壳闪烁问题。

（5）场致发射

当光电倍增管工作电压较高时，逸出功较小的电极表面在强电场下亦会发出电子，引起暗电流脉冲；特别是在电极间隔最近处以及电极边缘带有尖端和毛刺的地方均易产生放电。因此管子的工作电压一般应比极限电压低 $200 \sim 300$ 伏。

从上述暗电流产生的原因可见，它与电源电压有密切关系，如图 4-20 所示。在低电压时，暗电流由漏电流决定；电压较高时，主要是热电子发射；电压再大，则导致场致发射和残余气体离子发射，使暗电流急剧增加，甚至可能发生自持放电。实际使用中，为了得到比较高的信噪比

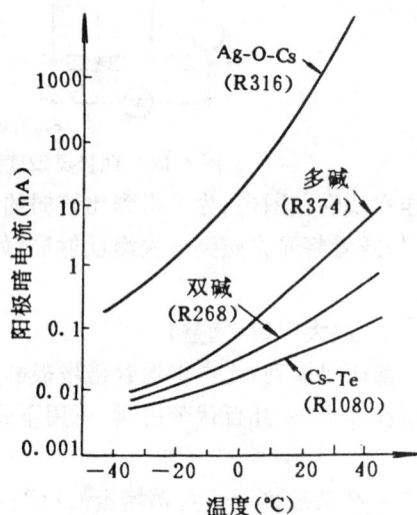

图 4-19　暗电流温度特性

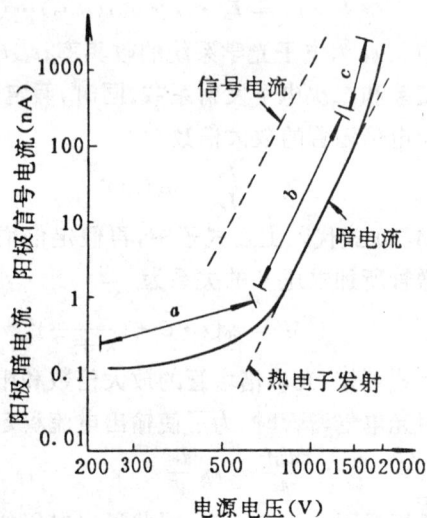

图 4-20　暗电流与电源电压的关系

S/N,所加的电源电压必须适当,一般工作在图 4-20 的 b 段。

2. 减少暗电流方法

(1) 直流补偿

暗电流的直流补偿方法如图 4-21 所示,在光电倍增管输出阳极回路中加上与暗电流方向相反的直流成分,以补偿暗电流的影响。图中,补偿电流

$$I_b = \frac{V_c R_2}{(R_1 + R_2) R_3} \tag{4.13}$$

一般 $R_3 \gg R_1$、R_2。这种方法比较简单,但不是根本的解决办法,它只能补偿暗电流中的直流部分。

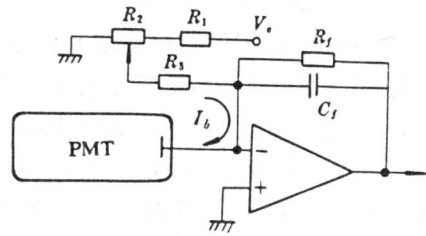

图 4-21 暗电流补偿方法

(2) 选频和锁相放大

将入射光调制成一定频率的周期信号,而在光电倍增管的信号输出电路中加一选频放大器,以滤掉暗电流的直流分量。但由于选频放大器的中心频率不易做得很稳定,并有一定的通频带,因此抑制暗电流的交流成分有一定的限度。如果用锁相放大代替选频放大,那么输出信号的信噪比会有很大的提高。

(3) 致冷

通常光电倍增管的工作电压为 $600 \sim 1300V$,由图 4-20 可知,热电子发射是暗电流的主要成分。冷却光电倍增管可降低从光电阴极和倍增极来的热发射电子,这对于弱信号探测或光子计数是十分重要的。目前常用的半导体致冷器可致冷到 $-20℃ \sim -30℃$,可使光电倍增管的信噪比提高一个多数量级。

使用致冷方法必须注意以下几个问题:① 光电阴极的光谱响应曲线会随温度而变化(见图 4-16),因此在光电仪器定标时光电倍增管的工作温度必须和测量时相同;② 光电阴极(如 CsSb)的电阻会随着温度的下降而很快增加,结果光电流改变了阴极的电位分布,从而影响第一倍增极的光电子收集效率;③ 冷却时要防止光入射窗上凝结水汽,引起入射光线散射,同样,在管座上亦易引起高压电击穿和漏电流;④ 致冷温度也不能过低,否则可能会引起阴极和倍增极材料的损坏,或者是玻壳封结处裂开。

(4) 电磁屏蔽法

将光电倍增管装在高导磁率的金属圆筒中,这能有效地防止周围电磁场的干扰。

(5) 磁场散焦法

当测量过程中用窄光束照射较大的光电阴极时,合理地采用磁场可把那些未被照射的光电阴极边缘暗电流的电子散射掉;也可以用可控偏转线圈,采用星象跟踪方法改变磁场,把有效阴极面积任意移动到阴极的光照位置,以利用散焦方法减少暗电流(光信号减少甚少),达到改善信噪比的目的。

四、噪声

光电倍增管的噪声主要有光电器件本身的散粒噪声、闪烁噪声以及负载电阻的热噪声等。

1. 散粒噪声

光电阴极发射的平均电流 I_{K0} 由信号电流 I_{KS} 和暗电流 I_{Kd} 组成,即

$$I_{K0} = I_{KS} + I_{Kd} \tag{4.14}$$

如前所述,$I_{KS} = \Phi \cdot S_K$,而 I_{Kd} 由热电子发射、漏电流、离子发射、玻璃闪烁和场致发射等因素造

成的。由阴极电流产生的散粒噪声

$$\overline{i_{nk}^2} = 2qI_{KO}\Delta f = 2q(I_{KS} + I_{Kd}) \cdot \Delta f \tag{4.15}$$

于是,作为第一倍增极的一次电流将等于信号电流和噪声电流之和,即

$$i_K = I_{KO} + (2qI_{KO} \cdot \Delta f)^{1/2} \tag{4.16}$$

假定通过每一倍增极的倍增系均为 σ,那么经过第一倍增极的放大,阴极发射的平均电流放大到 σI_{KO},而噪声将由二部分组成,一部分是由 σI_{KO} 产生的新噪声源,另一部分是原有噪声的放大,于是第一倍增极后电流中的噪声

$$\overline{i_{n1}^2} = 2qI_{KO}\sigma\Delta f + 2qI_{KO}\Delta f\sigma^2 = 2qI_{KO}\sigma\Delta f(1 + \sigma)$$

依此类推可求出阳极电流为 $I_{KO}\sigma^n$,而阳极电流噪声为

$$\overline{i_{np}^2} = 2qI_{KO}\sigma^n\Delta f(1 + \sigma^2 + \cdots + \sigma^n) = 2qI_p\Delta f(1 + \sigma + \sigma^2 + \cdots + \sigma^n)$$

$$= 2qI_pM\Delta f \frac{\sigma}{\sigma - 1} = 2qI_pM\Delta f(1 + B) \tag{4.17}$$

式中　M 为光电倍增管的放大系数(增益);B 值从理论上来说应为 $0 < B < 1$,考虑到制造中带入的噪声,B 一般为 $0.5 < B < 2$。

(2)闪烁噪声

一般认为,闪烁噪声是由光电阴极发射的偶然起伏和倍增极材料的变化引起的,是一种 $1/f$ 噪声,通常只有在低频区有一定的数值,随着工作频率的提高,其值迅速下降,因此可用提高辐射的调制频率和减小通频带来降低或消除这类噪声。

(3)电阻热噪声

这类噪声主要来自负载电阻或运算放大器的反馈电阻和运算放大器输入阻抗。于是热噪声电流

$$\overline{i_{nt}^2} = 4KT\Delta f/R \tag{4.18}$$

总噪声的平方等于散粒噪声、闪烁噪声及电阻热噪声的平方之和,假定略去第二种噪声,于是可得到倍增管输出信号的信噪比。

$$\left(\frac{S}{N}\right)_i = \frac{I_{KS}M}{[2q(I_{KO} + I_{Kd})M^2\Delta f(1 + B) + 4KT\Delta f/R]^{1/2}} \tag{4.19}$$

如果选用的倍增管放大系数很大,则实际计算结果表明,散粒噪声将明显大于热噪声,于是

$$\left(\frac{S}{N}\right)_i = \frac{I_{KS}}{[2q(I_{KO} + I_{Kd})\Delta f(1 + B)]^{1/2}} \tag{4.20}$$

不难看出,提高光电倍增管信号信噪比的有效途径是抑制暗电流或压缩通频带,然而通频带是根据仪器功能确定的,不能随便压缩。当然,上述结论是放大器噪声比倍增管噪声低的情况下推导出来的,因此设计低噪声放大器也是很艰巨的工作。

由于 $I_{KO} = \Phi S_K$,因此根据 $S/N = 1$ 可求出光电倍增管的噪声等效功率

$$\mathrm{NEP} = \frac{[2q(I_{KS} + I_{Kd})\Delta f(1 + B)]^{1/2}}{S_K} \tag{4.21}$$

也可以用阳极信号电流 I_{PO}、阳极暗电流 I_{pd} 和阳极响应率 S_p 来表示:

$$\mathrm{NEP} = \frac{[2q(I_{pO} + I_{pd})\Delta f(1 + B)]^{1/2}}{S_p} \tag{4.22}$$

由上式可知,要得到小的 NEP 值,可以采用冷却或磁散焦技术减小暗电流,也可选用 σ 值高的光电倍增管以及减小通频带 Δf 来达到。

亦可以利用 D 和 D^* 的相应公式,求出光电倍增管的探测率。

五、伏安特性

1. 阴极伏安特性

当入射光通量一定时,阴极光电流与阴极和第一倍增极之间电压(简称为阴极电压 V_K)的关系称为阴极伏安特性,图 4-22 为不同光通量下测得的阴极伏安特性。从图中可见,当阴极电压大于一定值(几十伏)后,阴极电流开始趋向饱和,与入射光通量 Φ 成线性变化。

2. 阳极伏安特性

当入射光通量一定时,阳极电流与最后一级倍增极和阳极之间电压(简称阳极电压 V_P)的关系称为阳极伏安特性,图 4-23 为不同光通量下测得的阳极伏安特性。图中,当阳极电压大于一定值后阳极电流趋向饱和,与入射到阴极面上的光通量 Φ 成线性变化。通常把光电倍增管的输出特性看作恒流源来处理,这在实际使用中是很重要的。

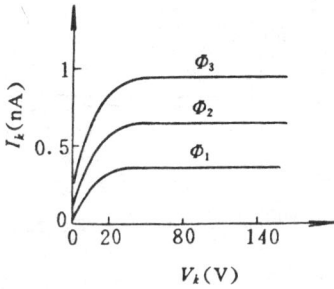

图 4-22　阴极伏安特性　　　　图 4-23　阳极伏安特性

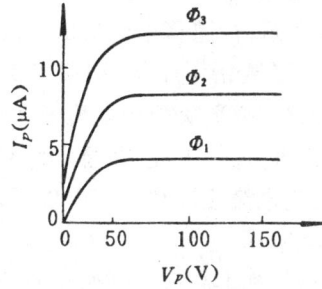

六、线性

光电倍增管的线性表示它的光电特性,是光电测量系统中的一个重要指标。线性不仅与光电倍增管的内部结构有关,很大程度上还取决于外部的高压供电电路及信号输出电路。造成非线性的原因可分为两类:(a) 内因 —— 空间电荷、光电阴极的电阻率、聚焦或收集效率的变化;(b) 外因 —— 由于信号电流造成负载电阻的负反馈和电压的再分配。

空间电荷主要发生在光电倍增管的阳极和最后几级倍增极之间。当阳极光电流大,尤其阳极电压太低或最后几级倍增极的极间电压不足时,容易出现空间电荷。有时,当阴极和第一倍增极之间的距离过大或电场太弱,在端窗式的光电倍增管的第一级中也容易出现空间电荷。为防止空间电荷引起的非线性,应使这些极间的电压保持较高,而让管内的电流密度尽可能小一些。

阴极电阻也会引起非线性,特别是当大面积的端窗式光电倍增管的阴极只有一小部分被光照射时,非照射部分会象串联电阻那样起作用,在阴极表面引起电位差,于是降低了被照射区域和第一倍增极间的电压,所以这一负反馈引起的非线性是被照射面积的大小和位置的函数。

光电倍增管中,不同的倍增极结构,其对入射电子的收集特性差别较大,因此对线性影响较大。表 4-2 列出了各种结构的光电倍增管的最大阳极线性输出电流。

负载电阻和阴极电阻具有十分相似的效应。当光电流通过该电阻时,产生的压降使得阳极电压降低,易引起阳极的空间电荷效应。为防止负载电阻引起的非线性,可采用运算放大器作为电流电压转换器,使有效的负载电阻很小。

阳极或倍增极输出电流引起电阻链中电压的再分配,而导致光电线性的变化。一般当光电流较大时,再分配电压使极间电压(尤其是接近阴极的各级)增加,阳极电压降低,结果使得光电倍增管的增益增加;当阳极光电流进一步增大时,使得阳极和最末级电压接近于零,结果尽管入射光继续增加,而阳极输出电流趋向饱和,接近分压电阻链上的电流(详见 §4-4 节)。所以,为了使该效应产生的百分比误差在 0.1 以下,电阻链中的电流至少应大于 1000 倍的最大阳极光电流。

若使用合理,很多光电倍增管是可以在很大的范围内线性工作的,如 EMI6256 型光电倍增管,阳极电流从 $10^{-10} \sim 10^{-6}$A 范围内线性偏差小于 0.3%。

七、稳定性

光电倍增管的稳定性主要是指阳极电流随工作时间的变化,它在闪烁计数和光度测量中是十分重要的。

光电倍增管的不稳定性主要表现在两方面:

(1) 在长期工作过程中,灵敏度的慢漂移。

如图 4-24 所示,慢漂移主要是由于最后几级倍增极在大量电子轰击下受损,引起二次发射系数变化。这种漂移主要取决阳极电流的大小,而与所加的高压关系不太大,因此,在稳定性要求比较高的场合,阳极光电流应控制在 1μA 以下。

(2) 滞后效应

在光电倍增管加上高压或开始光照的短时间(几秒或几十秒)内,阳极输出电流存在短暂的不稳定,电流可能比稳定值大一些,也可能小一些,如图 4-25 所示。这种不稳定现象称为滞后效应,它在分光光度测量等方面比较重要。滞后效应主要由于电子偏离设计的轨迹以及倍增极的陶瓷支架和玻壳等静电作用引起的。当入射的光照变化,而所加的电压也跟随着变化时滞后效应特别明显。如图 4-25 所示,先使光电倍增管在正常条件下工作 5 分钟,然后停止光照 1 分钟,再重新开启光照,测量光电倍增管在受照 1 分钟内输出电流的变化,则滞后系数。

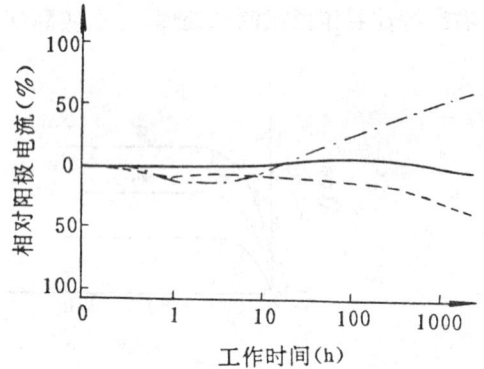

图 4-24　漂移现象

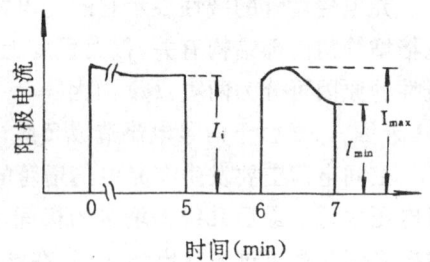

图 4-25　滞后特性

$$H = \frac{I_{max} - I_{min}}{I_i} \times 100\% \tag{4.23}$$

式中　I_i 为阳极正常输出电流;I_{max} 为重新光照后 1 分钟内测得的阳极电流的最大值;I_{min} 为重新光照后 1 分钟内测出的最小值。一般的光电倍增管的滞后系数为千分之几到百分之一左右,它与管径及结构有关。为了消除滞后效应,目前有些光电倍增管采用了"抗滞后设计",在倍增极陶瓷支架上镀上一层铬,并使其与阴极处于同一电位,从而排斥杂散电子。

光电倍增管的灵敏度变化,一种是不可逆的,称为老化;另一种是可逆的,称为疲劳。产生老化的主要原因:光电倍增管的残余气体与光电阴极作用,玻璃中的 Na 离子掺入光电阴极而使灵敏度下降;长期使用过程中二次发射材料的过载也产生同样的结果。因此最好把新的光电倍增管自然老化一段时间后再使用,使用的阳极电流小一些可减慢老化过程。

疲劳是同阳极电流、倍增极材料以及使用前的存放条件有关。如 RCAIP21 的阳极电流为 100μA 情况下开始使用,在 100 分钟以后阳极电流会下降到 60μA,再在黑暗中放置几小时,灵敏度又恢复到原来状态。如果把阳极电流限制在几微安以内使用,疲劳现象会显著减弱。对倍增极材料来说,合金型倍增极的疲劳现象比银氧铯和锑铯倍增极的要轻得多,因此适用于稳定性要求较高的场合。

八、时间响应

在某些脉冲光信号测量中,往往要求阳极输出信号波形与入射光脉冲波形完全一致。为了表示这种脉冲信号波形的重现性,通常用阳极输出脉冲的上升时间和电子的渡越时间等参数表示。

1. 上升时间

光电倍增管的阳极输出脉冲上升时间定义为整个光电阴极在 δ 函数的光脉冲照射下,阳极电流从脉冲峰值的 10% 上升到 90% 所需的时间,该 δ 函数的光脉冲半宽度一般小于 50ps,如图 4-26 所示。

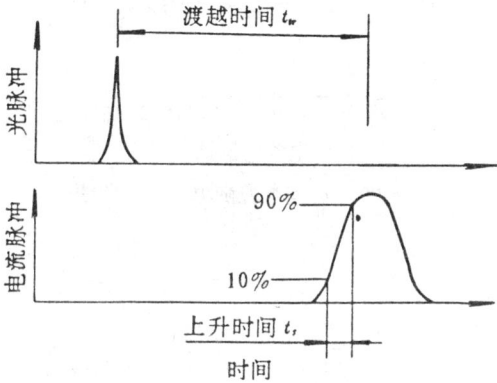

图 4-26　脉冲信号上升时间和电子渡越时间　　图 4-27　上升时间测试框图

光电倍增管的上升时间的测试原理如图 4-27 所示,用一重复的 δ 光脉冲照射光电阴极,阳极的输出信号作为示波器(通频带大于 $100\mathrm{MH_z}$)的触发信号。由于组成测试系统的各单元具有有限的上升时间,从示波器的波形测得的上升时间必须经过校正。光电倍增管的上升时间 τ_S 通常由下式计算:

$$\tau_S = \sqrt{\tau_{S1}^2 - \tau_{S2}^2 - \tau_{S3}^2 - \tau_{S4}^2 - \tau_{S5}^2}$$

式中　τ_{S1} 为示波器上测得的上升时间;τ_{S2}、τ_{S3}、τ_{S4}、τ_{S5} 分别为光源、分路器、电缆以及示波器的上升时间。电缆的延迟时间可用时域反射计来准确测量。

2. 渡越时间

一个 δ 函数的光脉冲(脉冲宽度小于 1ns)到达光电阴极和阳极输出脉冲电流达到最大值的时间间隔定义为光电子的渡越时间 t_{tr},如图 4-26 所示。

渡越时间的测试原理如图 4-28 所示。适当选择延迟电缆的长度,可将标记脉冲和输出脉冲都显示于示波器的显示屏上。于是光电倍增管的渡越时间

$$t_{tr} = t_{Z1} + t_{Z2} - (t_{Z3} + t_{Z4})$$

式中　t_{Z1} 为标记脉冲与输出脉冲前沿半幅度点之间的时间间隔;t_{Z2} 和 t_{Z4} 分别为延迟线和电缆 A 的延迟时间;t_{Z3} 为光时延,即光脉冲从光源到光电倍增管所需的时间。

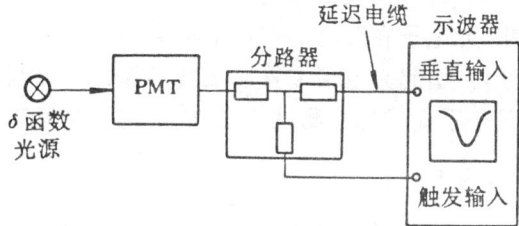

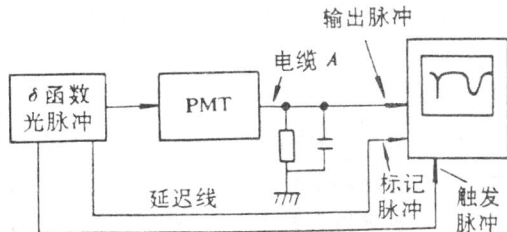

图 4-28　渡越时间测试框图

3. 渡越时间离散

所谓渡越时间离散,即表示 δ 函数光脉冲照到光电阴极的不同区域,发射的电子到达阳极的渡越时间的不一致性。渡越时间的离散 Δt 在时间分辨光信号测量中是一个十分重要的参数。

反映光电倍增管响应时间的上述参数主要与倍增管结构、电子光学系统及所加电压有关。一般直线瓦片式和鼠笼式光电倍增管的时间响应比盒栅式和百叶窗式要好。图 4-29 表示 R268 和 R931A 光电倍增管的时间响应随所加电压变化的典型特性曲线。

九、磁场特性

大部分光电倍增管都会受到周围环境磁场的影响。光电子在磁场的作用下将会偏离正常的运动轨迹,引起光电倍增管灵敏度下降,噪声增加。尤其是手提式光电测试仪器,或者在探测器附近

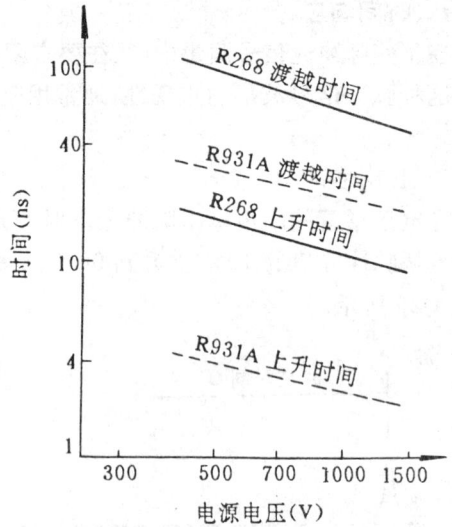

图 4-29　时间响应随电压变化曲线

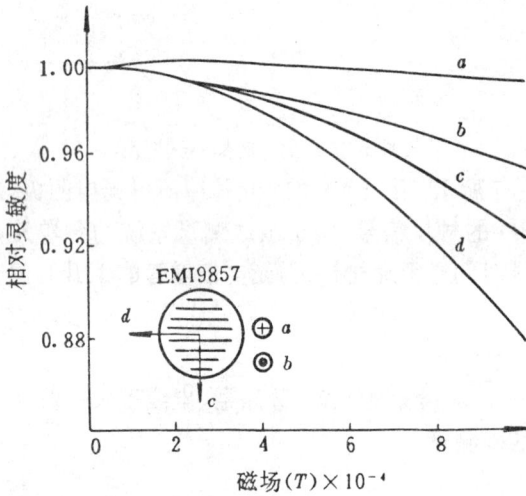

a 沿轴向指向阳极　　b 沿轴向指向阴极
c 垂直轴线和百叶方向　d 垂直轴线沿百叶方向

图 4-30　在磁场影响下阳极电流的变化关系

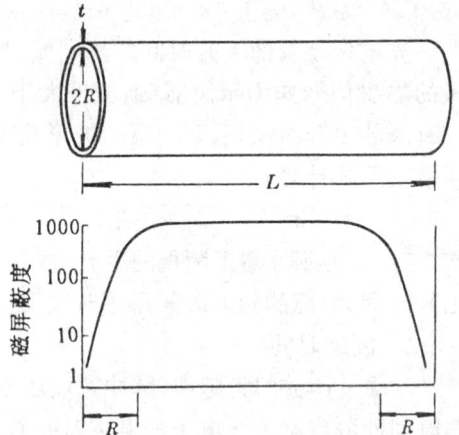

图 4-31　磁屏蔽筒边缘效应

移动着大的钢块或开关强电流时,这个问题变得十分重要。外部磁场对光电倍增管的影响程度与管子的结构和磁场的方向有关。图 4-30 是直径为 51mm 的百叶窗式光电倍增管的典型特性曲线。从图中可见,即使在地球磁场作用下,管子旋转或换一个方向工作,输出信号都会产生明显的变化。一般磁场对聚焦式光电倍增管的影响比百叶窗式要大,特别是阴极与第一倍增极之间间距较长,管子直径较大的端窗式光电倍增管,影响更加明显。

为了减少外部磁场对光电倍增管工作的影响,一般须在管子外部加一个磁屏蔽筒。我们引入磁屏蔽度 S 表示磁屏蔽的效果,它是屏蔽筒外的磁场强度 H_{out} 与筒内的磁场强度 H_{in} 之比,主要取决于屏蔽材料的磁导率 μ、屏蔽筒内腔半径 R 和壁厚 t,可用下式表示:

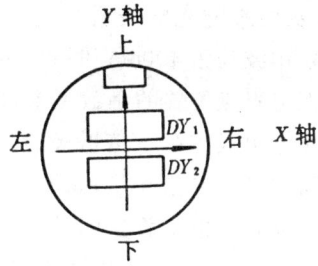

型号:R1387

所加电压:-1000(V)

X 轴

(a)——400nm
(b)——800nm

左   位置(mm)   右

Y 轴

(a)——400nm
(b)——800nm

上   位置(mm)   下

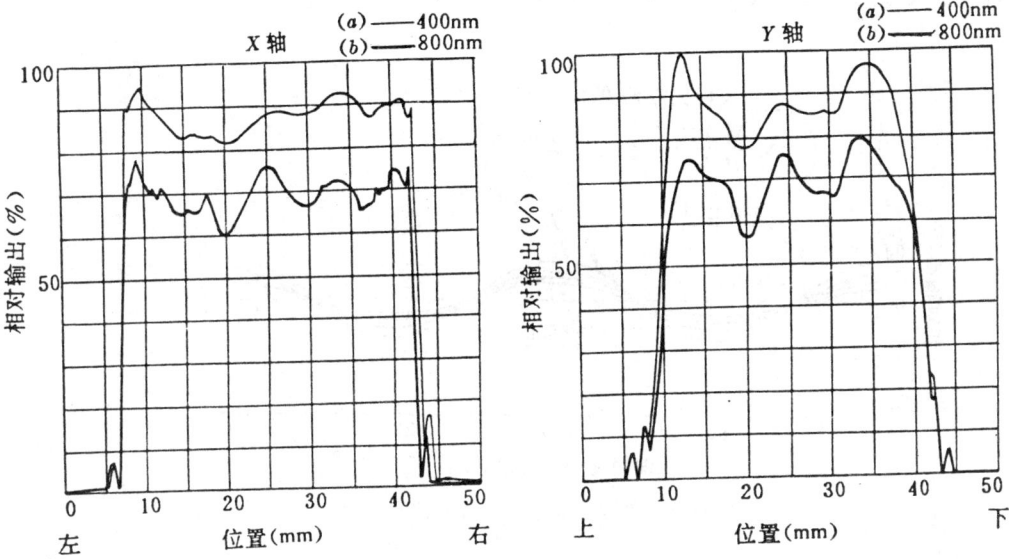

图 4-32   光谱灵敏度与位置的关系

$$S = \frac{H_{out}}{H_{in}} = \frac{3t\mu}{4R}$$

若有几个半径不同的屏蔽筒套在一起使用,那么组合的磁屏蔽度是各个屏蔽筒磁屏蔽度的乘积。

实际使用中还应注意,屏蔽筒(内径为 $2R$)边缘的磁屏蔽作用明显减弱,如图 4-31 所示。因此屏蔽筒的长度至少应比光电倍增管的长度长 $2R$。

目前由于分别采用了近贴栅网和微通道板代替普通的倍增极结构,这些类型的光电倍增管抗磁场干扰能力得到很大的加强,如表 4-2 所示,故可在高磁场强度的环境中使用。

十、空间均匀性

光电倍增管的空间均匀性主要由光电阴极表面的均匀性和倍增极的结构决定。在光电倍增管聚焦极设计时,虽然考虑到从光电阴极或倍增极发射的电子能被第一级或以后各级倍增极有效地收集,但一些电子仍可能会偏离设计轨迹,使收集效率降低,收集效率随发射光电子的光电阴极位

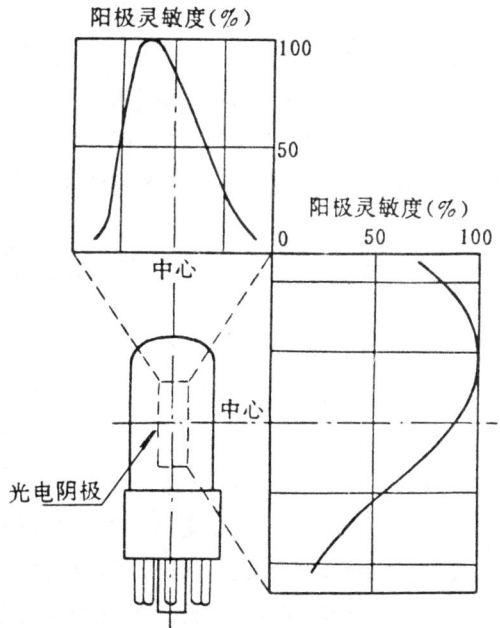

图 4-33   侧窗式 PMT 区域灵敏度

置而变化,从而影响光电倍增管的空间均匀性。图 4-32 表示在某一端窗式光电倍增管的光电阴极上分别用波长为 400nm 和 800nm,直径为 1mm 的光点在 X 和 Y 两个方向上扫描,测出的阳极输出电流与光点位置的函数关系,即光谱灵敏度与光电阴极位置的关系。

由于光电阴极和第一倍增极的几何形状的原因,一般侧窗式结构比端窗式结构的光电倍增管的空间均匀性更差一些,如图 4-33 所示。

为了减少光电倍增管空间灵敏度不均匀性的影响,在光学系统设计时应尽可能使光电倍增管的测量光斑均匀,也可以在光电倍增管前加漫射器。若入射的是偏振光,经过漫射器后还能大大降低其偏振度,从而减少光电倍增管的偏振误差。

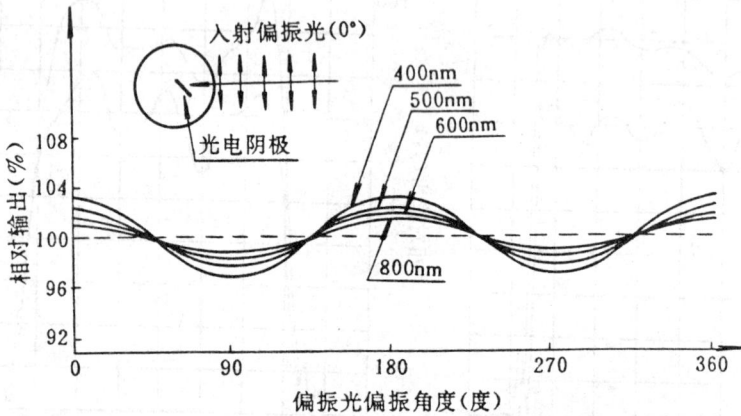

图 4-34　侧窗式光电倍增管的偏振特性

十一、偏振效应

如果用恒定光照的线偏振光以某一 θ 角入射到光电阴极面上,当不断改变偏振面时,阳极输出电流也会发生相应的变化。侧窗式光电倍增管(如 1P28、R456 等)通常是这种情况,这种结构中阴极面与管子的半径方向是不垂直的。图 4-34 是用不同波长的线偏振光测量时得到的特性曲线。一般的光电测量系统中,测量光往往都存在一定程度的偏振,如果测量光的偏振度或偏振方向是随时变化的,就可能会引起较大的偏振误差。这种情况下,如前所述最好在光电倍增管前安装漫射器,以减少这类误差。

§4-4　光电倍增管的供电和信号输出电路

一、高压供电

为了使光电倍增管能正常工作,通常需在阴极(K)和阳极(P)之间加上近千伏的高压。同时,还需在阴极、聚焦极、倍增极和阳极之间分配一定的极间电压,保证光电子能被有效地收集,光电流通过倍增极系统得到放大。最常用的分压器是采用一组电阻,跨接在阴极与阳极之间,如图 4-35(A)所示。在阴极与第一倍增极之间,以及阳极与末级倍增极之间有时采用齐纳二极管代替电阻,以保证上述极间电压恒定,如图 4-35(B)所示。

流过分压电路中的电流 I_b 与光电倍增管输出信号的线性密切相关。如图 4-35(B)中,当流过齐纳二极管(DZ_1、DZ_2、DZ_3)的电流未达到额定工作状态时,齐纳二级管可能产生比较大的噪声,影响光电倍增管输出的信噪比。为此,在齐纳二极管旁并联电容 C_1、C_2 和 C_3 来降低齐纳二极管产生的噪声。

1. 供电电压的极性

一般的分压电路中采用阳极接地，负高压供电，如图 4-35 所示。这种方式可消除外部信号输出电路与阳极之间的电位差，因而光电倍增管的输出光电流可直接与电流计或电流电压转换的运算放大器相连。但是，阳极接地也带来一些问题，由于靠近管子玻壳的金属支架或磁屏蔽筒接地，它们与阴极和倍增极之间存在比较高的电位差，结果使某些光电子打到玻壳上产生噪声。此外，对于端窗式光电倍增管，如果靠近光电阴极的端面或玻壳接地，因玻璃材料存在极微小的电导率，具有高负电位的阴极与地之间就会产生漏电流，故会引起光电阴极电解，从而导致阴极的损坏。因此这种情况下，在设计光电倍增管的支架或使用电磁屏蔽筒时要格外小心。

另外也可以用泡沫橡胶或其它类似的材料将光电倍增管与管罩隔开，当然这些材料应有良好的绝缘性能。如果在玻壳外涂上黑色的导电层(称 HA 膜)，并将它与阴极连接，这样就可以解决阴极漏电流问题。但在闪烁计数器中，由于与光电倍增管紧密接触的闪烁体是接地的，这种方法不能使用。在这种情况下，必须采用阴极接地的方法，如图 4-36 所示。阳极接高压电源的正极。在该电路中必须使用耐高压的耦合电容来输出信号，也可将外部信号电路与阳极高压电源隔开。所以这种方法只适用于交流或脉冲信号测量系统中。

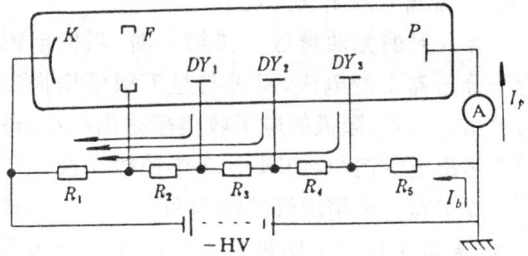

（A）电阻分压

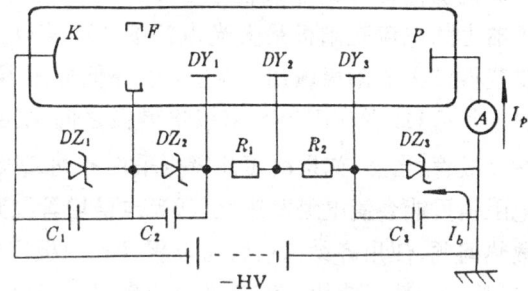

（B）电阻和齐纳管分压

图 4-35　光电倍增管分压电路

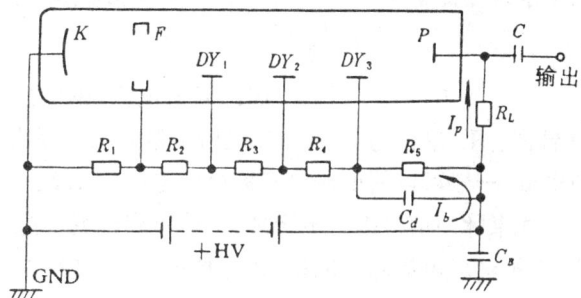

图 4-36　阴极接地方法

2. 线性供电方式

无论是阳极接地还是阴极接地方式，当照到光电阴极上的光通量增加时，阳极输出电流 I_P 也相应增加，如图 4-37 所示。当信号进一步增大并超过某一定值后，阳极输出电流与光通量之间就偏离了理想的线性关系，光电倍增管进入饱和工作状态。

(1) 直流信号

输出信号是直流的情况下，采用如图 4-35(A) 所示的分压电路。当阳极光电流为 I_P 时，倍增极 $DY3$ 的一次电流 $I_{30} = I_P/\sigma_3$，σ_3 为二次发射系数，从倍增极流向阴极的电流为 $I_P - I_{30} = (1 - \frac{1}{\sigma_3})I_P$。同理，倍增极 $DY2$ 和 $DY1$ 也有一部分电流也流向阴极，而且这些电流随光电流而增大。因此，由于光电流的影响，使得各极间电压重新分配，阳极和后几级倍增极的极间电压下降，阴极和前面几级倍增极的极间电压上升，结果光电倍增管的电流放大倍数明显增加，如图

4-37 中曲线 B 段出现的现象。

当入射的光通量进一步增加时,阳极电流接近于分压器上的电流,阳极与最末级倍增极之间的电压趋向零,阳极的电子收集率逐渐减小,最后阳极输出电流饱和,如图 4-37 中曲线 C 段。

除了与光电倍增管的结构和分压电路形式有关外,光电倍增管的阳极输出电流还受分压器上的电流限制。实际工作中,阳极电流应比分压器上的电流小 20 倍以上。在精密的光辐射测量中,为了保证测量信号的非线性小于 1%,一般要求分压器上的电流是阳极最大光电流的 100 倍以上。要获得较大的阳极输出电流,可以降低分压器上的电阻值,或者在阳极与末级倍增极之间采用齐

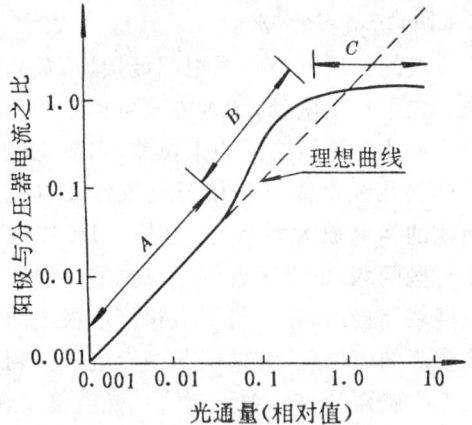

图 4-37　输出线性曲线

纳二极管。当然,如果前面几级也采用齐纳二极管,效果会更好,如图 4-35(b) 所示。但是,减少电阻值可能会使电阻发热,引起光电倍增管温升而使暗电流增加,因此必须考虑电阻的功率和散热问题。使用齐纳二极管可以保证相应极间电压的稳定,而与电源电压的变化无关。但如果电流不足,就可能使齐纳二极管的噪声增加,从而降低输出信号的信噪比。

(2) 脉冲信号

当光电倍增管在大的脉冲电流下工作,在分压器的后面几级电阻上并联频率特性比较好的瓷片电容,这样在脉冲信号持续过程中,因电容的放电作用,使极间电压保持稳定,同时可以获得较高的峰值电流,如图 4-38(A) 所示。并联电容的数值,取决于输出脉冲信号的电荷量。如果要求线性优于 1%,那么并联在最末级倍增极与阳极之间的电容取值可按下式计算:

$$C \geqslant 100 \frac{I \cdot t}{V}$$

式中　C 的单位为 F;I 为输出的峰值电流,单位为 A;t 为脉冲信号的宽度,单位为 S;V 是电容两端的电压,单位为 V。后面几级倍增极间的并联电容也可以按上式计算,此时 I 为该倍增极上的电流,一般可以简单地取阳极峰值电流的 $1/2 \sim 1/3$。

如果脉冲信号进一步增加,这些电容也就不能起有效的作用,由于阳极附近的空间电荷效应,阳极输出电流趋于饱和。在这种情况下,往往改变极间分压电阻值,使得从中间倍增极至最后的倍增极和阳极各极之间的电阻值逐渐增加,如图 4-38(B) 所示。只要极间电压处于允许的范围内,这种渐变分压方式是比较有效的方法。但反过来,它却降低了光电倍增管的放大倍数。因此要获得大电流输出和高放大倍数是一对矛盾,实际使用中必须根据具体要求选择相应的分压电阻。

如图 4-38 所示,如果负载电阻 R_L 太大,光电流在该电阻上的压降 $I_P R_L$ 将降低最后倍增极与阳极间的电压,从而引起空间电荷效应,并降低阳极的二次电子收集率,使输出信号出现非线性。此外,还应注意与信号输出电缆和外部回路之间的阻抗匹配,否则也会引起很大的误差。

3. 高压电源

光电倍增管对高压供电电源的稳定性要求比较高。由式(4.11)可知,一般高压电源电压的稳定性应比光电倍增管所要求的稳定性约高 10 倍。在精密的光辐射测量中,通常要求电源电压的稳定度达到 $0.01\% \sim 0.05\%$。

目前，一种体积小巧的高压电源模块比较适合用于光电倍增管中，如图 4-39(a) 所示。输入直流电压一般为 + 15 伏，输出端可获得上千伏的负高压，电压稳定度为 0.02% ～ 0.05%。通过调节控制端两端的电阻或电压值，输出的电压可以从 − 200 伏至 − 1200 伏之间变化，如图 4-39(b) 所示。可变电阻一般为 10kΩ 的多圈精密电位器或其它精密电阻。如果可变电压由微机的 D/A 输出控制，那么可以通过微机编程自动设定高压，许多分光光度计采用该方法，根据测量的光信号强度可自动调整光电倍增管测量系统灵敏度。

表 4-3 是几种高压电源模块的特

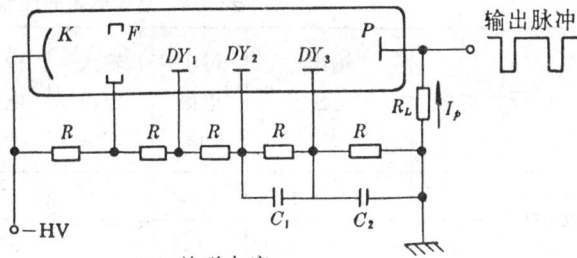

（A）并联电容

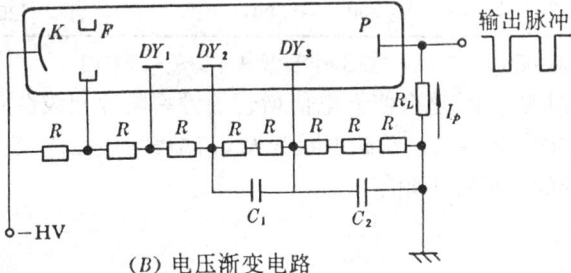

（B）电压渐变电路

图 4-38　脉冲分压电路

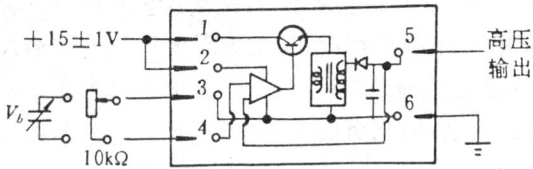

（a）原理图

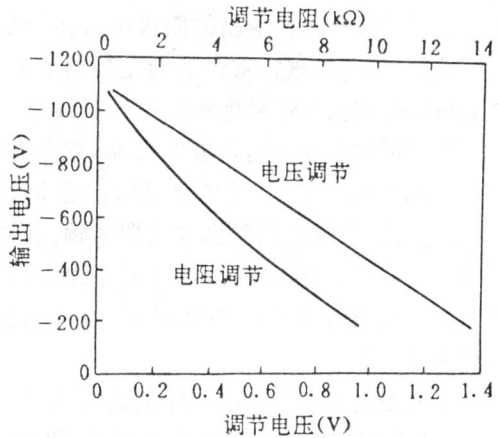

（b）输出电压调节

图 4-39　高压电源模块的原理和特性

性参数。一般的电源模块内部都有保护电路，当电源过载或短路，模块的输入电流就趋于某一数值，而输出电压就降到零，能有效地保护十多分钟。

二、信号输出

1. 负载电阻输出

光电倍增管输出的是电流信号，如图 4-40 所示。用一只负载电阻将电流信号转换成电压信号，输出信号再连接到其它电压放大器或电压表上。一般光电倍增管可看作恒流源，似乎可以用比较大的负载电阻将微小的电流信号转换成很大的电压

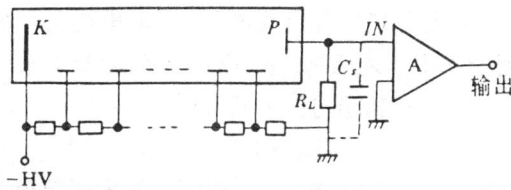

图 4-40　光电倍增管输出电路

表 4-3　高压电源的性能参数

型 号	规格	输出电压 V	输出电流 (mA)	输入电压 (V)	输入电流 (mA)	时漂* (%/h)	温度** 系数 (%/℃)	预热时间 (min)	工作温度 (℃)
WG956	A	−450~−1100	0.5	+15±0.5	150	±0.08	±0.02	30	+5 至 +40
	B	−450~−1100	1		220				
滨松 C1309	04	−200~−1100	0.7	+15±1	170	±0.02	±0.005	15	
	06	−400~−1500	1		250	±0.1	±0.02		

*通电预热后，　　　 **在工作温度+5℃~−40℃内

信号。但实际上,这会使光电倍增管的频率响应和线性变差。

在图 4-40 中,设负载电阻为 R_L,倍增管的输出电容(包括连线等杂散电容)为 C_s,那么光电倍增管的上限截止频率

$$f_c = \frac{1}{2\pi C_s R_L}$$

可以看出,即使光电倍增管和后面的放大器具有很高的响应速度,实际的最高响应频率仍受到输出电路的限制。例如：$C_s = 100\text{pF}$,$R_L = 150\text{k}\Omega$,那么 $f_c = 10\text{kHz}$。此外,如果负载电阻太大,当光照比较大时,输出的阳极电流在负载 R_L 上会产生较大的压降,使得阳极和末级倍增极之间的电压下降。这样就可能会出现明显的空间电荷效应,同时也降低了阳极的电子收集率,最后可能会因输出信号饱和而引起非线性。

若外部放大器的输入阻抗为 R_{in},它与负载电阻 R_L 并联后,光电倍增管的有效负载阻抗 R_0 为 $R_L \cdot R_{in}/(R_L + R_{in})$。例如,$R_L$ 与 R_{in} 相等时,有效阻抗 R_0 仅仅是 R_L 的 1/2。从这里我们可以看出,负载电阻上限值还受到放大器的输入阻抗的限制。实际使用中,负载电阻要比放大器输入阻抗小得多。上面讨论的负载电阻和放大器的输入阻抗都是纯电阻性的,实际的电路中还存在杂散电容和杂散电感等,交流信号的相位也会受到影响,因此当信号频率增加时,应考虑这些电路的综合阻抗。

从上面的分析可得出选择负载电阻的三点建议：

(1) 在频响要求比较高的场合,负载电阻应尽可能小一些。

(2) 当输出信号的线性要求较高时,选择的负载电阻应使信号电流在它上面产生的压降在几伏以下。

(3) 负载电阻应比放大器的输入阻抗小得多。

二、运算放大器输出

从前面的负载电阻的分析中可看出,要保证光电倍增管具有良好的线性和频响特性,负载电阻要小,这又使得输出信号的转换效率很低。如果用运算放大器来代替负载电阻,实现电流电压的转换,就能解决上述问题。图 4-41 所示,是运算放大器输出的基本电路,输出的电压

$$V_0 = -R_f \cdot I_P$$

式中,R_f 为运算放大器的反馈电阻。放大器等效的输入阻抗,也即光电倍增管的等效负载

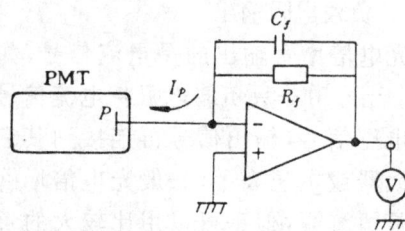

图 4-41　运算放大器输出电路

$$R_0 \approx R_f / A$$

式中，A 为运算放大器的开环增益，一般高达 $10^5 \sim 10^8$。例如光电倍增管的最大阳极输出电流 $1\mu A$，接在放大器输出端的电压表满刻度输入电压为 $0.2V$，则反馈电阻 $R_f = 200k\Omega$，等效阻抗 R_0 就很小。

输出电路的最小可测量电流往往受到放大器的偏置电流、温度漂移、反馈电阻 R_f 的质量、电路板的绝缘性能等因素的制约。普通运算放大器往往有几十纳安的偏置电流，因此流过反馈电阻的电流由光电流 I_P 和放大器的偏置电流 I_{os} 组成。于是，输出电压信号

$$V_0 = - R_f (I_P + I_{os})$$

因此在微弱的光辐射信号测量中，一般在放大器的反向输入端加入一定的补偿电流，类似于图 4-21 的暗电流补偿。补偿电流与放大器的偏置电流的方向相反，互相抵消。

当测量的光电流小于 $100pA$ 时，线路板和引线的漏电流都必须仔细考虑。如图 4-41 所示，如果与反馈电阻 R_f 并联的电容为 C_f（包括反馈电阻及线路的各种杂散电容），该放大电路的时间常数为 $R_f C_f$。由此可知，当测量高频信号时，响应频率受到限制；若测量的是低频信号，在反馈电阻上并联电容 C_f，可以减少信号中的高频噪声，改善信噪比。为了避免反馈电容 C_f 的漏电流影响，一般 C_f 应选用聚苯乙烯或康宁玻璃电容。

§4-5　微通道板光电倍增管

微通道板光电倍增管（MCP 光电倍增管）的基本功能与前面的倍增管没有多大差别，只是用微通道板代替了原来的电子倍增器。但是，这种新颖光电倍增管尺寸大为缩小，电子渡越时间很短，阳极电流的上升时间几乎降低了一个数量级，有可能响应更窄的脉冲或更高频率的辐射。由于有很高的静电场和通道结构，这种光电倍增管对磁场很不敏感，特别是当磁场平行管子轴线时对光电倍增管几乎没有影响。当阳极采用多电极结构时，还可以检测位置信号。近几年，MCP 光电倍增管发展很快，国外已有商品出售。

微通道板（MCP）是由成千上万根直径为 $15 \sim 40\mu m$、长度为 $0.6 \sim 1.6mm$ 的微通道组成。每个微通道是一根根很细的玻璃管，如图 4-42 所示，它的内壁镀有高阻的二次发射材料，在它的两端施加电压后内壁出现电位梯度，在真空中的一次电子轰击微通道的一端，发射出的二次电子因电场作用而轰击另一处，再发射二次电子，这样通过多次发射二次电子，可获得约 10^4 的增益。

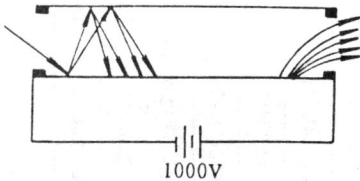

图 4-42　MCP 通道结构

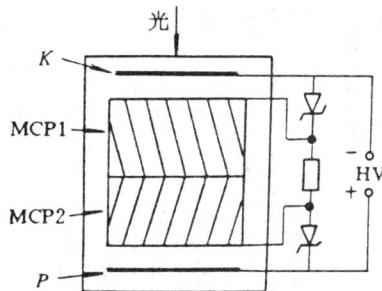

图 4-43　MCP 光电倍增管结构

为了获得较高的增益，过分增加通道的长度是不利的。由于通道中存在电子电离残余气体或壁上吸附的原子，这些正离子朝电子的相反方向移动，在管壁上释放出更多的二次电子，当

表 4-4 日本滨松 MCP 光电倍增管特性一览

型号	直径 (mm)	长度 (mm)	光谱范围 (nm)	峰值波长 (nm)	MCP 级数	阴极灵敏度 (μA/lm)	阴极和阳极间电压 (V_{PK})	阳极灵敏度 (A/lm)	电流放大倍数	阳极暗电流 (nA)	上升时间 (ns)	渡越时间 (ns)	TTS (ns)
静电聚焦型													
R1644U	64	94	300~650	375	1	50	2600	0.25	5×10^3	0.1	0.22	3.2	—
R1644U-01	64	94	300~840	420	1	110	2600	0.55	5×10^3	0.3	0.22	3.2	—
R1645U	64	94	300~650	475	2	50	3000	25	5×10^5	3.5	0.3	3.5	0.12
RR1645U-01	64	94	300~840	420	2	110	3000	55	5×20^5	6	0.3	3.5	0.12
R2286U	64	94	300~650	375	3	50	3600	250	5×10^6	4	0.32	3.8	0.14
R2286U-01	64	94	300~840	420	3	110	3600	550	5×10^6	6	0.32	3.8	0.14
近贴聚焦型													
R1563U	64	85	300~650	375	1	50	2600	0.25	5×10^3	0.1	0.2	0.56	—
R1563U-01	64	85	300~840	420	1	110	2600	0.55	5×10^3	0.3	0.2	0.56	—
R1564U	64	85	300~650	375	2	50	300	25	5×10^5	3.5	0.27	0.58	0.09
R1564U-01	64	85	300~840	420	2	110	3000	55	5×20^5	6	0.27	0.58	0.09
R2287U	64	85	300~650	375	3	50	3600	250	5×10^6	4	0.3	0.62	0.1
R2287U-01	64	85	300~840	420	3	110	3600	550	5×10^6	6	0.3	0.62	0.1
选通静电聚焦型													
R2024U	70	105	300~650	375	2	50	3000	25	5×10^5	1	0.3	3.5	—
R2024U-01	70	105	300~840	420	2	110	3000	55	5×10^5	3	0.3	3.5	—

增益很高时可能会产生雪崩击穿;或者正离子在负端离开通道,破坏光电阴极。所以一般用弯曲通道,制成人字形或 Z 形的折断通道,以减小离子自由飞行的路程,可以减少由离子轰击发射的二次电子。带有两个串联的 MCP 光电倍增管的基本电路如图 4-43 所示,在这一近聚焦式的 MCP 倍增管中,光电阴极和第一微通道板的间距约 0.3mm,级间电压150V,第二微通道板和阳极的间距为 1.5mm,级间电压300V,外加偏置电压的变化只改变微通道板上的电压,从而调节总的增益。

表 4-4 列举了日本滨松公司生产的 MCP 光电倍增管的有关参数。

§4-6　光电倍增管的应用

光电倍增管典型产品的光电参数如表 4-5 所示。光电倍增管具有极高的灵敏度和快速响应等特点,目前它仍然是最常用的光电探测器之一,而且在许多场合还是唯一适用的光电探测器。在精密测量中,正确使用光电倍增管,应该注意如下几点:

1. 阳极电流应不超过 1μA,可以减缓疲劳和老化效应,减少负载电阻反馈和分压器电压再分配效应。

2. 电压分压器中流过的电流至少应大于期望的最大阳极电流 1000 倍,即 1mA。但是不必过分加大,以避免发热。

3. 高压电源的稳定性必须为所需测量精度的 10 倍左右。对电压的纹波系数也应有所规定,一般应小于 0.001%。

4. 阴极和第一倍增极之间,以及末级倍增极和阳极之间的级间电压应设计得与总电压无关。

5. 光电倍增管的输出信号采用运算放大器作电流电压变换,以获得高的信噪比和好的线性。

6. 应采取电磁屏蔽,最好使屏蔽筒与阴极处于相同电位。

7. 光电倍增管应贮存在黑暗中,使用前最好先接通高压电源,在黑暗中存放几小时。

8. 测量很弱的辐射时,光电倍增管的冷却温度一般取 − 20℃。

9. 最好在光电阴极前放置优质的漫射器,可减少因光阴极区域灵敏度不同而引起的误差。

10. 光电倍增管不应在氦气中使用,因为它会渗透到玻壳内而引起噪声。

11. 为得到最稳定的相对光谱灵敏度函数,光电倍增管应让其自然老化数年。

12. 制造厂、参考书所提供的数据均是典型值,光电倍增管参数的离散性很大,要获得确切的数据,只能通过逐个测定。

下面列举光电倍增管在几方面的应用。

一、光谱测量

光电倍增管可用来测量辐射光谱在狭窄波长范围内的辐射功率。它在生产过程的控制、元素的鉴定、各种化学分析和冶金学分析仪器中都有广泛的应用。这些分析仪器中的光谱范围比较宽,如可见光分光光度计的波长范围为 380～800nm,紫外－可见光分光光度计的波长范围为 185～800nm,因此需采用宽光谱范围的光电倍增管。为了能更好地与分光单色仪的长方形狭缝匹配,通常使用侧窗式结构。在光谱辐射功率测量中,还要求光电倍增管稳定性好,线性范围宽。

表 4-5　国产光电倍增管典型产品

1. 端窗式光电倍增管

型号	国外类似型号	阴极 直径·管长/mm	阴极 有效直径/mm	倍增系统 结构	级数	光谱范围/nm	峰值波长/nm	阴极灵敏度 光照值最小	光照值典型	兰光值最小	兰光值典型	红光值最小	红光值典型	红白比	阳极灵敏度/(A·lm⁻¹)	电源电压 典型/V	电源电压 最大/V	暗电流 典型/nA	暗电流 最大/nA	上升时间/ns	用途
GDB-161	美 6199	38.5·116	34	圆笼式	10	300~670	400±20	40	—	8	—	—	—	—	10	850	1000	1	25	2.3	原型号 H1010
GDB-223	日 R647	14·88	9	直列式	10	300~670	400±20	40	80	8	15	—	—	—	30	—	950	—	10	3	光学测量 闪烁计数
GDB-235	前苏联 ФЭУ-35	30·110	25	直列式	8	300~650	400±20	50	80	8.2	13	—	—	—	30	—	1150	—	12	4	红外测量 激光检测
GDB-240	前苏联 ФЭУ-28	30·119	25	直列式	11	300~1150	770	10	30	—	—	10	—	—	1	1200	1500	100	1100	5	红外测量 激光检测
GDB-312	荷 XP1117	19.5·102	14	快速式	9	300~850	450	70	120	—	—	0.25	—	—	10	—	1700	—	50	2.5	激光检测 耐藏仪器
GDB-327	荷 XP2232	50·195	44	快速式	12	300~670	400	50	120	8	—	—	—	—	200	—	2100	—	100	2.5	高能物理 高频接收
GDB-333	荷 56TVP	50·195	45	快速式	14	300~850	420	80	120	—	—	20	40	—	500	1700	2100	30	360	15	高频接收 激光检测
GDB-404	英 9898B	30·119	23	盒子式	9	300~850	450±20	100	150	—	—	0.25	0.35	—	10	850	1100	0.5	2	15	光谱分析
GDB-408	英 9898QB	30·119	23	盒子式	9	170~850	450±20	100	150	—	—	0.25	0.35	—	10	850	1100	0.5	2	15	宽光谱分析 闪烁计数
GDB-411	日 R316	30·119	23	盒子式	11	300~1150	770±30	15	25	—	—	红外 2.5	红外 5	0.3	10	1300	1600	100	1000	14	红外测量 光谱分析
GDB-413	英 9824B	30·119	23	盒子式	11	300~670	420	40	70	8	15	—	—	—	100	950	1100	—	15	15	光谱分析 闪烁计数
GDB-415	英 9878B	30·119	23	盒子式	11	300~650	420±20	20	40	4	8	—	—	—	10	1400	1700	4	20	9	耐高温(150℃)
GDB-422	日 R980·EMI9843	40·136	34	盒子式	11	300~670	420±20	40	70	—	14	—	—	—	100	800	1000	2	20	14	测井高温管(100℃)
GDB-423	日 R592	40·136	34	盒子式	11	300~670	420±20	100 优120	优140	—	—	0.3 优0.35	优0.4k	0.3	100 优10	850 优670	1050	5	20 优0.5	14	激光检测 光谱分析
GDB-424	美 C31061A	40·111	34	盒子式	11	300~650	420±20	25	50	5	10	—	—	—	100	1300	1600	2	10	9	耐高温(150℃)
GDB-426	日 R593	10·111	34	盒子式	11	170~850	420±20	100	140	—	—	25	45	—	2000	900	1150	5	20	10	光谱分析检测
GDB-510	英 9789B	51·105	10	百叶窗式	13	300~670	400±20	50	50	6	10	—	—	—	2000	1100	1700	5	20	10	光子计数 紫外测量
GDB-512	英 9789QB	51·105	10	百叶窗式	13	170~670	400±20	50	50	6	10	—	—	—	200	1100	1700	5	20	10	光子计数 同位数分析
GDB-526	英 9757B	51·129	44	百叶窗式	11	300~850	420±20	40	65	10	14	—	—	—	200	1100	1250	5	50	10	激光检测 光谱分析
GDB-546	英 9558B	51·140	45	百叶窗式	11	170~850	420±20	100	150	—	—	25	45	—	200	1100	1600	5	50	10	宽光谱 分析检测
GDB-550	英 9558QB	51·140	45	百叶窗式	11	170~850	420±20	100	150	—	—	25	45	—	10	1100	1600	5	50	14	闪烁计数 光学计数
H1040	美 5819	51·150	43	圆笼式	10	300~670	400±20	40	—	6	—	—	—	—	10	1000	1000	—	40	—	闪烁计数 光学测量
H2012		28.5·98	23	直列式	8	300~670	400	40	—	8	—	—	—	—	10	850	1000	3	8	—	光学测量
H4022	日 R268	28.5·112	23	盒子式	11	300~670	420	40	—	8	—	—	—	—	100	950	1100	—	15	—	闪烁计数 光学测量
H4022A		28.5·112	23	盒子式	11	300~650	400±20	20	—	4	—	—	—	—	10	—	1600	—	10	—	耐高温(150℃)

续表 4-5

2. 测窗式光电倍增管

型号	国外类似型号	直径 mm	管长 mm	阴极有效直径 mm	倍增系统 结构式	级数	光谱范围 nm	峰值波长 nm	阴极灵敏度 光照值 μA/W 最小	典型	兰光值 最小	典型	红光值 μA/lm 最小	典型 红白比	阳极灵敏度 A/lm	电源电压(V) 典型	最大	暗电流(nA) 典型	最大	上升时间 ns	用途
1988	荷 XP1100	20	88	14	直列式	10	300~670	400±20	40						30		1600	5	25	3.5	闪烁计数 空间开发
1998B	美 R1387 4903	40	116	34	圆笼式	10	300~850	420±20	50				12.5		20		1500		100		激光测量 光学测量
GDB-419	英 9824QB	30	119	23	盒子式	11	170~670	400±20	40	70	8	14			100	850	1100	0.5	.2	15	光学测量
GDB-106	R300	14	68	4×23	圆笼式	9	200~700	400±50	30		8				30		860		7	2	光谱分析
GDB-110	日 R306	14	68	4×23	圆笼式	9	185~700	400±50	30						30		860		7	2	光谱分析
GDB-126	美 4552	30	81	4×24	圆笼式	9	200~650	400±50	25	50	5				100		1250		30	2.5	光度测量
GDB-142	美 913B	30	100	8×24	圆笼式	9	300~670	420±30	30	60	4	12			10	600	1100	1	30	2.5	光电传真
GDB-143		30	94	8×24	圆笼式	9	300~850	400	50						1		600		10	2.5	光电传真
GDB-146	日 R372	30	94	8×24	圆笼式	9	190~650	380	20						10		1100		30	2.5	紫外测量
GDB-147	日 R446	30	94	8×24	圆笼式	9	190~850	400	50						1		600		10	2.5	光度测量
GDB-151		30	94	8×24	圆笼式	9	190~850	400	50						1		600		10	2.5	理化分析
GDB-152	日 R166	30	97	8×24	直列式	9	200~300	235±15	20 (μA/W) 3 (mA/W)						10^3 A/W	800	1000	2	7	2.5	紫外测量
GDB-153	日 R666	30	94	8×12	圆笼式	9	100~850	400	120 175				0.5	0.6	10	1100	1300	0.2	2	2.5	近红外接收 光谱分析
GDB-159	日 R456	28	91	8×24	圆笼式	8	190~850	400±20	50				12.5		100		1000		50	2.5	理化分析
GDB-221	前苏联 ΦЭУ-20	30	93	5×10	直列式	9	300~670	400±20	50 95						30	950	1200		20	4	光电传真
H1021	美 931A	28	94	8×24	圆笼式	9	300~650	400±20	10						10		1000		50	2.5	光学测量
H1022	美 931B	28	94	8×24	圆笼式	9	300~850	450±20	30						100		1000		50	2.5	光度测量>20A/Lm

现在以光谱辐射仪为例介绍光电倍增管在光谱测量系统中的应用。光谱辐射仪原理如图4-44所示。它主要用于光源、荧光粉或其它辐射源的发射光谱测量。测量光源时,将反光镜 M_0 移开,光源的发射光通过光导纤维进入测量系统,经过光栅单色仪分光后,出射光谱由光电倍

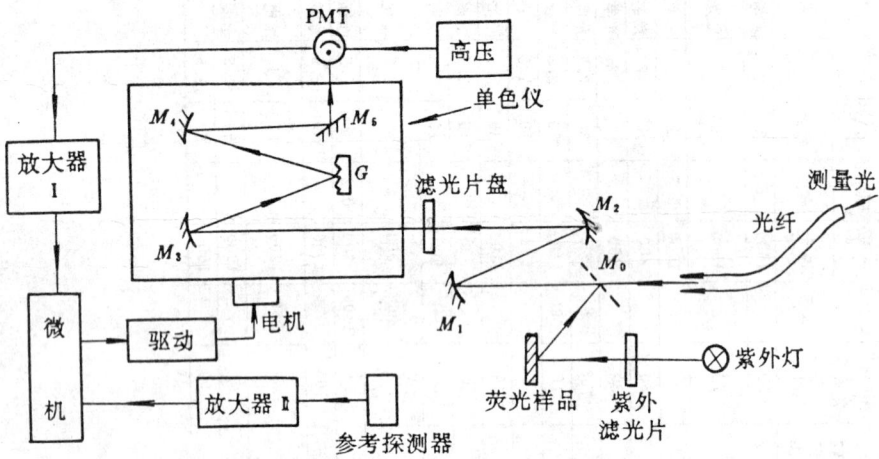

图 4-44　光谱辐射仪原理图

增管接收,光电倍增管输出的光电流经放大器放大,A/D 转换,进入微机。另一方面,微机输出信号驱动步进电机,使单色仪对光源进行光谱扫描,光电倍增管就逐一接收到各波长的光谱信号。仪器通过标准光源(已知光谱功率分布)和被测光源的比较测量,获得被测光源的光谱功率分布。测量荧光样品时,反光镜 M_0 进入光路;紫外灯发射的激发光经过紫外滤光片照到荧光样品上,激发的荧光经过反光镜 M_0 进入测量系统。荧光发射光谱的测量方法与前面介绍光源的测量类似。

　　光谱辐射仪的光谱范围为 $200 \sim 800nm$,所用的光电倍增管为 R928。该光电倍增管采用近红外增强的多碱光电阴极、石英窗口材料、侧窗式结构,光谱响应范围为 $185 \sim 900nm$。当高压

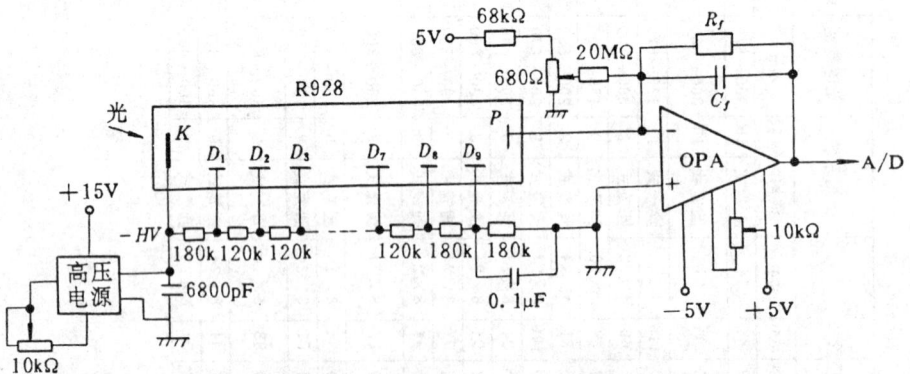

图 4-45　光谱辐射仪中的光电检测电路

为 1000V 时,典型阳极灵敏度为 2000A/lm,典型暗电流为 2nA。光电检测系统的电路原理如图4-45所示,阳极的最大输出电流为 $1\mu A$,供电电源采用负高压电阻分压方式,其中阴极电压、阳极电压及最末级的极间电压比其它极间电压高 1/3。分压电阻取值如图中所示,实际使用的高压为 $-600 \sim -1100V$,分压器上的电流为 $430 \sim 800\mu A$,光电测量系统的线性约为 0.2%。输出信号采用运算放大器作电流电压转换,满刻度输出电压为 2V,反馈电阻 $R_f = V_0/I_P = 2M\Omega$。

阴极的最大入射光通量约为 $\Phi_{\max} = I_P/S_\phi = 5 \times 10^{-10}\text{lm}$。

二、极微弱光信号的探测 —— 光子计数

当测量的光照微弱到一定的水平时,由于探测器本身的背景噪声(热噪声、散粒噪声等)而给测量带来很大的困难。例如,当光功率为 10^{-17}W 时,光子通量约为 100 个光子/秒,这比光电倍增管的噪声还要低,即使采用弱光调制,用锁相放大器来提取信息,有时也无能为力。

光子计数是测量微弱辐射最灵敏的一种方法,也是光电倍增管新的应用领域。与前述的光电流测量方法相比,它具有下列优点:① 这一技术是通过分立光子产生的电脉冲来测定光量,因此系统的灵敏度高,抗噪声能力强;② 由于采用电脉冲计数技术,降低了对供电电源等的要求,从而提高了系统的稳定性;③ 可排除由于直流漏电和输出零漂等原因造成的测量误差;④光子计数器的输出可以是数字量,也可以是模拟量,便于作进一步的信息处理。

1. 工作原理

光子计数器一般用于测量小于 10^{-14}W 的连续弱辐射。现假如是 He-Ne 激光,那么它发射的光子速率

$$n_P = \frac{10^{-14}}{hv} = \frac{10^{-14}\lambda}{hc} = \frac{10^{-14} \times 0.6328 \times 10^{-4}}{6.626 \times 10^{-34} \times 3 \times 10^{10}} = 3.18 \times 10^4 \text{ 〔s}^{-1}\text{〕}$$

即以每秒 3.18 万个光子,按时间序列发出。

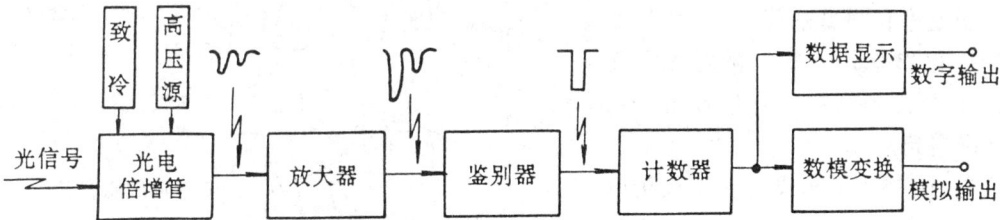

图 4-46　光子计数器原理

最简单光子计数器的原理示于图 4-46。当 n_P 个光子照射到光电阴极上,如果光电阴极的量子效率为 η,那么会发射出 ηn_P 个分立的光电子。每个光电子被电子倍增器放大,到达阳极的电子数可达 $10^5 \sim 10^7$ 个。由于光电倍增管的时间离散性和输出端时间常数的影响,这些电子构成宽度为 $5 \sim 15$ns 的输出脉冲,它的幅值按中间值计算为

$$I_P \approx \frac{Q}{t_w} = \frac{10^6 \times 1.6 \times 10^{-19}}{10 \times 10^{-9}} = 16 \text{ 〔μA〕}$$

把幅值放大到 mA 数量级,就可用脉冲计数器正确计数。

实际上,在光电倍增管的输出端除了光子所形成的电脉冲外,还存在着其它几种脉冲:① 光电阴极产生的热电子发射,这类电子和光电子一样,经过电子倍增器放大,形成幅值相同的电脉冲;② 各倍增极上发射的热电子被以后的各倍增极放大,形成输出幅值小于前者的大大小小的脉冲;③ 由高能粒子(如宇宙射线)激发的电子输出大于光信号所形成的脉冲,于是出现了如图 4-47 所示的脉冲幅值与脉冲数的关系曲线。幅值低于第一鉴别电平的脉冲是倍增极的热电子发射和放大器噪声,通过鉴别可不予计数。

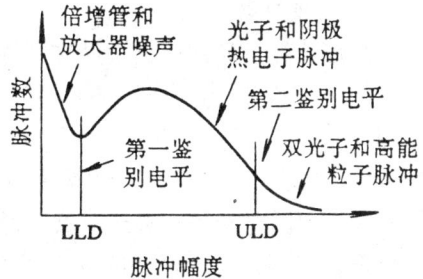

图 4-47　脉冲幅度分布曲线

幅值在第二与第一鉴别电平之间的脉冲是由光电子和光电阴极的热电子发射构成的,给予计数。幅值大于第二鉴别电平的脉冲是由高

能粒子造成的,不予计数。但如果光子数过多,两个光子到达光电阴极的时间相同或很接近,由它们形成的两个电脉冲因重叠而产生大幅值的脉冲,则应计数,并以乘2计算。

为了从光子和阴极热电子发射的脉冲总数中分离出光子数,通常采用冷却法来减少热电子发射,控制它在误差限以内。也可以通过两次计数来解决,即一次在无光照情况下计数,一次在信号光照射的情况下计数,其差值就代表由光子引起的脉冲数。

2. 应用

近几年,生命科学研究受到人们的重视。细胞是生命科学研究的主要对象,对它观察和分析是一种极微弱的探测技术。图 4-48 是一种细胞分类装置示意图,先将荧光物质对细胞进行标记,然后根据细胞发出的不同的荧光进行分析,可以分离和捕集不同的细胞,也可以用来确定细胞的性质和结构。这种细胞发出的荧光是极其微弱的,它的强度弱到光子计数水平,因此要求探测器有足够高的量子效率和很低的噪声。光子计数用的光电倍增管是理想的微弱光探测器,它可以探测到每秒 $10 \sim 20$ 个光子水平的极微弱光。

目前,国外还研制出一种不仅可以探测单光子事件的强度,还可以探测其位置的二维平面像探测器,使得光子成像技术成为现实,用它可以拍摄到人体的细胞,观察细胞的轮廓和细胞核。近几年光子计数技术发展很快,它在生物、化学、医学、天文等方面都得到重要的应用。

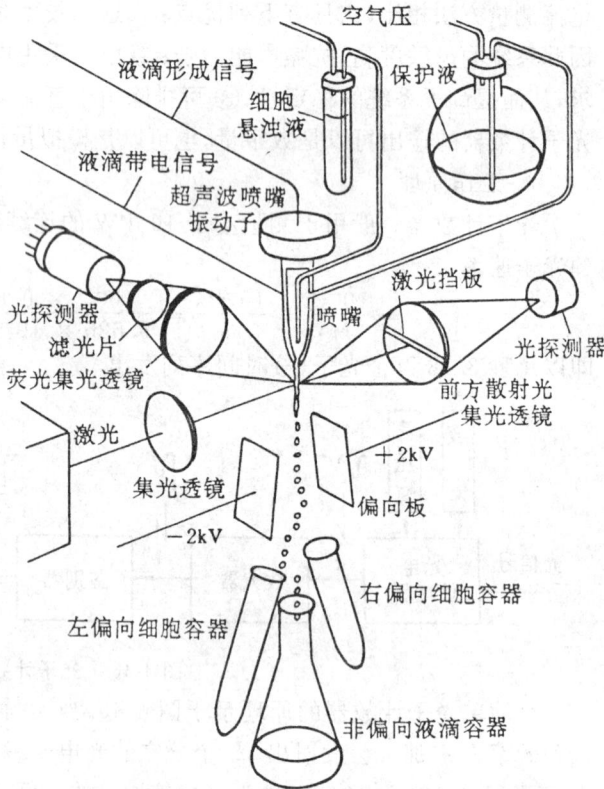

图 4-48　细胞分类装置示意图

三、射线的探测

1. 闪烁计数

闪烁计数是最常用也是最有效探测射线粒子的一种方法。它将闪烁晶体与光电倍增管结合在一起,当入射的射线粒子照到闪烁体上时,它产生光辐射并由倍增管接收转变为电信号,如图 4-49(a) 所示。闪烁光的大小与每一粒子的能量相对应,因此,光电倍增管输出脉冲的高度 与能量成正比。图 4.49(b) 是用多道分析器得到的输出脉冲幅度分布图,也即能谱图。在该图中很重要的一点是在每一能量上都有一个明显的峰值,在射线测量中,用作衡量脉冲幅度的分辨率。脉冲幅度分辨率是峰的半宽度与峰值脉冲幅度的比值,主要由光电倍增管的量子效率决定。因此选择光电倍增管时必须与闪烁体的发射光谱相匹配。在闪烁计数中 NaI(TI) 是最常用的闪烁体,所以通常都采用具有双碱光电阴极的端窗式光电倍增管。

2. 应用

γ 射线探测在核医学、石油测井等方面的应用已为人们熟知。最近,在医学上 PET(Position

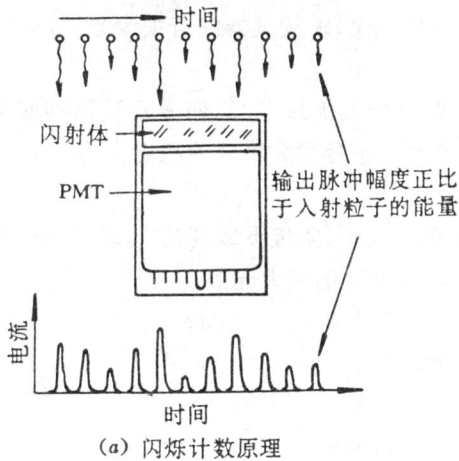

（a）闪烁计数原理

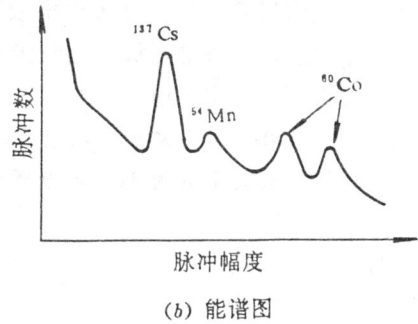

（b）能谱图

图 4-49　闪烁计数

Emission Tomography）的系统已经被研制出来,这种正电子 CT 与一般 CT 的区别在于它可以对生物的动机能进行诊断。如图 4-50 所示,注入患者的是放射性物质,放射出正电子,同周围的电子结合淬灭,在 180° 的两个方向发射出 511keV 的 γ 射线。这些射线由人体周围排列的光电倍增管 PMT 与闪烁体组合的探测器接收,可以确定患者体内淬灭电子的位置,得到一个 CT 像。PET 专用的超小型四角状、快时间响应的光电倍增管已在日本浜松公司批量生产。

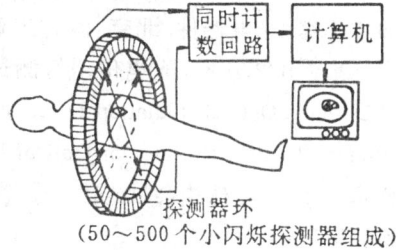

图 4-50　正电子 CT(PEI) 示意图

思考题与计算题

〔4-1〕负电子亲和势光电阴极的能带结构如何?它具有哪些特点?

〔4-2〕光电发射和二次电子发射两者有哪些不同?简述光电倍增管的工作原理。

〔4-3〕光电倍增管中的倍增极有哪几种结构?每一种的主要特点是什么?

〔4-4〕光电阴极做成球面有什么优点?

〔4-5〕如何选择倍增极之间的级间电压?

〔4-6〕分析电阻分压器的电压再分配效应和负载电阻的反馈效应,怎样才能减少这些效应的影响?

〔4-7〕影响光电倍增管工作的环境因素有哪些?如何减少这些因素的影响?

〔4-8〕光电倍增管产生暗电流的原因有哪些?如何减少暗电流?

〔4-9〕为什么光子计数器中的光电倍增管需在低温下工作?

〔4-10〕(a) 画出具有 11 级倍增极,负高压 1200V 供电,均匀分压的光电倍增管的工作原理图,分别写出各部分名称及标出 I_K,I_P 和 I_b 的方向。

　　　　(b) 若该倍增管的阴极灵敏度 S_K 为 20μA/lm,阴极入射光的照度为 0.11x,阴极有效面积为 2cm²,各倍增极二次发射系数均相等($\sigma = 4$),光电子的收集率为 0.98,各倍增极的电子收集率为 0.95，试计算倍增系统的放大倍数和阳极电流。

(c) 设计前置放大电路，使输出的信号电压为 200mV，求放大器的有关参数，并画出原理图。

〔4-11〕光电倍增管采用负高压供电或正高压供电，各有什么优缺点？它们分别适用哪些情况下？现有 12 级倍增极的光电倍增管，若要求正常工作时放大倍数的稳定度为 1%，则电源电压的稳定度应多少？

〔4-12〕现有 GDB—423 型光电倍增管的光电阴极面积为 $2cm^2$，阴极灵敏度 S_k 为 $25\mu A/lm$，倍增系统的放大倍数为 10^5，阳极额定电流为 $20\mu A$，求允许的最大光照。

参考文献

1. 史玫德. 光电管与光电倍增管. 北京：国防工业出版社，1981

2. A. Γ. 别尔可夫斯基著. 真空光电器件. 北京：原子能出版社，1980

3. 汤定元等编. 光电器件概论. 上海：上海科学技术文献出版社，1989

4. 缪家鼎等编. 光电技术基础. 杭州：浙江大学出版社，1988

5. 方如章等编. 光电器件. 北京：国防工业出版社，1988

6. 国家标准 GB7270-87. 光电倍增管测试方法.

7. E. L. Derenik. Optical Radiation Detectors. Wiley，New York，1984

8. W. Budde. Physical Detector of Optical Radiation. Academic Press，1984

9. 浜松木トニクス株式会社. 光 子増倍器：その基 用. 株式会社データプロセス研究所，1993

第五章 半导体光电导器件

半导体光电导器件是利用半导体材料的光电导效应制成的光电探测器件,所谓光电导效应是表示材料(或器件)受到光辐射后,材料(或器件)的电导率发生变化。光电导效应属于内光电效应,最典型的光电导器件是光敏电阻。

光敏电阻与其它半导体光电器件相比有以下特点:

① 光谱响应范围相当宽,根据光电导材料的不同,光谱响应范围可从紫外、可见光、近红外扩展到远红外,尤其是对红光和红外辐射有较高的响应度。

② 工作电流大,可达数毫安。

③ 所测的光强范围宽,既可测强光,也可测弱光。

④ 灵敏度高,光电导增益大于一。

⑤ 偏置电压低,无极性之分,使用方便。

光敏电阻的不足之处是:在强光照射下光电转换线性较差;光电弛豫过程较长;频率响应很低。因此它的使用受到一定限制。

本章主要介绍光敏电阻的工作原理,基本特性,常用光电导器件和基本偏置电路。

§5-1 光敏电阻的工作原理

最简单的光敏电阻原理图及其符号如图 5-1 所示,它是在均质的光电导体两端加上电极后构成为光敏电阻,两电极加上一定电压后,当光照射到光电导体上,由光照产生的光生载流子在外加电场作用下沿一定方向运动,在电路中产生电流,达到了光电转换的目的。

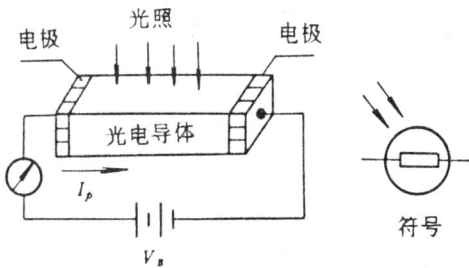

图 5-1 光敏电阻的原理图及符号

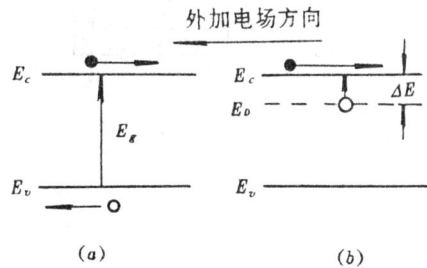

图 5-2 两种类型光敏电阻能带图

根据半导体材料的分类,光敏电阻有两种类型 —— 本征型半导体光敏电阻和掺杂型半导体光敏电阻,前者只有当入射光子能量 $h\nu$ 等于或大于半导体材料的禁带宽度 E_g 时才能激发一个电子 - 空穴对,在外加电场作用下形成光电流,能带图如图 5-2(a) 所示,后者如图 5-2(b) 所示的 n 型半导体,光子的能量 $h\nu$ 只要等于或大于 ΔE(杂质电离能)时,就能把施主能级上的电子激发到导带而形成导电电子,在外加电场作用下形成电流。从原理上说,p 型、n 型半导体均可制成光敏电阻,但由于电子的迁移率比空穴大,而且用 n 型半导体材料制成的光敏电阻性能较稳定,特性较好,故目前大都使用 n 型半导体光敏电阻。为了减少杂质能级上电子的热激发,常需要在低温下工作。

根据第三章基础理论公式(3.17)和(3.18)就可得出

本征型光敏电阻的长波限为

$$\lambda_0 = \frac{hc}{q \cdot E_g} = \frac{1240}{E_g} \text{ (nm)} \tag{5.1}$$

掺杂型光敏电阻的长波限为

$$\lambda_0 = hc/q \cdot \Delta E = 1240/\Delta E \text{ (nm)}$$

式中 ΔE 分别为 ΔE_d(对 n 型半导体)或 ΔE_a(对 p 型半导体)

由于 $\Delta E \ll E_g$,所以掺杂型半导体光敏电阻的长波限远大于本征型半导体光敏电阻,因而它对红外波段较为敏感。

根据第三章中有关热平衡状态下的半导体电导率公式,若无光照时,本征半导体的电导率为 σ_0,则图 5-1 所示光敏电阻的暗电流:

$$I_d = \frac{V\sigma_0 A}{L} = \frac{qAV(n_0\mu_n + p_0\mu_p)}{L} \tag{5.3}$$

式中 L 为光电导体长度;A 为光电导体横截面面积。

在光辐射作用下,假定每单位时间产生 N 个电子 - 空穴对,它们的寿命分别为 τ_n 和 τ_p,那么,由于光辐射激发增加的电子和空穴浓度分别为

$$\Delta n = \frac{N \cdot \tau_n}{A \cdot L} \qquad \Delta p = \frac{N \cdot \tau_p}{A \cdot L} \tag{5.4}$$

于是,材料的电导率增加了 $\Delta\sigma$,$\Delta\sigma = q(\Delta n\mu_n + \Delta p\mu_p)$,称为光电导率 $\Delta\sigma$。由光电导率 $\Delta\sigma$ 引起的光电流

$$I_p = \frac{V \cdot \Delta\sigma \cdot A}{L} = \frac{qAV(\Delta n\mu_n + \Delta p\mu_p)}{L}$$
$$= \frac{q \cdot N \cdot V}{L^2}(\tau_n\mu_n + \tau_p\mu_p) \tag{5.5}$$

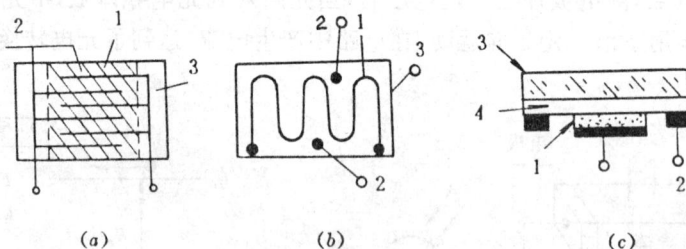

图 5-3　光敏电阻结构示意图

(a) 梳状式　(b) 刻线式　(c) 夹层式

1. 光电导体　2. 电极　3. 绝缘基底　4. 导电层

由此得出结论,光敏电阻的光电流 I_p 与 N(它与入射的光子数,量子效率有关)、V、τ_n、μ 成正比,而与 L 的平方成反比,因此在设计光敏电阻时常设法使 L 减小。为了减小电极间的距离 L,一般光敏电阻中采用图 5-3 所示的梳状电极结构,这样既保证有较大的工作区,又减少了极间距离 L。

§5-2 光敏电阻的主要特性参数

一、光电导增益

光电导增益 M 是表征光敏电阻特性的一个重要参数,它表示长度为 L 的光电导体两端加上 电压 V 后,由光照产生的光生载流子在电场作用下所形成的外部光电流与光电子形成的内部电流(qN)之间的比值,并由(5.5)式得

$$M = \frac{I_p}{qN} = \frac{V}{L^2}(\mu_n\tau_n + \mu_p\tau_p)$$

$$= \frac{V}{L^2}\mu_n\tau_n + \frac{V}{L^2}\mu_p\tau_p = M_n + M_p \tag{5.6}$$

式中 $\quad M_n = \frac{V}{L^2}\mu_n\tau_n \quad$ 称为光敏电阻中电子增益系数;

同样 $\quad M_p = \frac{V}{L^2}\mu_p\tau_p \quad$ 称为光敏电阻中空穴增益系数。

因为速度为 v_n 的光电子在两电极间的渡越时间 $t_n = L/v_n$,又根据(3.31)式,渡越时间可表示为

$$t_n = \frac{L}{v_n} = \frac{L^2}{\mu_n \cdot V} \tag{5.7}$$

于是,电子增益系数的另一种表示形式为:

$$M_n = \tau_n/t_n \tag{5.8}$$

同样,空穴增益系数的另一种表示形式为:

$$M_p = \tau_p/t_p$$

在半导体中,电子和空穴的寿命是相同的,若用载流子的平均寿命 τ 来表示它们的寿命,即 $\quad \tau = \tau_n = \tau_p$,则本征型光敏电阻的增益系数可写成

$$M = M_n + M_p = \frac{\tau}{t_n} + \frac{\tau}{t_p} = \tau(\frac{1}{t_n} + \frac{1}{t_p})$$

如果把 $1/t_n$ 和 $1/t_p$ 之和定义为 $1/t_{dr}$,即

$$\frac{1}{t_{dr}} = \frac{1}{t_n} + \frac{1}{t_p}$$

式中 $\quad t_{dr}$ 称为载流子渡越极间距离 L 所需的有效渡越时间,于是

$$M = \frac{\tau}{t_{dr}} \tag{5.9}$$

从上面分析可知,灵敏的光敏电阻,必然具有很大的增益系数,由于增益系数可看成是一个自由载流子的寿命 τ 与该载流子在光敏电阻两极间的有效渡越时间 t_{dr} 之比,因此只要载流子的平均寿命大于有效渡越时间,增益就可大于 1。显然减小电极间的间距 L,适当提高工作电压,对提高 M 值有利。但是,如果 L 减得太小,使受光面太小,也是不利的,一般 M 值可达 10^3 数量级,已研制出一种夹层型光敏电阻,如图 5.3(c) 所示结构示意图,这种夹层型硫化镉光敏电阻的电极间距只有 $15\mu m$,因而在电场强度为 900V/cm 和 1lx 照度下其增益可达 10^5。

光电导器件的量子效率 η 表示输出的光电流与入射光子流之比。在本征半导体中,当光子的能量小于 E_g 时,不能产生电子 - 空穴对,量子效率 η 等于零。当光子的能量等于或大于 E_g 时,才能释放出电子 - 空穴对,释放的多少,与材料的反射系数,吸收系数和厚度有关。

假设入射的单色辐射功率 $\Phi(\lambda)$ 能产生 N 个光电子,则量子效率

$$\eta(\lambda) = \frac{N}{\Phi(\lambda)/h\nu} = \frac{Nh\nu}{\Phi(\lambda)} \tag{5.10}$$

这是个无量纲的量,它表示单位时间内每入射一个光子所能引起的载流子数。图 5-4 所示为硅和锗的量子效率 η 与波长 λ 的关系曲线。

二、光谱响应率

量子效率是表征光敏电阻的一个重要参数,但是在实际应用上很不方便。因为通常入射光量的单位以瓦或流明数表示,希望用安/瓦为单位的光谱响应率来表征光敏电阻的特性。光谱响应率表示在某一特定波长下,输出光电流(或电压)与入射辐射能量之比。输出光电流

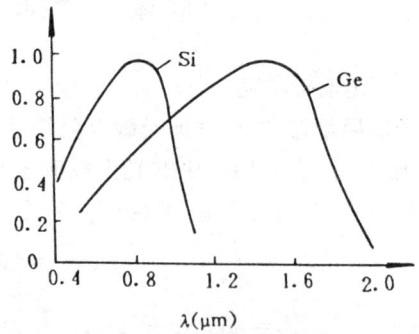

图 5-4　硅和锗的 η 与波长 λ 的关系

$$I_r(\lambda) = qNM = q\frac{\eta\Phi(\lambda)}{hv} \cdot M$$

$$= q\frac{\eta\Phi(\lambda)}{hv} \cdot \frac{\tau}{t_{dr}} \tag{5.11}$$

则光谱响应率:

$$S(\lambda) = \frac{I_r(\lambda)}{\Phi(\lambda)} = \frac{q\eta\Phi(\lambda)}{hv} \cdot \frac{\tau}{t_{dr}} \cdot \frac{1}{\Phi(\lambda)}$$

$$= \frac{q\eta\tau}{hvt_{dr}} = \frac{q\eta\lambda}{hC} \cdot \frac{\tau}{t_{dr}} = \frac{q\eta\lambda}{hC} \cdot M \tag{5.12}$$

从上看出,增大增益系数可得到很高的光谱响应率,实际上常用的光敏电阻的光谱响应率小于 1 安/瓦,原因是产生高增益系数的光敏电阻电极间距需很小,致使光敏电阻集光面积太小而不实用。若延长载流子寿命也可提高增益因数,但这样会减慢响应速度,因此,在光敏电阻中,增益与响应速度是相矛盾的。

三、时间常数

根据第三章光电导效应分析知,光敏电阻在光照时,光生载流子的产生或者消失都要经过一段时间,这就是光敏电阻的响应时间或驰豫时间,它反映了光敏电阻的惰性,响应时间长说明光敏电阻对光的变化反应慢或惰性大。

当光敏电阻接收交变调制光(入射光为 $\Phi(t) = \Phi \cdot e^{j\omega t}$)时,随着调制光频的增加,输出电压会减小。当输出的相对幅值下降至 0.707(相应的信号功率为零频时的一半)时,入射光的频率就是该光敏电阻的截止频率 f_{3dB}。

同样,在上述的调制光入射下,从两端网络理论及傅氏变换可得到相应的输出电压,即

$$V = \frac{V_0}{(1 + \omega^2\tau^2)^{1/2}} = \frac{1}{[1 + (2\pi f)^2\tau^2]^{1/2}} \tag{5.13}$$

式中　ω 为入射光调制角频率;V_0 为 $\omega = 0$ 时的输出电压;τ 是光敏电阻的时间常数。由(5.13)式可画出光敏电阻频率响应特性曲线,如图 5-5 所示。光敏电阻在低频时其输出电压具有平坦响应,当工作频率 $f = f_{3dB}$(截止频率)时输出电压下降为零频时的 0.707,相应的信号功率为零频时的一半。

由式(5.13)可直接求得相应输出电压下降到 $0.707V_0$ 时的截止频率为

$$f_{3dB} = \frac{1}{2\pi\tau} \tag{5.14}$$

可见响应时间与频率响应是完全等价的。一般对于光脉冲信号往往用响应时间 τ 来描述,而对正弦调制光信号往往采用频率响应来描述,图 5.5 示出了几种光敏电阻的频率响应曲线。

从 §3-2 可知,在忽略外电路时间常数的影响时,响应时间等于光生载流子的平均寿命 τ。

因此增大载流子的寿命可提高器件的响应率,但器件的响应时间却增加(影响器件的高频性能),而光照、温度等外界条件的变化又都会影响载流子的寿命,因此,光照、温度的变化同样直接影响光敏电阻的响应率和响应时间。如:PbS 光敏电阻的响应时间,在室温时,一般为 $100 \sim 300$ 微秒,低温时则长到几十毫秒;PbSe 光敏电阻的响应时间,在室温时为 $5\mu s$,当温度低到干冰温度(195K)时,响应时间为 $30\mu s$。

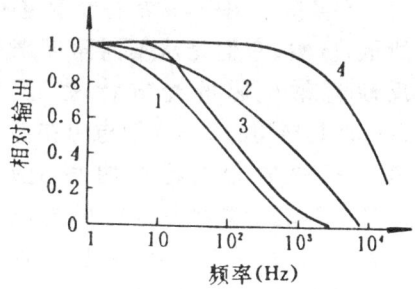

图 5-5　几种光敏电阻的频率特性曲线
1. 硒　2. 硫化镉　3. 硫化铊　4. 硫化铅

四、光电特性和 γ 值

光敏电阻的光电流与入射光通量之间的关系称光电特性,(5.11)式示出了光电流与入射单色辐射通量之间的关系,即:

$$I_r(\lambda) = q\frac{\eta\Phi(\lambda)}{h\nu} \cdot \frac{\tau}{t_{dr}}$$

当弱光照时,τ、t_{dr} 不变,$I_r(\lambda)$ 与 $\Phi(\lambda)$ 成正比,即保持线性关系。但当强光照时,τ 与光电子浓度有关,t_{dr} 也会随电子浓度变大或出现温升而产生变化,故 $I_r(\lambda)$ 与 $\Phi(\lambda)$ 偏离线性而呈非线性。一般采用下列关系式表示:

$$I_r(\lambda) = S_g V\Phi^\gamma$$

或

$$I_r(\lambda) = S_g VE^\gamma \tag{5.15}$$

式中　S_g 是光电导灵敏度与光敏电阻材料有关;V 为外加电源电压;Φ 为入射光通量;E 为入射光照度;γ 为照度指数,在 $0.5 \sim 1$ 之间。在弱光照时,γ 值为 1,称直线性光电导。在强光照时,γ 值为 0.5,则为非线性光电导。

实验证明,当所加电压一定时,光电流和照度关系曲线如图 5-6 所示。

在实际应用的照度范围内($10^{-1} \sim 10^4$ 勒克斯),有可能制造出 γ 接近于 1 的光敏电阻,通常式(5-15)可改写成

$$I_r = S_g VE = g_r V \tag{5.16}$$

根据欧姆定律,式(5.16)中 g_r 称为光敏电阻的光电导,可用下式表示:

$$g_r = I_r/V = S_g E \tag{5.17}$$

或

$$g_r = S_g \Phi$$

注意上两式中 S_g 单位不同。

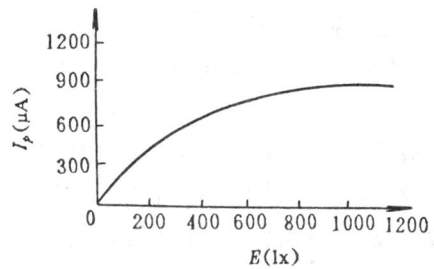

图 5-6　光电流 - 照度特性曲线

若考虑暗电导产生电流时,则流过光敏电阻的电流为

$$I = I_r + I_D = g_r V + g_d V$$
$$= S_g EV + g_d V = (S_g E + g_d)V = gV \tag{5.18}$$

式中　I 为亮电流;I_D 为暗电流;g_d 为暗电导;g 为亮电导。所以光敏电阻的光电导若考虑暗电流时为

$$g_r = g - g_d \tag{5.19}$$

电导的单位为"西门子",简称"西",符号为 S。光电导灵敏度 S_g 用光度量单位时,其单位为西 / 流明(S/lm)或西 / 勒克司(S/lx)。若用辐射度量单位时,其单位为西 / 微瓦(S/μW)或西 / 微瓦 / 厘米²(S/μW/cm²)。

在实际使用中,常常将光敏电阻的光电特性曲线改画成电阻和照度的关系曲线,如图 5-7 所示。显然,它们是从不同角度来反映光敏电阻的光电特性,图 5-7(a) 是典型的 CdS 光敏电阻在直角座标中的光电特性曲线,图 5-7(b) 为其对数坐标表示的光电特性曲线。从图 5-7(a) 可见,随着光照的增加,阻值迅速下降,然后逐渐趋向饱和。但在对数座标中的某一段照度范围内,电阻与照度的特性曲线基本上是直线,即(5-15)式中的 γ 值保持不变,因此 γ 值也可说成是对数座标中电阻与照度特性曲线的斜率,即

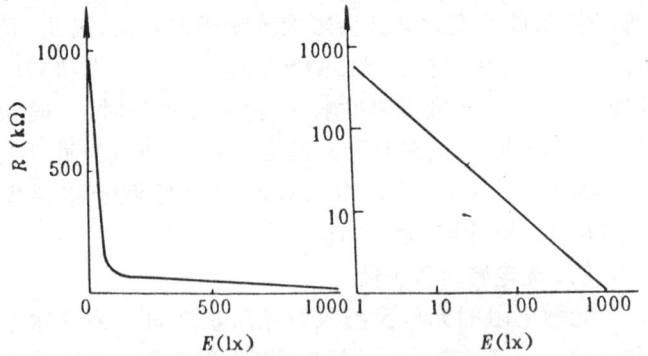

(a) 直角坐标下   (b) 对数坐标下

图 5-7   光敏电阻的光电特性

$$\gamma = \frac{\log R_A - \log R_B}{\log E_B - \log E_A} \tag{5.20}$$

式中,R_A 和 R_B 分别为照度 E_A 和 E_B 所对应的光敏电阻阻值。γ 值为绝对值,如果取 $E_B = 10 E_A$,则上式可简化为

$$\gamma = \log \frac{R_A}{R_B} \tag{5.21}$$

一般来说,γ 值大的光敏电阻,其暗电阻也高。如果同一光敏电阻在某一照度范围内通过几个照度测量点所计算出的几个 γ 值相同,就说明该光敏电阻线性较好(完全线性是不可能的)。显然,当说明一个光敏电阻的 γ 值时,一定要说明它的照度范围,否则没有意义。

五、前历效应

顾名思义,就是测试前光敏电阻所处的状态(无光照或有光照)对光敏电阻特性的影响,大多数的光敏电阻在稳定的光照下,其阻值有明显的漂移现象,而且经过一段时间间隔后复测阻值还有变化,这种现象称为光敏电阻的前历效应。对前历效应又分为短态前历效应和中态前历效应两种情况来进行测试和研究,所谓短态前历效应是指被测光敏电阻在无光照条件下放置一段时间(例如三分钟)后,再在 11lx 照度下测量它在不同时刻的阻值,如光照 1 秒种后的阻值 R_1,求出 R_0/R_1 的百分比值(R_0 为稳态时的阻值),这就是短态前历效应或暗态前历效应。显然,这个比值愈大愈好。所谓中态前历效应就是被测光敏电阻在无光照条件下存放 24 小时,尔后测量其在 100lx 照度下的阻值 R_1,再在 1000lx 照度下放 15 分钟,再测出 100lx 照度下的阻值 R_2,此时变化的百分比

$$\beta = \frac{R_2 - R_1}{R_1} \times 100\%$$

显然,这个数值应愈小愈好。中态前历效应又称亮态前历效应。

表 5-1 和表 5-2 分别列出了一种 CdS 光敏电阻的暗态前历效应和亮态前历效应值。

表 5-1   CdS 光敏电阻的暗态前历效应

时间(s)	1	2	5	10	15	20	30	60	90	120	$R_0/R_1(\%)$
阻值(kΩ)	6.5	6	5.5	5.2	5.2	5.2	5.2	5.1	5.0	5.1	77

表 5-2　CdS 光敏电阻的亮态前历效应

元件编号	1	2	3	4	5	6	7	8
$R_1(\text{k}\Omega)$	2.74	5.06	2.25	2.42	1.45	2.23	3.58	5.40
$R_2(\text{k}\Omega)$	2.89	5.24	2.39	2.60	1.48	2.31	3.69	5.62
$\beta = \dfrac{\Delta R}{R_1}\%$	5.5	3.6	6.2	7.4	2.0	3.6	3.1	4.1

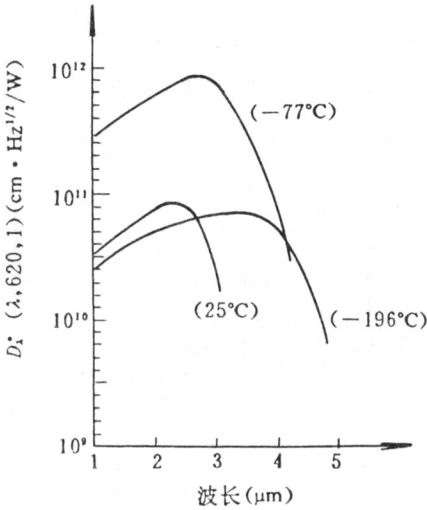

图 5-8　PbS 光敏电阻光谱特性　　　　图 5-9　PbSe 光敏电阻光谱特性

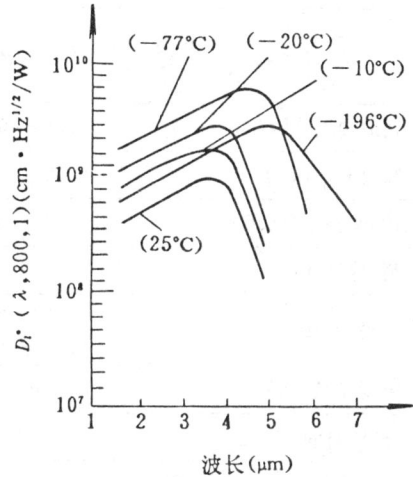

一般来说,在光度、色度测量和照相机中用的光敏电阻,要求前历效应尽可能小。在强光和连续光测量中,前历效应可不予考虑。

六、温度特性

光敏电阻的特性参数受工作温度的影响较大,只要温度略有变化,它的光谱响应率、峰值响应波长、长波限等参数都将发生变化,而且这种变化没有规律。为了提高光敏电阻性能的稳定性,降低噪声和提高探测率,就十分必要采用冷却装置。

图5-8和图5-9分别为PbS、PbSe光敏电阻的光谱响应特性,从图中就可看出温度对光谱响应率、峰值响应波长、长波限的影响。

§5-3　几种常用的光敏电阻

具有光电导性能的半导体材料很多,但能够满足光敏电阻的各项要求而又能实际应用的却不多。

光敏电阻若按照它的光谱特性及最佳工作波长范围,基本上可分为三类:① 对紫外光灵敏的光敏电阻,如硫化镉(CdS)和硒化镉(CdSe)等;② 对可见光灵敏的光敏电阻,如硫化铊(TiS),硫化镉(CdS)和硒化镉(CdSe)等;③ 对红外光灵敏的光敏电阻如硫化铅(PbS)、碲化铅(PbTe)、硒化铅(PbSe)和碲化铟(InSb),碲镉汞($Hg_{1-x}Cd_xTe$),碲锡铅($Pb_{1-x}Sn_xTe$)和锗掺杂等。下面介绍几种常用的光敏电阻。

一、硫化镉（CdS）光敏电阻

CdS 光敏电阻是可见光波段内最灵敏的光电导器件，峰值波长为 $0.52\mu m$。若在 CdS 中掺入微量杂质铜和氯，使器件的光谱响应向远红外区域延伸，峰值波长变长。CdS 光敏电阻的亮暗电导比在 10lx 照度上可达 10^{11}（一般约为 10^6），它的时间常数与入射照度有关，在 100lx 下约为几十毫秒。

它被广泛地用于自动控制灯光，自动调光调焦和自动照相机中。表 5-3 为国产照相机所用硫化镉光敏电阻的基本参量。

表 5-3　基本参量

分类	用于外测光	用于内测光	用于电子快门
光谱响应范围（μm）	$0.4 \sim 0.7$	$0.4 \sim 0.7$	$0.4 \sim 0.7$
峰值波长（μm）	0.56 ± 0.03	0.59 ± 0.03	0.56 ± 0.03
100lx 亮电阻（$k\Omega$）	$1 \sim 3$	$0.5 \sim 2$	$3 \sim 15$
暗电阻（$M\Omega$）	2	0.5	$10 \sim 50$
伽玛（γ）值	$(10 \sim 100\ lx)$ $0.65 \sim 0.75$	$(0.1 \sim 1000\ lx)$ $0.55 \sim 0.65$	$(0.1 \sim 1000\ lx)$ $0.85 \sim 1.05$
温度系数（%℃）	0.2	0.2	0.2
响应时间（ms）　上升	40	40	40
响应时间（ms）　下降	100	100	100
最高工作电压（V）	20	20	20
最大消耗功率（mW）	30	30	30

二、硫化铅（PbS）光敏电阻

PbS 光敏电阻是近红外波段最灵敏的光电导探测器件，它的光谱响应和归一化探测率 D^* 与工作温度有关，随着工作温度的降低，其峰值波长和长波限将向红外波段延伸，且归一化探测率 D^* 增加。在室温下工作时响应波长可达 $3\mu m$，峰值探测率 $D_\lambda^* = 1.5 \times 10^{11} cm \cdot Hz^{1/2}/W$。冷却到 195K（干冰温度时），响应波长可达 $4\mu m$，归一化探测率 D^* 可提高一个数量级，它的主要缺点是响应时间太长，室温条件下为 $100 \sim 300$ 微秒，在低温下（如 77K）可达几十毫秒。

三、锑化铟（InSb）光敏电阻

室温下长波限可达 $7.5\mu m$，峰值探测率 $D_\lambda^* = 1.2 \times 10^9 cm \cdot Hz^{1/2}/W$，时间常数为 $2 \times 10^{-2}\mu s$。冷却至 0℃ 时 D^* 可提高 $2 \sim 3$ 倍，当工作温度再降低，到液氮温度（77K）时长波限减小到 $5.5\mu m$，其峰值在 $5\mu m$，$D^* = 1 \times 10^{11} cm \cdot Hz^{1/2}/W$，响应时间约为 $1\mu s$，这时 InSb 光敏电阻所对应的峰值波长刚好在大气窗口 $3 \sim 5\mu m$ 光谱范围内，因此得到广泛应用。

四、碲镉汞（HgCdTe）系列光敏电阻

$Hg_{1-x}Cd_xTe$ 系列光敏电阻是目前所有探测器中性能最优良最有前途的探测器，尤其是对 8-14μm 大气窗口波段的探测更为重要，它由化合物 CdTe 和 HgTe 两种材料的混合晶体制备而成，其中 x 是 Cd 含量的组分。在光电导体中，由于配制 Cd 组分（x 量）的不同，可得到不同的禁带宽度 E_g，从而制造出波长响应范围不同的 $Hg_{1-x}Cd_xTe$ 探测器。一般组分 x 的变化范围为 1.8

~ 0.4，相应于探测器的长波限为 $3 \sim 30 \mu m$。常用的有 1-3μm、3-5μm、8-14μm 三种波长范围的探测器，例如 $Hg_{0.8}Cd_{0.2}Te$ 探测器，光谱响应在 $8 \sim 14 \mu m$ 之间为大气窗口，峰值波长为 $10.6 \mu m$，可与 CO_2 激光器的激光波长相匹配。$Hg_{0.72}Cd_{0.28}Te$ 探测器的光谱响应范围为 $3 \sim 5 \mu m$，与 InSb 探测器相比 D^* 大一个数量级，它是目前近红外、中红外探测器中性能最优良的探测器。

五、碲锡铅(PbSnTe)系列光敏电阻

$Pb_{1-x}Sn_xTe$ 系列光敏电阻是由 PbTe 和 SnTe 两种材料的混合晶体制备的，其中 x 是 Sn 的组分含量。同样，光电导体中的 Sn 的组分含量不同，它的禁带宽度也不同，随着组分的不同，它的峰值波长及长波限也随之改变，但它的禁带宽度变化范围不大，因此只能制造出长波限大于 $2.5 \mu m$ 的探测器。这类探测器目前能工作在 $8 \sim 10 \mu m$ 波段，由于探测率较低，应用不广泛。

$Pb_{1-x}Sn_xTe$ 系列器件中最常用的是 $Pb_{0.83}Sn_{0.17}Te$ 探测器，它在 77K 条件下工作时峰值波长与 CO_2 激光波长 $10.6 \mu m$ 非常吻合，长波限为 $11 \mu m$，D^* 约为 $6.6 \times 10^8 cm \cdot Hz^{1/2}/W$，响应时间约为 $10^{-8} s$；当冷却到 $4.2K$ 时，D^* 值可提高两个数量级约为 $1.7 \times 10^{10} cm \cdot Hz^{1/2}/W$，长波限延伸至 $15 \mu m$。

六、锗掺杂探测器

锗掺杂探测器的特点是响应时间较短($10^{-6} \sim 10^{-8} S$)，要求工作温度低，如果要求探测峰值波长很长的红外辐射，则必须工作在绝对温度 4.2K，表 5-4 列出一些锗掺杂和锗硅合金掺杂探测器的特性。在表中看出，锗掺杂探测器的探测波长可至 $130 \mu m$，这是其他探测器所不能达到的。

表 5-4　锗掺杂和锗－硅合金掺杂探测器的特性

材　料	典型工作温度 (K)	响应光谱范围 (μm)	峰值波长 (μm)	吸收系数 (cm^{-1})	量子效率	时间常数 (s)	典型暗电阻 (Ω)	低频时的探测率 D^* ($cm \cdot Hz^{1/2}/W$)
Ge：Au	77	$3 \sim 9$	6	≈ 2	$0.2 \sim 0.3$	3×10^{-3}	4×10^5	$3 \times 10^9 \sim 10^{10}$
Ge：Au(Sb)	77	$3 \sim 9$	6			1.6×10^{-9}	10^5	6×10^9
Ge：Hg	77	$6 \sim 14$	10.5	≈ 4	0.62	10^{-7}	1.2×10^5	5×10^{10}
Ge：Hg(Sb)	4.2	$6 \sim 14$	11			$2 \times 10^{-9} \sim 3 \times 10^{-10}$	5×10^5	1.8×10^{10}
Ge：Cd	4.2	$11 \sim 20$	16			10^{-7}	10^5	4×10^{10}
Si：Sb	4.2	$11 \sim 23$	21			10^{-7}	7×10^5	2×10^{10}
Ge：Cu	4.2	$12 \sim 27$	23	≈ 4	$0.2 \sim 0.6$	$10^{-8} \sim 2 \times 10^{-9}$	2×10^4	$(2 \sim 4) \times 10^{10}$
Ge：Cu(Se)	4.2	$12 \sim 27$	23		0.56	$< 2.2 \times 10^{-9}$	2×10^5	2×10^{10}
Ge：Zn	4.2	$20 \sim 40$	35			2×10^{-8}	2.5×10^5	5×10^{10}
Ge：B	2	$70 \sim 130$	104			$10^{-7} \sim 10^{-8}$		7×10^{10}

§5-4　光敏电阻的基本偏置电路和噪声

一、基本偏置电路

光敏电阻最基本的偏置电路如图 5-10(a) 所示，R_p 为光敏电阻，R_L 为负载电阻，V_b 为偏置电压，V 为光敏电阻两端电压。

图 5-10(b) 为光敏电阻的伏安特性曲线，是一组以输入光通量为参量的通过原点的直线

组,在一定范围内光敏电阻阻值不随外电压改变,仅取决于输入光通量 Φ,或光照度 E,并有

$$R = \frac{V}{I} = \frac{1}{G} = \frac{1}{G_p + G_d}$$

式中　G_d 是暗电导,若忽略暗电导,则 $G = G_p$,并且 $G = G_p = S_g E$ 或 $= S_g \Phi$

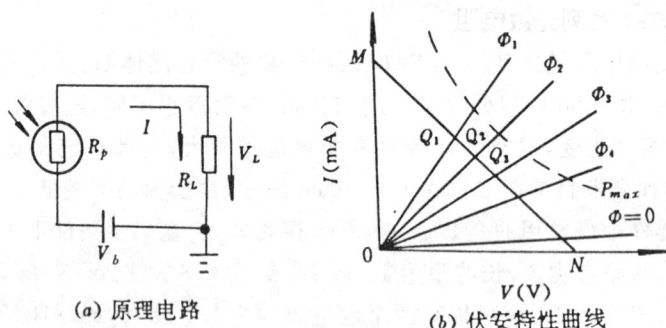

(a) 原理电路　　　　　　　(b) 伏安特性曲线

图 5-10　基本偏置电路和伏安特性

若流过光敏电阻 R_p 的电流为 I,则光敏电阻的耗散功率 $P = IV$,为了不使光敏电阻 R_p 在任何光照下因过热而烧坏,要求光敏电阻的实际功率 $P \leqslant P_{max}$(光敏电阻的极限功率,可由产品手册查出)。

根据 $IV \leqslant P_{max}$ 或 $I \leqslant P_{max}/V$,可画出极限功耗曲线(图中虚线表示),根据偏置电路,可得出电流 I 及负载上电压 V_L,即

$$I = \frac{V_b}{R_L + R_p} \tag{5.22}$$

$$V_L = \frac{R_L}{R_L + R_p} V_b \tag{5.23}$$

当负载 R_L 与外加电压 V_b 确定后,根据不同的光照 Φ_1、Φ_2、Φ_3 可作出不同光照下光敏电阻的伏安特性曲线和负载线,如图 5.10 所示。显然,当光通量变化时,工作点 Q 发生变化,流过光敏电阻的电流和两端的电压都改变。设光通量变化时,光敏电阻变化 ΔR_p,则电流变化 ΔI,并且

$$I + \Delta I = \frac{V_b}{R_L + R_p + \Delta R_p} \tag{5.24}$$

随光通量变化,信号电流的变化 ΔI,可从(5.24)、(5.22)两式相减得

$$\Delta I = (I + \Delta I) - I = \frac{V_b}{R_L + R_p + \Delta R_p} - \frac{V_b}{R_L + R_p} \approx \frac{-\Delta R_p \cdot V_b}{(R_L + R_p)^2} \tag{5.25}$$

式中负号的物理意义是:当光敏电阻上的照度增加、阻值减小(即 $\Delta R_p < 0$),电流 $\Delta I > 0$ 为增加。由于 ΔR_p 可写成

$$\Delta R_p = - R_p^2 S_g \Delta \Phi \tag{5.26}$$

则光通量变化时,输出信号电流变化又可表示为

$$\Delta I = \frac{R_p^2 S_g V_b}{(R_p + R_L)^2} \cdot \Delta \Phi \tag{5.27}$$

所以输出电压的变化为

$$\Delta V_L = \Delta I \cdot R_L = \frac{-\Delta R_p \cdot V_b}{(R_L + R_p)^2} \cdot R_L$$

$$= \frac{R_p^2 S_g V_b}{(R_L + R_p)^2} \cdot R_L \Delta \Phi \tag{5.28}$$

从上式看出,在同样照度变化下,如果 ΔR_p 越大,它输出信号电流 ΔI 和信号电压 ΔV_L 就越大。但是,以上计算是在 ΔR_p 变化不很大的情况下得到的近似式,同样从上面(5.28)式还给出了由于输入光通量的变化 $\Delta \Phi$ 引起负载电流和电压的变化。下面讨论几种特殊情况。

(1) 恒流偏置

在基本偏置电路中，若负载电阻 R_L 比光敏电阻 R_p 大得多，即 $R_L \gg R_p$ 时，此时负载电流 I 由式 (5.22) 变成

$$I = V_b/R_L \tag{5.29}$$

这表明负载电流与光敏电阻无关，近似保持常数，这种电路称作恒流偏置电路，随输入光通量 $\Delta\Phi$ 的变化，负载电流的变化由式 (5.27) 变成为

$$\Delta I = S_g V_b \left(\frac{R_p}{R_L}\right)^2 \Delta\Phi \tag{5.30}$$

上式表明：输出信号电流取决于光敏电阻和负载电阻的比值，与偏置电压成正比；

还可以证明恒流偏置的电压信噪比较高，因此适用于高灵敏度测量。但由于 R_L 很大，为使光敏电阻正常工作的偏置电压则需很高（达 100V 以上），这给使用带来不便，为了降低电源电压，通常采用晶体管作恒流器件。

(2) 恒压偏置

负载电阻 R_L 比光敏电阻 R_p 小得多，即 $R_L \ll R_p$ 时，负载 R_L 两端电压 V_L 由式 (5.23) 变成 $V_L \approx 0$，因此光敏电阻上的电压 V 近似等于 V_b，这种光敏电阻上的电压保持不变的偏置称作恒压偏置。负载上的信号电压由式 (5.28) 变成为

$$\Delta V_L = S_g V_b R_L \Delta\Phi \tag{5.31}$$

式中 $S_g \Delta\Phi = \Delta g$，是光敏电阻的电导变化量，是引起信号输出的原因。从式 5.31 中看出，恒压偏置的输出信号与光敏电阻无关，仅取决于电导的相对变化。所以，当检测电路需更换光敏电阻时，对电路初始状态影响不大。

(3) 恒功率偏置

在基本偏置电路中，若负载电阻 R_L 与光敏电阻值 R_p 相等，表示负载匹配时，这时探测器输出的电功率最大，即

$$P = I_L V_L \approx \frac{V_b^2}{4R_L} \tag{5.32}$$

但，当入射光通量 Φ_1 和 Φ_2 相差几个数量级时，相应的 R_{p1} 和 R_{p2} 亦相差很大，如仍要保持阻抗匹配状态是困难的，经分析在 $R_L = \sqrt{R_{p1}R_{p2}}$ 时可以得到最大的 ΔV_L。

如果测量调制辐射（设入射的辐射通量 Φ 为交变量）时，则基本偏置电路如图 5-11(a) 所示。设 $\Phi(t) = \Phi(1 + \sin\omega t)$ 的辐射通量入射到光敏电阻上，则阻值 R_p 也发生变化。在基本偏置电路中，由于隔直电容 C 的存在，光敏电阻的暗电流和光电流中的直流分量无法通过，只有交流分量才能通过，可画出图 5-11(a) 的等效微变电路，如图 5-11(b) 所示。

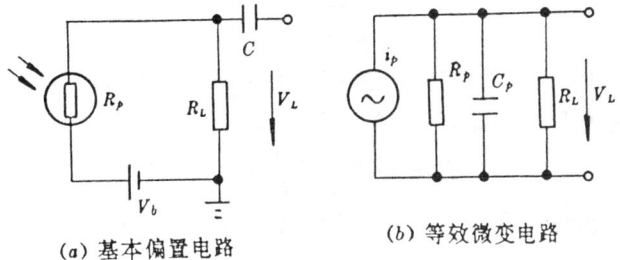

(a) 基本偏置电路　　(b) 等效微变电路

图 5-11　基本偏置电路及等效微变电路

考虑到光敏电阻的时间常数，光电导产生光电流，其中交流部分是

$$i_p(t) = S_g V_b \Phi \sin\omega t$$

设　$C_p = \tau/R_p$

式中　$i_p(t)$ 为交变电流；S_g 为光电导灵敏度，与偏置电压有关；τ 为时间常数，它与入射辐射能量有关。

输出的交流电压

$$V_L(t) = \frac{\Phi S_g V_b \sin\omega t}{\left[1 + \left(\omega C_r \dfrac{R_p R_L}{R_p + R_L}\right)^2\right]^{1/2}} \cdot \frac{R_L R_p}{R_L + R_p} \tag{5.33}$$

当 $R_L = R_p$ 时

$$V(t) = \frac{\Phi S_g R_L V_b \sin\omega t}{2[1 + (\omega\tau/2)^2]^{1/2}} \tag{5.34}$$

由于等效电路中 R_p 与 C_r 是一个与辐射通量有关的变量,因此只有在辐射通量变化较小的情况下才有近似线性的输出,不然总会出现较大的非线性。

二、噪声和等效电路

用光敏电阻检测微弱信号时需考虑器件的固有噪声,光敏电阻的固有噪声主要有三种:热噪声、产生-复合噪声及 $1/f$ 噪声。光敏电阻若接收调制辐射,其噪声的等效电路如图 5-12

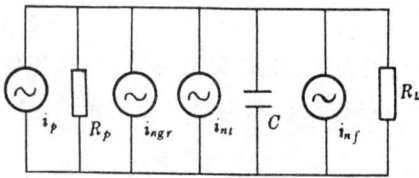

图 5-12　噪声等效电路

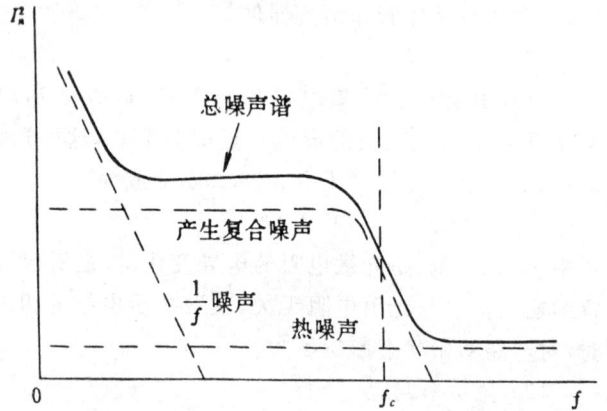

图 5-13　光敏电阻合成噪声频谱图

所示。图中 i_p 为光电流;i_{ngr} 为产生-复合噪声电流,i_{nt} 为热噪声电流;i_{nf} 为 $1/f$ 噪声电流。其中

$$\overline{i_{ngr}^2} = \frac{4I^2 \tau_c \Delta f}{N_0[1 + (2\pi f \tau_c)^2]} \tag{5.35}$$

式中　I 为通过光敏电阻的电流;N_0 为总的载流子数;τ_c 为载流子寿命;Δf 是以调制频率 f 为中心的通频带宽度。

$$\overline{i_{nf}^2} = \frac{B_1 I^2 \Delta f}{f^\beta} \tag{5.36}$$

式中　B_1 为常数;β 为常数,通常等于 1;I 为通过光敏电阻的电流,等于 I_d 和 I_p 之和。

$$\overline{i_{nt}^2} = 4KT \frac{R_p + R_L}{R_p \cdot R_L} \Delta f$$

则光敏电阻合成噪声电流的均方值

$$\overline{i_n^2} = \overline{i_{ngr}^2} + \overline{i_{nf}^2} + \overline{i_{nt}^2}$$

光敏电阻合成噪声频谱图如图 5-13 所示,在频率 f 低于 100Hz 时以 $1/f$ 噪声为主,频率在 100Hz 和接近 1000Hz 之间以产生-复合噪声为主,频率在 1000Hz 以上以热噪声为主。

在红外探测中,为了减小噪声,一般采用光调制

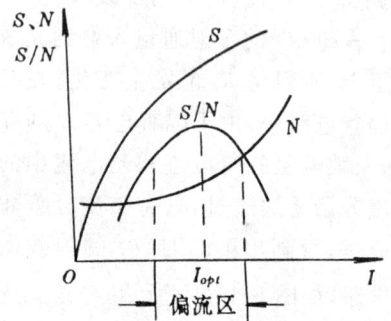

图 5-14　偏流 I 与 S、N、S/N 的关系曲线

技术且将调制频率取得高一些,一般在 800Hz ～ 1000Hz 时可以消除 $1/f$ 噪声和产生-复合噪

声。还采用致冷装置降低器件的温度，这不仅减小热噪声，而且也可降低产生 - 复合噪声，提高了 D^*。此外，还得设计合理的偏置电路，选择最佳偏置电流，使探测器运用在最佳状态。

图 5-14 定性地给出了探测器输出信号(S)，噪声(N)和信噪比(S/N)与偏流(I)的关系曲线。从曲线看出，小偏流时，探测器输出信号电流随偏流线性增加，而噪声增加得较小，这时信噪比增加，当偏流增加到一定值后，信号电流增加比较缓慢，而噪声上升较快，此时信噪比在减小，所以探测器要工作在最佳偏置电流(如图中偏流 $I = I_{opt}$ 时)，S/N 为最大。

§5-5 应用举例

一、照相机电子快门

图 5-15 为照相机自动曝光电路，可用于电子程序快门中，测光器件采用硫化镉(CdS)光敏电阻、整个曝光电路是由 RC 充电电路、时间检出电路(电压比较器)及驱动电路组成。图中，K 为快门按纽，M_g 为快门电磁吸铁，R_{W1} 为调节快门速度的可调电位器，R_{W2} 是高照度时调节快门速度的可调电位器。

电子快门的工作过程：

在初始状态，即快门动作前，钽电容 C 被快门释放开关 K 短路，电压比较器 A 的同相输入端为零电平，反相输入端设置检测电平 V_T(一般为 $1 \sim 1.5V$)，于是 A 的输出为低电平，晶体管 T 截止，电磁铁不吸合，快门叶片不动作。在按下照相机快门的过程中，快门释放开关 K 动作，电源电压 V_{cc} 经开关 K 加到电容 C 的一端，由于电容器二端电压不能突变，于是电容 C 的另一端也为 V_{cc}，此时 A 的同相输入端电平 V_R 高于 V_T，A 输出高电平，晶体管 T 导通，快门电磁吸铁 M_g 吸合，快门叶片开始动作；同时电容 C 充电，光敏电阻 CdS、R_{W2} 上的电压为

$$V_R = V_{cc} \cdot e^{-t/(R_{CdS}+R_{W2})C} \quad (5.38)$$

这时快门叶片开启，胶片曝光，随着电容 C 的

图 5-15　照相机电子快门原理图

充电，V_R 逐渐下降；当 $V_R < V_T$ 时，A 输出低电平，于是 T 截止，快门关闭。从电容器 C 开始充电到比较器 A 翻转的时间为

$$t = (R_{CdS} + R_{W2})C \cdot \ln V_{cc}/V_{T2} \quad (5.39)$$

R_{W1} 是为调节快门曝光时间而设置的，R_{W2} 是为高亮度时调节快门曝光时间而设置的((与 R_{CdS} 相比阻值较小)，在一般亮度时对曝光时间影响不大。从上式中可看出，当电源电压 V_{cc}、检测电压 V_T、电容 C 及 R_{W2} 确定的情况下，曝光时间 t 只与光敏电阻 CdS 的阻值 R_{CdS} 有关，而 R_{CdS} 又与景物光强有关，从而实现了在不同的亮度下的自动曝光。

二、路灯自动点熄控制

图 5-16 为路灯自动点熄原理电路，由两部分组成：电阻 R、电容 C 和二极管 D 组成半波整流滤波电路；CdS 光敏电阻和继电器组成光控继电器。路灯接在继电器常闭触点上，由光控继电器来控制路灯的点燃和熄灭。

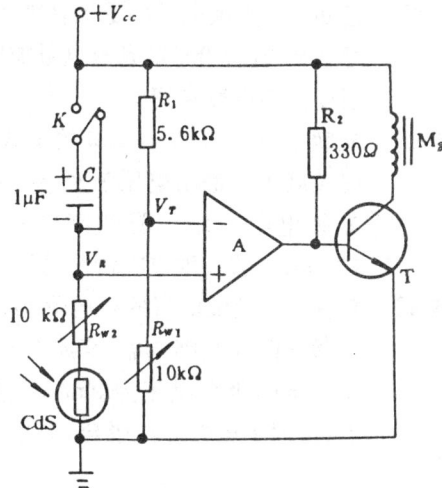

晚上光线很弱,CdS 光敏电阻阻值很大,流过继电器线圈的电流很小,使继电器 J 不工作,路灯接通电源点亮。早上,天逐渐变亮,即照度 E 逐渐增大,CdS 光敏电阻受光照后阻值逐渐变小,流过继电器线圈的电流逐渐增大,当 E 增大到一定值时,流过继电器的电流足以使继电器 J 动作,动触点由常闭位置跳到常开位置,使路灯因继电器断开 220V 电源而熄灭,达到自动点熄的目的。

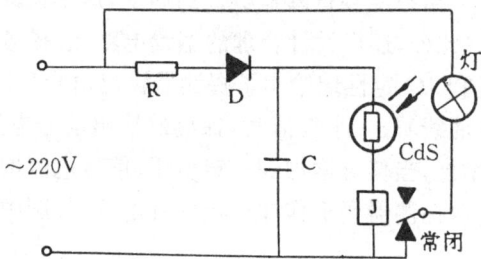

图 5-16　路灯自动点熄原理图

思考题与计算题

[5-1]　两个同一型号的光敏电阻在不同的照度和不同温度下,其光电导灵敏度和时间常数是否相同,为什么?如果照度相同而温度不同情况又如何?

[5-2]　已知 CdS 光敏电阻的最大功耗为 40mW,光电导灵敏度 $S_g = 0.5 \times 10^{-6}$s/lx,暗电导 $g_0 = 0$,若给 CdS 光敏电阻加偏置电压 20V,此时入射到 CdS 光敏电阻上的极限照度为多少勒克司?

[5-3]　光敏电阻 R 与 $R_L = 2k\Omega$ 的负载电阻串联后接于 $V_b = 12V$ 的直流电源上,无光照时负载上的输出电压为 $V_1 = 20mV$,有光照时负载上的输出电压 $V_2 = 2V$。求 ① 光敏电阻的暗电阻和亮电阻值。② 若光敏电阻的光电导灵敏度 $S_g = 6 \times 10^{-6}$s/lx,求光敏电阻所受的照度?

[5-4]　已知 CdS 光敏电阻的暗电阻 $R_D = 10M\Omega$,在照度为 100lx 时亮电阻 $R = 5k\Omega$,用此光敏电阻控制继电器,其原理电路如图 5-17 所示,如果继电器的线圈电阻为 $4k\Omega$,继电器的吸合电流为 2mA,问需要多少照度时才能使继电器吸合?如果需要在 400lx 时继电器才能吸合,则此电路需作如何改进?

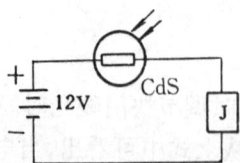

图 5-17 题 5-4

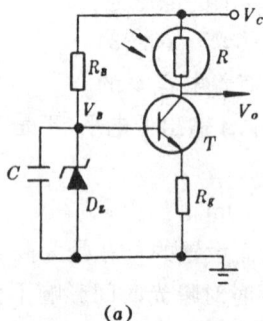

(a)

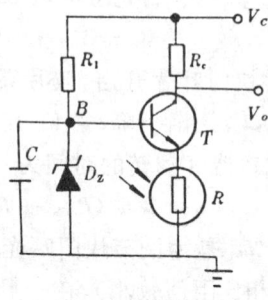

(b)

图 5-18 题 5-5

[5-5]　试问图 5-18(a) 和图 5-18(b) 分别属那一种类型偏置电路?为什么?分别写出输出电压 V_0 的表达式。

参考文献

1. 缪家鼎等. 光电技术基础。杭州：浙江大学出版社,1988
2. 秦积荣. 光电检测原理及应用. 北京：国防工业出版社,1985
3. 周书铨. 红外辐射测量基础. 上海：上海交通大学出版社,1991
4. ［加］W. 比尤迪. 缪家鼎等译. 光辐射实用探测器. 北京：机械工业出版社,1988
5. H. Beneking. IEEE. Trans. on Electron Devices,ED-29(1982),1431
6. 潘天明. 半导体光电器件及其应用. 北京：冶金工业出版社,1985

第六章　半导体结型光电器件

半导体结型光电器件是利用光生伏特效应来工作的光电探测器件,光生伏特效应与光电导效应同属于内光电效应,结型器件和光电导器件(亦称均质型器件,如光敏电阻)相比较,主要区别:

(1) 产生光电变换的部位不同,光敏电阻不管那一部份受光,受光部份的电导率就增大,而结型器件,只有照射到 p-n 结区或结区附近的光才能产生光电效应,光在其它部位产生的非平衡载流子,大部分在扩散中被复合掉,只有少部分通过结区,但又被结电场所分离,因此对光电流基本上没有贡献。

(2) 光敏电阻没有极性,工作时必须外加电压,而结型光电器件有确定的正负极性,在没有外加电压下也可以把光信号转换成电信号。

(3) 光敏电阻的光电导效应主要依赖于非平衡载流子的产生与复合运动,弛豫过程的时间常数较大,频率响应较差;结型器件的光电效应主要是依赖于结区非平衡载流子中部分载流子的漂移运动,电场主要加在结区,弛豫过程的时间常数(可用结电容和电阻之积表示)相应较小,因此响应速度较快。

(4) 有些结型光电器件,如光电三极管、雪崩光电二极管等有较大的内增益作用,因此灵敏度较高,也可以通过较大的电流。

由于以上这些特点,使得这一类器件应用非常广泛,一般应用于精密光学仪器、光度色度测量、光电自动控制、光电开关、光继电器、报警系统、电视传真、图象识别等方面。

结型光电器件按结的种类不同,可分为 p-n 结型,PIN 结型和肖特基结型等,属于这一类的光电器件很多。本章以 p-n 结型为主,介绍几种典型 p-n 结型半导体光电器件的结构、工作原理及外特性,并在此基础上介绍一些特殊用途的结型光电器件。因不同场合运用的结型器件,其变换电路的形式有所不同,所以本章在介绍结型光电器件的工作原理及特性的基础上,还介绍变换电路的原理、等效电路、信号检取和电路参数计算。

§6-1　结型光电器件原理

一、热平衡状态下的 p-n 结

1. p-n 结的形成和几个物理参数

所谓 p-n 结是在 p 型材料(或 n 型材料)的规定区域掺入施主杂质(或受主杂质),使它变成 n 型材料(或 p 型材料),在交接处就形成 p-n 结。为了方便讨论,设想 p-n 结是两种材料直接接触而成,在无光照时,p-n 结在热平衡条件下,流过 p-n 结的总电流为零,此时根据半导体物理理论推导,可得出势垒高度 qV_D,结区宽度 W 及 p-n 结电容 C_j 的表达式分别如下:

势垒高度 $\quad qV_D = kT\ln\dfrac{N_A \cdot N_D}{n_i^2}$ $\qquad\qquad\qquad\qquad\qquad$ (6.1)

结区宽度 $\quad W = \left[\dfrac{2\varepsilon\varepsilon_0}{q} \cdot \left(\dfrac{N_A + N_D}{N_A \cdot N_D}\right)(V_D - V)\right]^{1/2}$ $\qquad\qquad$ (6.2) p-n 结电容 $\qquad C_j = A\left[\dfrac{\varepsilon_0 eq}{2}\left(\dfrac{N_A \cdot N_D}{N_A + N_D}\right)\dfrac{1}{(V_D - V)}\right]^{1/2}$ (6.3)

式中　k 为波耳兹曼常数，$k = 1.38 \times 10^{-23}\text{J} \cdot \text{K} = 8.61 \times 10^{-5}\text{eV} \cdot \text{K}$；$T$ 为温度；N_A、N_D 分别为 p 区和 n 区掺杂浓度；n_i 为本征载流子浓度；V 为外加电压。

(6.1)式表明 qV_D 与掺杂浓度有关；在一定温度下 p-n 结两边掺杂浓度越高，qV_D 越大；禁带宽的材料 n_i 较小，故 qV_D 越大。

(6.2)式表明外加电压 V 对结区宽度 W 有影响：V 为正向偏置（即 p 端加正电位）时 W 变窄；V 为反向偏置时 W 变宽。

结电容 C_j 的表达式表明 C_j 与 V 有关；外加正向偏置电压 V 时 C_j 变大；外加反向偏置电压 V 时 C_j 就变小。在光电探测器中加反向偏置电压，其目的在于降低结电容 C_j 值，以提高器件的响应速度。

2. p-n 结电流方程

在热平衡条件下，由于 p-n 结中漂移电流等于扩散电流，净电流为零。但是，如果有外加电压时结内平衡被破坏，经理论推导，这时流过 p-n 结的电流方程为

$\qquad I_D = I_0 e^{qV/KT} - I_0$ (6.4)

式中　第一项 $I_0 e^{qV/KT}$ 代表正向电流，方向从 p 端经过 p-n 结指向 n 端，它与外加电压 V 有关，$V > 0$ 时它将迅速增大，$V = 0$ 时 I_D 等于零，即平衡状态，$V < 0$ 时它趋向于零；第二项 I_0 代表反向饱和电流，它的方向与正向电流方向相反，它随反向偏压的增大而增大，渐渐趋向饱和值 I_0，故称反向饱和电流，也是温度的函数，即随温度升高有所增大。

二、光照下的 p-n 结

1. p-n 结光电效应和两种工作模式

当光照射 p-n 结，只要入射光子能量大于材料禁带宽度，就会在结区产生电子-空穴对。这些非平衡载流子在内建电场的作用下，空穴顺着电场运动，电子逆电场运动，在开路状态，最后在 n 区边界积累光生电子，p 区边界积累光生空穴，产生了一个与内建电场方向相反的光生电场，即在 p 区和 n 区之间产生了光生电压 V_{oc}，这就是第三章所叙述的光生伏特效应。只要光照不停止，这个光生电压将永远存在。光生电压 V_{oc} 的大小与 p-n 结的性质及光照度有关。

结型光电器件在有光照条件下，从理论上说，可使用于正偏置、零偏置和反偏置。但理论和实践证明，当使用于正偏置时，呈现单向导电性（和普通二极管一样），没有光电效应产生，只有在反偏置或另偏置时，才产生明显的光电效应。

如果工作在零偏置的开路状态，p-n 结型光电器件产生光生伏特效应，这种工作原理称光伏工作模式。如果工作在反偏置状态，无光照时电阻很大，电流很小；有光照时，电阻变小，电流就变大，而且流过它的光电流随照度变化而变化。从外表上看，与光敏电阻一样，同样也具有光电导工作模式，但它们的工作机理不同，所以在特性上有较大差别。因此，结型光电器件用作探测器时，可选用两种工作模式中的一种，即工作在反偏置的光电导工作模式或零偏置的光伏工作模式。

2. 光照下 p-n 结的电流方程

有光照时，若 p-n 结外电路接上负载电阻 R_L，如图 6-1 所示，此时在 p-n 结内出现两种方向相反的电流：一种是光激发产生的电子-空穴对，在内建电场作用下，形成的光生电流 I_r，它与光照有关，其方向与 p-n 结反向饱和电流 I_0 相同；另一种是光生电流 I_r 流过负载电阻 R_L 产生电压降，相当于在 p-n 结施加正向偏置电压，从而产生正向电流 I_D，总电流是两者之差。图 6-2(a)

示出了 p-n 结在光伏工作模式下的等效电路,图中,I_p 为光电流,I_D 为流过 p-n 结的正向电流,C_j 为结电容,R_S 表示串联电阻(引线电阻、接触电阻等之和,其值一般为零点几到几个欧姆,大多数情况可忽略),R_{sh} 为 p-n 结的漏电阻,又称动态电阻或结电阻,它比 R_L 和 p-n 结的正向电阻大得多,故流过电流很小,往往可略去。这样,流过负载 R_L 的总电流 $I_L = I_D - I_p$。因为 I_D 与施加在 p-n 结的电压 $V = I_L(R_L + R_S)$ 有关,从前面可知 $I_D = I_0(e^{qV/KT} - 1)$,I_0 为反向饱和电流,因此

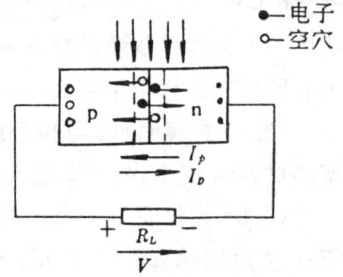

图 6-1 光照 p-n 结
工作原理图

$$I_L = I_D - I_p = I_0(e^{qV/kT} - 1) - I_p \qquad (6.5)$$

有时,为便于讨论,(6.5)式也可写成

$$I_L = I_p - I_D = I_p - I_0(e^{qV/kT} - 1) \qquad (6.6)$$

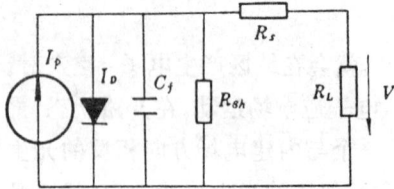

(a) 等效电路图

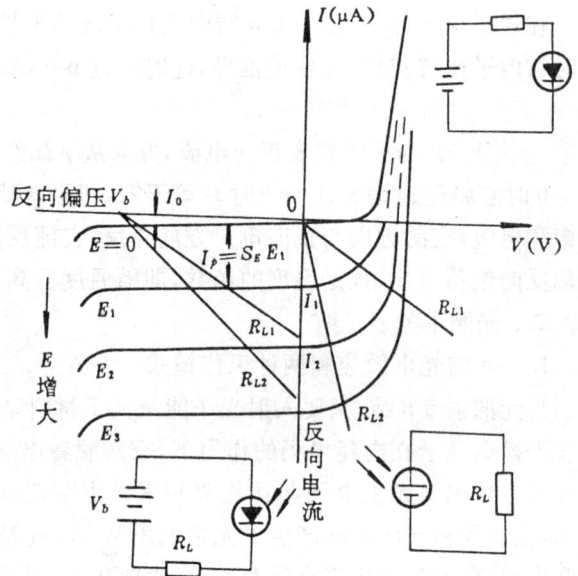

(b) 伏安特性图

图 6-2 光照 p-n 结及接上负载后的特性

(6.6)式的改动没有原理上的变动,只是对电流的正方向作相反地规定,(6.5)式是以 p-n 结的正向电流 I_D 的方向为正向,而(6.6)式是以光电流 I_p 的方向为正向。由于 I_p 与光照有关,并随光照的增大而增大,因此 I_p 可表示为

$$I_p = S_E \cdot E$$

式中,S_E 为光电灵敏度(也称光照灵敏度)。所以,(6.5)式可改写为

$$I_L = I_0(e^{qV/kT} - 1) - S_E \cdot E$$

下面分析两种情况:一种是当负载电阻 R_L 断开($I_L = 0$)时,p 端对 n 端的电压称为开路电压,用 V_{oc} 表示,由式(6.5)得

$$V_{oc} = \frac{kT}{q}\ln(1 + \frac{I_p}{I_0}) \qquad (6.8)$$

一般情况,$I_p \gg I_0$,所以

$$V_{oc} \approx \frac{kT}{q}\ln(\frac{I_p}{I_0}) \approx \frac{kT}{q}\ln(\frac{S_E \cdot E}{I_0}) \qquad (6.9)$$

V_{oc} 表示在一定温度下,开路电压与光电流的对数成正比,也可以说与照度或光通量的对数成正比,但最大值不会超过接触电位差;

另一种情况是当负载电阻短路(即 $R_L = 0$)时,光生电压接近于零,流过器件的电流叫短路电流,用 I_{sc} 表示,其方向从 p-n 结内部看是从 n 区指向 p 区,这时光生载流子不再积累于 p-n 结两侧,所以 p-n 结又恢复到平衡状态,费米能级拉平而势垒高度恢复到无光照时的水平,短路电流

$$I_{sc} = I_, = S_g \cdot E \tag{6.10}$$

这时 p-n 结光电器件的短路光电流 I_{sc} 与照度或光通量成正比,从而得到最大线性区,这在线性测量中被广泛应用。

如果给 p-n 结加上一个反向偏置电压 V_b,外加电压所建的电场方向与 p-n 结内建电场方向相同,p-n 结的势垒高度由 qV_D 增加到 $q(V_D + V_b)$,使光照产生的电子空穴对在强电场作用下更容易产生漂移运动,提高了器件的频率特性。

根据以上分析,按(6.5)式可画出 p-n 结光电器件在不同的照度下的伏安特性曲线,如图 6-2(b)所示。无光照时,伏安特性曲线与一般二极管的伏安特性曲线相同,受光照后,光生电子空穴对在电场作用下形成大于 I_0 的光电流,并且方向与 I_0 相同,因此曲线将沿电流轴向下平移,平移的幅度与光照度的变化成正比,即 $I_, = S_g E$,当 p-n 结上加有反偏压时,暗电流随反向偏压的增大有所增大,最后等于反向饱和电流 I_0,而光电流 $I_,$ 几乎与反向电压的高低无关

§6-2 光电池

光电池是一种不需加偏压的能把光能直接转换成电能的 p-n 结光电器件,按光电池的用途可分为两大类:即太阳能光电池和测量光电池。太阳能光电池主要用作电源,对它的要求是转换效率高、成本低,由于它具有结构简单、体积小、重量轻、可靠性高、寿命长、在空间能直接利用太阳能转换成电能的特点,因而不仅成为航天工业上的重要电源,还被广泛地应用于供电困难的场所和人们的日常生活中。测量光电池的主要功能是作为光电探测用,即在不加偏置的情况下将光信号转换成电信号,对它的要求是线性范围宽、灵敏度高、光谱响应合适、稳定性好、寿命长,被广泛地应用在光度、色度、光学精密计量和测试中。

光电池的基本结构就是一个 p-n 结,由于制作 p-n 结材料不同,目前有硒光电池、硅光电池、砷化镓光电池和锗光电池四大类,它们的相对光谱响应曲线如图 6-3 所示。从图可见,硒光电池的光谱响应曲线与 $V(\lambda)$ 很相似,很适合作光度测量的探测器,但由于稳定性很差,目前已被硅光电池所代替,砷化镓光电池具有量子效率高、噪声小、光谱响应在紫外区和可见光区等优点,适用于光度仪器。锗光电池由于长波响应宽,适合作近红外探测器。本节主要介绍测量用硅光电池的工作原理、特性指标及应用。

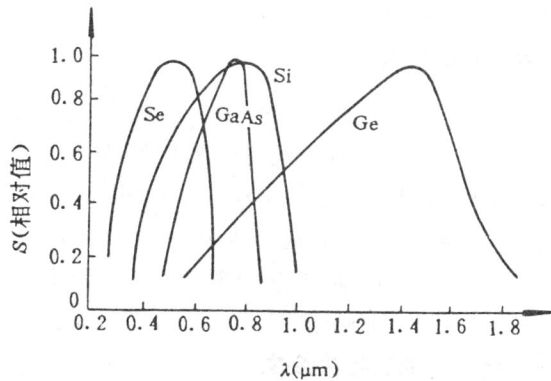

图 6-3 几种光电池的相对光谱响应

一、硅光电池的基本结构和工作原理

硅光电池按基底材料不同分为 2DR 型和 2CR 型。2DR 型硅光电池是以 p 型硅作基底（即在本征型材料中掺入三价元素硼、镓等），然后在基底上扩散磷而形成 n 型并作为受光面。2CR 型光电池则是以 n 型硅作基底（在本征型硅材料中掺入五价元素磷、砷等），然后在基底上扩散硼而形成 p 型并作为受光面。构成 p-n 结后，再经过各种工艺处理，分别在基底和光敏面上制作输出电极，涂上二氧化硅作保护膜，即成光电池。如图 6-4 所示。

一般硅光电池受光面上的输出电极多做成梳齿状，有时也做成"Π"字型，目的是便于透光和减小串联电阻。在光敏面上涂一层二氧化硅透明层，一方面起防潮保护作用，另一方面对入射光起抗反射作用，以增加对光的吸收。

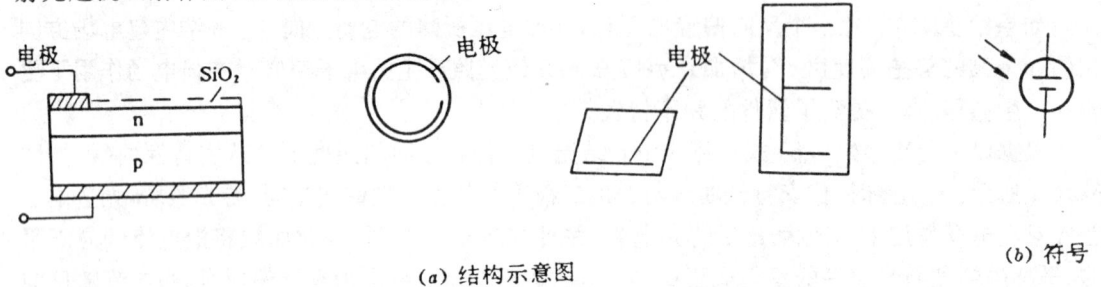

(a) 结构示意图　　　　　　　　　　　　　　　　　　(b) 符号

图 6-4　硅光电池结构及符号示意图

硅光电池的工作原理与前面一节中光照 p-n 结开路状态时的物理过程相同（本节不再重复），它的主要功能是在不加偏置的情况下能将光信号转换成电信号。硅光电池的工作原理图如图 6-5（a）所示。根据前节分析知硅光电池的电流方程与式（6.6）相同，即

$$I_L = I_p - I_D = I_p - I_0(e^{qV/kT} - 1)$$

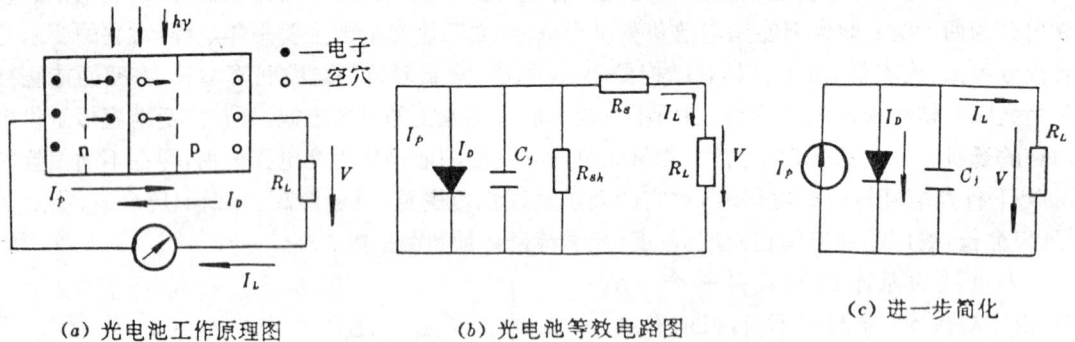

(a) 光电池工作原理图　　　　(b) 光电池等效电路图　　　　(c) 进一步简化

图 6-5　光电池的工作原理图和等效电路

由 (6.6) 式可画出光电池的等效电路（图 6-5(b)），图中 I_p 为恒流源，流出与入射光照成正比的电流，D 为等效二极管，R_{sh} 为动态结电阻，$R_{sh} = -dv/dI$，$V = 0$，为坐标原点的斜率。在线性测量中，R_{sh} 值越大越好，目前可达 $10^8 \sim 10^{10}\Omega/cm$，计算时可看作开路，$R_S$ 是串联电阻，通常 R_S 很小，可忽略。C_j（结电容）直流计算时可不予考虑，R_L 为负载电阻，I_L 为流过负载电阻 R_L 的电流。若进一步简化，可画成图 6-5(c) 所示等效电路。

二、硅光电池的特性参数

1. 光照特性

光电池的光照特性主要有伏安特性、照度 - 电流电压特性和照度 - 负载特性。

硅光电池的伏安特性，表示输出电流和电压随负载电阻变化的曲线。伏安特性曲线是在某

一光照度下(或光通量),取不同的负载电阻值所测得的输出电流和电压画成的曲线。图6-6为不同光照度时的伏 - 安特性曲线,与图$6.2(d)$p-n结光电器件的伏安特性对照,硅光电池工作在特性曲线的第四象限。若硅光电池工作在反偏置状态,则伏安特性将延伸到第三象限(与图$6-2(d)$类似)。

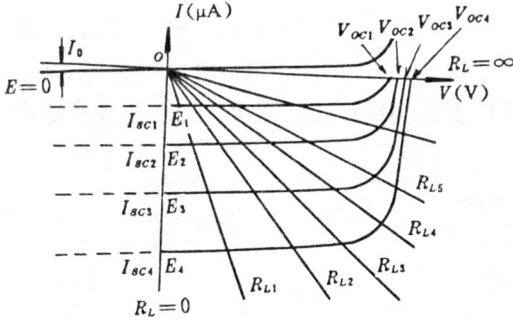

图6-6　硅光电池伏安特性曲线

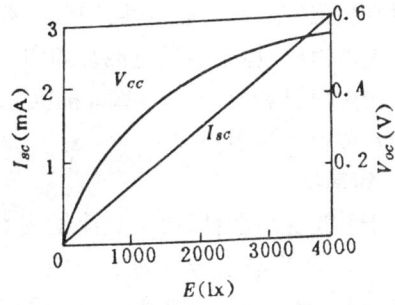

图6-7　硅光电池的V_{oc}、I_{se}与照度的关系

硅光电池的电流方程式同(6.6)式,即

$$I_L = I_p - I_D = I_p - I_0(e^{qV/kT} - 1) = S_E E - I_0(e^{qV/kT} - 1)$$

当$E = 0$时

$$I_L = - I_0(e^{qV/kT} - 1) = - I_D$$

式中　I_D的计算式与(6.4)式相同;I_0是反向饱和电流,是光电池加反向偏压后出现的暗电流。

当$I_L = 0$时,$R_L = \infty$(开路),此时曲线与电压轴交点的电压通常称为光电池开路时两端的开路电压,以V_{oc}表示,由(6.5)式解得

$$V_{oc} = \frac{kT}{q}\ln(\frac{I_p}{I_0} + 1) \qquad 同(6.8)$$

同样,当$I_p \gg I_0$,$V_{oc} \approx (kT/q)\ln(I_p/I_0)$

当$R_L = 0$(即特性曲线与电流轴的交点)时所得的电流称为光电池短路电流,以I_{sc}表示,所以

$$I_{sc} = I_p = S_E \cdot E \qquad 同(6.10)$$

式中　S_E表示光电池的光电灵敏度(又称光电响应度);E表示入射光照度。

从式(6.8)和式(6.10)可知,光电池的短路光电流I_{sc}与入射光照度成正比,而开路电压V_{oc}与光照度的对数成正比,如图6-7所示。

在线性测量中,光电池通常以电流形式使用,故短路电流I_{sc}与光照度(光通量)成线性关系,是光电池的重要光照特性。实际使用时都接有负载电阻R_L,输出电流I_L随照度(光通量)的增加而非线性缓慢地增加,并且随负载R_L的增大线性范围也越来越小。因此,在要求输出电流与光照度成线性关系时,负载电阻在条件许可的情况下越小越好,并限制在光照范围内使用。图6-8为光电池光照与负载的特性曲线。

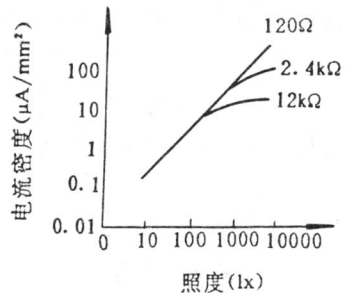

图6-8　硅光电池光照与
负载特性

2. 光谱特性

一般硅光电池的光谱响应特性表示在入射光能量保持一定的条件下,光电池所产生的短

路电流与入射光波长之间的关系。一般用相对响应表示，器件的长波限取决于材料的禁带宽度 E_g，短波则受材料表面反射损失的限制，其峰值不仅与材料有关，而且随制造工艺及使用环境温度不同而有所不同，如图 6-9 所示 2CR 型硅光电池的光谱曲线，其响应范围为 $0.4 \sim 1.1\mu m$，峰值波长为 $0.8 \sim 0.9\mu m$。

在线性测量中，对硅光电池的要求，不仅要有高的灵敏度和稳定性，同时还要求与人眼视见函数有相似的光谱响应特性，因此就要求硅光电池对紫兰光有较高的灵敏度。现已研制出一种兰硅光电池（也称硅兰光电池），如图 6-9 所示 2CR1133-01 型和 2CR1133 型光电池。从它们的光谱曲线中可以看出，在 $0.48\mu m$ 的光入射时，其相对响应度仍大于 50%，它们被广泛应用在视见函数或色探测器件中。

3. 频率特性

对于结型光电器件，由于载流子在 p-n 结区内的扩散、漂移，产生与复合都要有一定的时间，所以当光照变化很快时，光电流就滞后于光照变化。对于矩形脉冲光照，可用光电流上升时间常数 t_r 和下降时间常数 t_f 来表征光电流滞后于光照的程度，国内生产的几种 2CR 型硅光电池的时间响应如表 6-1 所示。由表中看出：① 要得到短的响应时间，必须选用小的负载电阻 R_L；② 光电池面积越大则响应时间越大，因为光电池面积越大则结电容 C_j 越大，在给定负载 R_L 时，时间常数 $\tau = R_L \cdot C_j$ 就越大，故要求短的响应时间，必须选用小面积光电池。

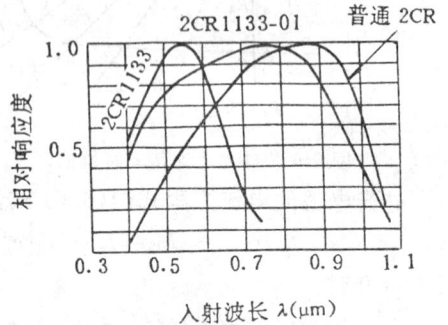

图 6-9 硅光电池及兰硅光电池的光谱响应曲线

表 6-1 国内生产的几种 2CR 型硅光电池时间响应

型 号	面 积	负载 $R_L = 100\Omega$		负载 $R_L = 500\Omega$		负载 $R_L = 1k\Omega$	
	mm^2	$t_r(\mu s)$	$t_f(\mu s)$	$t_r(\mu s)$	$t_f(\mu s)$	$t_r(\mu s)$	$t_f(\mu s)$
2CR21	5×5	15	15	20	20	25	25
2CR41	10×10	15	17	35	40	60	70
2CR51	10×20	30	40	60	80	150	150

若光电池接收正弦型光照时常用频率特性曲线表示，如图 6-10 示出的硅光电池的频率特性曲线。由图可见，负载大时频率特性变差，减小负载可减小时间常数 τ，提高频响。但是负载电阻 R_L 的减小会使输出电压降低，实际使用时视具体要求而定。

总的来说，由于硅光电池光敏面大，结电容大，频响较低。为了提高频响，光电池可在光电导模式下使用，例如只要加 $1 \sim 2$ 伏的反向偏置电压，则响应时间就会从 1 微秒下降到几百纳秒。

4. 温度特性

光电池的参数都是在室温（$25℃ \sim 30℃$）下测得的，参数值随工作环境温度改变而变化。

光电池的温度特性曲线主要指光照射光电池时开路电压 V_{oc} 与短路电流 I_{sc} 随温度变化的情况，光电池的温度曲线如图 6-11 所示。由图可以看出：开路电压 V_{oc} 具有负温度系数，即随着温度的升高 V_{oc} 值反而减小，其值约为 $2 \sim 3mV/℃$，短路电流 I_{sc} 具有正温度系数，即随着温度的升高，I_{sc} 值增大，但增大比例很小，约为 $10^{-5} \sim 10^{-3} mA/℃$ 数量级。

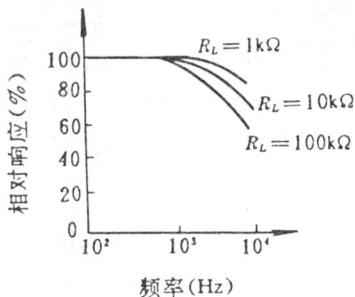

图 6-10　硅光电池的频率特性　　　图 6-11　光电池的温度特性曲线

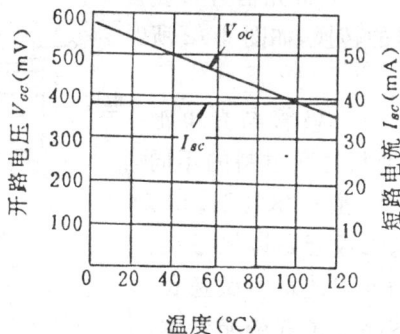

当光电池接受强光照射时必须考虑光电池的工作温度,如硒光电池超过 50℃ 或硅光电池超过 200℃ 时,它们因晶格受到破坏而导致器件的破坏。因此光电池作为探测器件时,为保证测量精度应考虑温度变化的影响。

§6-3　硅光电二极管和硅光电三极管

硅光电二极管和光电池一样,都是基于 p-n 结的光电效应而工作的,它主要用于可见光及红外光谱区。硅光电二极管通常在反偏置条件下工作,即光电导工作模式。这样可以减小光生载流子渡越时间及结电容,可获得较宽的线性输出和较高的响应频率,适用于测量甚高频调制的光信号。硅光电二极管也可用在零偏置状态,即光伏工作模式,这种工作模式突出优点是暗电流等于零。后继线路采用电流电压变换电路,线性区范围扩大,得到广泛应用。

制作硅光电二极管的材料很多,有硅、锗、砷化镓、碲化铅等,但目前在可见光区应用最多的是硅光电二极管。本节以硅光电二极管为例,介绍其原理、结构、特性等。

一、硅光电二极管结构及工作原理

硅光电二极管在结构上和工作原理上与硅光电池也相似。如果应用于光伏工作模式,其机理与光电池基本相同,都是属于 p-n 结型光生伏特效应。但是它与光电池比较,略有不同:① 就制作衬底材料的掺杂浓度而言,光电池较高,约为 $10^{16} \sim 10^{19}$ 原子数 / 厘米^3,而硅光电二极管掺杂浓度约为 $10^{12} \sim 10^{13}$ 原子数 / 厘米^3;② 光电池的电阻率低,约为 $0.1 \sim 0.01$ 欧姆 / 厘米,而硅光电二极管则为 1000 欧姆 / 厘米;③ 光电池在零偏置下工作,而硅光电二极管通常在反向偏置下工作;④ 一般说来光电池的光敏面面积都比硅光电二极管的光敏面大得多,因此硅光电二极管的光电流小得多,通常在微安级。

硅光电二极管通常是用在反偏的光电导工作模式,这里简略地叙述如下:

硅光电二极管在无光照条件下,若给 p-n 结加一个适当的反向电压,则反向电压加强了内建电场,使 p-n 结空间电荷区拉宽,势垒增大,流过 p-n 结的电流(称反向饱和电流或暗电流)很小,它(反向电流)是由少数载流子的漂移运动形成的。

当硅光电二极管被光照时,满足条件 $h\nu \geqslant E_g$ 时,则在结区产生的光生载流子将被内建电场拉开,光生电子被拉向 n 区,光生空穴被拉向 p 区,于是在外加电场的作用下形成了以少数载流子漂移运动为主的光电流。显然,光电流比无光照时的反向饱和电流大得多,如果光照越强,表示在同样条件下产生的光生载流子越多,光电流就越大,反之,则光电流越小。

当硅光电二极管与负载电阻 R_L 串联时,则在 R_L 的两端,便可得到随光照度变化的电压信号,从而完成了将光信号转变成电信号的转换,如图 6-12 所示。

硅光电二极管与光电池一样,根据其衬底材料的不同可分为 2DU 型和 2CU 型。2DU 型硅光电二极管是以轻掺杂、高阻值的 p 型硅材料做基底,在 p 型基底上扩五价元素磷,形成重掺杂 n^+ 型层,层厚约为

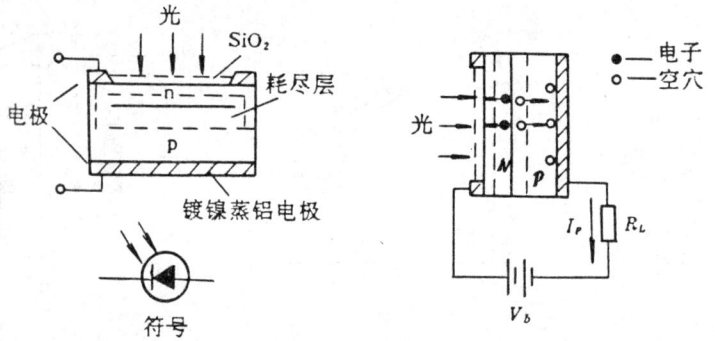

图 6-12　硅光电二极管原理图及符号

$1 \sim 2\mu m$,p 型硅和 n^+ 型硅接触形成 p-n 结,重掺杂形成的 p-n 结较宽以保证吸收更多的入射光照。在 n^+ 区引出正极,并涂以透明的 SiO_2 作为保护膜,膜厚约 $0.7\mu m$,具有防潮和抗反射作用,基底镀镍蒸铝之后引出负电极,如图 6-12 所示。

在 2DU 型硅光电二极管制造过程中,在光敏面上涂一层 SiO_2 保护层的过程中,免不了沾污一些杂质正离子(如 n^+,K^+,H^+),在正离子的作用下,在 SiO_2 膜层下面必然要感应出一些负电荷,即引起 p 型区内电荷再分配,空穴被排斥到下面,电子被吸收到上面,出现了反型层。因此,在氧化层下面的 p 区表面与 n 区形成沟道,即使没有光入射,在外加反向偏压的作用下,就有电流从 n^+ 表面向 p 区流动,形成表面漏电流。这种表面漏电流在数量上可达微安级,成为暗电流的重要组成部分,同时它又是产生散粒噪声的主要因素,就会影响管子的探测极限。为了减小由于 SiO_2 中少量正离子的静电感应所产生的表面漏电流,采取的办法是在氧化层中间也扩散一个环形 p-n 结而将受光面包围起来,故称为环极,如图 6-13 所示。在接电源的时候,使环极电位始终高于前极的电位,使极大部分的表面漏电流从环极流向后极,不再流过负载 R_L,因而消除了表面效应的影响。

2DU 型硅光电二极管的输出电路如图 6-14 所示,后极接电源负极,环极接电源正极,前极通过负载电阻 R_L 与环极相接,而光电信号从负载电阻 R_L 上输出。2DU 型硅光电二极管接负电源,一般取 $15 \sim 50V$,负载电阻 $R_L \geqslant 1k\Omega$。输出为负信号。

2CU 型硅光电二极管是采用 n 型硅材料作基底,在 n 区的一面扩散三价元素硼而生成重掺杂 p^+ 型层,p^+ 型层和 n 型硅

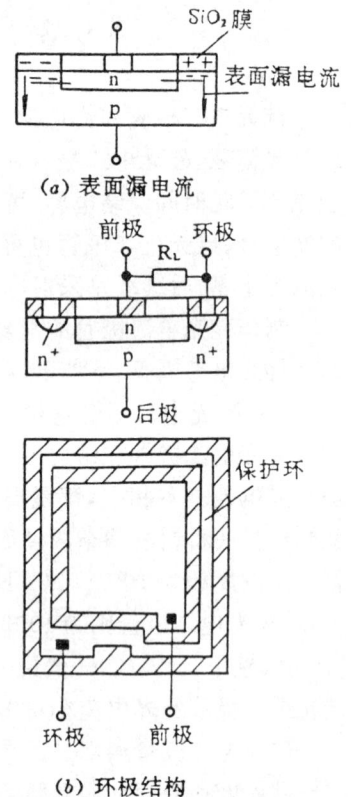

(a) 表面漏电流

(b) 环极结构

图 6-13　环极结构原理图

相接触形成 p-n 结,引出电极,同样在光敏面上涂上 SiO_2 保护膜,使用时加上反向电压,这种用 n 型为基底的硅光电二极管没有表面漏电流,不需要设置环极,输出接线如图 6-15。从图中看出,2CU 型硅光电二极管可以输出正光电信号,也可输出负光电信号。

二、硅光电三极管(又称光电晶体管)

硅光电三极管是在硅光电二极管的基础上发展起来的,它和普通晶体三极管相似 —— 具有电流放大作用,只是它的集电极电流不只是受基极电路的电流控制,还受光的控制。所以硅光

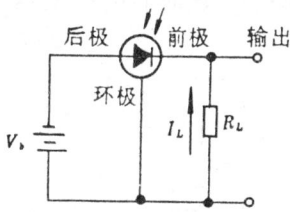

图 6-14 2DU 型基本电路

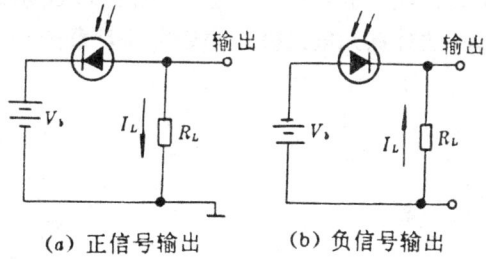

图 6-15 2CU 型基本输出接线图

(a) 正信号输出 (b) 负信号输出

电三极管的外型有光窗。有三根引线的也有二根引线的,管型分为 pnp 型和 npn 型两种硅光电三极管,npn 型称 3DU 型硅光电三极管,pnp 型称为 3CU 型硅光电三极管。

今以 3DU(npn) 型为例说明硅光电三极管的结构和作用原理(图 6-16),图(a) 中以 n 型硅片作衬底,扩散硼而形成 p 型,再扩散磷而形成重掺杂 n^+ 层,并涂以 SiO_2 作为保护层。在重掺杂的 n^+ 侧开窗,引出一个电极并称作"集电极 C",由中间的 p 型层引出一个基极 b,也可以不引出来(由于硅光电三极管信号是以光注入,所以一般不需要基极引线),而在 n 型硅片的衬底上引出一个发射极 e,这就构成一个光电三极管。

硅光电三极管的工作原理:工作时各电极所加的电压与普通晶体管相同,即需要保证集电极反偏置,发射极正偏置,由于集电极是反偏置,在结区内有很强的内建电场,对 3DU 型硅

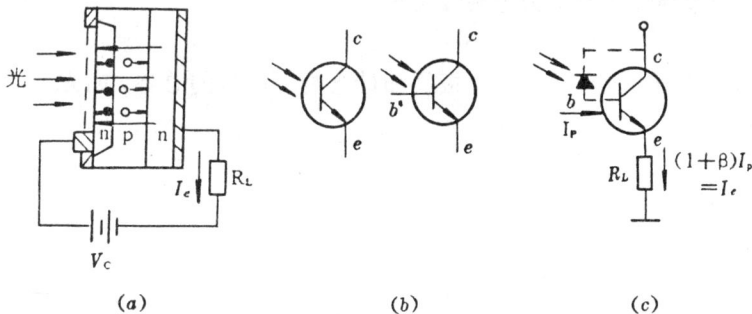

图 6-16 3DU 型硅光电三极管原理性结构图及符号

(a) 结构原理图;(b) 符号;(c) 工作原理

光电三极管来说,内建电场的方向是由 c 到 b,与硅光电二极管工作原理相同,如果有光照到基极一集电极结上,能量大于禁带宽度的光子在结区内激发出光生载流子 - 电子空穴对,这些载流子在内建电场的作用下,电子流向集电极,空穴流向基极,相当于外界向基极注入一个控制电流 $I_b = I_r$(发射极是正向偏置和普通晶体管一样有放大作用)。当基极没有引线,此时集电极电流

$$I_c = \beta I_b = \beta I_r = S_E \cdot E \cdot \beta$$

式中 β 为晶体管的电流增益系数;E 为入射照度;S_E 为光电灵敏度。由此可见,光电三极管的光电转换部分是在集 - 基结区内进行,而集电极、基极、发射极又构成一个有放大作用的晶体管,所以在原理上完全可以把它看成是一个由硅光电二极管与普通晶体管结合而成的组合件,如图 6-16 所示。

3CU 型硅光电三极管在原理上和 3DU 型相同,只是它的基底材料是 p 型硅,工作时集电极加负电压,发射极加正电压。

为了改善频率响应,减小体积,提高增益,已研制出集成光电晶体管,它是在一块硅片上制

作一个硅光电二极管和三极管,如图 6-17 所示。图 6-17(a)、(b)、(c) 分别表示硅光电二极管-晶体管和达林顿光电三极管集成电路示意图。硅光电三极管除了上述的形式外,也有按达林顿

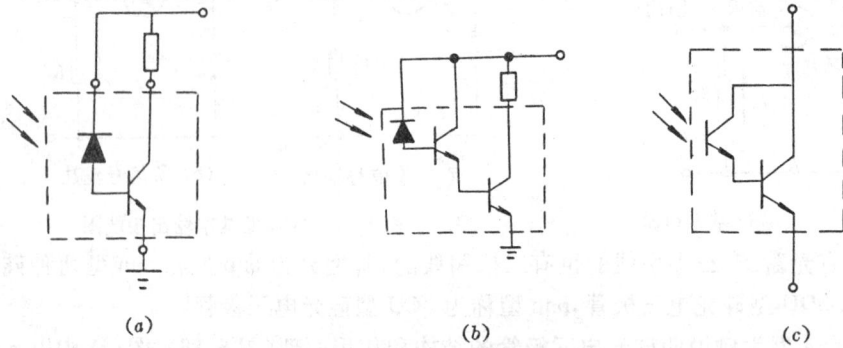

图 6-17 集成光电晶体管
(a)、(b) 硅光电二极管-晶体管;(c) 达林顿光电三极管

接法接成的复合管,装于一个壳体内,这种管子的电流增益可达到几百,如图 6-17(c) 所示。目前,国产的硅光电三极管的灵敏度约 1μA/lx,光谱响应范围为 0.4～1.2μm,峰值波长约为 0.85～0.9μm;国产 2DU 型硅光电二极管的灵敏度约为 0.025μA/lx。由此可见,硅光电三极管的灵敏度约为硅光电二极管的 40 倍左右。

三、硅光电三极管与硅光电二极管特性比较

1. 光照特性

所谓光照特性是指光电管(硅光电二极管和硅光电三极管的总称)的光电流与照度之间

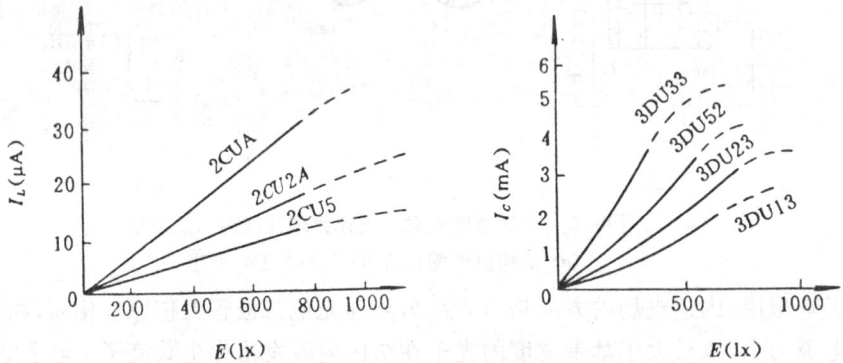

(a) 硅光电二极管　　　　　　　　(b) 硅光电三极管

图 6-18 硅光电管光照特性曲线

的关系曲线,图 6-18 分别画出了硅光电二极管和硅光电三极管的光照特性曲线。从图中看出,硅光电二极管的光照特性的线性较好,而硅光电三极管的光电流在弱光照时有弯曲,强光照时又趋向于饱和,只有在某一段光照范围内线性较好,这都是由于硅光电三极管的电流放大倍数在小电流或大电流时都要下降而造成的,若采用较大面积的发射区 e 能提高弱光照(发射结)时电流密度,而使起始段线性,有利于弱光探测,反之,则有利于强光时的线性。

2. 伏安特性

光电管的伏安特性表示为当入射光的照度(或光通量)一定时,光电管输出的光电流与偏压的关系。图 6-19(a)、(b) 分别表示硅光电二极管和硅光电三极管的伏安特性曲线。由图可见,硅光电三极管的伏安特性曲线与硅光电二极管的特性曲线稍有不同:① 在相同照度下,硅光

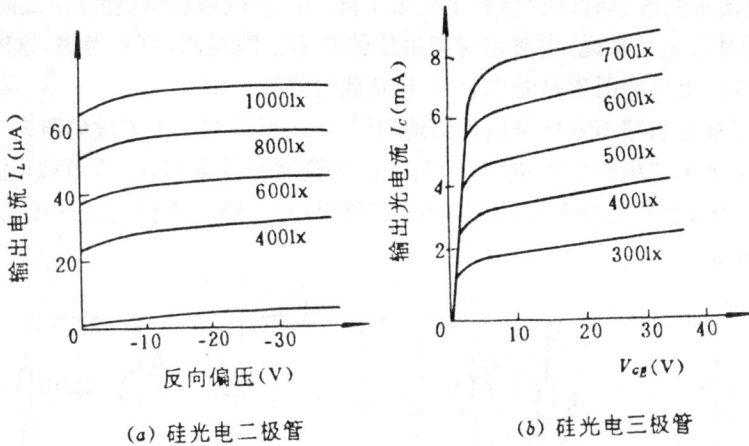

（a）硅光电二极管　　　　　　（b）硅光电三极管

图 6-19　硅光电管的伏安特性曲线

电三极管的光电流比硅光电二极管大得多,一般硅光电三极管的光电流在毫安量级,硅光电二极 管的光电流在微安量级;② 在零偏压时硅光电二极管仍然有光电流输出,而硅光电三极管没有光电流输出,这是因为硅光电二极管具有光生伏特效应,而硅光电三极管集电极虽然也能产生光生伏特效应,但因集电极无偏置电压,没有电流放大作用,这微小的电流在毫安级的坐标中表示不出来;③ 当工作电压较低时输出的光电流为非线性,即光电流与偏压有关,但硅光电三极管的非线性较严重,这是因为硅光电三极管的 β 与工作电压有关,为了得到较好线性,要 求工作电压尽可能高些;④ 在一定的偏压下,硅光电三极管的伏安特性曲线在低照度时较均匀,在高照度时曲线表现出越来越密,虽然光电二极管也有,但硅光电三极管严重得多,这是因为硅光电三极管的 β 是非线性的。

3. 温度特性

硅光电二极管和硅光电三极管的光电流和暗电流均随温度而变化,但硅光电三极管因有电流放大作用,所以硅光电三极管的光电流和暗电流受温度影响比硅光电二极管大得多,如图 6-20 所示。由于暗电流的增加,使输出信噪比变差,不利于弱光信号的探测,若弱信号检测时要考虑温度的影响,则要采取恒温或补偿措施。

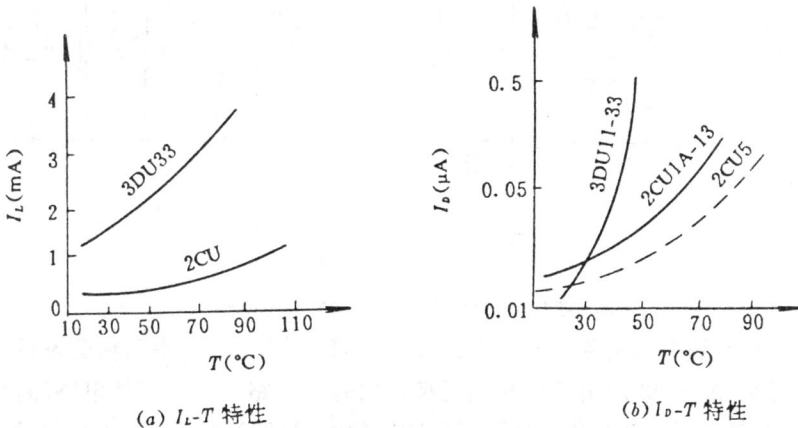

（a）I_L-T 特性　　　　　　（b）I_D-T 特性

图 6-20　光电管的温度特性

4. 频率响应特性

硅光电二极管的频率特性主要决定于光生载流子的渡越时间、负载电阻 R_L 和结电容 C_j 的乘积。光生载流子的渡越时间包括光生载流子向结区扩散和在结(耗尽层或阻挡层)电场中载流子的漂移。对可见光来说,由渡越时间决定的频率上限很高,可不考虑,这时,决定硅光电二极管的频率响应上限的因素是结电容 C_j 和负载电阻 R_L。

硅光电二极管的频率响应可以近似地用图 6-21 所示的交流等效电路来计算,图中: R_D 为反向偏置时硅光电二极管的结电阻; C_j 为反向偏置时的结电容; R_L 为负载电阻; I_p 为光生电流(电流源); R_s 为硅光电二极管的串联电阻(其值很小,可略去不计)。进一步简化的等效电路如图 6-21(b) 所示。

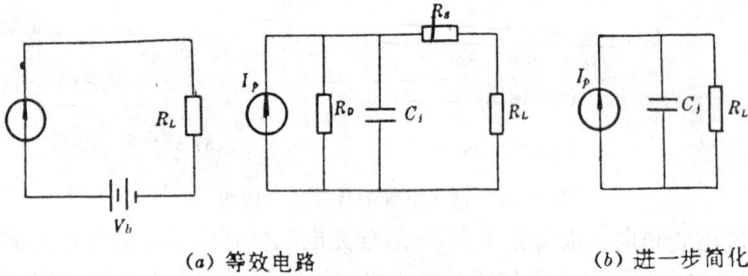

(a) 等效电路　　　　　　(b) 进一步简化

图 6-21　硅光电二极管等效电路图

对于调制频率 $\omega = 2\pi f$ 的入射光,输出电压可表示为

$$V_0 = I_p \frac{1}{\dfrac{1}{R_L} + \dfrac{1}{R_D} + j\omega C_j} \tag{6.11}$$

考虑到 $R_D \gg R_L$ 并经变换得

$$V_0 = \frac{I_p \cdot R_L}{[1 + \omega^2 \cdot R_L^2 \cdot C_j^2]^{1/2}} = \frac{I_p \cdot R_L}{[1 + (\omega\tau)^2]^{1/2}} \tag{6.12}$$

其中, τ 为时间常数,并且 $\tau = R_L C_j$。由(6.12)式可知,要改善硅光电二极管的频率响应,就应减小时间常数 $R_L C_j$,即分别减小 R_L 和 C_j 的数值。由于负载 R_L 同时出现在分子和分母中,因而在减小 R_L 提高频率响应(即减小时间常数)的同时也会使输出电压下降,因此,在实际使用时,应根据频率响应要求选择最佳的负载电阻。

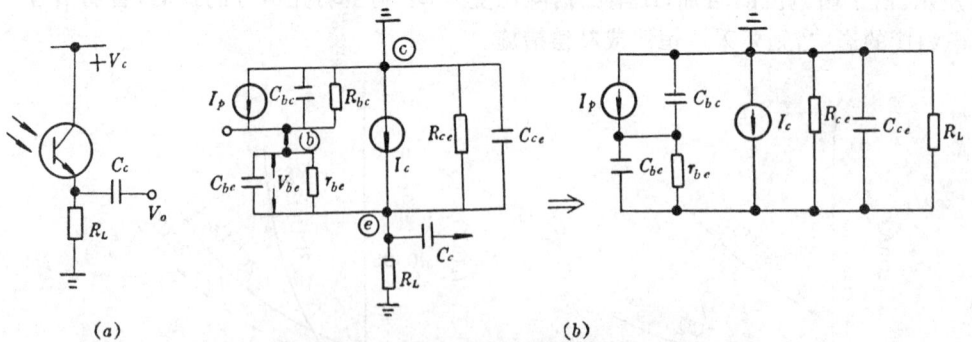

(a)　　　　　　　　　　(b)

图 6-22　硅光电三极管的交流等效电路

硅光电三极管的频率响应除了与光电二极管相同外,还受硅光电三极管基区渡越时间和发射结电容的限制。图 6-22 示出了硅光电三极管的基本电路及交流等效电路图,为便于分析和计算,在等效电路中不考虑载流子通过基区所需的时间(即渡越时间)对信号的影响。图中: $I_p - c,b$ 结二极管电流源, $C_{bc} - b.c$ 结电容; $R_{bc} - b.c$ 结电阻; $C_{be} - b.e$ 结电容; $r_{be} - b.e$ 结正向电阻; I_c- 放大后的电流源;并且 $I_c = \beta I_p$, β 为三极管的电流放大倍数; $R_{ce} - c.e$ 极间电阻; R_L- 负

载电阻。

由图可见 I_t、C_{be}、R_{be} 构成与硅光电二极管的等效电路完全相同的电路。由于 $R_{be} \gg r_{be}$，$C_{be} \gg C_{bc}$，不考虑 I_t 在 R_{be} 及 C_{be} 中的分流作用，于是，硅光电三极管的交流等效电路可以简化为图 6-22(b) 形式。

选择合适负载，使 $R_L \ll R_{ce}$，经分析和变换后，输出电压为

$$V_0 = \frac{\beta \cdot R_L \cdot I_t}{(1 + \omega^2 \cdot r_{be}^2 \cdot C_{be}^2)^{1/2} \cdot (1 + \omega^2 \cdot R_L^2 \cdot C_{ce}^2)^{1/2}} \tag{6.13}$$

由上式看出，要增加硅光电三极管的频率响应，必须使时间常数 $r_{be} \cdot C_{be}$ 和 $R_L \cdot C_{ce}$ 尽可能小。对于 R_L 的选择同硅光电二极管，因此实际使用中也要根据响应速度和输出幅度来选择负载电阻 R_L。

图 6-23 示出了 2CU 型硅光电二极管用磷砷化镓半导体脉冲光源测出的响应时间与负载 R_L 的关系曲线，图中看出当负载超过 $10^4\Omega$ 以后，响应时间增加得更快。

硅光电三极管的频率响应也可用上升时间 t_r 和下降时间 t_f 来表示，它们与放大后电流 I_c 的关系表示于图 6-24 中。

综上分析，硅光电二极管的时间常数一般在 0.1μs

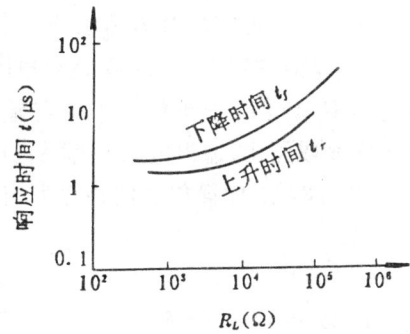

图 6-23 2CU 型硅光电二极管的
响应时间 - 负载曲线

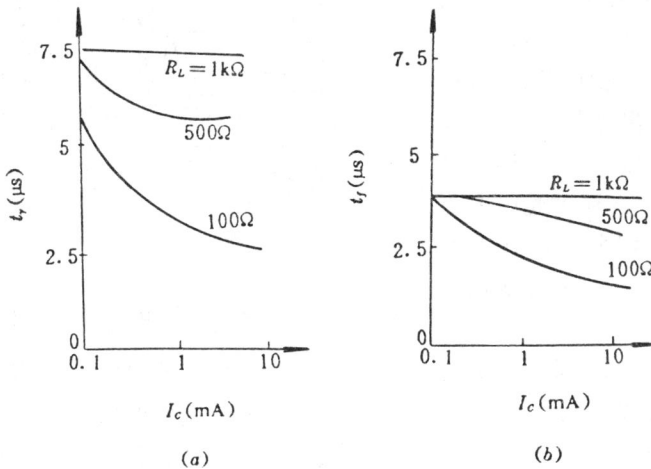

(a)

(b)

图 6-24 硅光电三极管的频率响应特性 ($V_{ce} = 5\text{V}, T = 25\text{℃}$)

以内，PIN 管和雪崩光电二极管的时间常数在 ns 数量级，而硅光电三极管的时间常数却长达 5 ～ 10μs。

§6-4 光电变换电路的参数计算

一、硅光电二极管、硅光电三极管变换电路的参数计算

1. 输入电路的静态计算

从硅光电管伏安特性的分析（图 6-19 所示）可知它是一组以输入光照度 E 为参量的曲线组。当工作电压较小时曲线呈弯曲，随着工作电压的增大曲线逐渐平直，中间有一转折点 M，转折点 M 所对应的工作电压称为拐点电压，用 V_M 表示。当光电器件应用于线性变换时，工作电压

的选取一定要高于拐点电压.当工作电压高于拐点电压(即 $V > V_M$)时,随输入光照度(或光通量)的改变,各曲线间逐渐近似平行,此工作区称为恒流区,即随工作电压的改变光电流几乎不变,光电流只随照度 E 的增大而增加.将硅光电管的伏安特性与晶体三极管的输出特性相比较,其形状类似,只是硅光电管的光电流(即输出电流)是由输入光照度控制,而晶体三极管的输出电流则由基极电流控制,因此其分析和计算方法与晶体管放大器相类似.

1. 图解计算法

图 6-25 示出了在反向偏置电压作用下硅光电二极管的基本输入电路.图中,V_b 是反向偏置电压,R_L 是负载电阻,流过负载电阻 R_L 的电流为 I,它与输入光照度 E 成正比,输出电压 V_0 就从负载 R_L 两端输出.对此简单的回路可列出回路方程:

$$V_b = V(I) + I \cdot R_L$$

或 $\quad V(I) = V_b - I \cdot R_L \qquad (6.14)$

式中 $V(I)$ 是硅光电二极管两端电压,是非线性函数,可利用图解法进行计算.如图 6-25(b),在伏安特性上画出负载线 $V_b - I \cdot R_L$,它的斜率为 $-1/R_L$,即通过 V_b、V_b/R 的直线.若输入光照度为 E_0,在伏安特性曲线图中找出对应于 E_0 的曲线,该曲线与负载线的交点为 Q,即为输入电路的静态工作点.当输入光照度由 E_0 改变 $\pm \Delta E$ 时,在负载电阻 R_L 上会产生 $\pm \Delta V$ 的电压信号输出和 $\pm \Delta I$ 的电流信号输出.

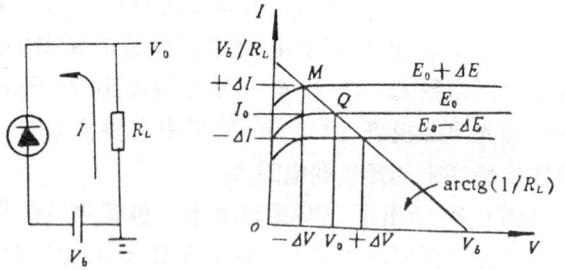

（a）基本电路　　　　（b）图解法计算

图 6-25　硅光电二极管输入电路的图解法

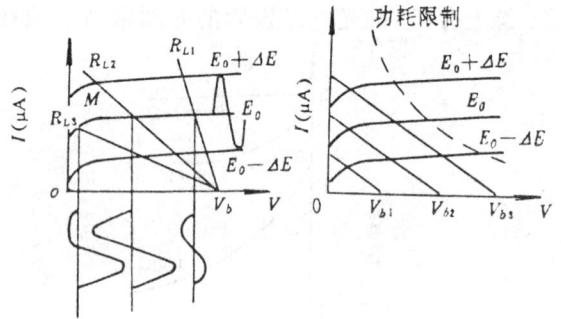

图 6-26　输入电路中 R_L 和 V_b 的变化对输出信号的影响

通过图解法可以很清楚地分析电路参数 R_L 和 V_b 对输出信号的影响,尤其是大信号变换情况,如图 6-26(a) 所示.当偏置电压 V_b 不变时,对于输入光照度变化($E_0 \pm \Delta E$),负载电阻 R_L 的减小会增大输出信号电流,但输出信号电压反而减小.当 R_L 减小很多时,又会受到器件允许的最大工作电流和功耗的限制.若要提高输出信号电压,应增大 R_L,但过大的 R_L 会使负载线越过特性曲线的拐点 M 而进入非线性区,由于非线性区域的光电灵敏度($S_E = \Delta I / \Delta E$)不再是常数,这就使输出信号的波形发生畸变.因此要使输出信号电压最大,又要使输出信号的波形不发生畸变,其负载线必定是通过拐点 M 和工作偏压 V_b 点的联线、在图(b)中,对应于相同的 R_L 值,当偏置电压 V_b 值增加时,输出信号电压的幅度也随之增大,同时线性度得到相应改善,但电路的功耗随之加大.过大的偏压会引起硅光电二极管的反向击穿.综上所述,在选择负载电阻 R_L 和偏置电压 V_b 值时,应根据输入光通量的变化范围和输出信号的幅度要求决定.

2. 用解析法计算

对光电变换输入电路参数的计算也可采用解析法,它是利用折线化伏安特性,如图 6-27 所示.折线化的近似画法视伏安特性形状而异,一般是以伏安特性曲线的拐点 M 将曲线分成两个区,即非线性区和恒流区.这两个区分别折线化,例如图 6-27(a) 的情况,两个区域都是作直线与原曲线相切;图(b)的情况是在非线性区把原点 O 与拐点 M 联起来,作为非线性区的折线;在恒流区,用一组与实际曲线很逼近的平行直线代替,这样就获得了折线化的伏安特性。

折线化伏安特性可用下列参数确定:

(1) 拐点电压 V_M—— 曲线拐点 M 所对应的电压值。

(2) 初始电导 G_0—— 相当于非线性区近似直线的初始斜率。

(3) 结间漏电导 G—— 线性区内各平行直线的平均斜率。

(4) 光电灵敏度 S—— 单位输入光照度(或光功率、光通量)所引起的光电流值。

设输入光照度为 E,对应的光电流为 I_p,则有 $S_E = I_p/E(\mu A/Lx;\mu A/\mu Lx)$。利用折线化的伏安特性,在线性区内任意 Q 点处的电流值 I 可以表示为两个电流分量的组合;与硅光电二极管端电压 V 成正比,由结间漏电导形成的暗电流 I_d 和与端电压无关,仅取决于输入光功率的光电流 I_p。因此,在线性区内的伏安特性的解析表示式为

$$I = f(V \cdot E) = I_d + I_p = G \cdot V + S_E \cdot E \tag{6.15}$$

当输入光照度在确定的工作点附近作微量变化时,只要对式(6.15)作全微分即可得到微变等效方程式:

$$dI = \frac{\partial I}{\partial V}dV + \frac{\partial I}{\partial E}dE = gdV + S_E \cdot dE \tag{6.16}$$

式中 $g = \partial I/\partial V$ 是微变等效漏电导;$S_E = \partial I/\partial E$ 是微变光电灵敏度,g、S_E 是伏安特性的微变参数。

根据以上分析,硅光电二极管的伏安特性满足式(6.15),同样可画出图 6-27(c) 的等效电路,它由等效恒流源 I_p 和结间漏电阻 $R_g = -1/G$ 并联组成。

在输入光照度变化范围 $E_{min} \sim E_{max}$ 为已知的条件下,用解析法计算输入电路的工作状态可按下列步骤进行:

(1) 确定线性工作区域

由对应最大输入光照度 E_{max} 的伏安曲线弯曲处即可确定拐点 M。相应的拐点电压 V_M 或初始电导值 G_0 可由图 6-28 中所示关系决定,在线段 $\overline{MN}$ 上有

$$G_0 V_M = G \cdot V_M + S_E \cdot E_{max} \tag{6.17}$$

关系,由此可解得

$$V_M = \frac{S_E E_{max}}{G_0 - G} \quad 或 \quad G_0 = G + \frac{S_E E_{max}}{V_M} \tag{6.18}$$

上式给出了折线化伏安特性四个基本参数 V_M、G_0、G 和 S_E 间的关系。

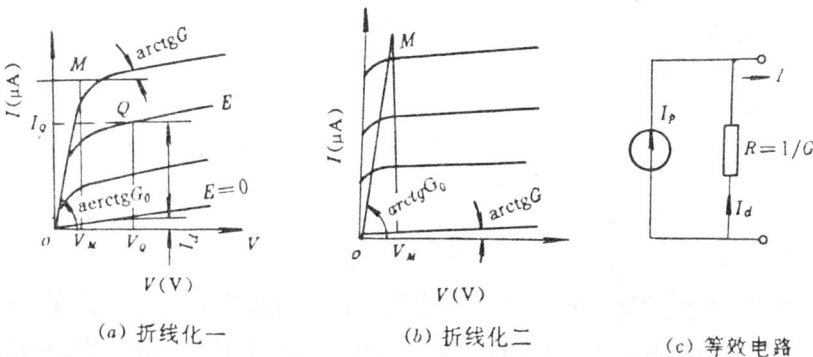

(a) 折线化一   (b) 折线化二   (c) 等效电路

图 6-27 伏安特性的分段折线化和微变等效电路

(2) 计算负载电阻和偏置电压

为保证最大线性输出条件,负载线和与 E_{max} 对应的伏安曲线的交点不能低于拐点 M。设负载线通过 M 点,此时由图 6-28 中的图示关系可得

$$(V_b - V_M)G_L = G_0 \cdot V_M$$

当已知 V_b 时,可计算出负载电导和负载电阻:

$$G_L = G_0 \frac{V_M}{V_b - V_M} = \frac{S_E E_{max}}{V_b(1 - \frac{G}{G_0}) - \frac{S_E E_m}{G_0}}$$

$$R_L = \frac{1}{G_L} = \frac{V_b(1 - G/G_0)}{S_E E_{max}} - \frac{1}{G_0} \tag{6.19}$$

当 $R_L = 1/G_L$ 已知时,可计算偏置电源电压

$$V_b = \frac{S_E E_{max}(G_L + G_0)}{G_L(G_0 - G)} \tag{6.20}$$

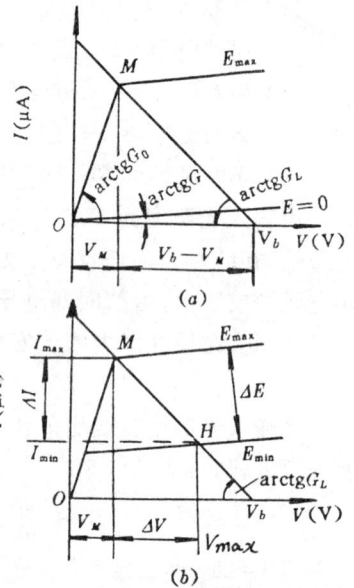

(3) 计算输出电压幅度

据图 6-28(b)所示,当输入光照度由 E_{min} 变化到 E_{max} 时,输出电压幅度为 $\Delta V = V_{max} - V_M$,其中 V_{max} 和 V_M 可由图中 H 和 M 点的电流值计算得:

在 H 点 　　$G_L(V_b - V_{max}) = G \cdot V_{max} + S_E \cdot E_{min}$

在 M 点 　　$G_L(V_b - V_M) = G \cdot V_M + S_E \cdot E_{max}$

解上二式,得

图 6-28　解析法计算输入电路
(a) 确定线性区;(b) 计算输出信号

$$V_{max} = \frac{G_L V_b - S_E E_{min}}{G + G_L}$$

$$V_M = \frac{G_L V_b - S_E E_{max}}{G + G_L}$$

所以 　　$\Delta V = S_E \frac{(E_{max} - E_{min})}{G + G_L} = S_E \frac{\Delta E}{G + G_L} \tag{6.21}$

(6.21)式表明输出电压幅度与输入光照度的增量和光电灵敏度成正比,与结间漏电导和负载电导成反比。

(4) 计算输出电流幅度

据图 6-28 所示,输出电流幅度

$$\Delta I = I_{max} - I_{min} = \Delta V \cdot G_L$$

将式(6.21)代入,可得

$$\Delta I = G_L \cdot \Delta V = S_E \frac{E_{max} - E_{min}}{1 + G/G_L} \tag{6.22}$$

通常 $G_L \gg G$,上式可简化为

$$\Delta I = S_E(E_{max} - E_{min}) = S_E \cdot \Delta E \tag{6.23}$$

(5) 计算输出电功率

由功率关系 $P = \Delta I \cdot \Delta V$ 得

$$P = G_L \cdot \Delta V^2 = G_L(\frac{S_E \Delta E}{G + G_L})^2 \tag{6.24}$$

2. 交流变换电路的计算

当硅光电二极管用来检测交变的光电信号时,首先根据不同的耦合形式(一般采用阻容耦合方式),算出后续电路的等效输入阻抗,再将后续电路的等效输入阻抗和输入电路的直流负载电阻并联组成交流变换电路的交流负载,然后根据不同要求确定直流工作点和输入电路参数。一般交流变换电路的计算如下:

已知反向偏置硅光电二极管交流变换电路的等效电路如图 6-29 所示。图中，R_b 为直流负载电阻，R_L 为后级电路的等效输入阻抗，C_c 为耦合电容。

假定输入光照度为 $\dot{e} = E_0 + E_m \sin\omega t$，光照度的变化范围为 $E_0 \pm E_m$。若在信号通频带范围内，耦合电容 C_c 可认为是短路，则等效交流负载电阻为 R_b 和 R_L 的并联。

若要使在交流光信号作用下，输入到后级放大器的信号电压最大，必须使交流

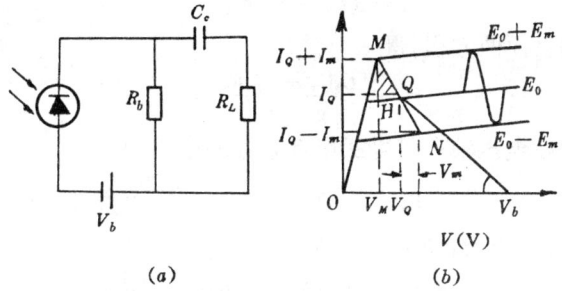

图 6-29　反向偏置硅光电二极管交流
检测电路及图解计算

负载线(MN)通过特性曲线的拐点 M，以便能充分利用器件的线性区间，其斜率由 R_b 和 R_L 的并联电阻决定。交流负载线与光照度($E = E_0$)对应的伏安特性曲线相交于 Q 点，Q 点不仅表示交变输入光照度的直流分量，也是输入级直流偏置电路的静态工作点，通过 Q 点作直流负载线，可以图解得到偏置电阻 R_b 或电源 V_b 的值。下面计算负载 R_L 上的输出电压和输出功率。

负载电阻上的输出电压峰值 V_m 可利用图(b)中阴影线($\triangle MHQ$)的数值关系计算：若交流负载线的斜率是 $G_L + G_b$，设交流负载总电流峰值为 I_m，则有

$$V_m = \frac{I_m}{G_L + G_b}$$

另一方面，在图(b)中，线段 $\overline{MN}$ 上有电流关系：

$$I_m = S_g \cdot E_m - g \cdot V_m$$

代入上式有

$$V_m = \frac{S_g E_m}{G_L + G_b + g} \tag{6.25}$$

于是负载电阻 R_L 上的输出功率

$$P_L = \frac{1}{\sqrt{2}} I_L \cdot \frac{1}{\sqrt{2}} V_m = \frac{1}{2} I_L \cdot V_m$$

式中　$I_L = V_m / R_L = G_L \cdot V_m$，是负载 R_L 上的电流峰值。将此式和(6.25)式代入上式，得

$$P_L = \frac{G_L}{2} \left[\frac{S_g E_m}{G_L + G_b + g} \right]^2 \tag{6.26}$$

将 P_L 对 R_L 求偏微分计算最大功率输出时的负载电阻 $R_{Lo} = 1/G_{Lo}$，得

$$G_{Lo} = G_b + g$$

将上式代入式(6.25)和(6.26)可得阻抗匹配条件下负载的输出电压峰值 V_{mo}，最大输出功率有效值 P_{Lm} 和输出电流峰值 I_{mo} 分别为

$$V_{mo} = \frac{S_g E_m}{2 G_{Lo}} \tag{6.27}$$

$$P_{Lm} = \frac{(S_g E_m)^2}{8 G_{Lo}} = \frac{1}{2} G_{Lo} V_{mo}^2 \tag{6.28}$$

$$I_{mo} = \frac{2 P_{Lm}}{V_{mo}} = G_{Lo} V_{mo} = \frac{1}{2} S_g E_m \tag{6.29}$$

在最大功率输出的条件下，计算直流偏置电阻 R_{bo} 和电源电压 V_b，可用解析法计算，根据图中静态工作点 Q 点的电流值：

$$I_Q = g V_Q + S_g E_0$$

由负载线有

$$I_Q = (V_b - V_Q)G_b$$

解上面两方程,得

$$V_Q = \frac{G_b V_b - S_E E_o}{g + G_b}$$

而在电压轴上可得工作点 Q 处的电压

$$V_Q = V_{mo} + V_M = \frac{S_E E_m}{2(G_b + g)} + V_M$$

比较上面两式可得 G_{bo} 及 R_{bo},分别为

$$G_{bo} = \frac{S_E(E_m + 2E_o) + 2gV_M}{2(V_b - V_M)}$$

及

$$R_{bo} = \frac{2(V_b - V_M)}{S_E(E_m + 2E_o) + 2gV_M} \tag{6.30}$$

已知 R_{bo},即可求得 V_b。

二、硅光电池变换电路的参数计算

测量用硅光电池的偏置电路是将硅光电池直接与负载电阻 R_L 连接,成为无偏置电压的电路,又称自给偏置电路,如图 6-30(a) 所示。

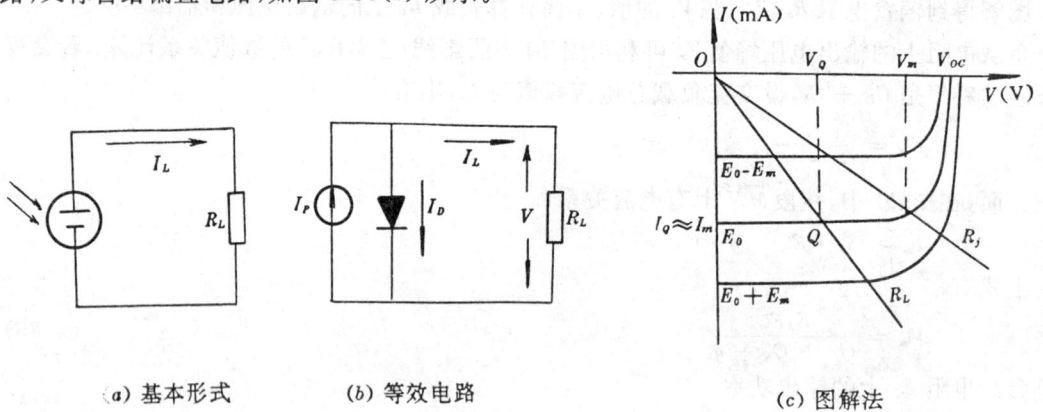

(a) 基本形式   (b) 等效电路   (c) 图解法

图 6-30   硅光电池无偏置电路

图 6-30(b)、(c) 给出了无偏置电路的等效电路及计算图解。根据等效电路得。

$$V = I_L R_L$$

$$I_L = I_p - I_D = I_p - I_o(e^{qV/kT} - 1)$$

从伏安特性可知:在给定输入光照度 E_o 时,只要选定负载 R_L,工作点 Q 即可由负载线与硅光电池相对于 E_o 的伏安曲线的交点确定。该工作点 Q 所对应的电流值 I_Q 和电压值 V_Q 就是 R_L 上的输出值。此时,硅光电池输出的功率

$$P_Q = I_Q \cdot V_Q \tag{6.31}$$

由于硅光电池特性的非线性,负载电阻 R_L 的变化会影响硅光电池的输出信号。从图 6-30 中看出,在照度为 E_o 时,负载 R_L 从 0 变化到 ∞,输出电压从 0 变化到 V_{oc},输出电流从 I_{sc} 变化到 0。显然只有在某一负载(如 R_j)下才能得到最大输出功率 P_{max}。此时,R_j 所对应的输出电压假设为 V_m,输出电流为 I_m,则

$$P_{max} = I_m \cdot V_m \text{ 或 } R_j = V_m/I_m \tag{6.32}$$

R_j 称为该硅光电池在上述的一定光照度下的最佳负载电阻,如果光照度改变,则 R_j 也略有改变,并且随光照度的增加而稍微减小,如图 6-31 所示。

最佳负载电阻 R_j 还可从经验公式得出。因为

$$R_j = V_m/I_m \approx V_m/I_{sc} \qquad (6.33)$$

式中　V_m 一般取 $(0.6 \sim 0.8)V_{oc}$

　　　　$I_{sc} = S_E \cdot E$

所以　$R_j \approx (0.6 \sim 0.8)V_{oc}/S_E \cdot E \qquad (6.34)$

常取为　$0.7V_{oc}/S_E \cdot E$，实际上，R_j 可通过实验测定，即把硅光电池和可调电阻并联，然后，在保持光照度一定（如某一照度）的条件下，改变电阻阻值，找出最大输出功率时的电阻值。此电阻值就是在该光照度下的最佳负载电阻。因此，在入射光照度一定时，硅光电池的输出电流 I_L、电压 V 和功率 P 与负载电阻 R_L 的关系如图 6-32 所示。

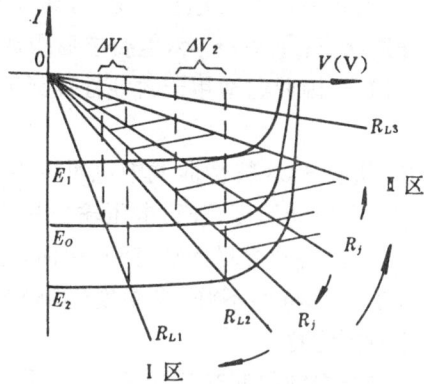

图 6-31　硅光电池伏安特性的两个区域

　　同样，可由式(6.9)、式(6.10)和式(6.34)得到短路电流 I_{sc}、开路电压 V_{oc} 和最佳负载电阻 R_j 与入射照度的关系曲线，如图 6-33 所示。

　　从图 6-31 看出，R_j 把曲线分成两个区域，即 Ⅰ 区和 Ⅱ 区。在 Ⅰ 区，负载 $R_L < R_j$，在这个区域内的负载电流与光照度成正比，即 $I_L = I_s = S_E \cdot E$，此区域称为光电流线性区。在该区工作，又可分两种情况：

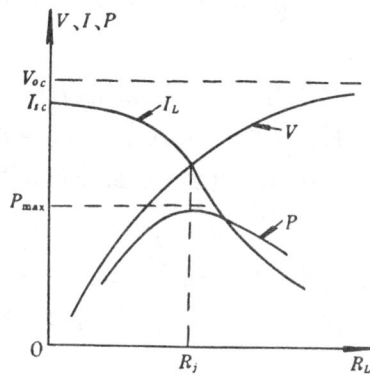

图 6-32　I_L, V, P 与 R_L 关系曲线图

　　一种是电流输出，要求硅光电池送给负载电阻 R_L 的电流与光照度成线性关系，如果需要放大信号，则应选用电流放大器，此时要求负载电阻或后级放大器输入阻抗尽可能小，才能使输出电流尽可能大，即接近短路电流 I_{sc}，因为只有短路电流才与入射光照度有良好的线性关系，即

$$I_L = I_{sc} = S_E \cdot E \qquad (6.35)$$

如果光照度变化 ΔE，则

$$\Delta I_L = S_E \cdot \Delta E \qquad (6.36)$$

此外，在短路状态下器件噪声电流较低，信噪比获得改善，所以此区域适用于弱光信号的检测。

　　另一种情况是电压输出，要求负载电阻 R_L 上输出电压与光照度成线性关系，若需要放大信号，则采用电压放大器。从图 6.31 中可见，在入射光照度变化量相同的情况下，假设从 E_0 变到 E_2，负载电阻 R_{L2} 上输出的电压变化量 ΔV_2 大于负载电阻 R_{L1} 上输出电压变化量 ΔV_1，即负载电阻越大，输出电压越大。为了保证输出电压与入射光照度间成线性关系，同样必须满足 $R_L \leqslant R_j$，显然，为使系统工作在线性电压输出，要求负载电阻（或放大器输入阻抗）值等于或稍小于 R_j 值，为使特性的线性区有余量，一般可按下式取

$$R_L = 0.85R_j \approx 0.6V_{oc}/S_E \cdot E \qquad (6.37)$$

式中，V_{oc} 是 E_2 所对应的值。此时对应的输出电压变化为

$$\Delta V = R_L \cdot \Delta I = \frac{0.6V_{oc}}{S_E E_2} \cdot S_E \Delta E = 0.6V_{oc}\frac{\Delta E}{E_2} \qquad (6.38)$$

　　在 Ⅱ 区，$R_L > R_j$，输出电压与光照度的对数成正比。由图 6-31 知，在此区域，当负载 R_{L3} 确

定后,从无光照到有光照的这一变化,其输出电压变化较大,为获得最大输出电压,硅光电池可应用在开路状态,即 $R_L \to \infty$,但要求后级放大器的输入阻抗很高,使后级放大器可得到零点几伏的电压信号。因此它适用于对线性度无要求的开关电路中,目前大量用来控制继电器,作开关用。

另外,从图 6-33 特性曲线中也可以看到,对于较小的入射光照度,开路电压输出的变化仍较大,这对弱信号检测特别有利。然而,这种使用方式其频率特性不好,受温度影响较大,实际应用时须注意

若用硅光电池检测交流光信号,可采用图 6-34(a) 所示的交流变换等效电路。图中 R_b 为静态条件下的负载电阻;R_L 为后级光信号放大器的等效输入阻抗。

图 6-33 I_{sc},V_{oc},R_j 与 E 的关系曲线

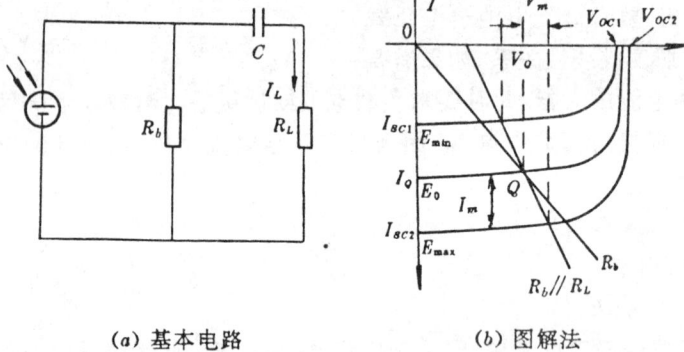

设输入光照度为 $e = E_o + E_m\sin\omega t$,则

$$E_{min} = E_o - E_m, E_{max} = E_o + E_m$$

设 R_j 为 $(E_0 + E_m)$ 照度下的最佳负载电阻,且

$$R_j = \frac{(0.6 \sim 0.8)V_{oc}}{S(E_o + E_m)} \approx \frac{0.7V_{oc}}{S(E_o + E_m)} \tag{6.39}$$

由于硅光电池作为线性检测或变换,故硅光电池的工作状态必须选择在光电流线性工作区,即 R_b 必须 $< R_j$,因此同样存在电压输出和电流输出的问题。

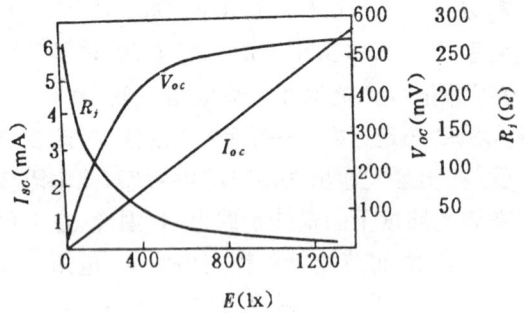

(a) 基本电路　　　　　　　(b) 图解法

图 6-34　交流变换等效电路及图解计算

当硅光电池工作在电流输出状态,不仅 $R_b < R_J$,而且 $R_L < R_b$,这样可使负载 R_L 上能得到更大的电流,同时又能获得更好的线性和更好的频率特性。如果需放大光信号,则放大器应选用输入阻抗(与负载 R_L 等效)低的电流放大器。

当硅光电池工作在电压输出状态时,为了获得高的输出电压,既要使 $R_b < R_j$,还应该使 $R_L > R_b$,此时采用输入阻抗高的电压放大器为好。

以上是选用负载电阻及放大器的原则,同样也可利用图 6.34(b) 所示的图解法(利用交直流负载线)推导输出参数的计算公式(略)。

三、光电器件和放大电路的连接

图 6-35 示出了几种硅光电池的光电变换电路,这些电路都是按照线性测量要求设计,所以硅光电池必须工作在 I 区,并且是电流输出,才能获得线性工作。

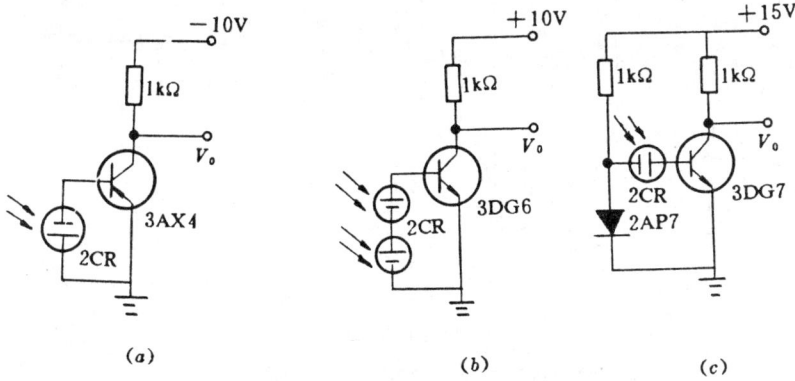

图 6-35   缓变光信号的基本变换电路

图(a)所示电路中,用于放大光电流的三极管必须采用锗管,不能用硅管。因为,一般硅三极管基极 - 射极电压高于 0.7 伏时才开始导通,但硅光电池的开路电压最高不超过 0.6 伏,因此,用硅三极管是无法工作的;而锗三极管在开始导通时射极 - 基极电压约为 0.3 伏,当有光照时,只要硅光电池的输出电压高于 0.3 伏,锗管 3AX4 便开始导通,输出电压 V_{out} 由 -10 伏上升,入射光的照度越强,输出电压越接近于地电位。由于 3AX4 的输入阻抗很低,所以硅光电池基本上工作在线性区。

图(b)、(c)所示电路都是用硅三极管放大光电流,前者采用两个硅光电池串联,以获高于 0.7 伏的信号电压;后者则将锗二极管 2AP7 的正向压降 0.3 伏用作硅光电池的反向偏置电压,以使硅三极管得以投入工作。

上面所示的三种电路都是以晶体三极管基极 - 射极间的正向电阻作为硅光电池的负载,因此硅光电池几乎是工作在短路状态,从而获得线性工作特性的。

2. 光电器件与集成运算放大器的连接

各种类型的集成运算放大器广泛应用于光电变换,尤其是以对于大多数微弱光信号的检测中, 它与光电器件组合在一起的组合器件也已生产, 集成运算放大器具有结构简单、使用方便而得到广泛应用。下面介绍几种光电器件与集成运算放大电路的典型连接方式:

(1) 电流放大型

图6-36 (a) 是电流放大型IC变换电路,硅光电二极管和运算放大器的两个输入端同极性相连, 运算放大器两输入端间的输入阻抗 Z_{in} 是硅光电二极管的负载电阻, 可表示为

$$Z_{in} = R_f / (A + 1)$$

式中 A 是放大器的开环放大倍数;R_f 是反馈电阻。

当 $A = 10^4$, $R_f = 100k\Omega$ 时,$Z_{in} = 10\Omega$,可以认为硅光电二极管是处于短路工作状态,能输出近于理想的短路电流。处于电流放大状态的运算放大器,其输出电压 V_0 与输入短路光电流 I_{sc} 成比例关系:

$$V_0 = I_{sc} R_f = R_f S_E E \tag{6.40}$$

即输出信号与输入光照度成正比。此外,电流放大器因输入阻抗低而响应速度较高,噪声较低,信噪比高,因而被广泛应用于弱光信号的变换中。

(2) 电压放大型

图 6.36(b) 是电压放大型 IC 变换电路,硅光电二极管的正端接在运算放大器的正端,运算放大器的漏电流比光电流小得多,具有很高的输入阻抗。当负载电阻 R_L 取 1MΩ 以上时,运行于

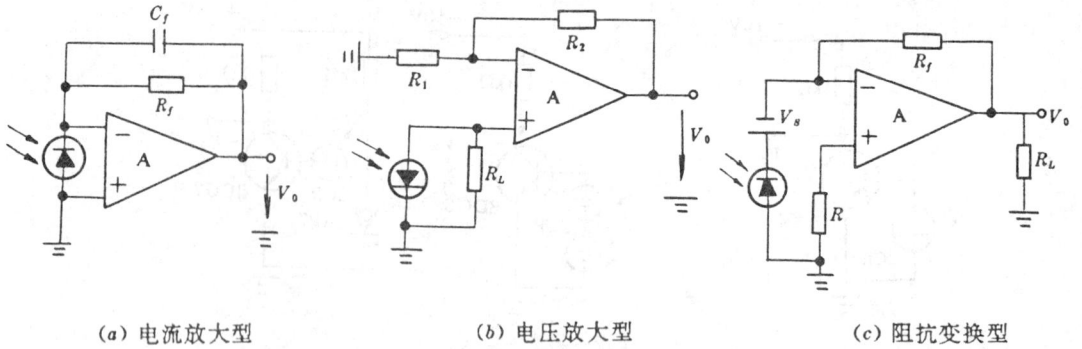

|（a）电流放大型|（b）电压放大型|（c）阻抗变换型|

图 6-36　光电二极管和 IC 放大器的连接

硅光电池状态下的硅光电二极管处于接近开路状态，可以得到与开路电压成比例的输出信号。即

$$V_0 = A \cdot V_{oc} \tag{6.41}$$

式中，$A = \dfrac{(R_2 + R_1)}{R_1}$ 是该电路的电压放大倍数。根据(6.9)式代入得

$$V_0 \approx A \cdot \frac{kT}{q} \ln(S_E E / I_o) \tag{6.42}$$

（3）阻抗变换型

反向偏置硅光电二极管或 PIN 硅光电二极管具有恒流源性质，内阻很大，且饱和光电流与输入光照度成正比，在很高的负载电阻的情况下可以得到较大的信号电压，但如果将这种处于反向偏置状态下的硅光电二极管直接接到实际的负载电阻上，则会因阻抗的失配而削弱信号的幅度，因此需要有阻抗变换器将高阻抗的电流源变换成低阻抗的电压源，然后再与负载相连。图 6-36(c) 所示的以场效应管为前级的运算放大器就是这样的阻抗变换器，该电路中场效应管具有很高的输入阻抗，光电流是通过反馈电阻 R_f 形成压降的，其电路的输出电压

$$V_o = - I R_f \approx - I_p R_f = - R_f S_E E \tag{6.43}$$

V_o 与输入光照度成正比，当实际的负载电阻 R_L 与放大器连接时，由于放大器输出阻抗 R_o 较小，$R_L \gg R_o$，则负载功率为

$$P_o = \frac{V_o^2 R_L}{(R_o + R_L)^2} \approx \frac{V_o^2}{R_L} = \frac{R_f^2 I_p^2}{R_L} \tag{6.44}$$

另一方面，由式(6.24)也可计算出硅光电二极管直接与负载电阻相连时，负载上的功率是等于 $I_p^2 R_L$。比较以上两种情况可见，采用阻抗变换器可以使功率输出提高$(R_f / R_L)^2$ 倍，例如，当 $R_L = 1\text{M}\Omega, R_f = 10\text{M}\Omega$ 时，功率提高 100 倍。这种电路的时间特性较差，但用在信号带宽没有特殊要求的缓变光信号检测中，可以得到很高的功率放大倍数。此外，用场效应管代替双极性晶体管作前置级，其偏置电流很小，因此适用于光功率很小的场合。

§6-5　特殊光电二极管

一、PIN 光电二极管

PIN 光电二极管又称快速光电二极管，在原理上和普通光电二极管一样，都是基于 p-n 结的光电效应工作的。所不同的是在结构上，它的结构是在 p 型半导体和 n 型半导体之间夹着一层较厚的本征半导体，如图 6-37 所示。它是用高阻 n 型硅片做 i 层，然后在它的二面抛光，再在两面分别作 n^+ 和 p^+ 杂质扩散，在两面制成欧姆接触而得到 PIN 光电二极管。

PIN 光电二极管因有较厚的 i 层,因此 p-n 结的内电场就基本上全集中于 i 层中,使 p-n 结的结间距离拉大,结电容变小。由于工作在反偏,随着反偏电压的增大,结电容变得更小,从而提高了 PIN 光电二极管的频率响应。目前 PIN 光电二极管的结电容一般为零点几到几个微微法,响应时间 $t_r = 1 \sim 3$ns,最高达 0.1ns。

图 6-37　PIN 光电二极管的结构示意图

由于 i 层较厚,又工作在反偏,使结区耗尽层厚度增加,提高了对光的吸收和光电变换区域,使量子效率提高。另一方面还增加了对长波的吸收,提高了长波的灵敏度,其响应波长范围可以从 $0.4 \sim 1.1\mu$m。此外,由于 i 层较厚,在反偏下工作可承受较高的反向偏压,这使线性输出范围变宽。总的来说,PIN 光电二极管具有响应速度快、灵敏度高、长波响应率大的特点。

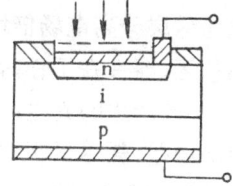

二、雪崩光电二极管(APD)

雪崩光电二极管是借助强电场作用产生载流子倍增效应(即雪崩倍增效应)的一种高速光电器件。一般硅和锗雪崩光电二极管的电流增益可达 $10^2 \sim 10^3$,因此这种管子的灵敏度很高(在 $\lambda = 0.7\mu$m 上的响应率达 100A/W),且响应速度快,响应时间只有 0.5ns,相应的响应频率可达 100GHz,噪声等效功率为 10^{-15}W。它广泛应用于光纤通讯、弱信号检测、激光测距、星球定向等领域,下面简述它的工作原理、结构、特性及供电电路。

1. 工作原理及结构

雪崩光电二极管是利用雪崩倍增效应而具有内增益的光电二极管,它的工作过程是:在光电二极管的 p-n 结上加一相当高的反向偏压,使结区产生一个很强的电场,当光激发的载流子或热激发的载流子进入结区后,在强电场的加速下获得很大的能量,与晶格原子碰撞而使晶格原子发生电离,产生新的电子 - 空穴对,新产生的电子 - 空穴对在向电极运动过程中又获得足够能量,再次与晶格原子碰撞,又产生新的电子 - 空穴对,这一过程不断重复,使 p-n 结内电流急剧倍增,这种现象称为雪崩倍增。雪崩光电二极管就是利用这种效应而具有光电流的放大作用。

要保证载流子在整个光敏区的均匀倍增,必须采用掺杂浓度均匀并且缺陷少的衬底材料,同时在结构上采用"保护环",其作用是增加高阻区宽度,减小表面漏电流避免边缘过早击穿,所以有保护环的 APD 有时也称为保护环雪崩光电二极管,记作 GAPD。

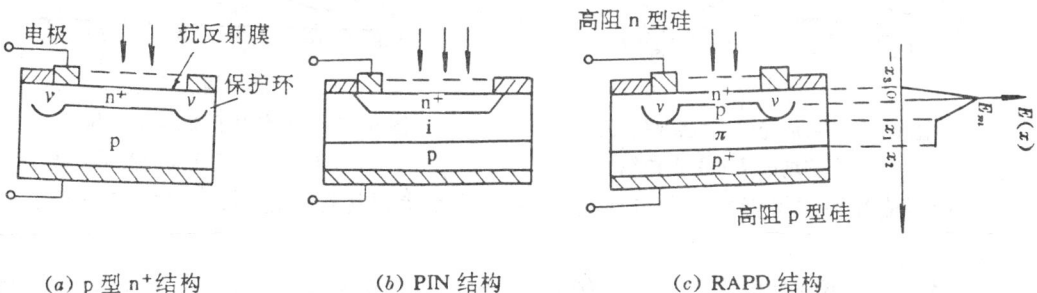

(a) p 型 n+ 结构　　　(b) PIN 结构　　　(c) RAPD 结构

图 6-38　雪崩光电二极管结构示意图

图 6-38 示出了几种雪崩光电二极管的结构,图中(a)是 p 型 n+ 结构,它是以 p 型硅材料做基片,扩散五价元素磷而形成重掺杂 n+ 型层,并在 p 与 n+ 区间通过扩散形成轻掺杂高阻 n 型硅,作为保护环 ν,使 n+ -p 结区变宽,呈现高阻。图(b)为 p-i-n 结构,ν 为高阻 n 型硅,作为保护环,同样用来防止表面漏电和边缘过早击穿。图(c)表示一种新的达通型雪崩光电二极管(记作

RAPD）结构，π 为高阻 p 型硅，此图的右边画出了不同区域内的电场分布情况，其结构的特点是把耗尽层分高电场倍增区和低电场漂移区。图中，ox_1 区为高电场雪崩倍增区，而 x_1x_2 为低电场漂移区。器件在工作时，反向偏置电压使耗尽层从 n^+-p 结一直扩展到 $\pi-p^+$ 边界。当光照射时，漂移区产生的光生载流子（电子）在电场中漂移到高电场区，发生雪崩倍增，从而得到较高的内部增益，耗尽区很宽，能吸收大多数的光子，因此量子效率也高，另外，达通型雪崩光电二极管还具有更高的响应速度和更低的噪声。

2. 倍增因子 M 和噪声

雪崩光电二极管的电流增益用倍增因子 M 表示，通常定义为倍增的光电流 I_L 与不发生倍增（雪崩）效应时的光电流 I_{Lo} 之比。据推导，倍增因子与 p-n 结上所加的反向偏压 V、p-n 结的材料有关，即

$$M = \frac{I_L}{I_{Lo}} = \frac{1}{1-(\frac{V}{V_B})^n} \tag{6.45}$$

式中　V_B 为击穿电压；V 为外加反向偏压；n 等于 $1\sim3$，取决于半导体材料、掺杂分布以及辐射波长。由 (6.45) 式可知，当外加电压 V 增加到接近 V_B 时，M 将趋近于无穷大，此时 p-n 结将发生击穿，图 6-39 示出了雪崩光电二极管偏压与暗电流及倍增因子的关系曲线。由图可知，在偏压较小的 A 点以左能产生光电激发，但无雪崩倍增效应，从 A 点到 B 点，反向偏压将引起雪崩效应，使光电流有较大增益；超过 B 点以后，易发生雪崩击穿，同时暗电流也越来越大，因此最佳工作电压不宜超过 V_B，否则将进入不稳定的、易击穿的工作区。

雪崩光电二极管的击穿电压 V_B 与器件的工作温度有关，当温度升高时，击穿电压会增大，因此为得到同样的增益系数，不同的工作温度就要加不同的反向偏压，图 6-40 示出了增益系数 M、工作偏压 V 与器件工作温度之间的关系曲线。

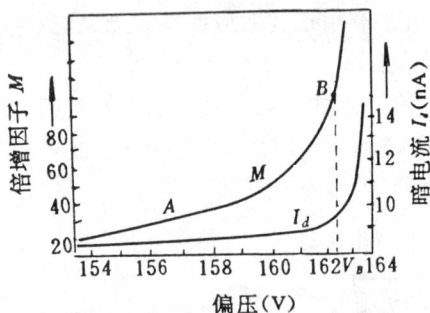

图 6-39　雪崩光电二极管暗电流
与倍增因子的关系曲线

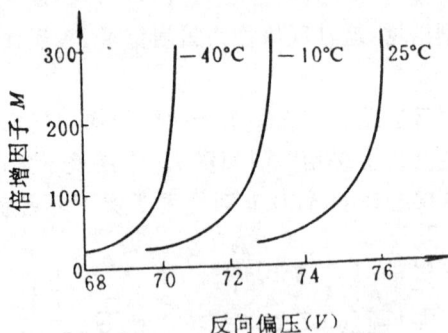

图 6-40　倍增因子 M、反向偏压 V
与工作温度之间的关系曲线

一般雪崩光电二极管的反向击穿电压 V_B 在几十伏到几百伏之间，相应的倍增因子为 $10^2\sim10^3$。

雪崩光电二极管的噪声除了包含有普通光电二极管散粒噪声外，还有因雪崩过程的随机性而引入附加噪声。对于注入施主的硅雪崩光电二极管来说，散粒噪声近似为

$$i_{nd}^2 = 2q(I_L+I_d)M^{1+x}\Delta f = 2q(I_{Lo}+I_{do})M^{2+x}\Delta f \tag{6.46}$$

其中　x 称为过剩噪声因子，其值为 $0.4\sim1$。

考虑到放大器与负载电阻的热噪声，则雪崩光电二极管的总噪声电流均方值

$$\overline{i_n^2} = 2q(I_{Lo} + I_{do})M^{2+x}\Delta f + \frac{4KT\Delta f}{R_L} \tag{6.47}$$

所以,雪崩光电二极管的功率信噪比

$$\left(\frac{S}{N}\right)_r = \frac{(I_{Lo}M)^2}{2q(I_{Lo} + I_{do})M^{2+x}\Delta f + \frac{4KT\Delta f}{R_L}} \tag{6.48}$$

(6.48) 式说明,雪崩光电二极管的信噪比随倍增因子 M 而变化,当放大器及负载电阻的热噪声电流大于雪崩光电二极管的散粒噪声电流时,随着 M 的增加信号电流与散粒噪声电流均增大,而放大器及负载电阻的热噪声电流基本不变,因此随 M 的增加,总的信噪比提高。当 M 增加到使散粒噪声大于放大器及负载电阻的噪声时,由于信号电流按 M^2 增加,而噪声电流按 M^{2+x} 增加,因此随 M 增加,信噪比反而会减小,因此从信噪比的角度看,M 也不能无限增大。

3. 雪崩光电二极管的使用电路

由于硅雪崩光电二极管的击穿电压随温度变化而变化,为能充分发挥内增益,必需选用专用的电路,现介绍几种雪崩光电二极管的通用电路

在具有恒温的实验室或装置中,通常使用图 6-41(a) 所示的电路,图中:W_1 和 W_2 组成分压器,分别为粗调及细调电位的变阻器,以便准确地将雪崩管的工作点调节到所需工作偏压;R_1 为限流电阻,对雪崩管起保护作用;C 为电容,其值视信号的频率而定;R_L 为负载电阻,其值由要求的输出电平和时间常数而定。

在环境温度变化较大时,可采用图 6-41(b) 的温度补偿电路。在该电路中使用了双芯片雪崩光电二极管,其中一个管芯作为补偿二极管,它工作

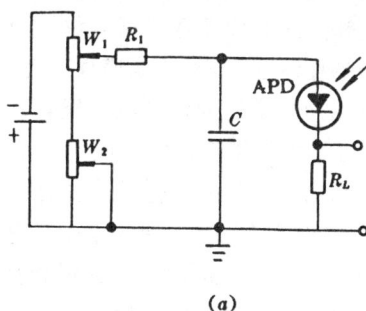

(a)

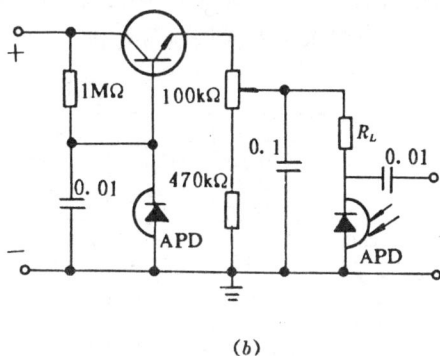

(b)

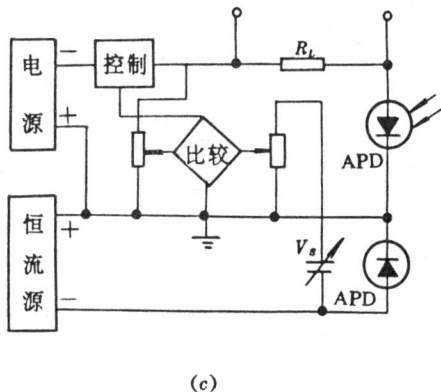

(c)

图 6-41 雪崩光电二极管几种通用电路

在避光和恒电流的雪崩状态下,温度的变化将改变补偿二极管的工作偏置电压,从而用来调节加在接收辐射信号的雪崩管上的工作电压而达到补偿作用。这一电路有可能在 $-40℃ \sim 70℃$ 范围内满意地控制倍增因子。

图 6-41(c) 所示比前二种更精密的温度补偿电路,测量用的雪崩管和补偿用的雪崩管分别接在电压源和电流源电路中,并使这两个器件尽量靠近(可用双芯管),利用补偿管上的电压变化来调整测量管上的偏压,其效果相当好,图中 V_B 为辅助电源。

三、紫外光电二极管

硅光电二极管作为一种重要的光伏探测器件,它的应用范围越来越广泛,但是它的响应波长一般在 $0.4\mu m \sim 1.1\mu m$,而激光辐射探测、天文物理研究、光谱学、医学生物等的研究中均采用对紫外光敏感、暗电流小、响应时间短、稳定性好的紫外光电二极管。

由于半导体材料对紫外光的吸收系数很大,大多数光生载流子将产生在材料的表面附近,还没有到达结区就被复合掉,因此响应率很低。同时,材料在紫外区的反射比太高,材料表面态中的大量缺陷又会俘获载流子,因此在设计制造紫外光电二极管时必须考虑以上因素。

根据半导体理论,为了能增强对蓝、紫波长的响应率,常采用浅 p-n 结和肖特基结的结构。本节简述几种类型的紫外光电二极管。

1. 蓝、紫增强型硅光电二极管

从硅光电二极管的光谱响应定量计算可知,当材料确定后,要提高硅光电二极管的蓝、紫灵敏度,必须从制作浅结、加大电子扩散长度和减小其表面复合速率等三方面考虑。从这个考虑出发,研制了浅结结构的蓝、紫增强型硅光电二极管,使激发的电子 - 空穴对在没有复合以前就在结电场作用下分离到两边,从而提高了对紫外辐射的响应率。目前已生产 S1336、S1337 系列硅光电二极管的光谱响应范围从 190 ～ 1100nm,性能详见表 6-2 所示。

表 6-2　国外 S1336、S1337 系列硅光电二极管特性

型　号	外壳	有效受光面 (mm)	波长范围 (mm)	峰值波长 λ_p (nm)	光谱灵敏度 $S\vert\lambda_p$ (A/W)	NEP 在 λ_p (W/Hz$^{1/2}$)	I_{sc} (在 100lx 2856K) (μA)	暗电流 (max) (pA)	结电容 C_j (pF)	最大反偏电压 (V)
S1336-18BQ	金属壳	1.1 × 1.1	190 ～ 1100	960	0.5	5.7×10^{-15}	1.2	20	20	5
S1336-18BK			320 ～ 1100							
S1336-5BQ	金属壳	2.4 × 2.4	190 ～ 1100	960	0.5	8.1×10^{-15}	5	25	65	5
S1336-5BK			320 ～ 1100							
S1336-44BQ	金属壳	3.6 × 3.6	190 ～ 1100	960	0.5	1.1×10^{-14}	10	60	160	5
S1336-44BK			320 ～ 1100							
S1336-8BQ	金属壳	5.8 × 5.8	190 ～ 1100	960	0.5	1.3×10^{-14}	28	150	37	5
S1336-8BK			320 ～ 1100							
S1337-16BQ	陶瓷外壳	1.1 × 5.9	190 ～ 1100	960	0.5	8.1×10^{-15}	5	25	65	5
S1337-16BR			320 ～ 1100		0.62	4.5×10^{-15}	5.5			
S1337-33BQ	陶瓷外壳	2.4 × 2.4	190 ～ 1100	960	0.5	8.1×10^{-15}	5	25	65	5
S1337-33BR			320 ～ 1100		0.62	6.5×10^{-15}	5.5			
S1337-66BQ	陶瓷外壳	5.8 × 5.8	190 ～ 1100	960	0.5	1.3×10^{-14}	25	150	370	5
S1337-66BR			320 ～ 1100		0.62	1.0×10^{-14}	28			
S1337-1010BQ	陶瓷外壳	10 × 10	190 ～ 1100	960	0.5	1.8×10^{-14}	80	500	1100	5
S1337-1010BR			320 ～ 1100		0.62	1.5×10^{-14}	85			

2. 肖特基势垒光电二极管

肖特基势垒是由金属与半导体接触形成的势垒。就光电流的产生和收集而言,可以把肖特基势垒光电二极管看作是一个结深为零,表面覆盖着薄而透明金属膜的 p-n 结,因此在入射的短波辐射中,相当一部份蓝、紫光和几乎所有的紫外线都在势垒区中被吸收,吸收后所激发的光生载流子在复合之前就会被强电场扫出,这就提高了光生载流子的收集效率,改善了器件的短波响应。

一般利用金或铝分别与 Si、Ge、GaAs、GaAsP、GaP 等半导体材料接触,制得各种肖特基结光电二极管,表 6-3 是利用 GaP、GaAsP 等半导体材料制成的肖特基结紫外光电二极管特性参

数。

表 6-3　几种肖特基结紫外光电二极管特性

型　　号	材料	有效受光面 (mm)	波长范围 (mm)	峰值波长 λ_p (nm)	光谱灵敏度 $S\|_{\lambda_p}$ (A/W)	NEP 在 λ_p (W/Hz$^{1/2}$)	I_{sc} (在 100lx 2856K) (μA)	暗电流 (max) (pA)	结电容 C_j (pF)	最大反偏电压 (V)
G1126-02		2.3 × 2.3				5.8×10^{-15}	0.3	50	1800	
G1127-02	GaAsP	4.6 × 4.6	190～680	610	0.18	8×10^{-15}	1.2	100	7000	5
G2119		10.1 × 10.1				2.4×10^{-14}	6	1000	25000	
G1746	GaAsP	2.3 × 2.3	190～760	710	0.22	6.5×10^{-15}	0.65	100	1600	5
G1747		4.6 × 4.6				1.2×10^{-14}	2.4	200	6000	
G1961		1.1 × 1.1				5.4×10^{-15}	0.05	25	600	
G1962	GaP	2.3 × 2.3	190～550	440	0.12	7.6×10^{-15}	0.03	50	3000	5
G1963		4.6 × 4.6				1.1×10^{-14}	0.9	100	12000	

四、半导体色敏器件

半导体色敏器件是根据人眼视觉的三色原理,利用结深不同的 p-n 结光电二极管对各种波长的光谱灵敏度的差别,实现对光源或物体的颜色测量,由于它具有结构简单、体积小、成本低等特点被广泛应用于与颜色鉴别有关的各个领域中,例如工业生产上自动检测纸、纸浆、颜料、染料的颜色,医学上对皮肤、内脏、牙齿等颜色的测定,商业上对家电中彩色电视机的彩色调整、地毯颜色的测定、商品颜色代码的读取等等,是非常有发展前途的一种新型半导体光电器件。

1. 半导体色敏器件的工作原理

图 6-42 所示为半导体色敏器件的结构示意图和等效电路,它由在同一块硅片上制造两个深浅不同的 p-n 结构成(浅结为 PD_1,它对波长短的光电灵敏度高,PD_2 为深结,它对波长长的光电灵敏度高),这种结构又称为双结光电二极管,图 6-43 所示为双结光电二极管的光谱响应特性。

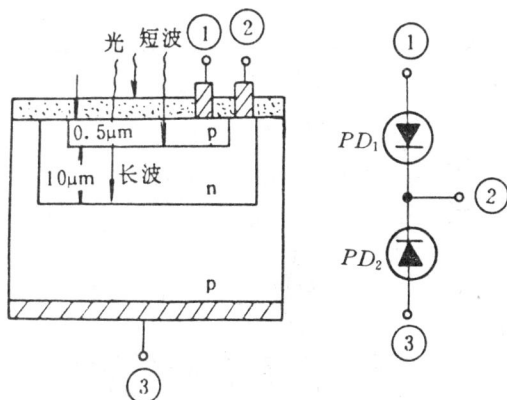

（a）结构示意图　　　　（b）等效电路

图 6-42　双结光电二极管半导体色敏器件

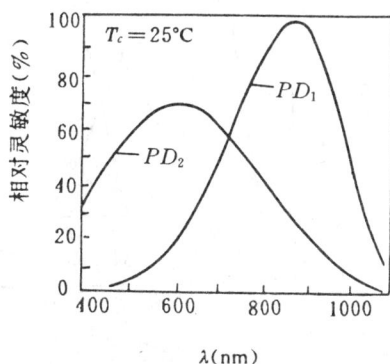

图 6-43　双结硅光电二极管的光谱响应特性

双结光电二极管只能通过测量单色光的波长,或者通过测量光谱功率分布与黑体辐射相接近的光源色温来确定颜色。当用双结光电二极管作颜色测量时,一般是测出此器件中两个硅光电二极管的短路电流比(I_{sc2}/I_{sc1})与入射光波长的关系,如图 6-44 所示。由图可知,每一种波长的光都对应于一短路电流比值,再根据短路电流比值的不同来判别入射光的波长以达到识别颜色的目的。

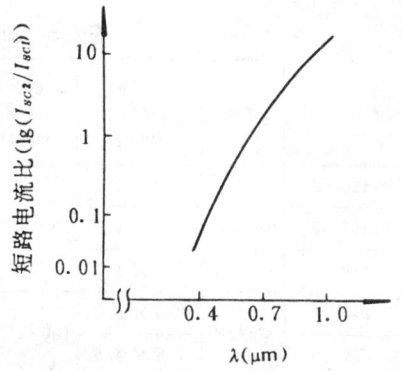

图 6-44　短路电流比与入射波长的关系曲线

上述双结光电二极管只能用于确定单色光的波长,对于多种波长组成的混合色光,即使已知这些混合色光的光谱特性,计算和精确的检测都有困难。

国际照明委员会(CIE)根据三原色原理,建立了标准色度系统,定出了匹配等能光谱色的 $\bar{r}$、$\bar{g}$、$\bar{b}$ 光谱三刺激值,得出了如图 6-45(a) 所示的"CIE1931-RGB 系统标准色度观察者三刺激值曲线"。从曲线中看到 $\bar{r}$、$\bar{g}$、$\bar{b}$ 光谱三刺激值有一部分为负值,计算很不方便,又难以理解。因此 1931 年 CIE 又推荐了一个新的国际通用色度系统,称为"CIE1931XYZ 系统"。它是在 CIE1931 — RGB 系统的基础上改用三个假想的原色 X、Y、Z 所建立的一个新的色度系统。同样,在该系统中也定出了匹配等能光谱色的三刺激值 $\bar{X}$、$\bar{Y}$、$\bar{Z}$,得出了如图 6-45(b) 所示的"CIE1931 标准色度观察者光谱三刺激值曲线"。根据以上理论,对任何一种颜色,都可由颜色的三刺激值 X、Y、Z 表示,它们的计算方法是:

$$\left. \begin{array}{l} X = K \int_{380}^{780} \Phi(\lambda)\bar{x}(\lambda)d\lambda \\ Y = K \int_{380}^{780} \Phi(\lambda)\bar{y}(\lambda)d\lambda \\ Z = K \int_{380}^{780} \Phi(\lambda)\bar{z}(\lambda)d\lambda \end{array} \right\} \tag{6.49}$$

式中　$\Phi(\lambda)$ 为进入人眼的光谱能量,称为色刺激函数;$\bar{x}(\lambda)$、$\bar{y}(\lambda)$、$\bar{z}(\lambda)$ 为 CIE-1931 标准色度观察者三刺激值,K 为调整系数。

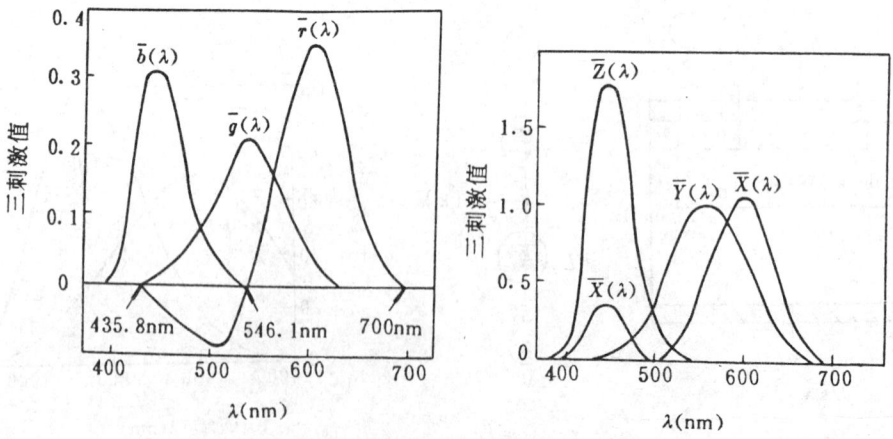

(a) CIE1931-RGB 系统光谱三刺激值　　(b) CIE1931-XYZ 系统光谱三刺激值

图 6-45　CIE1931 标准色度系统光谱三刺激值曲线

根据色度学理论,日本的深津猛夫和 Hisao Kato 等人,研制出可以识别混合色光的硅集成化三色色敏器件。图 6-46 为非晶硅集成全色色敏器件的结构示意图,它是在同一块非晶体硅基片上制作三个非晶硅的检测元件,并分别配上红、绿、蓝三块滤色片而构成一个整体,得到图 6-47 所示的近似于 1931CIE-RGB 系统光谱三刺激值曲线,通过 R、G、B 输出电流的比较识别各种物体颜色。

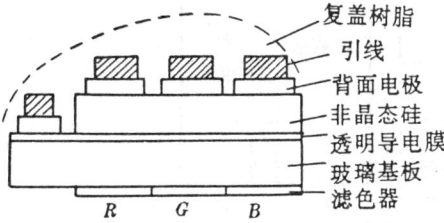

图 6-46　非晶硅集成全色色敏
　　　　　器件的结构示意图

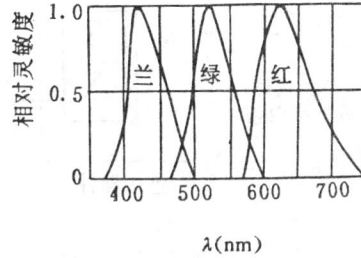

图 6-47　非晶硅集成全色色敏
　　　　　器件的光谱特性

2. 半导体色敏器件的检测电路

(1) 双结硅色敏器件的检测电路

根据图 6-44 所示双结光电二极管的短路电流之比与波长的关系曲线,可以设计如图 6-48 所示的信号处理电路,图中 PD_1、PD_2 为两个硅 p-n 结,它们的输出分别连接到运算放大器 OP_1 和 OP_2 输入端,D_1、D_2 作为对数变换元件,OP_3 (差动放大器) 对两个输入电压(即 OP_1 和 OP_2 的输出电压)作减法运算,最后在电路的输出端得到对应于不同颜色波长的输出电压值,即

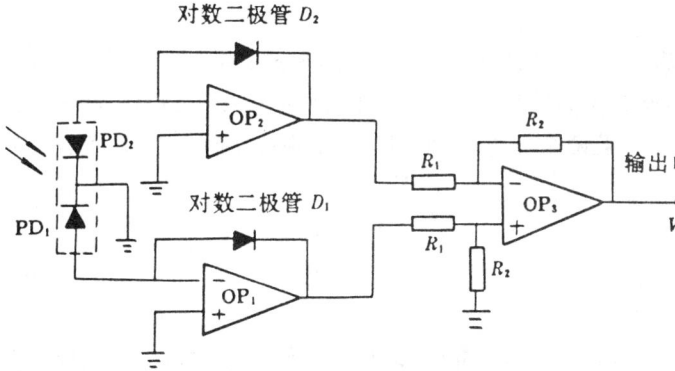

图 6-48　双色硅色敏器件信号处理电路

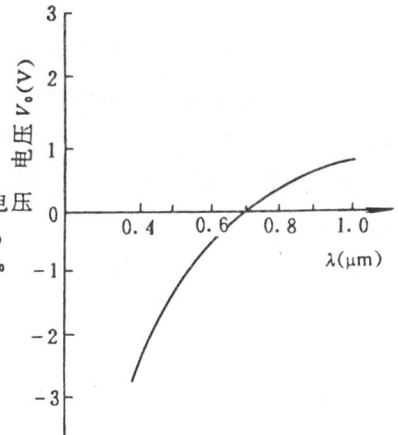

图 6-49　入射波长与输出电压 V_0
　　　　　的关系

$$V_0 = V_a(\lg I_{sc2} - \lg I_{sc1}) \frac{R_2}{R_1} = V_a \lg \left(\frac{I_{sc2}}{I_{sc1}}\right) \frac{R_2}{R_1} \tag{6.50}$$

由于入射光波与 (I_{sc2}/I_{sc1}) 之间有一一对应关系,所以根据(6.50)式就可以得到输出电压 V_0 与入射波长之间的关系,如图 6-49 所示。因此,只要测出上面测色电路(图 6-48)的输出电压,就可直接利用这条曲线(图 6-49),即可方便、快速地确定出被测光的波长。

(2) 三结光电二极管色敏器件颜色识别电路

图 6-50 是由三结光电二极管作探测器的光电积分式颜色识别电路方框图,当光源发出的

光经过光学系统照射在色敏器件上时,红、绿、蓝三色对应硅片中三只 p-n 结,由于光谱吸收率

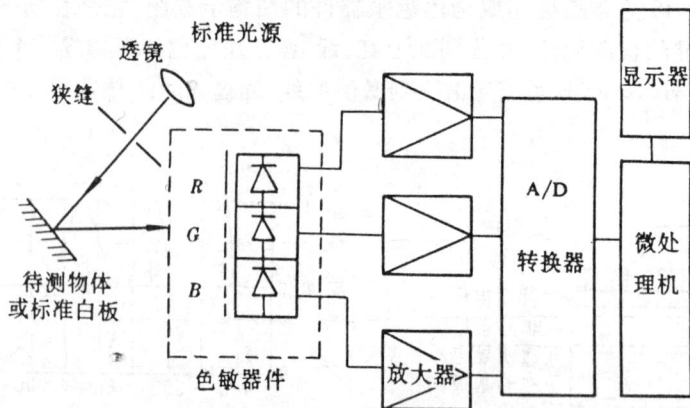

图 6-50 三结光电二极管色敏器件颜色识别电路

不同而激发的光生载流子也不同,光生电流也不同,光电流经过运算放大器后,输出相应于三刺 激值的电压(u_x',u_y',u_z'),然后经 A/D 转换器输入到专用微处理机中寄存和处理,处理后输出该光源的三刺激值:

$$
\begin{aligned}
X &= K_x u_x' \\
Y &= K_y u_y' \\
Z &= K_z u_z'
\end{aligned}
\tag{6.51}
$$

式中 K_x,K_y,K_z 为调整因子,各为常数。最后,在显示器上显示出该光源的色品坐标:

$$
\left.
\begin{aligned}
x &= \frac{X}{X + Y + Z} \\
y &= \frac{Y}{X + Y + Z}
\end{aligned}
\right\}
\tag{6.52}
$$

半导体色敏传感器测量颜色,其精度主要取决于三个 p-n 结的光谱灵敏度与 CIE 规定的三刺激值 $\bar{x}(\lambda)$、$\bar{y}(\lambda)$、$\bar{z}(\lambda)$ 匹配程度,因此在实际应用中,需用标准色板进行校正。此外,由于 $\bar{x}(\lambda)$ 曲线有两个峰,通常将 X 刺激值分成红,蓝两个分量,其中的蓝分量由 Z 刺激表示,则式(6.52)可表示为

$$
\left.
\begin{aligned}
X &= K_x u_x' + 0.151 K_z u_z \\
Y &= K_y u_y' \\
Z &= K_z u_z'
\end{aligned}
\right\}
\tag{6.53}
$$

若校正用的标准色板的三刺激值为 X_0,Y_0,Z_0,计算机光电信号采样值为 u_x,u_y,u_z 则校正系数为

$$
\left.
\begin{aligned}
K_x &= \frac{1}{u_x}(X - 0.151Z) \\
K_y &= \frac{Y}{u_y} \\
K_z &= \frac{Z}{u_z}
\end{aligned}
\right\}
\tag{6.54}
$$

该校正系数存于微处理机中,以便实际颜色测量时用。

§6-6　象限探测器和光电位置传感器(PSD)

一、象限探测器

象限探测器可以用来确定光点在二维平面上的位置坐标,一般用于准直、定位、跟踪等方面,它是利用集成电路光刻技术,将一个圆形或方形的光敏面窗口分隔成几个(图6-51)面积相等、形状相同、位置对称的区域(背面仍为整片),每一个区域相当于一个光电器件,在理想情况下,每个光电器件应有完全相同的性能参数。但实际上每个光电元件的转换效率往往不一致(有可能相差),使用时必须精心挑选。

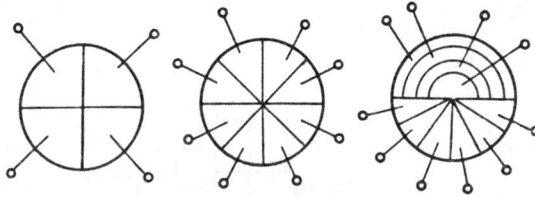

图 6-51　各种象限探测器示意图

典型的象限探测器有四象限光电二极管,四象限硅光电池和四象限光电倍增管,也有二象限的硅光电池和光敏电阻等。若采用四象限探测器来测定光斑的中心位置,则根据探测器坐标轴线和测量系统基准线间的安装角度不同,可采用以下不同的电路形式进行测定。

1. 和差电路形式

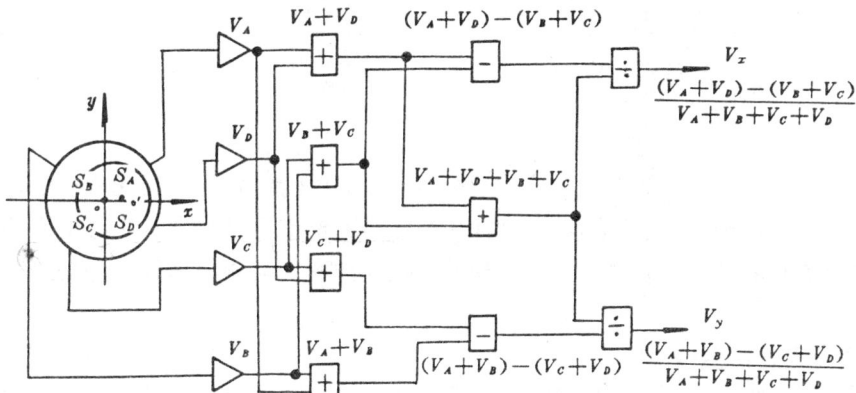

图 6-52　四象限探测器的和差电路

图6-52给出了和差电路的连接方法,图中器件的坐标线和基准线间成水平安装,电路的连接是先计算相邻象限信号的和,再计算信号的差,设光斑形状是弥散圆,半径为 r,光密度均匀,投影在四象限探测器每个象限上的面积分别为 S_A, S_B, S_C, S_D,光斑中心 O' 相对探测器中心 O 的偏移量 $OO' = \rho$(可用直角坐标 x, y 表示),按图6-52连接后,由运算电路输出偏离信号 V_x 和 V_y,它们是:

$$V_y = K[(V_A + V_B) - (V_C + V_D)]$$
$$V_x = K[(V_A + V_D) - (V_B + V_C)]$$

式中　$V_A、V_B、V_C、V_D$ 代表四个探测器经放大后的输出电压值;

K 为电路放大系数,它与光斑直径和功率有关;

V_x、V_y 分别表示光束在 x 方向和 y 方向偏离四象限探测器中心 O 点的情况。

通常为了消除光斑自身总能量变化采用和差比幅电路,其输出电压为:

$$\left.\begin{array}{l} V_y = K \dfrac{(V_A + V_B) - (V_C + V_D)}{V_A + V_B + V_C + V_D} \\[3mm] V_x = K \dfrac{(V_A + V_D) - (V_B + V_C)}{V_A + V_B + V_C + V_D} \end{array}\right\} \quad (6.55)$$

2. 直差电路形式

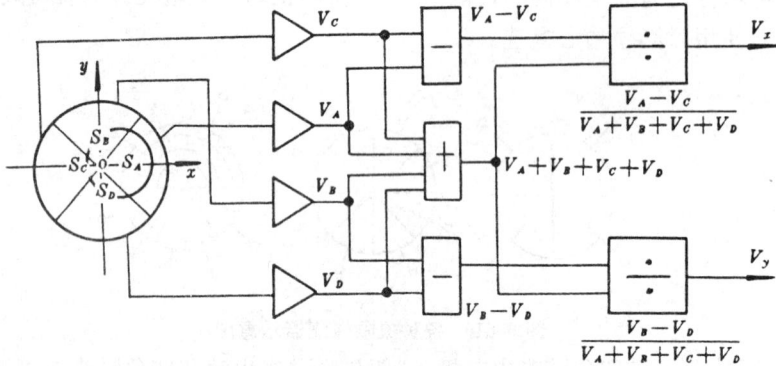

图 6-53　四象限探测器的直差电路

图 6-53 给出了直差电路的连接方式。图中器件的坐标线和基准线间成 45° 角安装,在这种情况下,输出偏移量为

$$\left.\begin{array}{l} V_x = K \dfrac{(V_A - V_C)}{V_A + V_B + V_C + V_D} \\[3mm] V_y = K \dfrac{(V_B - V_D)}{V_A + V_B + V_C + V_D} \end{array}\right\} \quad (6.56)$$

这种电路简单,但非线性且灵敏度相对较低。

象限探测器有几个明显缺点:① 它需要分割,从而产生死区,尤其当光斑很小时,死区的影响更明显;② 若被测光斑全部落入某个象限时,输出的电信号无法表示光斑位置,因此它的测量范围、控制范围都不大;③ 测量精度与光强变化及漂移密切相关,因此它的分辨率和精度受到限制。

二、光电位置传感器(PSD)

光电位置传感器是一种对入射到光敏面上的光点位置敏感的光电器件,其输出信号与光点在光敏面上的位置有关。它与象限探测器相比较,其特点是:① 它对光斑的形状无严格要求,即输出信号与光的聚焦无关,只与光的能量中心位置有关,这给测量带来很多方便;② 光敏面上无须分割,消除了死区,可连续测量光斑位置,位置分辨率高,一维 PSD 可达 $0.2\mu m$;③ 可同时检测位置和光强 —PSD 器件输出总光电流与入射光强有关,而各信号电极输出光电流之和等于总光电流,所以从总光电流可求得相应的入射光强。

光电位置传感器被广泛地应用于激光束的监控(对准、位移和振动)、平面度检测、二维位置检测系统等。

1. PSD 的工作原理和位置表达式

图 6-54 是一个 PIN 型 PSD 的断面结构示意图,该 PSD 包含有三层,上面为 p 层,下面为 n

层,中间为 i 层,它们全被制作在同一硅片上,p 层不仅作为光敏层,而且还是一个均匀的电阻层。

当入射光照射到 PSD 的光敏层上,在入射位置上就产生了与光能成比例的电荷,此电荷作为光电流通过电阻层(p 层)由电极输出。由于 p 层的电阻是均匀的,所以由电极①和电极②输出的电流分别与光点的各电极的距离(电阻值)成反比。设电极①和电极②间的距离为 $2L$,电极①和电极②输出的光电流分别为 I_1 和 I_2,则电极③上的电流为总电流 I_0,并且 $I_0 = I_1 + I_2$。

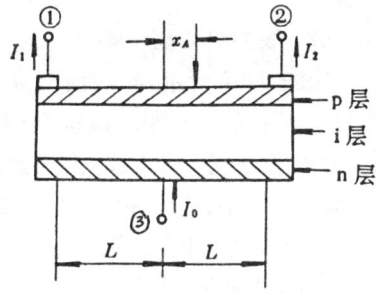

图 6-54　PSD 断面结构示意图

若以 PSD 的中心点位置作为原点时,光点离中心点的距离为 x_A,如图 6-54 所示,于是

$$
\left.
\begin{aligned}
I_1 &= I_0 \frac{L - x_A}{2L} \\
I_2 &= I_0 \frac{L + x_A}{2L} \\
x_A &= \frac{I_2 - I_1}{I_2 + I_1} L
\end{aligned}
\right\}
\tag{6.57}
$$

利用式(6.57)即可确定光斑能量中心对于器件中心的位置 x_A,它只与 I_1、I_2 电流的和、差及比值有关,而与总电流无关(即与入射光能的大小无关)。

2. 一维位置传感器和等效电路

PSD 分为两类:一维 PSD 和二维 PSD。一维 PSD 主要用来测量光点在一维(x 坐标)方向上的运动位置,图 6-55 是 S1544(一维 PSD)的结构示意图,其中①和③为信号电极,②为公共电极,可加偏压。感光面大多呈细长矩形条。图(b)为一维 PSD 等效电路,其中 R_{sh} 为并联电阻,I_r 为电流源,D 为理想二极管,R_D 为定位电阻,结电容 C_j 是决定器件响应速度的主要因素。

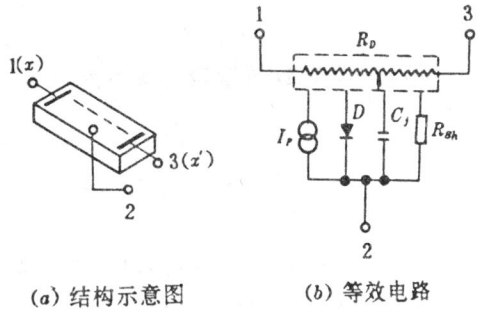

(a) 结构示意图　　(b) 等效电路

图 6-55　一维 PSD

根据公式(6.57)就可写出入射光点位于 A 点的坐标位置:

$$
x_A = \frac{I_3 - I_1}{I_3 + I_1} L
\tag{6.58}
$$

而总电流

$$
I_2 = I_3 + I_1
\tag{6.59}
$$

3. 二维 PSD 和等效电路

二维 PSD 用来测定光点在平面上的二维(x, y)坐标,它的感光面是方形的,比一维 PSD 多一对电极,按其结构可分为两种形式。

(1)两面分离型 PSD

如图 6-56 所示。从图中看出,两对互相垂直的信号电极分别在上下两个表面上,两个表面都是均匀电阻层,与光点位置有关的信号电流先在一个面(上表面)上的两个信号电极($3x$, $4x'$)上形成 I_x, I_x' 的电流,汇总后又在另一个面(下表面)的两个信号电极($1Y, 2Y'$)上形成两路电流 I_y, I_y'。这种形式的 PSD 因电流分路少故灵敏度较高,有较高的位置线性度和高的空间分辨率。

（2）表面分离型 PSD

如图 6-57 所示，与两面分离型 PSD 不同的是相互垂直的两对电极在同一个表面上，光电流在同一电阻层内分解成四个部份，即：I_z、I_z'、I_y、I_y'，并作为位移信号输出，与两面分离型相比，它具有施加偏压容易，暗电流小和响应速度快等优点。

二维 PSD 的光点能量中心位置表达式

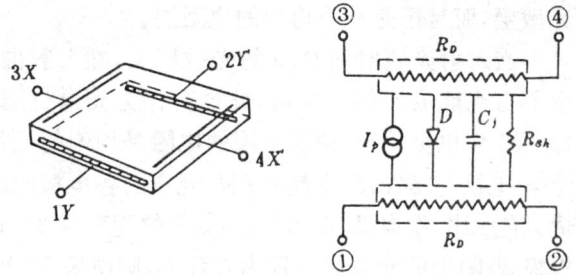

图 6-56　两面分离型 PSD 结构原理图和等效电路

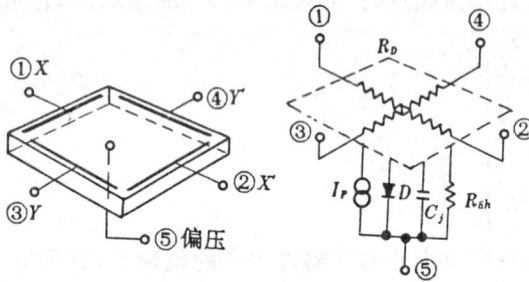

（a）结构示意图　　　（b）等效电路图

图 6-57　表面分离型 PSD

不难从一维 PSD 位置表达式中得到，即

$$\left. \begin{array}{l} x = \dfrac{I_z' - I_z}{I_z + I_z'}L \\[3mm] y = \dfrac{I_y' - I_y}{I_y + I_y'}L \end{array} \right\} \tag{6.60}$$

需要指出的是式(6.58)与式(6.60)都是近似式，在器件中心位置是正确的，而距离器件中心较远接近边缘部份时误差较大。为了减少这种误差，对表面分离型的光敏面和电极进行了改进，改进后的表面分离型被称为改进表面分离型 PSD。

改进表面分离型的光敏面及电极的引出线如图 6-58 所示。除了有小的暗电流，快的响应时间和易于加反偏电压外，这种结构所具有的优点是：在边缘四周的误差被大大地减小了。

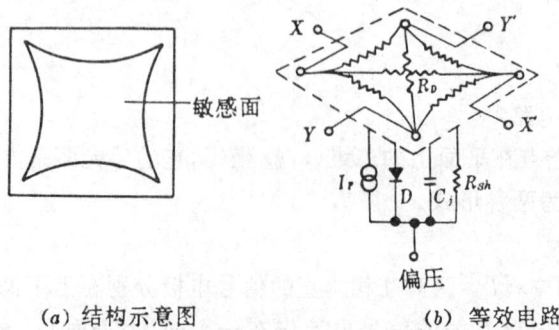

（a）结构示意图　　　（b）等效电路

图 6-58　改进表面分离型 PSD

从等效电路可见，与表面分离型相比又多了四个电阻，此时，入射光点 A 的位置(x,y)表达

式（推导从略）是

$$
\left.\begin{array}{l}
x = \dfrac{(I_{x'} + I_y) - (I_x + I_{y'})}{I_x + I_{x'} + I_y + I_{y'}} L \\[3mm]
y = \dfrac{(I_{x'} + I_{y'}) - (I_x + I_y)}{I_x + I_{x'} + I_y + I_{y'}} L
\end{array}\right\}
\qquad (6.61)
$$

4. PSD 转换电路

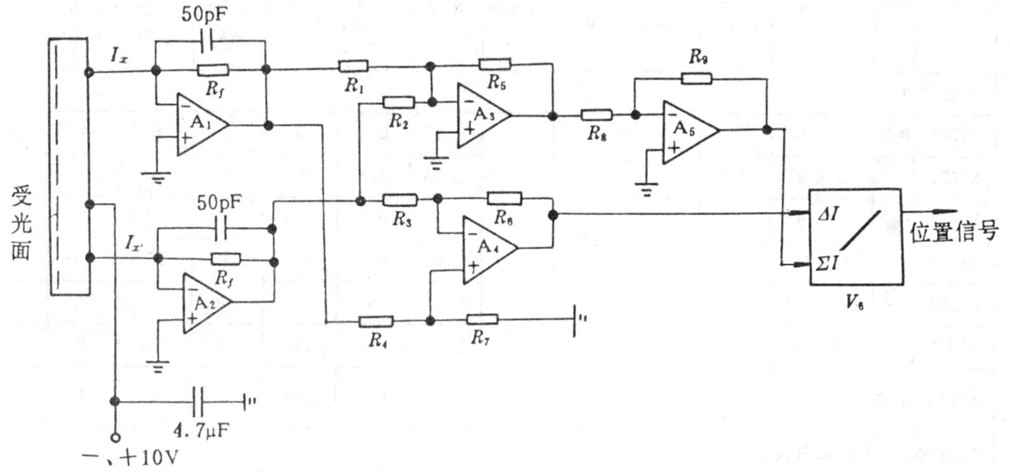

图 6-59　一维 PSD 转换电路原理图

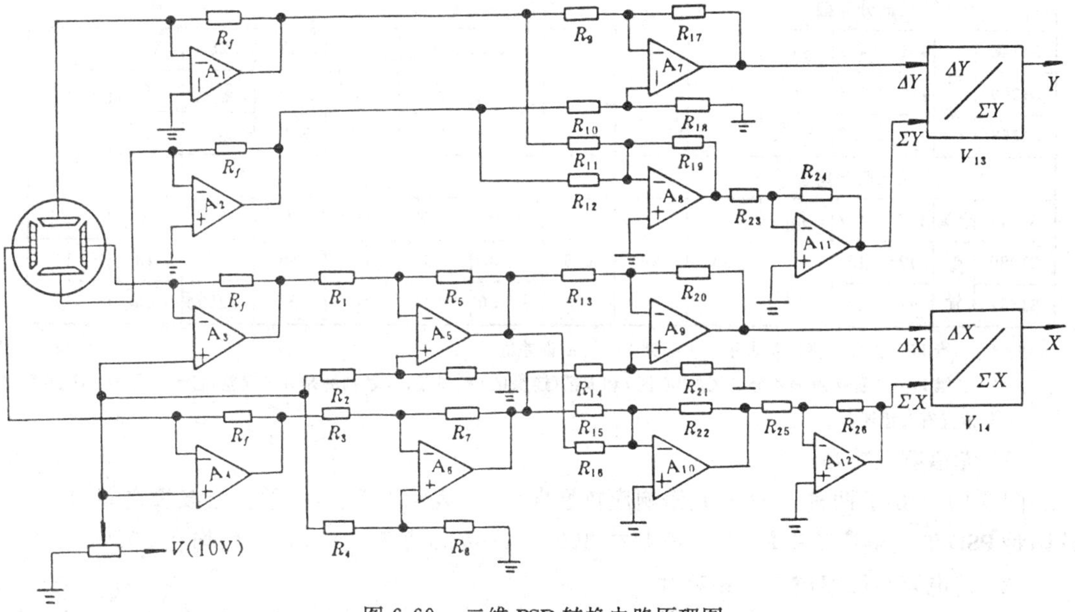

图 6-60　二维 PSD 转换电路原理图

根据 PSD 原理及光点位置 (x,y) 的表达式，转换电路首先应对 PSD 输出的光电流进行电流 - 电压转换并放大，再按转换公式的要求，通过加、减运算放大器进行预置相加和相减运算，最后通过模拟除法器相除，得到与光能大小无关的位置信号。图 6-59 和图 6-60 是一种一维 PSD 和二维 PSD 转换电路原理图，图中：R_f 值取决于输入电平的大小；V_6、V_{13}、V_{14} 为模拟除法器；所有的 A_i 为低漂移运算放大器。目前有配套的 PSD 转换电路板生产，使用者只要接上正或负电源,就能用它来检测位置。

5. PSD 的主要特性

表 6-4 列出了部份一维 PSD 和二维 PSD 器件的特性。

表 6-4　国外部分 PSD 器件特性

型号	外壳包装	有效灵敏区 (mm)	光谱响应范围 (nm)	峰值响应波长 (nm)	反偏电压 (V)	峰值灵敏度 (A/W)	位置检测误差(典型) (μm)	位置分辨率(典型) (μm)	极间电阻(典型) (kΩ)	暗电流 $V_R=10V$ (nA)	结电容 $V_R=10V$ (pF)	上升时间 $V_R=10V$ (μs)	最大光电流 $V_R=10V$ $R_2=1kΩ$ (μA)
一维 PSD													
S1543	金属	1×3					±15	0.2	100	1	6	4	160
S1771	金属	1×3	300				±15	0.2	100	1	6	4	160
S1544	陶瓷	1×6	?	900	20	0.6	±30	0.3	100	2	12	8	80
S1545	陶瓷	1×12					±60	0.3	200	4	25	18	40
S1662	陶瓷	13×13	1100				±100	6	10	100	300	8	1000
S1532	陶瓷	2.5×33					±125	7	25	30	150	5	1000
S2153	塑料	1×3	700~1100	900	20	0.55	±15	0.2	100	1	6	4	160
二维 PSD　①表面分离型													(mA)
S1300	陶瓷	13×13	300~1100	900	20	0.5	±80	6	10	1000	200	8	1
②两面分离型													
S1743	陶瓷	4.1×4.1	300				±50	3	10	20	25	2.5	1
S1200	陶瓷	1.3×1.3	?	900	20	0.6	±150	10	10	1000	300	8	1
S1869	陶瓷	2.7×2.7	1100				±300	20	10	2000	650	20	1
改进表面分离型													
S2044	金属	4.7×4.7	300				±40	2.5	10	1	35	3	1
S1880	陶瓷	12×12	?	900	20	0.6	±80	6.0	10	50	350	12	1
S1881	陶瓷	22×22	1100				±150	12	10	100	1200	40	1

注：1. 一维 PSD 位置插测误差表示从中心到 3/4 处的误差值。

2. 二维 PSD 位置插测误差分 A 区(中心区)和 B 区(边缘区)的误差,本表列的是 A 区误差,各种型号的 A 区、B 区划分请查有关手册。

(1) 光谱响应特性

图 6-61 示出了两种 PSD 的光谱响应特性曲线,它表示 PSD 的灵敏度与波长之间的关系。这两种 PSD 波长响应范围较宽,一般都在 300 ~ 1100nm 范围内,峰值波长均在 900nm 左右。

(2) 结电容与反偏电压关系特性

结电容 C_j 是确定 PSD 响应速度的一个主要因素,表 6-4 中所示之值是在频率为 10kHz 时所测得的。图 6-62 是结电容与所加反偏压间的关系曲线,从图中可见,反偏压越小,结电容越大。当反偏压超过一定值时,结电容基本上为一常数,反偏电压的选取一定要小于器件所允许的最大反偏电压,否则器件将遭到击穿。

(3) 温度特性

环境温度的改变会影响器件的灵敏度和暗电流。PSD 的暗电流随着温度的上升而按指数

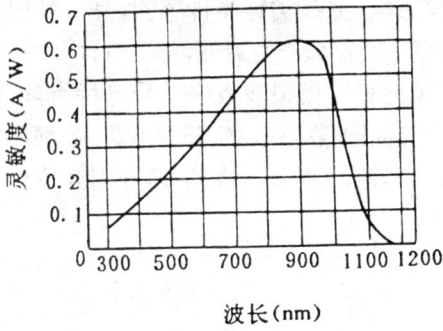

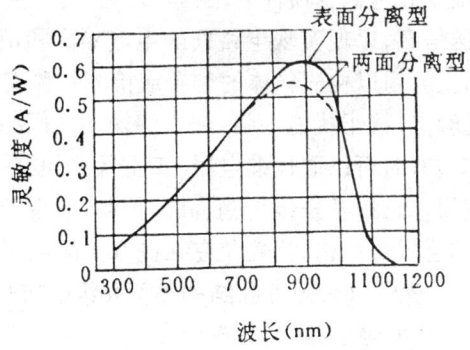

(a) 一维 PSD(S1543)光谱响应曲线　　　　　(b) 二维 PSD 光谱响应曲线

图 6-61　两种 PSD 的光谱响应曲线

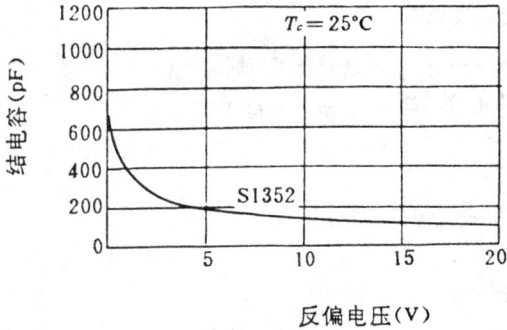

图 6-62　结电容与反偏电压关系曲线　　　图 6-63　光谱响应的温度特性

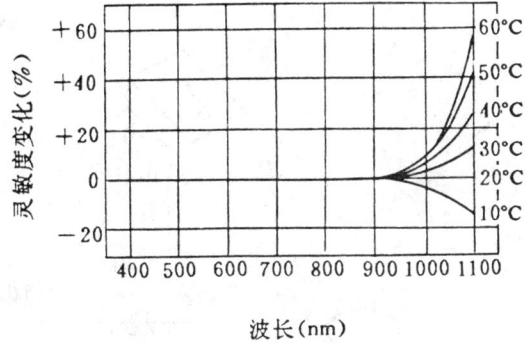

规律增加,图 6-63 是 PSD 的灵敏度与温度的关系曲线。从图中看出,当入射光波长小于 950nm(约)时,温度变化对其灵敏度基本上无影响,但长波段大于 950nm 时其灵敏度随着温度的变化较大。

（4）位置检测误差

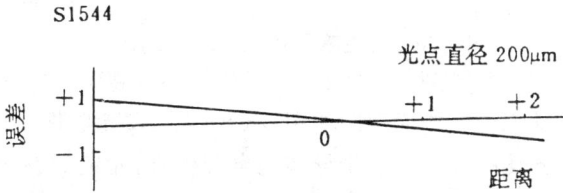

图 6-64　PSD 位置检测误差

图 6-64 是一维 PSD(S1544) 位置检测误差曲线,从曲线可知,越接近边缘,其位置检测误差越大。

§6-7　光电耦合器件

光电耦合器件是发光器件与光接收器件组合的一种器件,它是以光作媒介把输入端的电信号耦合到输出端,因此也称为光耦合器。

根据光电耦合器件的结构和用途,可分为两类:一类称光电隔离器,它的功能是在电路之间传送信息,以便实现电路间的电气隔离和消除噪声影响;另一类称光传感器,是一种固体传感器,主要用以检测物体的位置或检测物体有无的状态。不管那一类器件,都具有体积小、寿命长、无触点、抗干扰能力强、输出和输入之间绝缘、可单向传输模拟或数字信号等特点,因此用途极广,有时可以取代继电器、变压器、斩波器等,被广泛用于隔离电路、开关电路、数模转换电路、逻辑电路以及长线传输、高压控制、线性放大、电平匹配等单元电路。下面分别介绍这两类光电耦合器的结构,特性及在某些方面的应用。

一、光电耦合器件的结构类型和组合方式

1. 光电隔离器

光电隔离器是把输入端的发光器件和输出端的光电接收器件组装在同一管壳中,且两者的管心相对配置、互相靠近,除光路部分外,其他部分完全遮光,如图 6-65 所示的三种外形结构图,目前常用的是图 6-65(a) 这种类型。

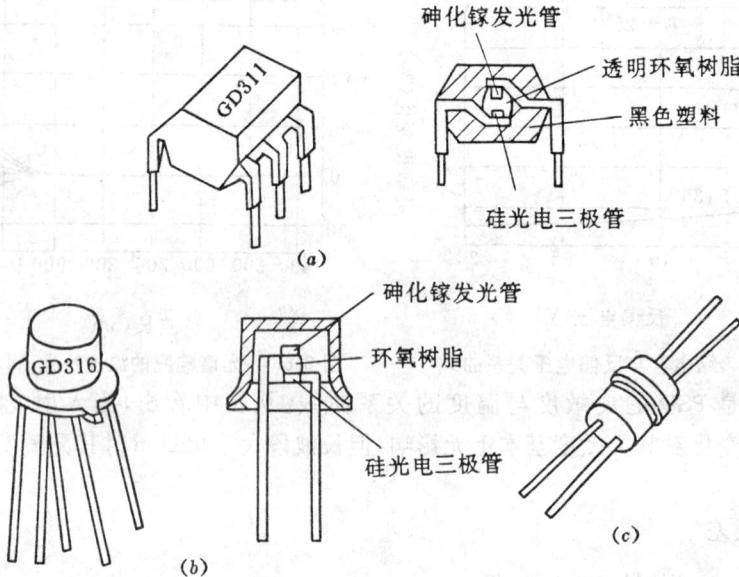

图 6-65　光电耦合器件的三种类型

(a) 双列直插式塑料封装结构　　(b) 金属管壳封装　　(c) 侧面引线对封装结构

光隔离器的组合方式其部分结构原理图如图 6-66 所示,发光器件常采用半导体发光二极管,如砷化镓和磷砷化镓。光接收器件常有半导体光电二极管,光电三极管及光集成电路等。当接收器中采用光电二极管,被命名为 GD-210 系列光电耦合器,采用光电三极管作为光接收器的则命名为 GD-310 系列光电耦合器。

砷化镓发光二极管与其它类型的发光器件相比,有发光效率高(达 $3 \sim 5\%$)、寿命长(一般超过 10 万小时)的优点,其发光波长为 9400Å,与硅光管的峰值波长($\lambda_m = 9000$Å)相近,因此,用这两种器件组成光电耦合器有较高的频率响应和信号传输效率。

为了提高频率响应和电流传输比,可采用集成组件作为光接收器件的光电耦合器。如图 6-66(c) 所示光接收器为光电二极管 - 高速开关三极管组件;图 6-66(d) 中光接收器为光电三极管 - 达林顿晶体管组件,图 6-66(e) 中光接收器为光集成电路。

2. 光传感器

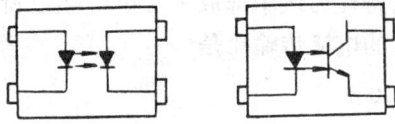

(a)GD-210 型　　　　　(b)GD-310 型

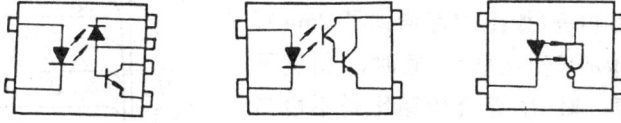

(c) 接收管为光电二极管—
高速开关三极管

(d) 接收管为光电三极管—
达林顿晶体管

(e) 接收管为
光集成电路

图 6-66　几种光电耦合器件原理图

按结构的不同,光传感器又可分为透过型(又称光断续器)和反射型两种,透过型光传感器是将相互之间保持一定距离的发光器件和光接收器件相对组装而成(图 6-67(a)),它可以检

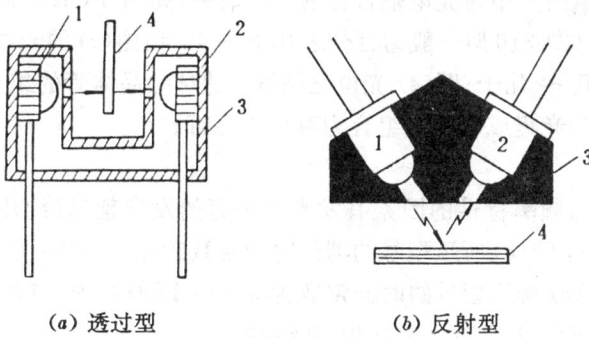

(a) 透过型　　　　　　　　(b) 反射型

图 6-67　光电传感器的结构

1- 发光器件　2- 光电器件　3- 基座　4- 被测物体

测物体通过两器件之间时所引起的透射光量变化,反射型光传感器则是把发光器件和光接收器件相互间以某一交叉角度安放在同一方向(图 6-67(b)),它可以检测物体经过时反射光量的变化,通过这些光量变化可自动检测物体的数目、长度,也可组成光编码器应用于数字控制系统中,以及在高速印刷机中,作定时控制或印字头的位置控制,这种反射型光传感器尤被广泛应用于传真机、复印机中对纸检测或图象色彩浓度的调整。

光传感器的组合方式与光隔离器的组合方式相似,用得最多的光传感器是由发光二极管与光电三极管组合而成的。

二、光电耦合器件的基本特性

1. 隔离性

光电耦合器件的输入端和输出端之间通过光信号传输,对电信号是隔离的,没有电信号的反馈和干扰,因而性能稳定。

由于发光管和接收管之间的耦合电容很小($< 2pF$),所以共模抑制比高、抗干扰能力强。

2. 电流传输比 β

在直流工作状态时,光电耦合器的集电极电流 I_c 与发光二极管的输入电流 I_F 之比称为电流传输比,用 β 表示。

在图 6-68 中，若在输出特性曲线中部取一工作点 Q，它所对应的发光管电流为 I_{FQ}，对应的集电极电流为 I_{CQ}，因此该点的电流传输比是

$$\beta_Q = \frac{I_{CQ}}{I_{FQ}} \times 100\% \tag{6.62}$$

由图 6-68 也可看出，当工作点选在靠近截止区 Q_1 点或接近饱和点 Q_3 时，虽然发光管电流变化 ΔI_{F1}、ΔI_{F2} 或 ΔI_{FQ} 都相等（如图中都增加了 2mA），但相应的 ΔI_{c1} 或 ΔI_{c3} 却变化很小。此时，β 值就不同，因此在传送信号时，用直流传输比是不恰当的，而应当采用被选取工作点 Q 处的小信号电流传输比来计算。这种微小变化量定义的传输比称为交流电流传输比，用 $\tilde{\beta}$ 表示，即

$$\tilde{\beta} = \frac{\Delta I_c}{\Delta I_F} \times 100\% \tag{6.63}$$

对于输出特性线性度较好的光电耦合器件，β 与 $\tilde{\beta}$ 近似相等。

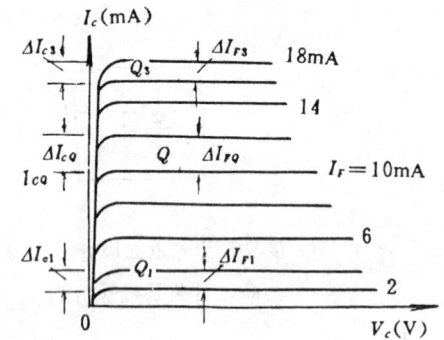

图 6-68　光电耦合器电流传输比示意图

电流传输比 β 值的大小与光电耦合器的类型有关，如图 6-66(a) 所示的 GD-210 型一般为 $0.2 \sim 3\%$，图 (b) 的 GD-310 型一般为百分之几十 ~ 几百；图 (c) 的光电二极管 - 高速开关三极管的组合为百分之几 ~ 几十；图 (d) 光电三极管 - 达林顿晶体管的组合一般为百分之几百 ~ 几千；图 (e) 接收管为光集成电路的组合为百分之几百。

3. 频率特性

决定光电耦合器频率特性的因素有发光二极管的发光延迟（约几十纳秒）和接收管的时间常数，如图 6-66 中：图 (a) 所示型号的器件时间常数约几十纳秒；图 (b) 所示型号的时间常数为 $1 \sim 100$ 微秒；图 (c) 所示型号的时间常数为 $0.1 \sim 1$ 微秒；图 (d) 所示型号时间常数为几十 ~ 几百微秒；图 (e) 所示型号时间常数为 50 纳秒。

4. 输出特性

光电耦合器的输出特性是在一定发光电流 I_F 下，光电接收器件所加电压与输出电流之间的关系曲线。

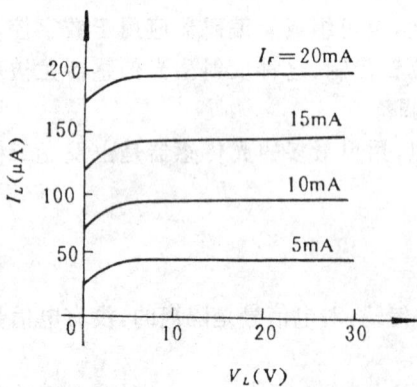

(a) GD-210 系列

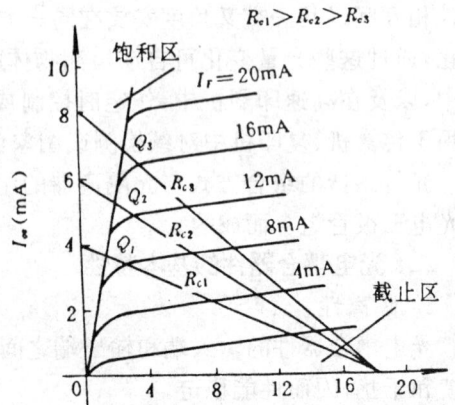

(b) GD-310 系列

图 6-69　光电耦合器输出特性

图 6-69 示出了 GD-210 系列和 GD-310 系列光电耦合器的输出特性。图 6-69(a) 是以光电二极管作接收器件的光电耦合器输出特性,其线性较好,它与一般光电二极管的伏安特性相似,只是把光电二极管伏安特性曲线中以光照度(或光功率)为参变量换成发光二极管电流 I_F,因此光电耦合器的输出特性与该光电接收器件的伏安特性相似,只需变换参变量即可。

5. 输入 - 输出绝缘特性

光电耦合器件中发光管和接收管之间的绝缘较好,其绝缘电阻达 $10^9 \sim 10^{13}\Omega$,耐压值在 500V 以上,可满足一般使用要求,如有特殊要求可通过采用特殊组合方式制造出耐压高达千伏甚至万伏的光电耦合器。

三、光电耦合器件的基本电路

1. 发光二极管的驱动电路

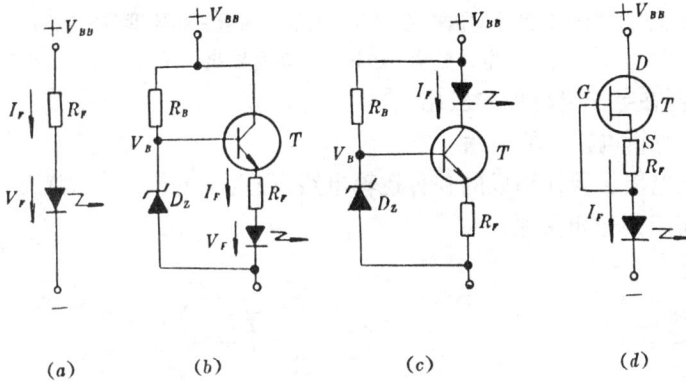

图 6-70　发光二极管的驱动电路
(a) 简单驱动　(b) 晶体管驱动　(c) 晶体管驱动　(d) 场效应管驱动

发光二极管的驱动电路通常有如图 6.70 所示的几种电路。图(a) 是简单的驱动电路,其限流电阻为

$$R_F = \frac{V_{BB} - V_F}{I_F} \tag{6.64}$$

式中　V_{BB} 为所加电压;V_F 为发光二极管的正向电压,一般在 1 伏左右;I_F 为发光二极管工作电流,在设计时 I_F 值不能超过允许的极限电流,否则发光二极管将被烧毁。

图 6-70(b) 和(c) 电路的限流电阻分别为

$$R_F = \frac{V_B - V_{BE} - V_F}{I_F} \tag{6.65}$$

$$R_F = \frac{V_B - V_{BE}}{I_F} \tag{6.66}$$

式中　V_B 为晶体管 T 的基极电压;V_{BE} 为晶体管 T 的基极和发射极之间电压;V_F 为发光二极管正向压降;I_F 为发光二极管的工作电流。

图 6-70(d) 是场效应管驱动电路,其电阻 R_F 可由下面联立方程求解:

$$\left. \begin{aligned} V_{GB} &= I_D \cdot R_F \\ I_D &= I_{DSS}(1 - \frac{V_{GS}}{V_R})^2 \end{aligned} \right\} \tag{6.67}$$

式中　V_{GS} 为源极和栅极间电压;I_{DSS} 为饱和漏极电流;V_R 为夹断电压;漏极电流 $I_D \approx I_F$。

2. 输出电路

图 6-71 是光电耦合器件的几种输出电路,负载电阻 R_c 值可分别根据所采用的光电接收器件及晶体管电路参数设计,本节略。

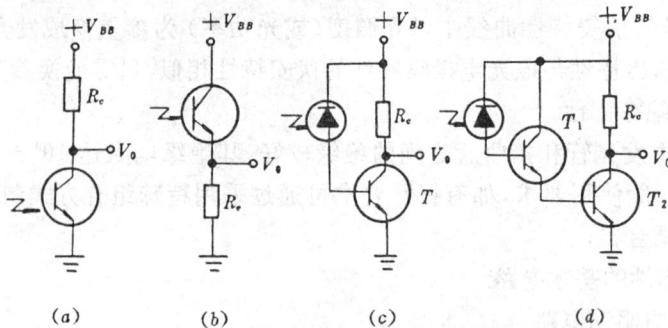

图 6-71　光电耦合器输出电路

(a)、(b) 光电二极管输出电路　(c) 光电二极管 - 晶体管输出电路

(d) 光电二极管 - 达林顿晶体管输出电路

四、光电耦合器在电子电路中的应用

1. 在脉冲数字逻辑电路中的应用

图 6-72 是由光电耦合器件组成的各种逻辑电路。假定高电位为"1"状态,低电位为"0"状态,便能实现图中所示的逻辑关系。

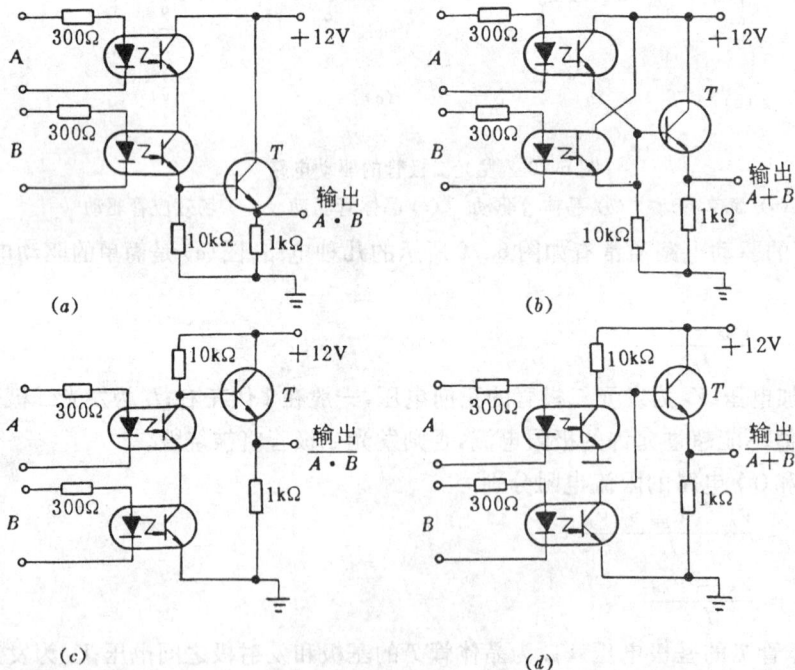

图 6-72　各种逻辑电路

这些门电路的优点是实现了输入、输出电路相互之间电位的隔离,抗干扰能力强但在转换速度、功率损耗等方面,不如晶体管门电路,更不如固体门电路。因此不考虑损耗时,对抗干扰要求很强的场合是一非常理想的器件。

2. 在脉冲与开关电路中的应用

图 6-73 为几种脉冲传输、整形电路。在图 6-73(a) 中光电耦合器的输出加一个与非门,即

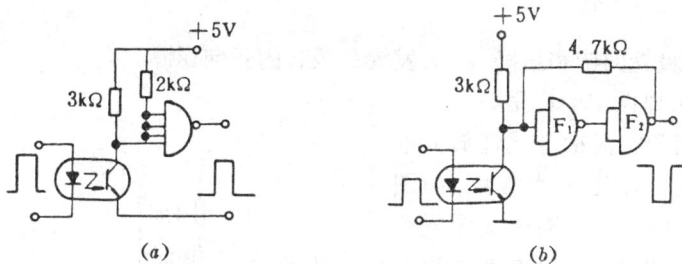

图 6-73　几种脉冲传输、整形电路

可把信号传递并整形输出。如果是两个不同系列的与非门，只要选择适当的电源及电路参数就可得到电平的匹配。图 6-73(b)所示为倒相整形电路，在输出端接有两个非门(F_1、F_2)构成反向输出整形器，用它能对很差的输入波形进行整形，并获负脉冲输出。

　　在要求控制电路和开关电路彼此间电隔离时，利用光电耦合器便能实现，对于一般的电子开关就很难做到。图 6-74 示出了几种常用的开关电路，并在图下面示出了相应的等效电路符号。

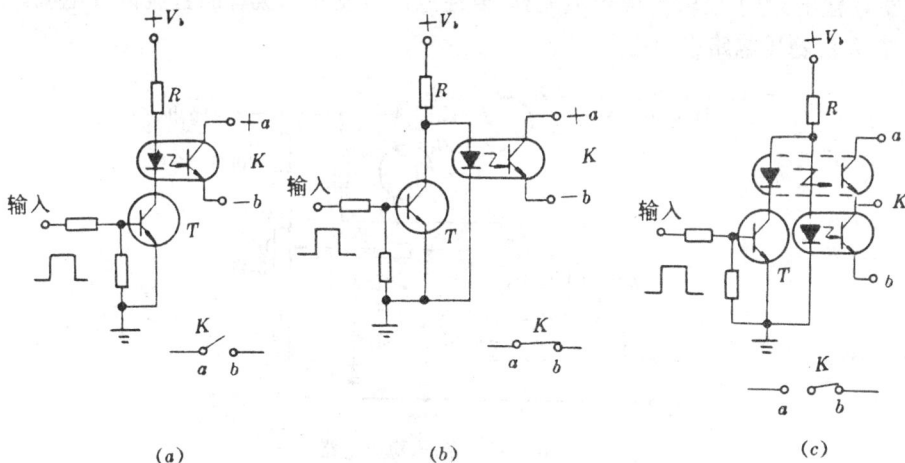

图 6-74　几种开关电路及等效电路符号
(a) 常开电路；(b) 常闭电路；(c) 单刀单掷开关

　　在图 6-74(a) 中，当输入外来正向控制脉冲时三极管 T 导通，此时发光二极管导通、发光，光敏三极管受光照后，其集电极 c 和发射极 e 间导通，开关呈闭合状态。这是一种受电信号控制的无触点开关，该开关只要接在有电位差存在的线路中就行，它不受所在电位高低的限制，也与前面控制电路无关，这都是使用光电耦合器件的优点，给电路设计带来很大方便。

　　图 6-75 示出了由三只光电耦合器组成的自保式开关电路。当无正脉冲到来时，光电耦合器 GD_1、GD_2 和 GD_3 均处于截止状态；当加上控制脉冲（正脉冲）时，GD_1 先饱和导通，GD_2 和 GD_3 也饱和，此时 GD_2 和 GD_3 发光管的电流由 V_c 通

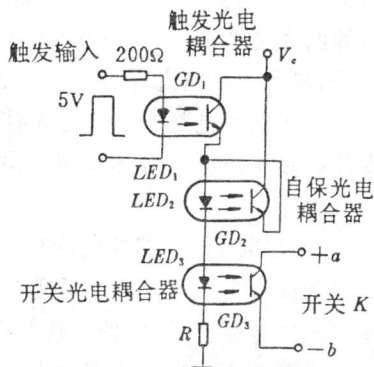

图 6-75　自保开关电路

过 GD_1 和 GD_2 的光电三极管供给，由于 GD_2 的自保作用，若 GD_1 上控制信号被撤消，GD_1 光电三极管被截止，此时 GD_3 开关仍处于闭合，直到切断电源 V_c 为止。工作时发光二极管电流为

$$I_F = \frac{V_c - (V_{ce} + 2V_F)}{R}$$

式中，V_{ce} 是光电三极管的饱和压降，V_F 为发光二极管的正向压降。

3. 在线性放大电路中的应用

光电耦合器用于交流耦合线性放大电路中，则要求电流传输比 β 为常数。如图 6-76 所示的放大电路中，若要使交流输入信号无失真地进行放大，必须使光电耦合器 GD 的发光二极管内流过直流偏置电流 I_{F_0}（设 $I_{F_0} = 10\text{mA}$），输入的交流信号就叠加在 I_{F_0} 上，形成调制电流。光电二极管发射调制光，此调制光经 GD 的光电接收器转换成调制光电流并输出。调制光电流中的直流成分被 20 微法的隔直电容阻隔，交流成分经放大器 A 输出。为了使输出信号不失真，要注意调节发光二极管的直流偏置电流。

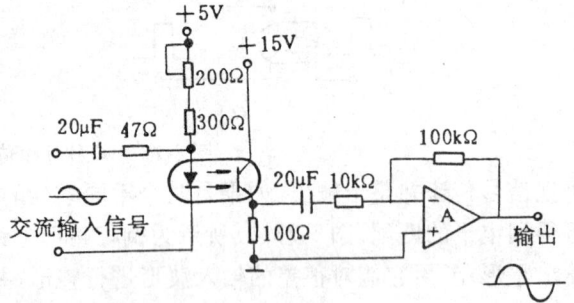

图 6-76　在线性电路中的应用

4. 在直流稳压电路中的应用

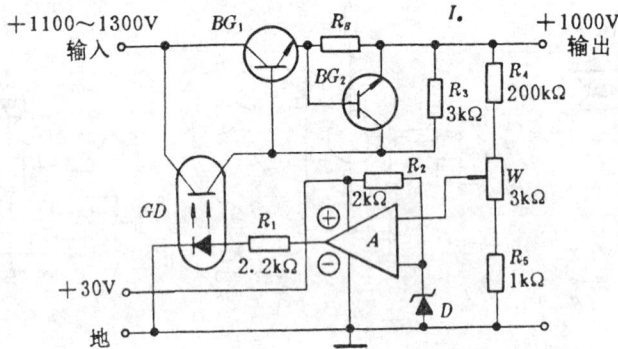

图 6-77　高压稳压电路

图 6-77 是采用光电耦合器组成的稳压电路。图中采用了运算放大器 A 作为取样放大器，以便获得较高的电压稳定度，其基本工作原理是：当外界电源电压或负载变化而导致输出电压升高时，电位器 W_R 上的分压升高，从而使运算放大器的输出电压也升高，光电耦合器中发光二极管的亮度增加，进而使 GD 中光电三极管内流过较大的电流，这又使调整管 BG_1 的导通程度下降，从而导致输出电压回到稳定值。图中 BG_2 是过流保护晶体管。

高压稳压电路中采用光电耦合器后的最大优点是：主电路和控制电路之间互相绝缘，因此即使是高压稳压电路，也只需选用耐压较高的晶体管作调整管，而其它元件仍可选用普通的低压元件。

5. 在电子计算机中的应用

如图 6-78 中，一般计算机的运算处理部分大都采用具有速度快、功耗小、价格低廉的 TTL 系列集成电路。为了能使计算机在噪声干扰较大的环境中也能可靠地工作，则计算机的输入、输出设备要采用抗干扰能力强的 HTL 电路，但由于 HTL 电路的电源电压要求较高，这时可采用光电耦合器组成接口，如图 6-78 所示。一方面解决电平匹配的问题，另一方面更重要的是使输入、输出设备的干扰信号不会窜入计算机内部，提高了整个计算机系统工作的可靠性。

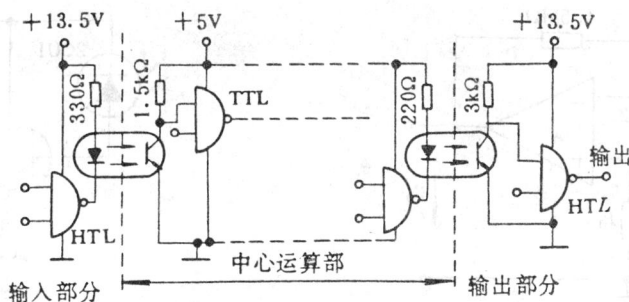

图 6-78　电平匹配示意图

思考题与计算题

[6-1]　为什么结型光电器件在正向偏置时没有明显的光电效应?必须工作在哪种偏置状态?

[6-2]　如果硅光电池的负载为 R_L,画出它的等效电路图,写出流过负载 I_L 的电流方程及 V_{oc}、I_{sc} 的表达式,说明其含义,(图中标出电流方向)

[6-3]　硅光电池的开路电压为 V_{oc},当照度增大到一定时,为什么不再随入射照度的增加而增加,只是接近 0.6V?在同一照度下,为什么加负载后输出电压总是小于开路电压?

[6-4]　硅光电池的开路电压 V_{oc},为什么随温度上升而下降?

[6-5]　硅光电池的负载取何值时输出功率最大?如何确定?在什么条件下可以认为它是恒压源使用?

[6-6]　图 6-79 是用硒光电池制做照度计的原理图,已知硒光电池在 100lx 照度下,最佳功率输出时的 $V_m = 0.3V$,$I_m = 1.5mA$,如果选用 100μA 表头作照度指标,表头内阻为 1kΩ,指针满刻度值为 100lx,试计算电阻 R_1 和 R_2 值。

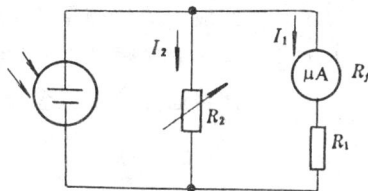

图 6.79　题 6-6

[6-7]　2CR 和 2DR、2CU 和 2DU 在结构上有何区别?2DU 光电二极管设环极的目的是什么?画出正确接法的线路图,使用时环极不接是否可用?为什么?

[6-8]　现有一块光敏面积为 $5 \times 5mm^2$ 的硅光电池 2CR21,其参数为 $S = 7nA/lx \cdot mm^2$,要求用一个量程为 10V 的电压表作照度指标,测试照度分别为 1000lx 和 100lx 两档,试设计一个带有运放的照度计原理图及图中所需元件数值。

[6-9]　图 6-80 为一理想运算放大器,对光电二极管 2CU2 的光电流进行线性放大,若光电二极管未受光照时,运放输出电压 $V_0 = 0.6V$。在 $E = 100lx$ 的光照下,输出电压 $V_1 = 2.4V$。求:(1) 2CU2 的暗电流;(2) 2CU2 的电流灵敏度。

[6-10]　用 2CU1 型光电二极管接收辐射信号,如图 6.81 所示,已知 2CU1 的灵敏度 $S_\varphi = 0.4A/W$,暗电流小于 $0.2\mu A$,3DG6C 的 $\beta = 50$,当最大辐射功率为 400μW 时的拐点电压 $V_M = 10V$,求获得最大电压输出时的 R_0 值。若入射辐射功率由 400μW

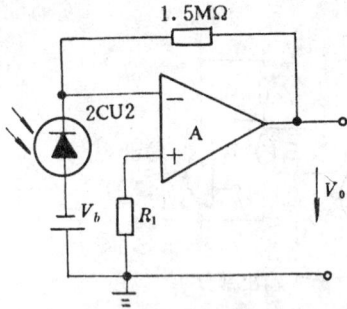

图 6-80 题 6-9

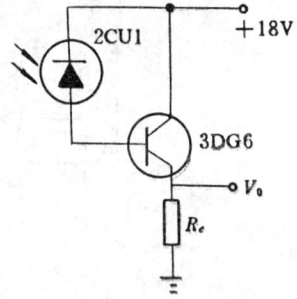

图 6-81 题 6-10

减小到 $350\mu W$ 时,输出电压的变化量为多少?

[6-11] 光电二极管 2CU2E,其光电灵敏度 $S = 0.5\mu A/\mu W$,结间电导 $G = 0.005S$,拐点电压 $V_M = 10V$,输入辐射功率 $P = (5 + 3\sin\omega t)\mu W$,偏置电压 $V_b = 40V$,信号由放大器接收,求取得最大功率时的负载电阻 R_c 和放大器的输入电阻 R_i 的值,以及输入给放大器的电流,电压和功率值。

[6-12] 图 6-82 中,用 2CU 型光电二极管接收辐射通量变化为 $\Phi = (20 + 5\sin\omega t)\mu W$ 的光信号,其工作偏压 $V_b = 60V$,拐点电压 $V_M = 10V$,2CU 的参数是:光电灵敏度 $S_\Phi = 0.6\mu A/\mu W$,结电容 $C_j = 3pF$,引线分布电容 $C_0 = 7pF$。试计算:① 管子工作在线性区并获最大输出电压时,$R_b = ?$输出电压有效值 $V_L = ?$上限截止频率 $f_H = ?$② 若 R_L 上的信号电压只需 2mV(有效值),为得到最大截止频率 f_H,则 $R_b = ?$此时 $f_H = ?$

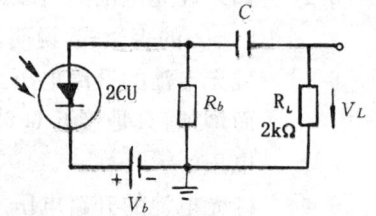

图 6-82 题 6-12

[6-13] 说出 PIN 管、雪崩光电二极管的工作原理和各自特点,为什么 PIN 管的频率特性比普通光电二极管好?

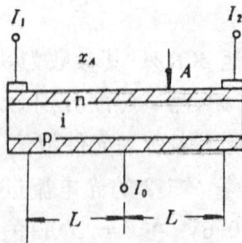

图 6-83 题 6-14

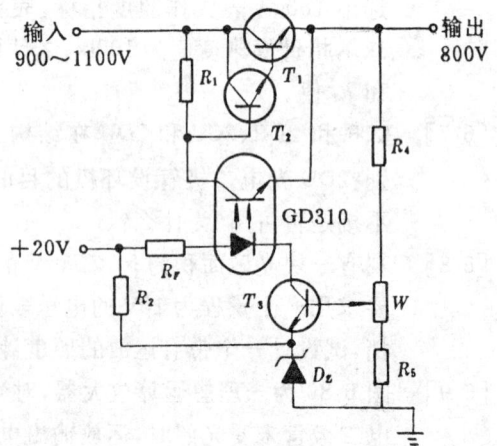

图 6-84 题 6-15

[6-14] 试述 PSD 的工作原理,与象限探测器相比,有什么优点?如何测试图 6-83 中光点 A 偏离中心的位置?写出方程并画出转换电路原理图。

[6-15] 图 6-84 示出了用光电耦合器件隔离的又一种高压稳压电路,试说明它的工作原理及对该光电耦合器的要求。

[6-16] 图 6-85 为光电耦合器组成的一种最简单的音频多谐振荡器原理电路和波形,简述其工作原理。

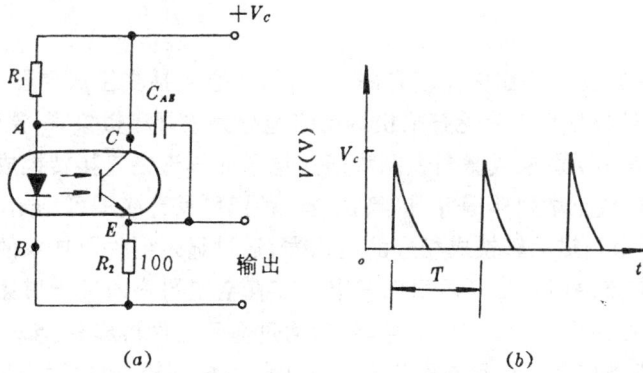

图 6-85　题 6-16

[6-17] 设计一个用光电耦合器组成的双刀双掷开关电路。

参 考 文 献

1. 高中林等. 光电子器件. 南京：东南大学出版社,1991

2. 孙培懋等. 光电技术. 北京：机械工业出版社,1992

3. 王清正等. 光电探测技术. 北京：电子工业出版社,1989

4. 童诗白. 模拟电子技术基础. 北京：人民教育出版社,1980

5. 缪家鼎等. 光电技术基础. 杭州：浙江大学出版社,1988

6. Hisao Kato,Masahiko Kojima. Rev. Sci. Instrum,1988;54((6);728

7. 余益吾. 光电转换技术. 武汉：华东工学院,1988

8. 潘天明. 半导体光电器件及其应用. 北京：冶金工业出版社,1985

9. 罗四维. 传感器应用电路详解. 北京：电子工业出版社,1993

10. 曲维本等. 光电耦合器的原理及其在电子线路中的应用. 北京：国防工业出版社,1981

11. W. V. Muench et al,IEEE Trans. ED-23(1976),11.1203

12. 张烽生等. 光电子器件应用基础. 北京：机械工业出版社,1993

13. 齐丕智等. 光敏感器件及其应用. 北京：科学出版社,1987

14. 汤顺青. 色度学. 北京：北京理工大学出版社,1990

第七章　真空成象器件

光电成象器件是指能输出图象信息的一类器件,它包括真空成象器件和固体成象器件两大类.真空成象器件根据管内有无扫描机构粗略地分为象管和摄象管,象管的主要功能是能把不可见光(红外或紫外)图象或微弱光图象通过电子光学透镜直接转换成可见光图象,如变象管、象增强器、X 射线象增强器等等.摄象管是一种把可见光或不可见光(红外、紫外或 X 射线等)图象通过电子束扫描后转换成相应的电信号,通过显示器件再成象的光电成象器件.固体成象器件不象真空摄象器件那样需用电子束在高真空度的管内进行扫描,只要通过某些特殊结构或电路(即自扫描形式)读出电信号,然后通过显示器件再成象.

真空成象器件被广泛地应用在医学及工业上的图象测量、另件微小尺寸及质量的检验、光学干涉图象判读等等,它也可以作为机器视觉 — 自动瞄准、定位、跟踪、识别和控制等,同时又是活动图象获得和图象测量中的关键部件,是现代测量技术的重要发展方向之一.

本章主要介绍真空成象器件的结构原理、主要特性参量和常用器件.

§7-1　变象管和象增强器

变象管是一种能把各种不可见光(红外,紫外和 X 射线)辐射图象转换成可见光图象的真空光电成象器件.象增强器能把微弱的辐射图象增强到可使人眼直接观察的真空光电成象器件,因此也称为微光管.变象管和象增强器统称为象管,都具有光谱变换和图象增强的功能.

一、象管结构和工作原理

为了使微弱的不可见辐射图象通过象管变成可见图象,象管本身应能起到变换光谱、增强亮度和成象的作用,采用如图 7-1 所示的象管结构可达到以上三个目的.

为了完成辐射图象的光谱变换,象管采用了光电阴极和荧光屏.光电阴极使不可见的亮度很低的辐射象转换成电子图象,通过荧光屏将电子图象转换成可见光学图象.为了实现图象亮度的增强,电子光学系统对电子施加很强电场,使电子获得能量,高速轰击荧光屏,使荧光屏发射出强得多的光能.为了实现成象作用,利用电子透镜能使电子成象的原理将光电阴极发出的电子图象呈现在荧光屏上.

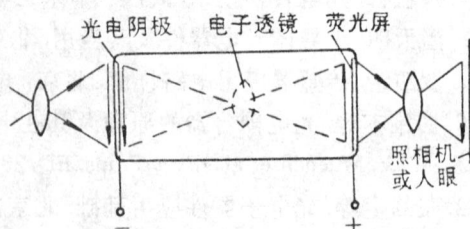

图 7-1　象管结构原理示意图

1. 光电阴极

象管中常用的光电阴极有:对红外光敏感的银氧铯光电阴极;对可见光敏感的单碱和多碱光电阴极;对紫外光敏感的各种紫外光电阴极;还有灵敏度特高,波长响应范围较宽的负电子亲和势(NEA)光电阴极.其光电阴极的特性可参阅第四章,这里不再重复.

2. 电子光学系统

电子光学系统的任务是加速光电子并使其成象在荧光屏上，它有两种形式，即静电系统和电磁复合系统。前者只靠静电场的加速和聚焦作用来完成，后者靠静电场的加速和磁场的聚焦作用来完成，静电系统按是否聚焦又可分为非聚焦型和聚焦型两种。

非聚焦型电子光学系统结构的象管比较简单，它由两个平行电极（光电阴极和荧光屏）构成，因两电极距离很近，所以非聚焦型象管又称近贴式象管，工作时极间加上高电压，形成纵向均匀电场，由于均匀电场对光电子只有加速投射作用，没有聚焦成象作用，所以从光电阴极同一点发出的不同初速的光电子，不能在荧光屏上会聚成一个象点，而是一个弥散圆斑，因此，近贴式象管的分辨率较低。

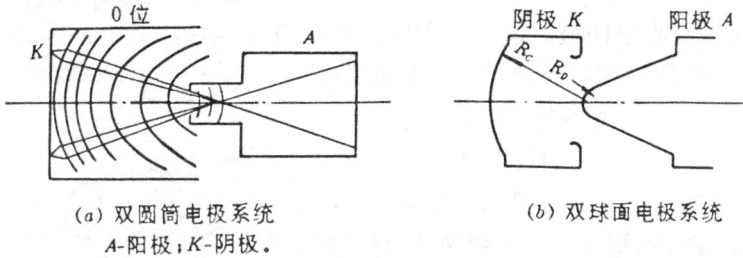

(a) 双圆筒电极系统
A-阳极；K-阴极。
(b) 双球面电极系统

图 7-2　静电聚焦型电极示意图

在静电聚焦电子光学系统中，两个电极分别与光电阴极和荧光屏连接，因电极形状不同，有双圆筒电极系统和双球面电极系统（图 7-2）。作为阳极，带有小孔光栏让电子通过，工作时阴极接零电位；阳极加直流高压，此时在两电极之间就形成轴对称静电场。由等位线可以看出：电子从阴极到阳极受到会聚和加速作用，而后通过阳极小孔经过等位区射向荧光屏，由于电子透镜的成象作用，使光电阴极面上的物在荧光屏上成一倒象。

复合聚焦电子光学系统是由磁场聚焦和电场加速共同完成电子透镜成象作用的，如图 7-3 所示。该系统的磁场是由象管外面的长螺旋线圈通过恒定电流产生的，加速电场是由光电阴极和阳极间加直流高压产生的，因此，从阴极面以某一角度发出的电子，在纵向电场和磁场的复合作用下，以不等螺距螺旋线前进，由阴极面一点发出的电子，只要在轴向有相同的初速度（如图中所示），就能保证在每一周期之后相聚于一点，因而引起了聚焦作用。

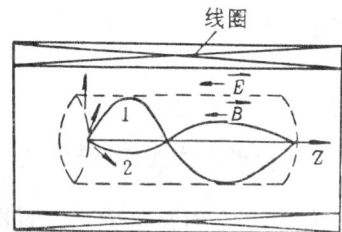

图 7-3　电子在复合场中的运动

磁聚焦的优点是聚焦作用强，并容易调节，也容易保证边缘象差，分辨率高，缺点是管子外面有长螺旋线圈和直流激磁等，使整个设备的尺寸，重量增加，结构较复杂，故目前多用静电系统。

3. 荧光屏

荧光屏的作用是将电子动能转换成光能。对荧光屏的要求是不仅应具有高的转换效率，而且屏的发射光谱要同人眼或与之耦合的下级光电阴极的响应一致。常用荧光屏发光材料的光谱发射特性如图 7-4 所示。

另外，为了引走荧光屏上积累的负电荷，同时避免光反馈，增加光的输出，通常在电子入射的一边蒸上铝层。

二、象管的主要特性参量

1. 光谱响应特性和光谱匹配

象管的光谱响应特性实质上就是指光电阴极的光谱响应特性,它决定管子所能应用的光谱范围,因此描述象管的光谱响应特性的参量(光谱灵敏度、量子效率、积分灵敏度和光谱特性曲线等),与第四章光电倍增管中光电阴极一致,本节不再重复。

光谱匹配是指在象管的光谱响应范围内光源与光电阴极、光电阴极与荧光屏以及荧光屏与人眼视觉函数之间的光谱分布匹配,如果匹配良好,将获得更高的整管灵敏度。

图 7-5 表明光源与光电阴极之间的光谱匹配关系。图中:$S(\lambda)$ 为光电阴极的相对光谱灵敏度曲线;设 S_m 为峰值灵敏度,$\Phi(\lambda)$ 为光源的相对光谱分布曲线;Φ_m 是该光源光谱辐射能量的最大值。

根据积分灵敏度的定义 —— 单位辐射通量所产生的光电流 i 以 S 表示,则 $S = i/\varphi$,经换算,得

$$S = \frac{\int_0^\infty \Phi_m \Phi(\lambda) S_m S(\lambda) d\lambda}{\int_0^\infty \Phi_m \Phi(\lambda) d\lambda}$$

$$= S_m \cdot \frac{\int_0^\infty \Phi(\lambda) S(\lambda) d\lambda}{\int_0^\infty \Phi(\lambda) d\lambda} \tag{7.1}$$

若令

$$\alpha = \frac{\int_0^\infty \Phi(\lambda) S(\lambda) d\lambda}{\int_0^\infty \Phi(\lambda) d\lambda} \tag{7.2}$$

则

$$S = \alpha \cdot S_m \tag{7.3}$$

式中 α 就称为光谱匹配因数,其含义就如图 7-5 中所示;积分式 $\int_0^\infty \Phi(\lambda) d\lambda$ 为图中面积 A_2;积分式 $\int_0^\infty \Phi(\lambda) S(\lambda) d\lambda$ 为图中面积 A_1。于是(7.3)式可写成

$$S = S_m \cdot \frac{A_1}{A_2} \tag{7.4}$$

若光源固定,则图中 A_2 不变。如果 $\Phi(\lambda)$ 和 $S(\lambda)$ 两条曲线重合得愈好,则面积 A_1 就愈大,也就是说光谱匹配愈好,式(7.4)中 S 就愈大;反之,如果两条曲线没有重合之处,即二者完全失配时,$S = 0$。由此可见,光谱匹配因素是选择象管各级材料的重要依据,对于光电阴极与荧光屏、荧光屏与人眼的视觉函数的匹配也都是用它们的光谱匹配因素来表示的。

2. 增益特性

亮度增益是荧光屏的光出射度和入射至光电阴极面上的照度之比,以 G_B 表示:

$$G_B = \pi \cdot \frac{B_a}{E_k} \tag{7.5}$$

式中 B_a 为荧光屏的亮度,单位为 Cd/m^2;E_k 为照在光电阴极上的照度,单位为 l_x。若为单级变象管,经换算后得

$$G_B = \xi S_K V_a \cdot \alpha \cdot \frac{A_K}{A_a} \tag{7.6}$$

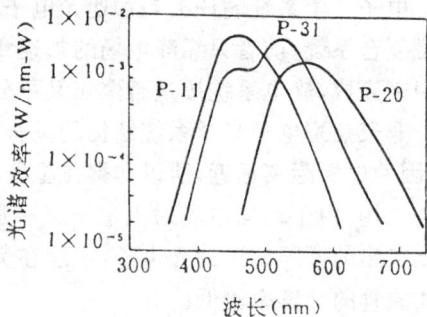

图 7-4 荧光屏发光材料的光谱发射特性
P-11—ZnS:Ag P-20—(Zn·Cd)S:Ag
P-31—(ZnS:Cu)

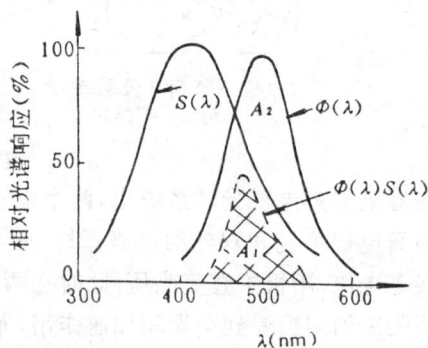

图 7-5 光源与光电阴极之间的光谱匹配

设 M 是变象管的线放大倍数，即 $M^2 = A_a/A_K$，S_K 的单位取 μA/lm，则亮度增益可表示为

$$G_B = 10^{-6}\xi S_K V_a \cdot a \cdot \frac{1}{M^2} \tag{7.7}$$

式中　ξ 为荧光屏的发光效率(lm/W)，表示单位功率的电子流激发荧光屏产生的光通量；S_K 为光电阴极对 A 光源的积分灵敏度；V_a 为象管的阳极电压；a 为光电子透过系数；A_K、A_a 分别为光电阴极，荧光屏的面积。

由式(7.7)可知，线性放大倍数 M 对 G_B 的影响较大，当 M 减小时，G_B 以平方关系增大，但 M 不能过小，因为荧光屏上图象太小时，会导致图象分辨率下降，提高 G_B 的根本因素还是加大加速电压 V_a，但不能加得太高，因产生漏电、放电、场致发射等现象而受到限制。

3. 等效背景照度

把象管置于完全黑暗的环境中，当加上工作电压后，荧光屏上仍然会发出一定亮度的光，这种无光照射时荧光屏的发光称为象管的暗背景，由于暗背景的存在，使图象的对比度下降，甚至使微弱光图象淹没在背景中而不能辨别。

等效背景照度是指当象管受微弱光照时，在荧光屏上产生同暗背景相等的亮度时，光电阴极面上所需的输入照度值，以

$$\text{EBI} = \frac{B_b}{G_B} \tag{7.8}$$

表示，式中　B_b 为暗背景亮度。

4. 分辨率

所谓分辨率是指当标准测试板通过象管后，在荧光屏的每毫米长度上用目测法能分辨得开的黑白相间等宽距条纹的对数(即"空间频率"数)，单位是每毫米线对数(lp/mm)。

用目测法测量象管分辨率，因存在主观因素，差异较大，目前用光学传递函数来评定成象器件的象质，其测试方法与一般光学成象系统测量传递函数的方法相同。

三、常用变象管

1. 红外变象管

光电阴极采用 Ag-O-Cs 材料的象管一般称为红外变象管，它是能将不可见的近红外辐射图象转变为可见光图象的光电成象器件。

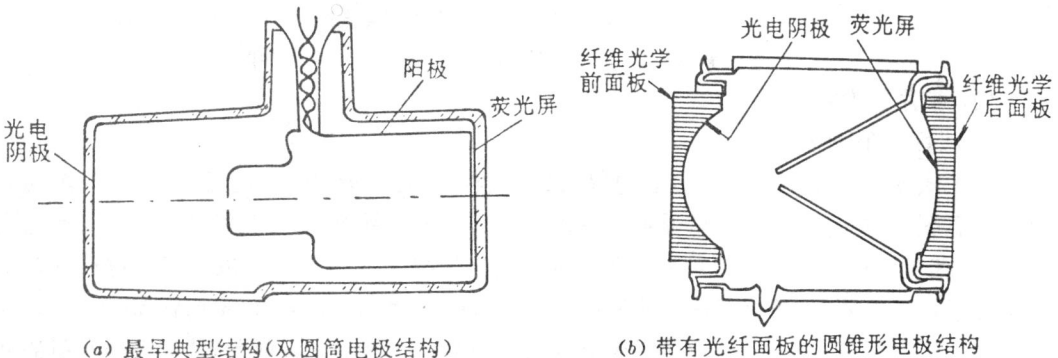

(a) 最早典型结构(双圆筒电极结构)　　(b) 带有光纤面板的圆锥形电极结构

图 7-6　红外变象管两种结构示意图

最早的红外变象管典型结构如图 7-6 所示。该管主要由光电阴极、阳极圆筒和荧光屏三部份组成，当红外辐射图象入射至光电阴极，它发射与图象辐射强度分布成正比的电子密度，阳极和阴极(阳极电压一般为 12 ～ 16kV)构成的电子透镜聚焦成象，加速轰击荧光屏，形成可见

光图象。

从图 7-6(a) 可见,采用双圆筒电极结构的红外变象管,由于采用平面阴极平面屏,使边缘象质变坏,随着光学纤维面板的出现和应用,人们把光电阴极和荧光屏制成平凹形,如图7-6(b) 所示,从而大大提高了象质。这两种形式的变象管均由于采用银氧铯光电阴极,其热发射系数大,量子效率低,所以工作时要另加红外光源。但双圆筒电极结构的红外变象管,由于制造容易,成本低廉,在红外夜视仪器中仍广泛应用。

2. 选通式变象管

图 7-7 为选通式变象管结构示意图,其结构与图 7-6 的变象管相似,只是在光电阴极和阳极间增加了一对带孔闸的金属电极——称控制栅极,只要改变控制栅极的电压就可控制光电子发射。当控制栅电压 V_G 比阴极电压高 175V 时变象管处于导通,V_G 比阴极电压低 90V 时变象管处于截止。可用图 7-8 说明其工作原理,图 7-8(a) 是从目标返回的激光脉冲波形,设离目标的距离为 s,则从激光脉冲发射到目标图象的返回时

图 7-7　选通式变象管示意图

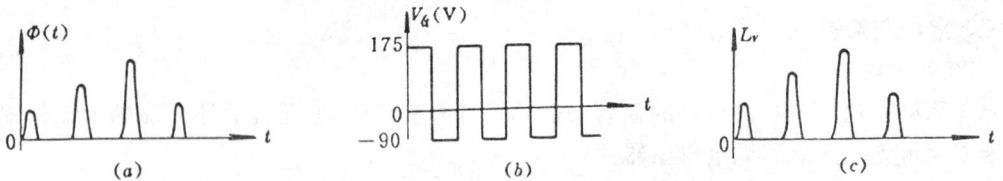

间为 $t = 2s/C$(C 是光速),用延迟器控制栅极电压 V_G,经过 t 时间后马上接通 $V_G = 175$V,使变象管导通,目标图象返回进入变象管,变象管的导通时间刚好等于激光脉冲的持续时间 τ,然后使 $V_G = -90$V,变象管截止。因此选通式变象管的工作周期与激光脉冲的周期一样,即同步工作,于是大大地提高了图象的对比度,提高了图象质量。

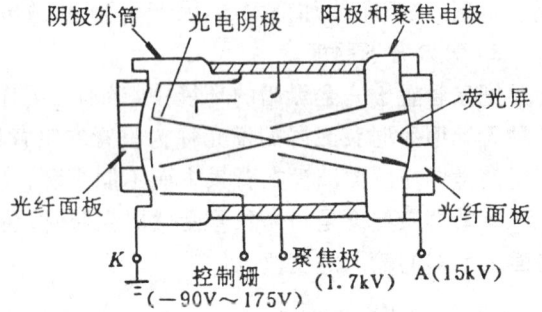

图 7-8　选通式变象管工作波形关系图
(a) 脉冲辐射图象　(b) 控制栅电压波形　(c) 荧光屏图象

四、常用象增强器

1. 级联式象增强器

级联式象增强器是由几个分立的单级象增强器组合而成,图 7-9 为三级级联象增强器的结构示意图,图中每个单级象增强器的输入和输出都用光纤板制成。单级结构与图 7-6 的变象管相同,其差别是采用了对可见光灵敏的锑铯光电阴极和多碱光电阴极代替了对红外辐射敏感的银氧铯光电阴极,从而提高了响应率。三级级联象增强器属第一代象增强器。

为了增强图象的亮度,必须注意荧光屏和后级光电阴极的光谱匹配,即荧光屏发射的光谱峰值与光电阴极的峰值波长相接近,而最后一级荧光屏的发射光谱特性应与人眼的明视觉光谱光视效率曲线相一致。

这种三级级联象增强器,若单级的分辨率大于 50lp/mm,三级可达 30 ~ 38lp/mm,亮度增益可达 10^5。

2. 微通道板象增强器

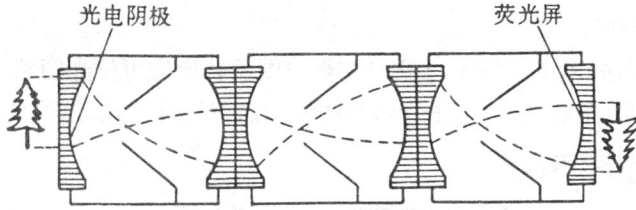

图 7-9　三级级联象增强器结构示意图

微通道板象增强器是利用微通道的二次电子倍增原理,实现单级高增益图象增强,它属于第二代象增强器。

通道电子倍增原理已在第四章中详述,把若干个微通道制成二维列阵,如图 7-10 所示,就构成微通道板(简称 MCP),微通道板的厚度约数毫米,加 $10kV$ 的直流电压,可得到 $10^5 \sim 10^6$ 的电子增益,在象增强器中,就靠它来增强电子图象。

微通道板象增强器主要有两种形式:双近贴式和倒象式。对双近贴式结构象增强器,如图 7-11(a) 所示,其光电阴极、微通道板、荧光屏三者相互靠得很近,故称双近贴,由光电阴极发射的光电子在电场作用下,打到微通道板输入端,经 MCP 电子倍增和加速后,打到荧光屏上,输出图象。这种管子体积小、重量轻、使用方便,但象质和分辨率较差。

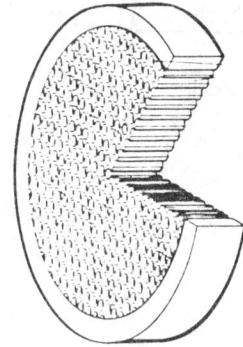

图 7-10　微通道板结构示意图

图 7-11(b) 是倒象式结构,它与单级象增强器十分相似,只是在管内荧光屏前插入微通道板,微通道板的输出端与荧光屏之间仍采用近贴聚焦。其原理是:由光纤面板上的光电阴极发射电子图象,经静电透镜聚焦在微通道板上,微通道板将电子图象倍增后,在均匀电场作用下直接投射到荧光屏上,因为在荧光屏上所成的象相对于光电阴极来说是倒象,故也称为倒象管。它具有较高的分辨率和象质。若改变微通道板两端电压即可改变其增益,此种管子还具有自动防强光的优点。

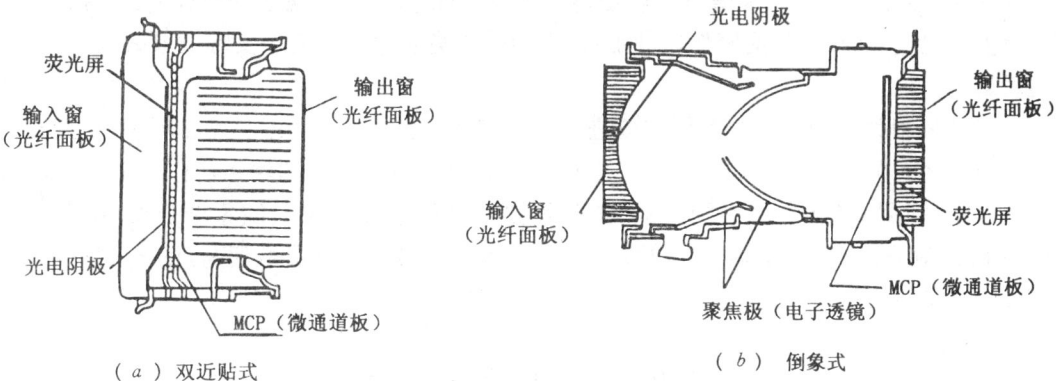

（a）双近贴式　　　　　　　　　（b）　倒象式

图 7-11　微通道象增强器的两种结构形式

3. 负电子亲和势(NEA)光电阴极和第三代象增强器

有关负电子亲和势光电阴极已在第三章中作过较详细介绍。总的来讲,这种阴极不仅在可见光范围有较高的灵敏度,而且在近红外区也有比银氧铯光电阴极高的量子效率。第二代象增强器的微通道板结构配以这种负电子亲和势光电阴极,这样就构成了第三代象增强器,这种象增强器能同时起到光谱变换和微光增强的作用,因此可做到一机二用。

　4. X射线象增强器

　　X射线象增强器的作用是将不可见的X射线图象转换成可见光图象,并使图象亮度增强。它是由:输入荧光屏、光电阴极、电子光学系统和输出荧光屏组成,结构如图7-12所示。工作原

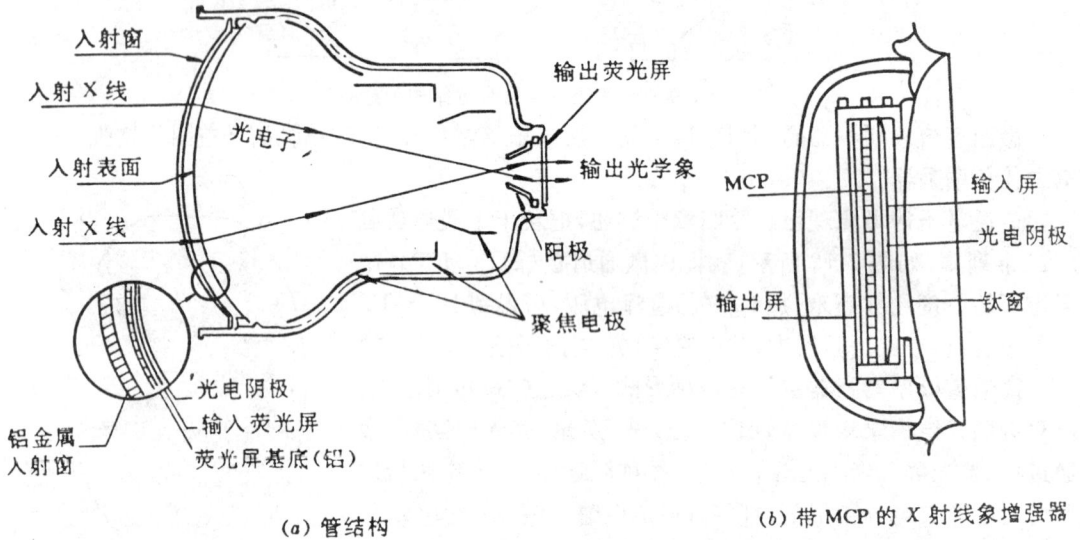

（a）管结构　　　　　　　　　　（b）带 MCP 的 X 射线象增强器

图 7-12　X 射线象增强结构示意图

理是:X射线通过被检体时,由于各部分对X射线的吸收不同,在输入荧光屏上形成被检体的X射线图象,经荧光屏转换成微弱的可见光图象,微弱的可见光图象激发光电阴极产生相应的电子图象,光电子被由光电阴极、聚焦极和阳极组成的静电透镜聚焦和加速,高能电子激发输出荧光屏面,使电子图象转换成尺寸缩小而亮度增强的可见光图象。

　　X射线象增强器可以用在医疗诊断和工业探伤等方面,尤其是在诊断疾病时,所需的X射线剂量仅是直接摄影时的1/10,为荧光板透视的1/50,大大降低了X射线对人体的危害。如果X射线象增强器与电视摄象管联用输出电视图象,可供多人同时观察、研究,在工业探伤方面,可免去处理底片的时间,使探伤速度加快,且因输出亮度增加而便于发现细节缺陷,提高了探伤质量。

　　随着X射线象增强器的发展和改进,人们把有隔离膜结构(为避免铯化现象,在荧光屏和光电阴极之间夹一层薄玻璃或用真空蒸镀办法制隔离膜)输入屏的增强器称为第一代X射线象增强器,把用 CsI:Na 蒸镀层做输入屏的增强器称为第二代X射线象增强器,第三代是指MCP板X射线象增强器(如图7-12(b))。第三代X射线象增强器灵敏度高,在一般室内光线下可直接观察和照明。

§7-2　几种特殊象管

一、图象放大象管

　　当人们需要观察目标的细微结构时,往往需要对目标的细微图象进行放大和增强,这就需要采用能放大图象的象增强器。它是由光电阴极、微通道板及荧光屏组成的磁聚焦型象管,如图7-13所示。通过调节聚焦线圈的电流对输出的图象进行变焦,并由偏转线圈将光电阴极板

面上要观察的部分目标图象进行放大,然后在整个荧光屏上成象。

这种管子的极限分辨率可从放大率为 1 时的 40 线对／毫米提高到放大率为 21.6 时的 400 线对／毫米;当放大率为 0.76 到 21.6 时,在荧光屏上观察到目标图象的畸变可抑制在 1% 以下。

图 7-13　电子图象放大管工作原理图

二、多功能象增强器

当需要从参考图形中平移或者转动目标图形来评价二者差别时,往往需要使目标图象位置旋转和标度,多功能象增强器采用磁场使图象旋转,达到目标图象的位置旋转和标度,从而完成识别图象所需的大部份预处理工作,它应用于光学字符阅读器、光学数据处理自动监视系统和遥感图象识别系统等方面。

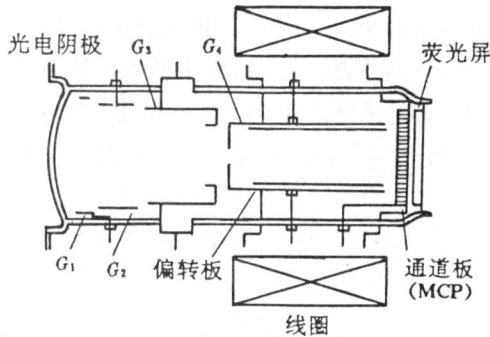

图 7-14　多功能象增强器的结构

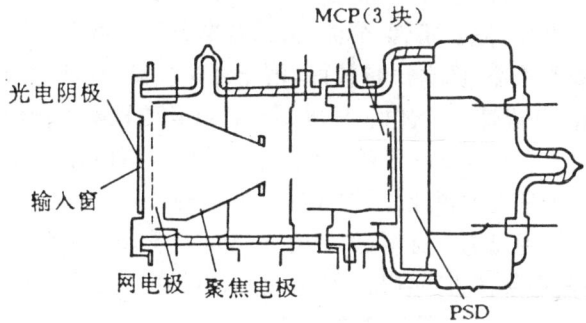

图 7-15　位置敏感器象管结构图

多功能象增强器是由光电阴极、栅极偏转板、旋转线圈、微通道板和荧光屏组成,如图 7-14 所示。其工作原理是把投射到光电阴极上的暗目标图象转换成电子图象,由聚焦极 G_1、G_2、G_3 和阳极 G_4 构成的静电透镜把目标图象会聚在 MCP 上,经 MCP 增强后在荧光屏上显示出图象。加于偏转板上的电压使目标图象朝 X 和 Y 两个方向移动,以便在荧光屏上可观察到图象,改变 G_1 电极电位可改变光电子速度,使图象放大,管子尾部所加的平行于管轴的均匀磁场可使图象旋转,旋转的角度正比于所加的磁场强度。

三、二维微光检测管

二维微光光子计数管的产生为微光领域二维计量方面的研究提供了重要的手段。随机型光子计数象管有两种结构形式,即 MCP 与各种阳极组成和 MCP 与位置敏感器(PSD)组成。图 7-15 是位置传感器象管的结构示意图,图中 PSD 是 PIN 光电二极管形式,背面边缘涂敷着相互正交的两对电极,其原理及 X,Y 位置的获得已在有关章节中叙述,这里不再重复。

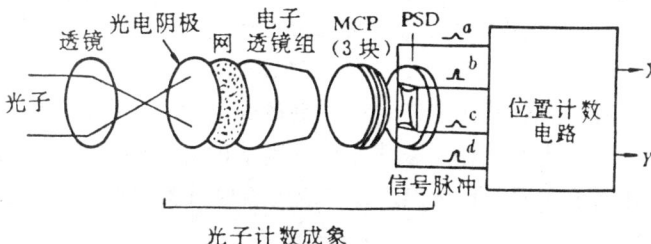

光子计数成象

图 7-16　位置敏感器象管工作原理图

整个象管工作原理是：入射光子（目标）在光电阴极面上被转换成光电子，经三块 MCP 后使电子倍增（10^7），这些电子群被加速注入位置敏感器的 p-n 结而产生电子 - 空穴对，经光电转换后的光电子最终得到增益为 10^9，最后从位置传感器输出电极以脉冲形式输出，图 7-16 所示为位置敏感器象管工作原理图。经过一系列运算就能求出目标的位置，对入射光子的位置计数以随机取的方式累积，并按其顺序形成微光图象。

§7-3　真空摄象管

一、摄象管的作用及分类

摄象管是电视发送设备中的主要部件，它的主要任务是在电视发送端把按空间分布的光学图象转换成视频信号，它直接影响传送图象的质量。

摄象管的种类很多，也有很多的分类法，本节按光电变换形式进行分类，基本上分为两类：一类是利用外光电效应（光电发射）进行光电转换的摄象管，称光电发射型摄象管，属于这一类的有：超正析管、分流管、二次电子导电摄象管和硅靶电子倍增管等。超正析管的灵敏度高，惰性极小，图象质量较好，由于结构复杂，体积大，笨重，成品率低，现已被氧化铅摄象管所代替。分流管、二次电子导电摄象管以及硅靶电子倍增管同属微光摄象管，其增益和灵敏度很高，可工作在较低亮度的场合。另一类是利用内光电效应进行光电转换的摄象管，统称为视象管，属于这类的摄象管，按光导靶的结构又可分为光电导（注入）型、p-n 结（阻挡）型两种，光电导型采用光电导材料，如硫化锑（Sb_2S_3）管，p-n 结型管有氧化铅（PbO）管、硅靶管和异质结靶管等等，视象管的特点是：结构简单、体积小、使用方便，在工业电视中被广泛应用。

二、摄象管的基本原理

摄象管的作用是把入射的光学图象转变成视频信号并输出，按其工作原理，摄象管应具有三个基本功能：光电变换、光电信息的积累、储存及扫描输出。当被摄景物的光学图象通过物镜投射到摄象管上时，由于摄象管受照面的材料具有光导或光电发射作用，在摄象管的靶面上（或光电阴极面上）就建立起与入射照度分布相对应的电位起伏，这就完成了光电变换的功能，从电子枪发射出来的电子束依次沿着靶面扫描，扫描线经过某一点（称为象素）的时间只占扫描整个光敏面所需周期的极小部分（$0.062\mu s$），为了提高检测灵敏度，每个象素在扫描周期内应不间断地对转换后的电量进行积累，这时靶又起到了积累存储光电信息的功能，当电子束依次沿着靶面扫描，将靶面的电位起伏顺序地转变成视频信号输出，就完成了扫描输出的功能。

概括地说，摄象管的工作原理是：先将输入的光学图象转换成电荷图象，然后通过电荷的积累和储存构成电位图象，最后通过电子束扫描把电位图象读出，形成视频信号输出。

对于视象管，其光电变换和光电信息的积累和储存功能都由视象管靶来完成，如图 7-17(a) 所示，对于光电发射型摄象管，其光电变换和光电信息的积累和储存功能分别由光电阴极和管内的存储靶完成，它们之间隔一个移象区，如图 7-17(b) 所示，移象区的作用是使光电子在电场运动过程中获得能量，从而在靶上产生更多的电荷，以便提高摄象管的响应率。不管那种类型的摄象管，都是当靶面电位图象建立后由电子枪提供的细电子束进行扫描而获取视频信号，所不同的只是电子束偏转和聚焦的方式或电子束着靶速度。在现代常见的摄象管中几乎全部采用慢电子束扫描。

所谓慢电子束扫描是：当电子束扫描各象素时，由于电子上靶的中和作用，使靶面电位与

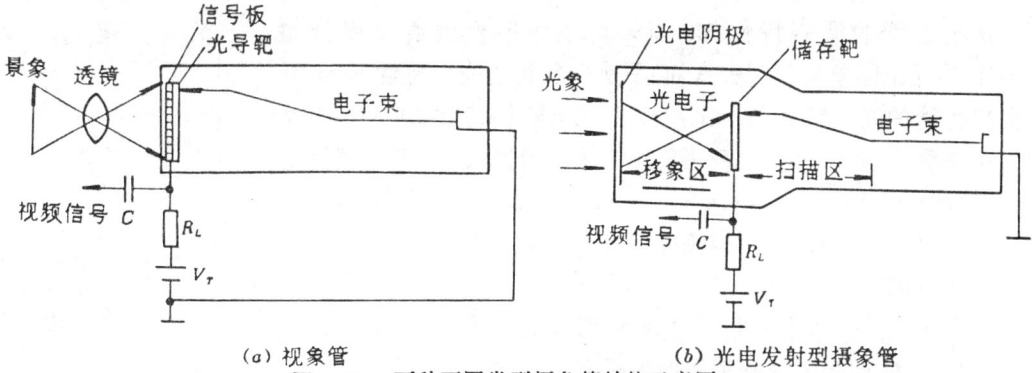

（a）视象管　　　　　　　　　（b）光电发射型摄象管

图 7-17　两种不同类型摄象管结构示意图

电子枪阴极电位平衡；由于靶面各象素积累电荷不同，需要中和的电子数也不相同，这个电子数就反映了积累信号的大小。

三、摄象管的主要特性参数

1. 灵敏度

摄象管的灵敏度表示在规定的输入照度下摄象管所输出的信号电流。摄象管灵敏度 S 可用下式表示：

$$S = \frac{I_s}{A_t \cdot E} \times 10^{-6} (\mu A/lm) \tag{7.9}$$

式中　I_s 为输出信号电流（μA）；A_t 为靶面扫描面积（mm^2）；E 为靶面上的照度（lx）。

2. 光电转换特性（γ）

光电转换特性反映摄象管输出视频信号电压（或输出信号电流）与输入光照度之间的关系，通常用对数坐标描绘它们。曲线斜率 γ 值表征摄象管对图象灰度（色调）传递性能，也称 γ 特性。

摄象管输出视频信号电压与入射照度不一定是线性的，通常写成

$$u = K_1 E_b^{\gamma_1}$$

式中　u 为摄象管输出视频信号电压；E_b 为入射照度；K_1 为常数；γ_1 为摄象管的光电转换特性。

对摄象管来说，γ_1 决定于光电转换部件的特性。下面将看到，光电导摄象管的 γ_1 值小于 1，有的接近于 1。Sb_2S_3 管的 γ_1 值为 $0.6 \sim 0.7$，PbO 管的 γ_1 值为 0.95，而硅靶管的 γ_1 接近于 1。

对于电视系统，它们的光电转换特性应由三部分组成：

（1）摄象管的光电转换特性　　　$u = K_1 E_b^{\gamma_1}$；

（2）视频通道的转换特性　　　　$U = K_2 u^{\gamma_2}$；

（3）显象管的光电转换特性　　　$B = K_3 U^{\gamma_3}$。

其中　U 为显象管输入视频信号电压；K_1, K_2, K_3 为特定系数；B 为屏幕的亮度。

在电视系统中，由摄象管把照度为 E_b 的光学图象转变成视频信号，通过信道传输给显象管，转化为屏幕的亮度 B，为了尽量减小亮度的失真，要求整个系统的转换过程（即光信号 → 电信号 → 光信号）是线性的，即要求 E_b 与 B 之间的关系为 $B = K \cdot E_b^{\gamma}$，其中 K 为比例常数，γ 为图象灰度。

从上可见，欲使经过电视系统传送后的图象灰度不变，则必须使

$$\gamma = \gamma_1 \cdot \gamma_2 \cdot \gamma_3 = 1$$

如果 $\gamma < 1$，则亮区灰度压缩，暗区灰度伸张，反之，如 $\gamma > 1$，则亮区伸张而暗区压缩，如图

7-18 所示。

从显象管的调制特性知 $\gamma_3 \approx 2.5$。如果视频通道部分的 $\gamma_2 = 1$，为保证图象无灰度失真，必须使摄象管的光电特性 $\gamma_1 = 0.4$，但摄象管的光电特性基本上决定于光电转换特性，对于光电发射型摄象管 $\gamma_1 = 1$，对于大多数带光电导体的摄象管，其 γ_1 接近于 1，一般取 0.7。这样 $\gamma = \gamma_1 \cdot \gamma_2 \cdot \gamma_3 > 1$，因此要出现灰度失真，一般都在视频通道中加入 γ 校正电路，使 $\gamma_1 \cdot \gamma_2 \approx 0.4$ 以保证 $\gamma = 1$。

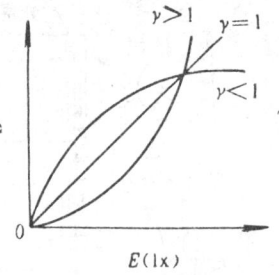

图 7-18　电视系统转换特性

3. 分辨率

分辨率表示能够分辨图象中明暗细节的能力，分辨率通常用两种方式表达，即极限分辨率和调制深度。

极限分辨率是以在等于光栅（图象）高度的范围内所能分辨的等宽度黑白线条纹数来表示。分辨率有水平分辨率和垂直分辨率之分。如在水平的光栅宽度内最多能分辨 300 组（线对）垂直黑白线条，则水平分辨率为 600 电视线；若在垂直的光栅高度内最多能分辨 250 组水平的黑白条纹，则系统的垂直分辨率为 500 线。

以上的极限分辨率是用眼睛来分辨的最细黑白条纹数，带有很大的主观性，为了客观地表示摄象管的分辨率，一般采用调制深度的概念。

在摄象管的光敏面上投射 40 条和 400 条两组黑白条纹，如图 7-19 所示，沿箭头方向扫描，在示波器上就得到如图 7-19(b) 所示的电信号。图中，h 为图象（光栅）的宽度尺寸，b 和 a 分别为 40 线和 400 线调制脉冲信号的亮电流与暗电流之差值。在调制频率低（40 线）时，将调制深度定为 1(100%)，随着调制频率提高到 400 时，调制脉冲信号的幅值将明显减小，此时摄象管的调制深度可用 a/b 比值的百分数来表示。在广播电视中，要求摄象管在 400 线时的调制深度为 $35 \sim 45\%$。

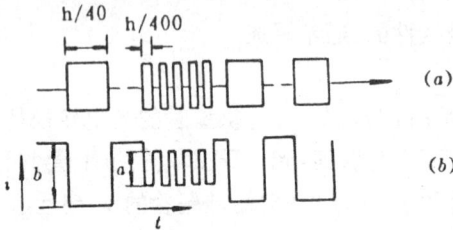

图 7-19　线数与调制深度的关系
(a) 光敏面上的黑白条纹图象
(b) 示波器上的电信号

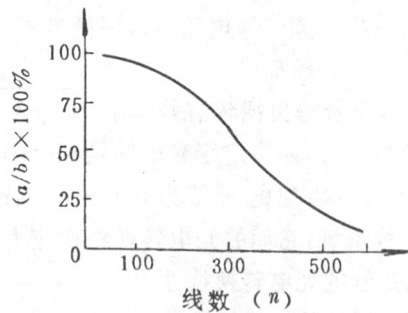

图 7-20　调制传递函数

调制深度与线数 n 之间的关系曲线如图 7-20 所示，此曲线为摄象管的调制传递函数 (MTF)，MTF 能用仪器测量，并规定调制深度为 10% 的线数称为摄象管的极限分辨率。用此方法描述的分辨率较为客观。

4. 惰性

摄象管的惰性是指输出信号的变化相对于照度的变化有一定的滞后。由于惰性的存在，遮光后摄象管的输出电信号是逐渐变小的，通光后电信号是逐渐增大的，所以惰性是反映了象管的瞬态特性，它包括衰减惰性和上升惰性。

在传送变化的图象时会同时产生上升惰性和衰减惰性，结果会造成图象的模糊，失去对微小细节的分辨能力,在彩色电视中惰性会引起运动物体的彩色拖尾。

摄像管的惰性通常用第三场残余信号的百分比表示,即

$$第三场衰减惰性 = \frac{三场后信号电流 - 暗电流}{起始信号电流 - 暗电流} \times 100\% \tag{7.10}$$

有时还利用测量第十场的残余信号百分比作为补充数据。在广播电视中对惰性有严格规定,要求停止光照三场以后,残余信号小于光停止时的 5%,十场后小于 1%。

造成器件惰性的原因有二种:一种是光电导惰性,表现为光电导体电导率的变化滞后于照度的变化,对光电阴极来说,此惰性可略去不计;另一种是电容性惰性,它是由靶在充放电时的延迟造成的。信号电流的衰减正比于 $\exp(-t/R_bC)$。其中: t 为电子束对象元的扫描时间; R_b 为束电阻; C 为靶电容; R_bC 为充电时间常数。因此, R_bC 决定了电容性惰性的大小,束电阻 R_b 与靶压和电子束速度分布有关,而电子束速度又与阴极温度有关,温度高则速度分布宽,束电阻变大。一般说来, R_b 约为 10MΩ。

5. 暗电流和噪声

暗电流是指在没有光照情况下摄象管输出的电流。对于光电导摄像管来说,暗电流的来源是靶材料的暗电导,它由靶的材料和工艺决定。对 p-n 结摄像管而言,由于 p-n 结处于反向偏置工作状态,故暗电流很小,对光电发射型摄象管来说,暗电流的来源主要是光电阴极的热发射、场致发射和离子流等。在理论上,暗电流不随时间变化,是一恒定值,它并不构成噪声,而只是一种可借助电路调节而被平衡掉的黑色电平。但在实际上,它将引起本征噪声的增加,从而使电子束发射系统和前置放大器负载加重。

摄像管的噪声是由输入图像的光量子噪声、光电阴极量子噪声、靶面噪声、电子束散粒噪声、管内倍增噪声及前置放大器噪声等组成。对视像管来说,前置放大器和负载电阻的热噪声往往成为主要噪声。对光电发射型摄像管来说,由于信号电子经过了倍增,管内噪声也同时放大,于是前置放大器噪声就不再是主要噪声源。

6. 动态范围

在同一幅景物内,摄象管能处理的最高照度值与最低照度值之比称为摄象管的动态范围。在摄象管中,动态范围的下限受噪声的限制,而上限则受到靶面象元存贮信息容量的限制。局部强光的存在会引起一系列不良现象,例如在硅靶管中,当局部象素上信号超过容量时光电子将向邻近象素扩散,出现"开花"现象。因此用微光摄象管拍摄景物时,不允许局部强光存在,否则会出现由于"开花"引起亮区的扩大,最后使图象消失。

§7-4 视象管

一、视象管的结构和各部分作用

视象管是利用内光电效应原理将光学图象转变为电信号的这一类摄象管的统称,其内部结构除靶材料不同外,其余均相同,图 7-21 是视象管结构示意图。图中,管内由靶(以 Sb$_2$S$_3$ 靶材料为例)和电子枪两大部分组成,电子枪由阴极、调制电极 G_1、加速电极 G_2、束聚焦电极 1.3 构成,其作用是产生和形成扫描电子束。阴极由灯丝构成,灯丝加热后发射电子,通常处于零电位。调制电极相对于阴极处于负电位,以保证在阴极区附近形成一个空间电荷区。阴极发射电流与调制电极电压(V_g)的关系是

$$I_K = K(V_{gm} - V_g)^{5/2} \tag{7.11}$$

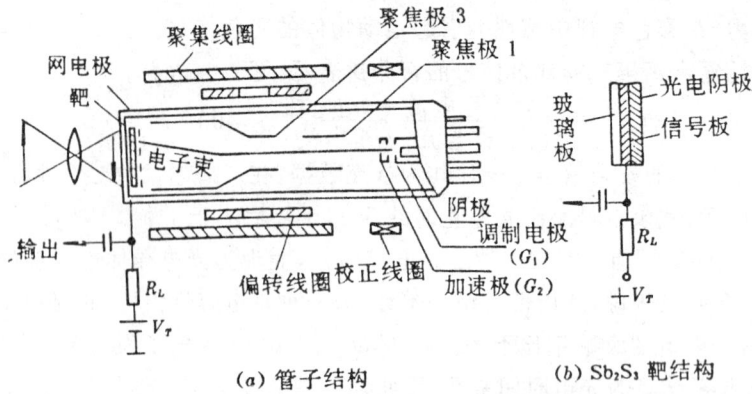

(a) 管子结构　　　　　(b) Sb₂S₃ 靶结构

图 7-21　视象管结构示意图

式中，V_{gm} 为调制电极的截止电压，一般在 $-50 \sim -100V$ 范围内，加速极加 300V 电压。由加速极，调制极及阴极形成的电场使电子束在加速电极的入口处会聚，然后再发射。为了获得近轴的电子束，在加速极的出口处有一 $20 \sim 50 \mu m$ 的限制膜孔，穿过限制膜孔的电子束与轴的夹角约 $20'$ 左右。

靶的右面装有网电极（一般与聚焦电极 3 相连），它使靶前形成均匀电场，因而电子束在整个靶面上都将垂直上靶。

光导靶既能完成光电变换，又能存贮信号，厚度为几微米到 20 微米，结构见图 7-21(b)，靶向着景物的一侧为信号板，是喷涂在玻璃板上的一层透明金属氧化物导电层(SnO_2)，它具有较高的光透射率和电导率。信号板引出电极为信号电极，通过负载电阻 R_L 施加靶压 V_T，V_T 值由靶面材料决定，一般为十至几十伏，靶的另一侧为光敏层，它由蒸镀在信号板上的一层具有内光电效应的材料(Sb_2S_3) 制成。

在玻璃壳外有聚焦线圈和偏转线圈，聚焦线圈的作用是使到达靶面中心的电子束聚成一锐点。图 7.21 为磁聚焦结构，管内聚焦电极和加速极构成静电透镜，调节聚焦电极电压，可使电子束正好聚焦到靶上，管外的聚焦线圈，一方面使电子束更好聚焦，另一方面使管子轴心产生的磁通量约 $40 \sim 60Gs$，由于聚焦磁场的存在使电子旋转一周正好到达靶面，此时旋转周期

$$T = \frac{2\pi m}{qB} \tag{7.12}$$

在一周内，电子经过的距离

$$L = vT = \sqrt{\frac{2qV}{m}} \cdot \frac{2\pi m}{qB} = 212 \frac{V^{1/2}}{B} \tag{7.13}$$

式中　q/m 为电子的荷质比；V 为聚焦极电压；B 为近轴的磁通量。当 $V = 300V$，$B = 40 \sim 60Gs$ 时，$L = 60 \sim 90mm$。

采用磁聚焦使电子光学透镜具有象差小、图象中心的分辨率高的优点，但器件的体积、重量、功耗均较大。在视象管中也可采取静电聚焦结构，图 7-22 是纯静电聚焦结构示意图，在管内增加二个栅极(G_3 和 G_5) 代替聚焦线圈，$G_3 \sim G_5$ 构成单静电透镜。这种结构使图象中心分辨率下降，但由于畸变减少，使信号输出均匀性提高，尤其是体积和重量明显减小，因而得到广泛应用。

偏转线圈的作用是使电子束按一定的规律扫描靶面，拾取图象信息。图 7-21 及图 7-22 的视象管均采用磁偏转形式，它是在管外安装一对彼此垂直的磁偏转线圈，当偏转线圈通以锯齿波电流时，偏转线圈的磁场使电子束作扫描运动，扫遍整个靶面上的各个象素。如果用一对偏

转板来代替一对磁偏转线圈,就变成静电偏转结构。由于磁偏转的磁场均匀,象差小,偏转灵敏度高,线性好,因此目前绝大多数摄象管均采用磁偏转结构。

在调制电极附近的管外,安置校正线圈,它与靶前的场网共同作用,使聚焦后的电子束垂直上靶。它是通过调节校正线圈中的电流使合成磁场的方向在360°范围内变化,这样可将电子束运动方向校正到与管轴平行,以达到垂直上靶的目的。

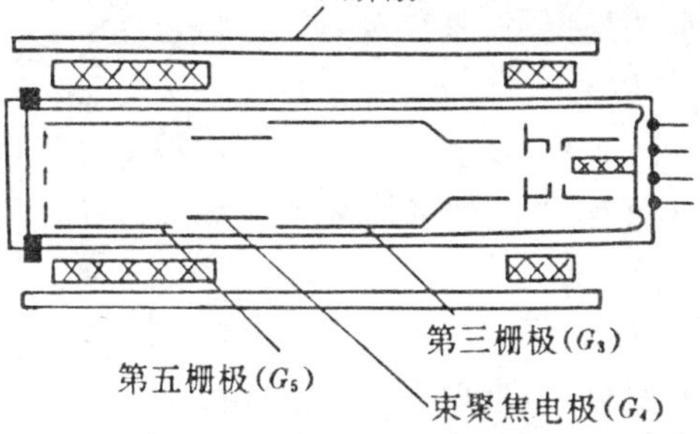

图 7-22　静电聚焦结构视象管示意图

二、图象信号的形成

现以 Sb_2S_3 光电导靶为例来说明图象信号的形成, Sb_2S_3 光电导靶是一层连续的半导体薄膜,由于它具有很高的电阻率($10^{11} \sim 10^{13}\Omega \cdot cm$),因此工作起来靶面可看成是由 n 个象素组成,象素的大小由扫描电子束截面决定,而且在一帧时间内各象素所积累的电荷不会泄漏,达到了光导型靶既能完成光电转换,又能存储电荷之功能。

靶面电位变化及视频信号输出可以用等效电路来解释:图 7-23 示出了(硫化锑)视象管靶面的等效电路,图中每个象元可用一个电阻 R 和电容 C 来等效,一帧图象有四十多万个这样的象元。电容 C 起存储信息电荷的作用,电阻 R 随光照度增大而变小,即 R 是与光照度 E 有关的变量,设无光照时象元的暗电阻用 R_D 表示,象元的左侧设为 B 点,通过信号板(导电半导体薄膜)联在一起,并且与钢电极、负载电阻 R_L 及电源 V_T 相连。视频信号通过 C_C 输出。若靶面无光照

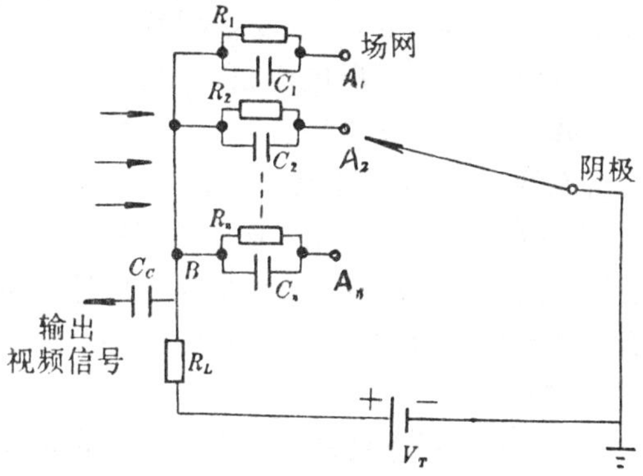

图 7-23　视象管等效电路图

射,各象素的暗电阻 R_D 很大(即暗电导很小),电子束扫过某一象素(设第 i 个象元)的瞬间,该象素与电源正极($+V_T$)和阴极接成通路,于是电容 C_i 被充电, C_i 的左侧电位上升到 $+V_T$,而右侧(A_i 点)电位为阴极电位(即零电位)。电子束离开后,电容通过 R_D 电阻放电,由于 R_D 很大,所以放电极慢。 C_i 右侧(A_i 点)电位按下式上升:

$$V_{id} = V_T(1 - e^{-t/R_D c}) \tag{7.14}$$

象元的放电时间近似地等于帧周期 $T_f = 400ms$ (等于 $400ms - 0.062\mu s$),因此在下一次电子束对它扫描之前, C_i 右边电位最大值是

$$V_{idm} \approx V_T(1 - e^{-\frac{T_f}{R_D \cdot C_i}}) \tag{7.15}$$

如果暗电阻很大,则 $V_{idm} \approx 0$ 。一般来说,阻挡层靶的暗电阻比注入型靶大得多,因此前者的 V_{idm} 接近于零。

当象元再次扫描(接通)时,接通时间为 $0.062\mu s$,电流通过束电阻 R_b 、电容 C_i 、负载电阻 R_L 、靶电源 V_T 和地,构成通路又向电容器 C_i 充电, C_i 电容器右边(A_i 点)的电位变化如图 7-24 中线段 b 变化所示,其值

$$V_{iD} = V_{idm} \cdot e^{-\frac{t}{(R_L + R_b)C_i}} \qquad (7.16)$$

式中 R_b 为束电阻,通常为 $10M\Omega$,而 $R_L < 1M\Omega$,所以

$$V_{iD} = V_{idm} \cdot e^{-\frac{t}{R_b \cdot C_i}} \qquad (7.17)$$

充电电流在 R_L 上产生电压降 ΔV_t,通过电容 C_L 输出,称为黑电平。

当用强光照射时,由于光电导增大而使电阻变化,设此时第 i 个象元的电阻为 R_i,在放电过程中,A_i 点(即 C_i 右侧)的电位上升,如图 7-24 所示的线段 C,最高的电位

$$V_{im} = V_T(1 - e^{-\frac{T_f}{R_i \cdot C}}) \qquad (7.18)$$

而在电子束再一次扫描充电时,电位下降,如图中 d 线段,其变化为

$$V_i \approx V_{im} \cdot e^{-\frac{t}{R_b \cdot C_i}} \qquad (7.19)$$

这样,由于光照产生的有效信号为

$$\Delta V_s = V_{im} - V_{idm} \qquad (7.20)$$

由此信号电压引起的充电电流在 R_L 上产生电压降 ΔV_L,ΔV_L 被称为白电平,它将作为由光照产生的信号电压通过 C_L

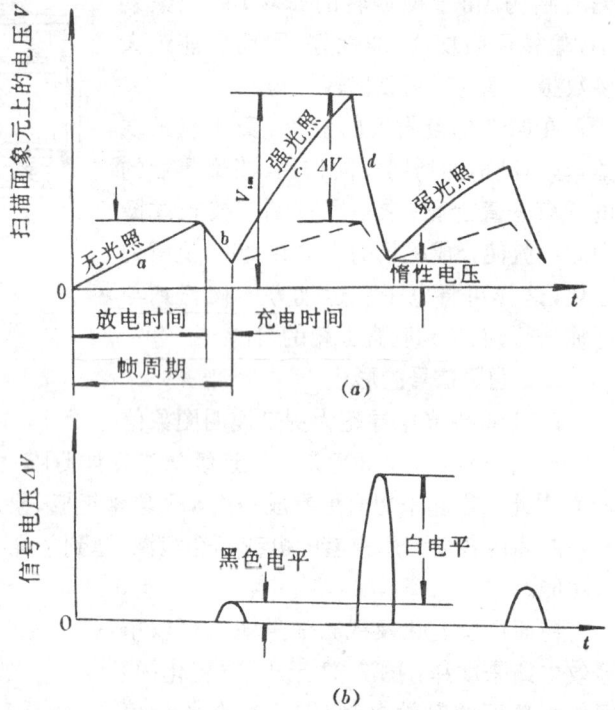

图 7-24　靶面电位变化图

输出,图 7-24(b) 示出一个象元输出的视频信息。然而由于电子束对靶的扫描面不断地从左到右,从上到下扫描,因此实际输出的视频信号是与空间照度分布——对应的时间序列脉冲,而且图象照度越强,输出的视频信号电流也越大。

三、视象管靶

视象管靶的主要作用是完成光学图象的光电转换和信息电荷的积累和存储,是摄象管的关键部件,适合视象管靶(光电导体)的材料必须能满足电荷的存储功能,要求靶上每个象素的驰豫时间远大于储存时间(即帧时间)。为此,要求光电导材料的电阻率 $\rho \geqslant 10^{12}\Omega \cdot cm$。同时材料的横向电阻亦应足够高,可以防止各个象素之间因表面漏电而使电位起伏拉平。通常要求方块电阻在 $2 \times 10^{13} \sim 2 \times 10^{14}\Omega/\square$ 之间。另外对靶材料还要求有较长的长波限,即光电导材料的禁带宽度应在 $1.7eV \sim 2eV$ 之间。因此,在早期符合要求的光电导靶采用硫化锑(Sb_2S_3)靶,由于此靶灵敏度低,惰性大,因此目前生产的视象管都采用阻挡型靶。由于阻挡层(p-i-n 或 p-n 结)的存在,降低了暗电流,因此对靶材料的暗电阻率没有高的要求,靶的性能有所改进而获得广泛应用。下面介绍几种阻挡型靶的结构、工作原理及性能。

1. 氧化铅靶结构和工作原理

如图 7-25 所示,氧化铅靶由三层不同的材料组成,形成 n 型层 - 本征层 -p 型层结构。它首先在玻璃面板上蒸镀 SnO_2(氧化锡)透明导电层,作信号板用,而后将氧化铅层沉积在 SnO_2 层上面,由于 SnO_2 和 PbO 的接触而形成 n 型层,其上占靶厚大部分的纯氧化铅层则是高阻本征层,最后对氧化铅的扫描面进行强氧化,形成 p 型层。由此结构而形成 p-i-n 光电二极管。

氧化铅靶工作时,在靶的两面加反向偏压,即 n 层与正极性靶压相连,由于 n 层和 p 层电阻率很低,i 层电阻率却很高,所以在无光照时,靶压几乎全加在 i 层上,在层内形成很高的电场,

多数载流子由于受到反向偏压的阻挡,因而不能越过 p-i 结或 i-n 结,所以暗电流小。当光线照射靶面时,光透过面板和 SnO_2 层入射到 PbO 本征层上时,产生电子 - 空穴对,由于靶面各点光照度不同,靶区(即 i 区)相应各点产生的电子 - 空穴对数量亦不同,从而建立起与光照相应的电位图象,再通过电子束扫描,由负载输出负极性图象信号。由于工作时靶上加有较强的反向电场,并且靶面处于反向偏置状态,所以氧化铅靶的光电转换效率较高,暗电流小,分辨率高,惰性和烧伤小,所以它是目前使用最广泛的一种摄象器件。

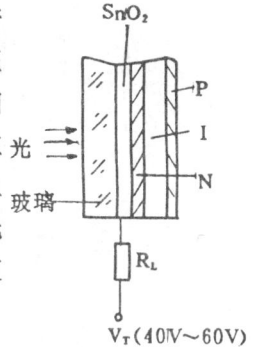

图 7-25　氧化铅靶

2. 硅靶结构和工作原理

硅靶结构见图 7-26,极薄的 n 型硅片的一面经抛光、氧化而形成一层绝缘良好的二氧化硅(SiO_2)膜,用光刻技术在膜上刻出很多圆形窗孔(一英寸管有 50 万个窗孔),通过窗孔将硼扩散入硅基片,于是就形成了一个个 p 岛,每个 p 型岛与 n 型基片构成一个 p-n 结二极管,而每个二极管被二氧化硅膜隔开,在 n 型硅的光照面上涂上 n^+ 层,因而硅靶属 pnn^+ 三层结构。为使电子束扫描时不在电阻率很高的 SiO_2 膜上积累电荷而影响扫描电子束上靶,在整个靶面上蒸涂一层半绝缘性质的电阻层,通常称为电阻海。

硅靶在工作时靶上加有 10V 左右的反向偏压,即正极通过负载电阻接 n^+ 层(即讯号板上)。无光照时,只有暗电流存在。当电子束扫描二极管的 p 区一边时使之达到电子枪的阴极电位,这时加在二极管上的反向偏压就等于 V_T,由于反向偏压的作用,使二极管的空间电荷区加宽,即耗尽层加厚。当光透过 n^+ 层入射到基底 n 型硅上时,将激发大量的电子 - 空穴对,电子被信号板导走,空穴在 n^+n 结形成的自建电场作用下,使其不致向受光面扩散而被复合,而是向扫描面移动,到达 p 区表面,从而使靶被扫描一侧的电位升高,且升高的数值与光照度成正比,形成了电位图象。当

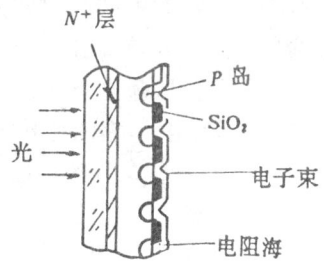

图 7-26　硅靶结构

电子束再次扫描各个二极管时,其电位被拉平到阴极电位,产生的光电流流过负载电阻就形成了与光学象对应的视频信号。

硅靶的优点是光谱响应范围宽,量子效率高,抗烧伤能力强,缺点是工艺复杂、成本高,分辨率受象元素限制。

由此可见,视象管的改进关键在于靶材料和靶结构的改进,其次才是电子枪和整管的结构改进。近几年来,由于靶面的改进,相继出现了高性能的视象管,下面介绍几种异质结靶和特点。

3. 几种异质结靶的结构和工作原理

(1) 硒化镉(CdSe) 靶

硒化镉靶属异质复合结靶,如图 7-27(a) 所示,它是在光敏半导体 CdSe 膜上蒸镀一层良好的绝缘膜(As_2S_3),从而在两者交界处形成 p-n 结阻挡层,这就使光敏和限制暗电流的两个要求由不同材料来承担,能达到比较理想的结果。由于采用蒸镀方法形成蒸发膜,象元连续,因此提高了分辨率。中间层 $CdSeO_3$ 是由 CdSe 氧化而成,它使 CdSe 和 As_2S_3 之间的接合面稳定。

硒化镉靶具有暗电流小、响应率高,在响应范围内量子效率较高的优点,特别适宜于作高灵敏彩色摄像管。

(2) 硒砷碲(SeAsTe) 靶

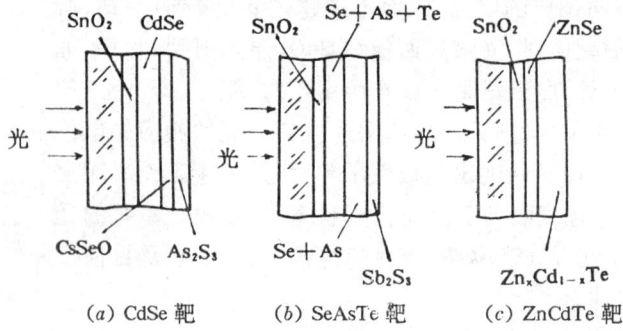

| (a) CdSe 靶 | (b) SeAsTe 靶 | (c) ZnCdTe 靶 |

图 7-27 三种异质结靶结构

硒砷碲靶的膜结构示于图 7-27(b)，也属异质复合结构。n 型 SnO_2 与 Se、As、Te 膜形成阻挡层，起光电转换作用，高阻的 Sb_2S_3 薄膜与 Se、As、Te 膜也构成阻挡层。这种结构制成的摄象管具有光谱响应范围宽、光动态范围大、信号电流大、暗电流小、分辨率高、惰性小、制造工艺稳定、成品率高的特点，因此适宜于作工业和广播用的彩色摄象机。

(3) 碲化锌镉(ZnCdTe)靶

碲化锌镉靶属 Ⅱ-Ⅳ 族化合物半导体异质结靶，其结构如图 7-27(c) 所示：第一层为 n 型 ZnSe 膜，厚仅为 $500 \sim 1000$ Å；第二层是 ZnTe 和 CdTe 的固熔体制成的，厚为 $3 \sim 5\mu m$，为 p 型；两层之间形成异质结。

在可见区碲化锌靶的灵敏度比硅靶约高 $1.5 \sim 2$ 倍，晕光现象比硅靶小，工艺较简单，成本较便宜。但是，它的红外响应率、抗烧伤和惰性则比硅靶差，此靶适宜于做低照度摄像管。

4. 各种视象管的特性比较

为比较常用的几种视象管的特性，摘录了下列的数据(表7-1)和曲线(图7-28、图7-29)供选用时参考。

表 7-1　几种视象管的典型参数

参数 \ 管名	硫化锑管 resistron	氧化铅管 Plumbicon	硅靶管 Si-Vidicon	硒化镉管 Chaluicon	硒砷碲管 Saticon	碲化锌镉管 Newvicon
响应率(μA/lm)	170	$350 \sim 400$	4350	2600	350	4300
极限分辨率(TVL)	800	750	700	800	900	800
惰性(三场后)%	$20 \sim 25$	'3	$7 \sim 10$	$10 \sim 20$	< 2	< 20
暗电流(nA)	20	2	10	< 1	< 1	10
ν 值	0.65	0.95	1	0.95	1	1
动态范围	350：1	60：1	50：1	60：1		
抗烧伤能力	差	较差	极好	很好	较好	较好
晕光现象	很小		严重	小		很小
工作温度(℃)	$+10 \sim +40$	$-30 \sim +50$	$-40 \sim +50$	$-20 \sim +60$	$-25 \sim +35$	< 60
用途	一般	广播电视	高灵敏度 工业电视	高灵敏度 工业电视	广播电视 (小型)	高灵敏度 工业电视

图 7-28 示出各种视象管的光谱响应特性，而图 7-29 则示出它们的光电变换特性和动态范围。

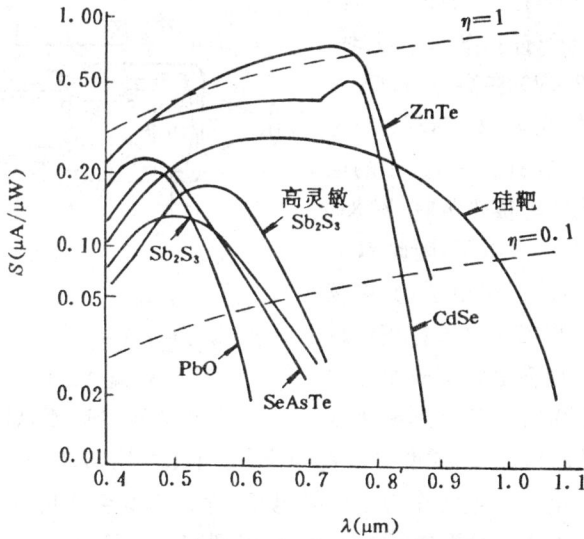

图 7-28　各种视象管的光谱特性

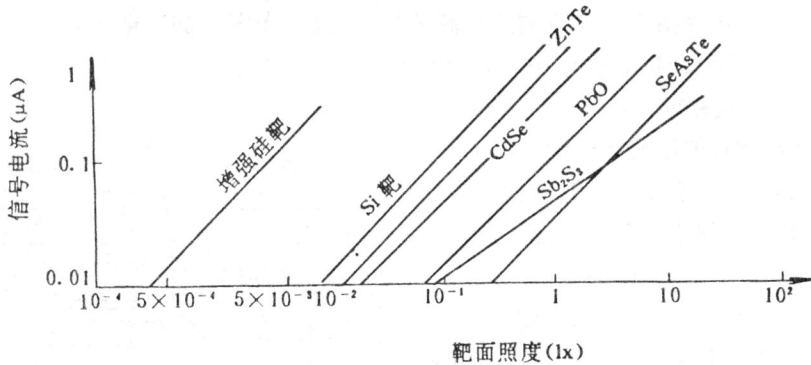

图 7-29　各种视象管的光电变换特性和动态范围

§7-5　光电发射型摄象管

光电发射型摄象管具有几个共同特性：① 采用光电阴极把光学图象转换为电子图象；② 存在移象区,把光电转换和信号存储两个部件分开；③ 具有电子图象倍增机制,响应率较高,适宜作微光摄象。这类器件又称移象型摄象管,或微光摄象管,下面分别介绍几种常用的光电发射型摄象管。

一、二次电子传导摄象管(SEC)

二次电子传导(Secondary Electron Conduction)摄象管是利用二次电子传导作用进行电子增强的,其结构如图 7-30 所示。它由移象区、SEC 靶和扫描区三部分组成,光电阴极镀制在光纤板内壁,移象区的电子光学成象系统把光电子加速并成象到靶上。SEC 靶由 Al_2O_3 膜、Al 膜和 KCl 膜组成,如图 7-30(b)所示。其中：Al_2O_3 膜(厚 $500\sim700$Å),起着机械支撑作用；中间的 Al 膜(厚 500Å)起着信号板作用；KCl 膜厚 $15\sim20\mu m$,在氩气中蒸镀,呈疏松组织,其中 98～99% 是气隙,它在高速光电子作用下产生二次电子传导。电子束扫描区起视象管的扫描作用,其原理不再重复。

二次电子传导摄象管的工作原理可归纳如下：当一个加速的光电子打到 SEC 靶上时，其中的一部分能量（约 2keV）在穿过 Al_2O_3 及 Al 膜时损耗掉，另一部分能量（约 2keV）被电子穿透 SEC 膜时带走不能发挥作用，其余的能量（实验证明 4keV 为最佳）能被靶吸收。对 KCl 膜来说，每 30eV 激发一个二次电子，因此 4keV 的电子能激发 120 个左右的二次电子，其中仅有一小部分被复合掉。这些二次电子在靶电场的作用下流向信号板，而在靶上留下一个正电荷图象，被扫描时经电子束补充恢复到阴极电

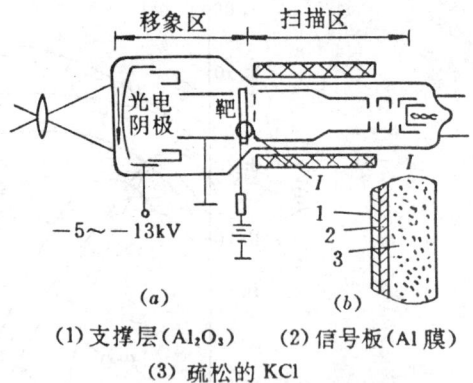

(1) 支撑层(Al_2O_3)　　(2) 信号板(Al 膜)
(3) 疏松的 KCl

图 7-30　SEC 管结构及 SEC 靶

位，而在外电路上产生脉冲电流，形成图象的视频信号。由此可见，SEC 管主要利用高能光电子激发二次电子，再由二次电子在电场作用下传导电流，称为二次电子传导。靠近靶有一电位略低于 SEC 靶的抑制网，它的作用是形成一个减速场，以抑制因上靶电子束速度太高而产生二次电子。

二次电子传导摄象管具有响应率高的特点，改变光电子加速电压，可得到 80～200 的电子增益。它的极限分辨率稍低，约 600TVL，$\gamma \approx 1$。

二、增强硅靶管(SIT)

增强硅靶管的结构示于图 7-31，它与二次电子传导摄象管的结构相似，只是用硅靶取代 SEC 靶。这里所用的硅靶与图 7-26 所示的硅靶相似，只是在电子入射侧加镀一层厚几百埃的铅膜，以屏蔽杂散光。

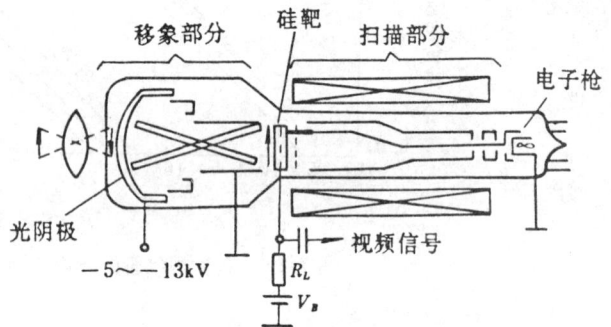

图 7-31　SIT 管结构

增强硅靶管产生电子增益的机理是这样的，从聚焦场中获得加速的电子以高能量（约 10keV）轰击硅靶，激发出大量电子 - 空穴对，如以每 3.4～3.5eV 激发一电子-空穴对，则每个高能电子可激发 2800～2900 电子-空穴对，空穴在 p-n 结自建电场作用下进入 p 区，即扫描面，使该单元的电位提高，并在电子束扫描时输出视频信号，由于表面和体内复合等因素，实际增益为理论值的 70～80%，即 2000 倍左右，改变电子光学系统中电极的电压，可改变增益大小。

增强硅靶管具有高响应率，一般比硅靶管大二个数量级，约为 40μA/lx。硅靶不易烧伤，但光电阴极不能受强光照射，因此要注意使用条件，正确使用时寿命可达数千小时。其缺点是暗电流较大，斑点不易彻底消除。

三、超高灵敏度的摄象管

在拍摄特低照度景物时，人们就需要超高灵敏度的摄象管，一般采用象增强器与摄象管的连结形式，即象增强器的输出光纤面板与摄象管的光纤面板窗口相结合的方式，若用级联象增强器，必须考虑对于对比度、噪声及分辨率的影响，同时在光纤面板进行接合时要注意光纤面板之间不能产生缝隙。一般有以下几种形式的连接：

（1）象增强器和增强硅靶管的级联（ISIT）

这种连接能在 1.5×10^{-6}lx 照度下分辨出被摄物体的细节，但分辨率下降到 100TVL，此时的信噪比为 6dB，γ 接近于 1，由于增强硅靶管内部增益大，因此动态特性比较好，同时具有体积小、重量轻、耗电省、耐震等优点，因此被广泛应用。

（2）象增强器和二次电子传导摄象管的级联（ISEC）

与前者相比：它的优点在于积累能力强，适合于较长时间曝光的场合，且惰性小；其缺点是靶面脆弱，容易被强光烧伤，且不能耐震，分辨率有明显降低。

（3）象增强器与视象管的级联

最初采用第一代象增强器（即三级级联象增强器）与视象管的耦合，用 I^3V 表示。以后采用微通道板象增强器和视象管的耦合，用 MCPIV 表示。后者性能比较优越。

MCPIV 的优点是体积小、重量轻、耐震和防强光有饱和作用，它的缺点是分辨率较低，主要受微通道尺寸及近贴聚焦的限制。

表 7-2　几种微光摄象管的主要参数

管　名	响应率 ($\mu A/lm$)	极限分辨率 (TVL)	400TVL 时 MTF	γ	I_d(nA)	惰性	SNR(dB)
SEC	2×10^4	550	30%	$0.6 \sim 1$	3	8%	35
SIT	4×10^5	680	34%	1	10	10%	30
IEBS	9×10^6	600	20%	1	7	6%	

表 7-3　几种微光摄象管的极限照度

管　名	响应率 ($\mu A/lm$)	靶面最低照度 (lx)	备　　注
SEC	2×10^4	4×10^{-4}	（靶面最低照度均在 SNR = 6dB，100TVL
SIT	4×10^5	2×10^{-5}	时测定）
ISEC	4.5×10^5	2×10^{-5}	
MCPIV	1.1×10^7	5×10^{-6}	
I^3V	5×10^6	4×10^{-6}	三级象增强器加 Sb_2S_3 管
I^3PV	9×10^6	3×10^{-6}	三级象增强器加 PbO 管
ISIT	9×10^6	1.5×10^{-6}	

§7-6　摄象管的近期发展

摄象管发展的总趋向是小型化和高象质。

一、高象质摄象管

前面提到，要获得高象质的摄象管关键在于靶材料和靶结构的改进，其次才是电子枪和整管的结构。从这点出发，对几种异质结靶材料和结构进行了改进，研制出超硒化镉摄象管和硒砷碲 Ⅲ 型管。超硒化镉摄象管具有多层结构的靶面，靶面材料为 $CdTe_{1-x}Se_x$，2/3 英寸管的灵敏度达 $0.34\mu A/lx$，惰性小，光谱响应可延伸到 $1020\mu m$，还能在低照度下应用。表 7-4 是几种超硒化镉摄象管的性能，可适用于近红外测量、医疗，也适用于观察加热至 300℃ 以上的物体，X 射线探测和监理用的摄象机。

表 7-4　超硒化镉摄象管性能

型　　号	E5875	E5892	E5476	E5477	E5419
管径(英寸)	2/3	2/3	1	1	1
聚焦 / 偏转方式	M/M	E/M	M/M	M/M	E/M
总长(mm)	103	103	160	130	160
灵敏度 / 靶面照度 (μA/lx)	0.34/1	0.34/1	0.34/0.5	0.34/0.5	0.34/0.5
暗电流(nA)	2	2	3	3	3
γ	0.95	0.95	0.95	0.95	0.95
中心分辨率(电视行)	700	600	800	800	700
惰　性(%)	5	5	10	10	10

又如硒砷碲 Ⅲ 型管，其中型号为 H9387D 和 H9386D 采用了新二极管枪，H4125 采用了静电偏转结构，其性能见表 7-5，这些管子大都用于电子新闻采访、演播室及现场录制摄象机中。

表 7-5　新型硒砷碲摄象管性能

型　　号	H9387D 管	H9386D 管	H4125 管
管径(英寸)	1	2/3	2/3
聚焦 / 偏转方式	M/M	M/M	M/E
中心分辨率(电视行)	1200	1000	1100
400TVL 时调制度	70%	60%	65%
输出电容	2.5pF	1.8pF	2.5pF
惰性(%)	1.2	0.9	0.9

在提高摄象管质量方面，已研制出用非晶硅膜作为摄象管靶，靶由透明电极、α-Si:H 膜、HgO 三层结构组成。目前 2/3 英寸管在 400 电视行时振幅调制度为 65%，极限分辨率可达 800 电视行，靶压 25V 时，残象大约为 8%，这种管子具有灵敏度高，分辨率好，在整个可见光区域都有响应，而且烧伤小。另外，从结构上进行改进以提高象管质量，如采用二极管枪、浸渍型阴极、磁聚焦静电偏转等措施。例如，采用特殊限束孔的二极管枪，它的电子束发散角很小，当第一栅极电压在 10 ～ 25V 时发散角为 0.3 ～ 0.65°。采用这种枪的一英寸摄象管，在中心水平分辨率为 800 电视行时的振幅响应为 42%，600 电视行时的振幅响应为 58%。

二、小型化

目前各国都在研制超小型，高性能的摄象管，以便适应小型显微镜摄象机，高分辨率闭路电视摄象机和小型电视监视系统的需要，目前已生产出一种超小型 1/2 英寸高性能摄象管，管径只有 14mm，管长为 67.5mm，采用磁聚焦，静电偏转形式，热丝功率为 0.4W，网压为 300V，优点是灵敏度、分辨率好,具体参数见表 7-6。

表 7-6　两种 1/2 英寸高性能管特性

特性	型号		VIDICONE5405	CHALNICONE5415
极限分辨率		中心(电视行)	800	700
		四角(电视行)	600	500
灵敏度(μA/lx)			0.13/10	0.12/1
信号均匀性(%)			10	5
惰性(%)			8	10
γ(平均)			0.75	1

　　为了能提供携带方便的小型家用彩色摄象机及新闻采访摄象机,目前已研制出几种小型单管彩色摄象管,性能见表 7-7,另外还有一种 1/2 英寸全静电方式的单管彩色摄象管,该管没有线圈组件,管子长度仅 62mm,连同屏蔽外壳的管子重量仅 16 克。

表 7-7　三种小型单管彩色摄象管性能

性能	型号	S3222	S2232	S2252
尺寸(英寸)		1/2	2/3	2/3
聚焦、偏转方式		磁聚焦静电偏转	磁聚焦静电偏转	磁聚焦静电偏转
载频		4.5MHz		6MHz
靶面材料		硒砷碲	硒砷碲	硒砷碲
热丝电压/电流(V/mA)		0.7/310	6.3/87	6.3/87
惰性(50ms后)%		2.0	2.5	2.0
暗电流(nA)		0.2	0.3	0.3
信号电流(nA/lx)		120/25	170/20	170/20
极限分辨率(电视行)		300	300	400
用途		家用单色管彩色摄象机	电子新闻采访单管彩色摄象机	广播电视单管彩色摄象机
备注		用快速起动直热式阴极,预热时间 2 秒		

思考题与计算题

[7-1] 简述红外变象管和象增强器的基本工作原理。

[7-2] 简述光导型摄象管的基本结构和工作过程。

[7-3] 第三代象增强器是怎样一种结构的象管?有什么特点?

[7-4] 真空摄象器件的 γ 值其含义是什么?整个电视系统的 γ 值是否一定要等于 1?为什么?

参考文献

1. 方如章等.光电器件.北京:国防工业出版社,1988
2. 汤定元等.光电器件概论.上海:上海科学技术文献出版社,1989
3. 王君容等.光电子器件.北京:国防工业出版社,1982
4. 183フトンフユア— 滨松 ホトニワス 综合展
5. 孙培懋等.光电技术.北京:机械工业出版社,1992

第八章　　固体成象器件

第七章所叙述的各种类型真空摄象器件中,核心部分是靶面,通过靶面上的光敏材料把来自目标的光学图象转变成靶面上的电学图象,通过电子束按顺序地对靶面各象素进行扫描,将靶面上的电学图象转换成仅随时间变化的,即一维的电信号(视频信号)传送出去。这类成象器件在 60 年代被广泛应用,在 60 年代后期,随着半导体集成电路技术的发展,特别是 MOS 集成电路工艺的成熟,各种固体成象器件得到迅速发展,70 年代末已有一系列的成熟产品,固体成象器件就不需要在真空玻璃壳内用靶来完成光学图象的转换及电子束按顺序进行扫描就能获得视频信号,即器件本身就能完成光学图象转换、信息存贮和按顺序输出(称自扫描)视频信号的全过程。本章主要介绍这种固体成象器件。

固体成象器件主要有两大类,一类是电荷耦合器件(Charge Coupled Device,简称 CCD),另一类是自扫描光电二极管列阵(Slef Scanned Photodiod Array,简称 SSPD),又名 MOS 图象传感器,它们各有其优缺点。

固体成象器件与真空摄象器件相比,有以下显著优点:

(1) 全固体化,体积小,重量轻,工作电压和功耗都很低;耐冲击性能好,可靠性高,寿命长;

(2) 基本上不保留残象(真空摄象管有 15% ～ 20% 的残象),无象元烧伤,扭曲,不受电磁干扰;

(3) 对红外也敏感,SSPD 的光谱响应范围从 0.25 ～ 1.1μm;CCD 可做成红外敏感型,在军事上可用于红外夜视系统;

(4) 象元尺寸的几何位置精度高(优于 1μm);因而可用于不接触精密尺寸测量系统;

(5) 视频信号与微机接口容易。

本章主要介绍 CCD、SSPD 的工作原理、主要特性参数及其驱动电路,还介绍一些典型产品和应用。

§8-1　　电荷耦合器件的工作原理

电荷耦合器件是 70 年代初由美国贝尔实验室的 W. S. Boyle 和 G. E. Smith 等人研制成功的一种新型的半导体器件,这种器件的突出特点是以电荷作为信号,而不同于其它大多数器件(以电流或电压作为信号)。CCD 有两种基本类型:一种是电荷包存贮在半导体与绝缘体之间的界面,并沿界面传输,这类器件称为表面沟道电荷耦合器件(简称 SCCD);另一种是电荷包存贮在离半导体表面一定深度的体内,并在半导体内沿一定方向传输,这类称为体内沟道或埋沟道电荷耦合器件(简称 BCCD)。本节主要介绍 SCCD 的基本工作原理。

电荷耦合器件是在 MOS 晶体管的基础上发展起来的,虽为 MOS 结构,但与 MOS 晶体管的工作原理不同,MOS 晶体管是利用在电极下的半导体表面形成的反型层进行工作的,而 CCD 是利用在电极下 SiO_2 —— 半导体界面形成的深耗尽层(势阱)进行工作的,属非稳态器件。

CCD 的雏形是在 p 型或 n 型硅单晶的衬底上生长一层厚度约为 $1200\text{Å} \sim 1500\text{Å}$ 的二氧化硅(SiO_2)层,然后按一定次序沉积 n 个金属电极或多晶硅电极,作为栅极,栅极间的间隙约 $2.5\mu m$,电极的中心距离为 $15 \sim 20\mu m$,于是每个电极与其下方的 SiO_2 和半导体间构成了一个金属 - 氧化物 - 半导体结构,即 MOS 结构,这种结构再加上输入结构和输出结构就构成了 n 位

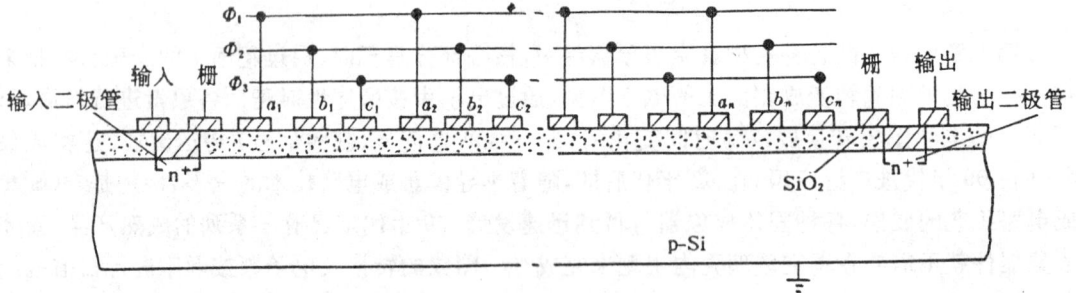

图 8-1 CCD 结构示意图

CCD。图 8-1 就是以 p 型硅为衬底的 CCD 结构示意图。如果在 CCD 栅极上施加一定规律变化、大小超过阈值电压的正栅极电压,在 p 型硅表面形成不同深浅的势阱,一方面用以存贮信号电荷(又称电荷包),另一方面势阱的深浅按一定规律变化(同步于电极上施加的电压变化规律),使阱内的信号电荷沿半导体表面传输,最后从输出二极管送出视频信号。这中间,栅极下面的势阱是怎样形成的,信号电荷是怎样传输(即电荷是如何耦合的),信号电荷又是怎样注入和输出的等等,下面将作详细分析。

一、CCD 的 MOS 结构及电荷存贮原理

1. 稳态情况 MOS 结构的物理性质

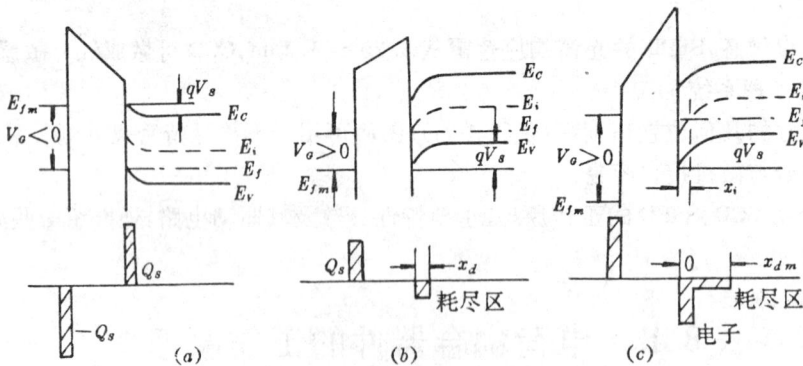

图 8-2 不同偏置下理想 MOS 结构能带图

图 8-2 为单个 MOS 结构在不同偏置下的能带弯曲图。未加偏压 V_G(即 $V_G = 0$)时,p 型半导体中空穴(多数载流子)的分布是均匀的,能带基本上不弯曲。当栅极上加上一定电压 V_G 后,在 SiO_2-P-Si 界面形成符号相反的电荷,电荷的分布随外界电压 V_G 的大小和方向的变化而变化。下面分几种情况讨论:

(1)多数载流子堆积状态

当金属电极上施加负电压(即 $V_G < 0$)时,此时电场由半导体指向金属电极,该电场将排斥电子而吸引空穴,由于接近半导体表面的电子能量增大,引起表面处能带向上弯曲,因此近表面处的空穴浓度增大,图 8-2(a)就表示了 p 型半导体中多数载流子(空穴)堆积在表面的状态。

（2）多数载流子耗尽状态

当金属电极上施加较小的正电压（即 $V_G > 0$ 但较小）时，表面势为正，因此接近半导体表面处的电子能量减小，表面处的能带向下弯曲，近半导体表面下的空穴被排斥，在半导体表面下的一定宽度范围内只留下受主离子形成的空间电荷区，称多子耗尽区，简称"耗尽区"，该区域对电子来说是一个势能很低的区域，故也称"势阱"、"位阱"，此时能带弯曲部分的厚度就是耗尽层的厚度，即势阱的深度，如图 8-2(b) 所示。

（3）载流子反型状态

当 V_G 增大，则能带在半导体表面处向下弯得更为严重，此时界面处的费米能级会高于中间能级 E_i，这表示界面处的电子浓度已超过空穴浓度，形成了与原来 p 型半导体相反的一层 n 区，如图 8-2(c) 所示。此时，从表面到 E_i 与 E_f 的相交点的一薄层内，变成 n 型导电，在 n 型导电区和体内的 p 型导电区之间仍是耗尽层，当 V_G 进一步增大到大于 V_{th} 时，使界面下电子浓度等于衬底受主浓度（p 型硅的多子浓度）时称为强反型状态，MOS 结构达到稳定状态。出现"强反型"的条件为

$$V_S = 2 \frac{E_i - E_f}{q} \tag{8.1}$$

式中　V_S 为表面势。如果没有外界注入少子（电子）或不引入各种激发，则反型层中电子来源主要是耗尽区内热激发的电子空穴对。对于良好处理的半导体，这种激发过程是很慢的，约 $10^{-1} \sim 10$ 秒，称为存贮时间（也称弛豫时间），即

$$T = \frac{2\tau_0 N_A}{n_i} \tag{8.2}$$

式中　τ_0 为耗尽区少子寿命；n_i 为本征载流子浓度；N_A 为受主浓度。T 的大小决定于硅材料及工艺水平。

通常把能产生强反型状态所加的栅极电压 V_G 称为阈值电压 V_{th}，也就是说使 MOS 结构产生强反型状态所加的栅极电压必须大于阈值电压 V_{th}。以上讨论中，曾假设 $V_G = 0$ 时，半导体的能带是平的，但实际上界面处有固定正电荷，在氧化物中有可移动的电荷，能带稍有弯曲，要使能带变平所需的电压称平带电压，用 V_{FB} 表示。所以，考虑 V_{FB} 时栅极上所加的电压必须 $(V_G - V_{FB}) > V_{th}$。

2. 瞬态情况

CCD 器件是在栅极电压 $V_G > V_{th}$（阈值电压），但尚未出现强反型层的状态下工作的，所以属非稳态器件。在非稳态情况下，MOS 电容器的能带弯曲和电荷分布过程如下：

当栅极上加上大于 V_{th} 电压的瞬间，电极下的半导体表面的空穴被排斥而形成耗尽区，此时还不会形成反型层。因为热激发的电子 - 空穴对中的电子进入耗尽区并被填满需一定时间，这种状态称为"深耗尽"，属非稳态情况。由于此时金属栅极上的正电荷全部由耗尽区中的受主离子来平衡，因此耗尽区的厚度 X_d 特别宽（图 8-3(a)），如果此时注入信号电荷，或周围电子逐渐填入势阱内，随着电子填充，耗尽区将变窄，表面势将降低，势阱变浅，绝缘层上压降将增加，如图 8-3(b) 所示。从上分析可知：只有当栅极电压刚加上去的瞬间，耗尽区的宽度 X_d 特别宽，也即势阱最深，能存贮电荷的可能性最大，随着时间的增加，耗尽区变窄，势阱变浅，存贮电荷的可能性变小；当 t 大于弛豫时间 T 时，势阱因被热激发的电子填满而形成反型层，势阱消失，不可能再存贮新的电荷。因此，CCD 要存贮有用的信号电荷（不论是电注入或光注入）都要求信号电荷的存贮时间小于热激发电子的存贮时间，否则信号电荷不是存不进去就是取不出来，所以，CCD 器件是一种非稳态器件。

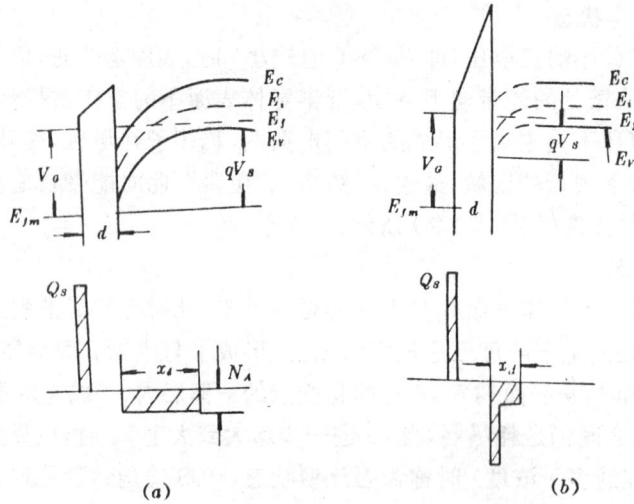

(a) (b)

图 8-3   瞬态 MOS 结构能带图

在"深耗层"状态下,根据静电场原理,通过解一维泊松方程可求得界面处的表面势(即界面电位),即

$$V_s = \frac{qN_A}{2\varepsilon_s\varepsilon_0}x_d^2 \tag{8.3}$$

式中 N_A 为受主浓度;ε_s 为半导体介电常数;ε_0 为真空中的电容率;x_d 为耗尽层宽度。此时,界面电位 V_s 与栅压 V_G 的关系(考虑平底电压 V_{FB}):

$$V_G - V_{FB} = V_s + \frac{(2\varepsilon_s\varepsilon_0 qN_A V_s)^{\frac{1}{2}}}{C_{ox}} \tag{8.4}$$

式中,C_{ox} 为氧化层电容。

如果考虑到势阱内有部分信号电荷,但未达到稳态,且设单位面积上的信号电荷为 $-Q_s$,则界面电压与栅极电压的关系变为

$$V_G - V_{FB} = \frac{Q_s}{C_{ox}} + \frac{(2\varepsilon_s\varepsilon_0 qN_A V_s)^{1/2}}{C_{ox}} + V_s \tag{8.5}$$

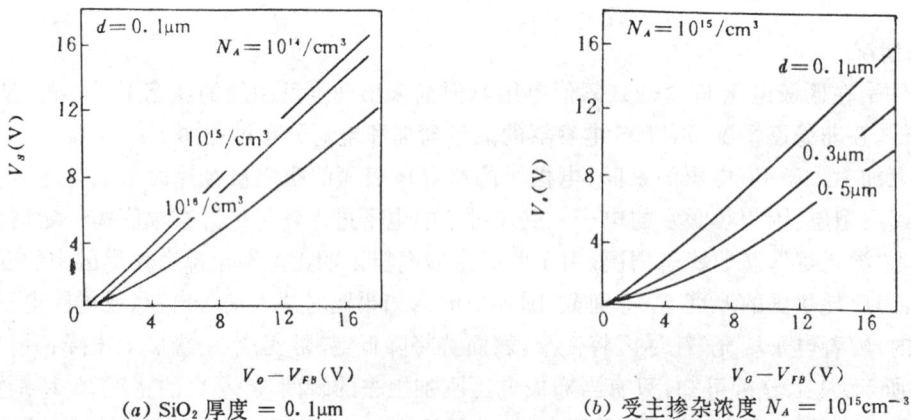

(a) SiO$_2$ 厚度 $= 0.1\mu m$ (b) 受主掺杂浓度 $N_A = 10^{15} cm^{-3}$

图 8-4   界面电位 V_s 与栅极电压 V_G 的关系曲线

图 8-4$(a)(b)$ 是根据(8.4)式求得的 V_s 与 $V_G - V_{FB}$ 的关系曲线,图 8-5 是根据(8.5)式求得的 V_s 与势阱内信号电荷 Q_s 的关系曲线,由图可见,V_s 与 V_G,Q_s 基本上呈线性关系。

二、电荷耦合原理及电极结构

1. 电荷耦合原理

从上面讨论可知:外加在栅极上的电压愈高,表面势越高势阱越深;若外加电压一定,势阱深度随势阱中电荷量的增加而线性下降。利用这一特性,分析图 8-6 中四个彼此紧密排列的 MOS 电容结构,当栅极上加不同大小电压时,可知势阱及阱内的信号电荷是如何传输的。

首先假设 $t = t_1 = 0$ 时,已有一些信号电荷存贮在偏压为 $+10V$ 的 ① 号电极下面的势阱里,其它三个电极上均加有大于阈值电压,但仍较低的电压(图中为 $+2V$),这些电极下面也有势阱,但很浅。当 $t = t_2$ 时,各电极上的电压变为图(b)所示大小,由于此时 ① 电极和 ② 电极均加有 $+10V$

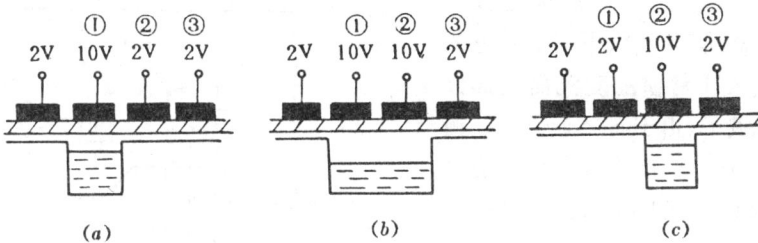

图 8-5　表面势与电荷的关系

图 8-6　CCD 中信号电荷的传输过程

电压,并且两电极靠得很近,因此 ① 电极和 ② 电极下面所形成的势阱就连通,① 电极下的部分信号电荷就流入 ② 电极下的势阱中。当 $t = t_3$ 时,各电极上的电压变成图(c)所示大小,此时 ① 电极上的电压已由 $+10V$ 变为 $+2V$,使 ① 电极下面的势阱由深变浅,势阱内的信号电荷全部移入 ② 电极下的深势阱中。由上可知,从 $t_1 \rightarrow t_3$,深势阱从 ① 电极下移动到 ② 电极下面,势阱内的信号电荷也向右转移(传输)了一位,如果不断地改变电极上的电压,就能使信号电荷可控地一位一位地按顺序传输,这就是所谓的电荷耦合。

2. CCD 电极结构形式

从上面分析可知,CCD 中电荷的存贮和传输是通过各电极上加不同的电压实现的。电极的结构如按所加脉冲电压相数来分,则可分为二相、三相、四相电极结构形式。现介绍三相驱动和二相驱动 CCD 的电荷传输过程和电极结构形式。

图 8-1 就是三相驱动形式的 CCD,图中三个 MOS 电容结构为一位,如 a_1、b_1、c_1 为第一位,a_2、b_2、c_2 为第二位,以次类推,共有 n 位。每一位的三个栅极按次序分别联接到 ϕ_1、ϕ_2、ϕ_3 三相时钟驱动线上,器件左边有输入二极管(ID),输入栅(IG),右边有输出二极管(OD)和输出栅(OG),它们分别是向 CCD 注入信息电荷和输出信号电流的输入结构和输出结构(其原理后面叙述),现把三相驱动 ϕ_1、ϕ_2、ϕ_3 及信号电荷传输通道重新画出如图 8-7(a)所示。图 8-7(b)为 ϕ_1、ϕ_2、ϕ_3 的脉冲波形。

现根据三相驱动脉冲波形图中的时间 t 分析信号电荷的传输过程,同样先假设信号电荷已存入第一位的某一栅极下的势阱(图中 a 栅极)中;

当 $t = t_1$ 时,ϕ_1 高电平,ϕ_2、ϕ_3 均为低电平,此时 a_1、a_2、……、a_n 下面势阱最深,其余栅极下势阱很浅,并且 a 栅极下面的势阱内已有信号电荷存入,见图 8-7(a)t_1 时刻电荷包转换图。

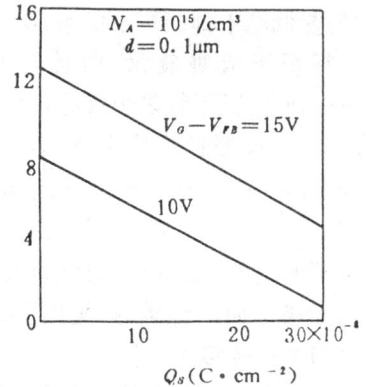

当 $t = t_2$ 时，ϕ_1 高电平，ϕ_2 高电平，ϕ_3 低电平。此时，不仅 a_1、a_2、……、a_n 栅极下势阱最深，而且 b_1、b_2、b_3、……、b_n 栅极下势阱也最深，而 c_1、c_2、c_3、……、c_n 栅极下势阱很浅，由于 a_1 与 b_1，a_2 与 b_2，……，a_n 与 b_n 电极间靠得很近，使势阱连在一起，这时，a_1 栅极下的信号电荷均匀地分布在 a_1、b_1 两栅极下面的势阱内，见图 8-7(a)t_2 时刻电荷转移图。

当 $t = t_3$ 时，ϕ_1 较低电平，ϕ_2 高电平，ϕ_3 低电平。此时，a_1、a_2、……、a_n 栅极下势阱变浅，b_1、b_2、……、b_n 栅极下的势阱最深，使 a_1 栅极下的信号电荷由于 a_1 栅极下势阱的变浅而大部分转入 b_1 栅极下，由于 c_1、c_2、……、c_n 栅极下势阱仍很浅，使信号电荷只能从 a_1 下的势阱转入到 b_1 下面势阱中，因此所有的 c 栅极起到防止信息电荷倒流的作用（在光注入中该作用更明显），见图(a)t_3 时刻电荷转移图。

当 $t = t_4$ 时，ϕ_1 低电平，ϕ_2 高电平，ϕ_3 仍低电平。此时 a_1 栅极下的信号电荷全部转入 b_1 栅极下，因为此时 b_1 栅极上的栅电压最高，见图 8-7(a)。t_4 时刻电荷转移图。

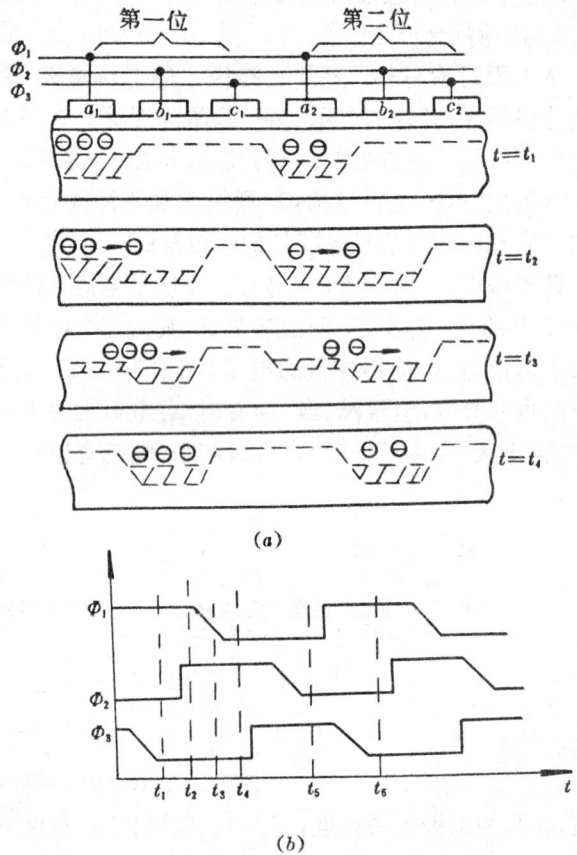

图 8-7 三相 CCD 时钟电压与电荷传输关系
(a) 按时序电荷在势阱内传输
(b) 三相驱动波形

从 t_1 开始到 t_4，通过驱动脉冲高低电平的有规律变化，使 a_1 栅极下势阱内的电荷转移到 b_1 栅极下的势阱内；同样，当 $t = t_5$ 时，已传到 b_1 栅极下势阱内的电荷包传输到 c_1 栅极下的势阱内；当 $t = t_6$ 时，信号电荷则传到了下一位 ϕ_1 电极控制的 a_2 栅极下的势阱内。

综上分析可知，通过三相驱动脉冲的 1/3 个周期，使信号电荷从一个电极传输到下一个电极，通过三相驱动脉冲的一个周期，使信号电荷传输了一位。这就是说，CCD 器件通过时钟脉冲的驱动而完成信号电荷的传输，也就是所谓的自扫描形式。

上述三相 CCD 的金属栅极是做在同一水平面上，一个一个紧密排列，称为单层金属化电极结构。这种结构中势阱是对称的，所以电荷传输方向，向右还是向左传输是通过改变三相时钟脉冲的时序来改变方向的，并且在任一时刻总有一个电极为低电平，以防止信号电荷倒流。另外，在该结构形式中为了更好地传输信号电荷，要求势阱能交叠，使信号电荷非常顺利地从一个势阱流入另一个势阱，就要求栅极紧密排列，一般铝电极之间的间隙为 $2.5\mu m$，这对制造工艺带来困难，容易产生电极间的短路。所以，目前均采用三相多晶硅交叠栅结构，如图 8-8 所示，它是在衬底上先形成一层氧化硅，上面沉积一层氧化硅保护膜(Si_4N_4)和一层多晶硅，光刻多晶硅形成第一层电极，用热氧化使这些电极表面也形成一层氧化物，然后沉积第二层多晶硅绝缘,接着再光刻多晶硅,刻出第二层电极;重复上面过程获得第三层电极。这种结构的电极间隙只是氧化层厚度,因此只有几百毫微米,单元尺寸小,沟道是封闭式的,因而被广泛采用。它的主要缺点是高温工序多,须防止层间的短路。

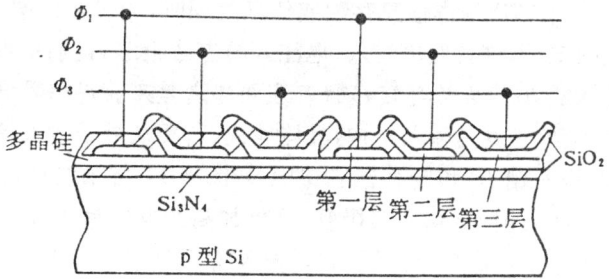

图 8-8　三相多晶硅交叠栅结构图

为了减少时钟脉冲相数,采用二相电极结构,称为二相 CCD. 为了保证信号电荷的单向传输,还须改变电极的结构形式,由式(8.3)到式(8.5)可知,只要改变氧化层厚度或掺杂浓度,在栅电极下面可形成不对称势阱,就能做到防止电荷倒流。目前常采用离子注入法和台阶氧化膜法,图 8-9 是采用离子注入法获取的二相结构,它是在电极下面的不对称位置上注入离子而增加掺杂浓度,在栅极上施加电压后,浓度高的地方势阱浅,浓度低的地方势阱深,如图所示势阱示意图,电荷包就从势阱浅的地方向深的地方转移。图 8-10 示出了另一种用台阶氧化膜技术制成的一种城墙状氧化物二相结构及其势阱图,从图中可见,在同一栅极下有两种不同的氧化层厚度,在相同栅极电压作用下,厚的氧化层下面形成的势阱较浅,薄的氧化层下形成的势阱深。当 Φ_1、Φ_2 的电压波形按图(b)所示变化时,深势阱向右移动,信号电荷也作相应的传输。

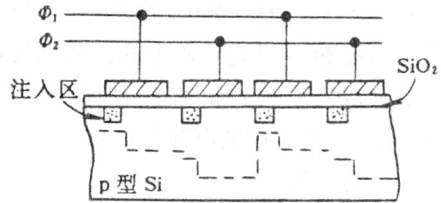

图 8-9　注入势垒二相结构及其势阱图

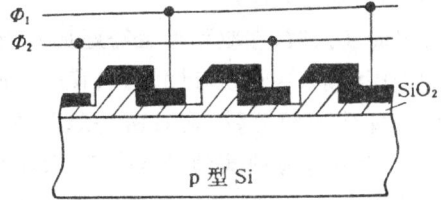

(a)

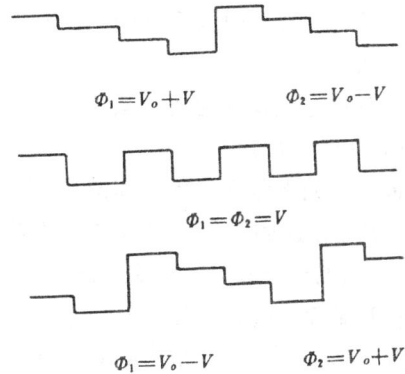

$\Phi_1 = V_o + V$　　　$\Phi_2 = V_o - V$

$\Phi_1 = \Phi_2 = V$

$\Phi_1 = V_o - V$　　　$\Phi_2 = V_o + V$

(b)

图 8-10　城墙状氧化物二相结构及其势阱图

另外,还有四相驱动的 CCD,但由于驱动电路比较复杂,故应用不普遍。当然,二相 CCD 和三相 CCD 尚有其他的电极结构形式,这里不再叙述。

二相驱动 CCD 和三相驱动 CCD 相比,其优点是简化了供电电路,在相同的时钟频率下,信号电荷转移一次所需时间较短。其缺点是每个单元所能存贮的电荷量比较少,由于厚氧化层下面的势阱仅起阻挡层作用,不能存贮电荷,因此在相同电压下有效势阱深度(等于厚氧化层下的表面势与薄氧化层下表面势之差)变小。

3. 电荷的注入

根据 CCD 的不同用途,有两种不同的电荷注入方式 —— 电注入和光注入。

(1) 电注入

当 CCD 用作信息存贮或信息处理时,通过输入端的输入二极管和输入栅注入与信号成正比的电荷,这就叫电注入。电注入的方法很多,目前用得最广泛的是电位平衡注入法,它是利用输入栅 IG 表面势与转移栅 ϕ_1 表面势之差来获得信号电荷。如图 8-1 中左边的输入二极管 ID 和输入栅 IG 就是输入结构,具体地说,若要从外部输入信号电荷,则要在一定时刻给输入二极管 ID、输入栅 IG 和转移栅 ϕ_1 加上如图 8-11 所示波形。图中:在 t_1 时刻,输入二极管 ID 施加高的反向偏压,阻止输入栅下面出现反型层,此时输入栅 IG 和转移栅 ϕ_1 下面均形成深势阱;当 $t = t_2$ 时,在负脉冲作用下输入二极管 ID 处于正向偏置,信号电荷通过 IG 下面的通道(势阱)流入 ϕ_1 转移栅下的深势阱中;当 $t = t_3$ 时,输入二极管又处于反向偏置,把 IG 和 ϕ_1 下的多余电荷抽走,因此注入的电荷量取决于 $V_{\varphi H}$ 和 V_{IGH} 相应界面电位势之差,调节这两电平值,就能控制电荷的注入量。

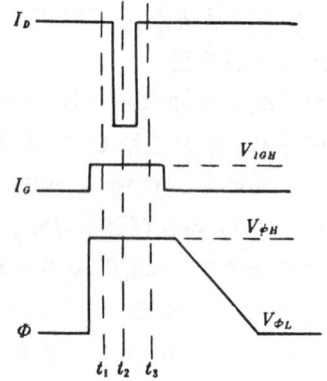

(2) 光注入

当 CCD 用作拍摄光学图象时,把按照度分布的光学图象通过光电转换成为电荷分布,注入到每一位的深势阱中去,这就是光注入。

图 8-11　电注入时输入结构上电压波形

当光注入时,在驱动栅上需施加如图 8-12 所示的电压波形,在光积累期间,只有 ϕ_1 脉冲控制下的栅极才形成深势阱,这时由光照产生的电子 - 空穴对,其电子被收集到深势阱中,因此与 ϕ_1 相连的栅极下面的势阱中积累的电荷量与对应的光照成正比。这样,就把光学图象转换成为电荷图象,然后按前面所述的电荷传输方式把按空间分布的光学图象转换成按时间序列的电信号输出。

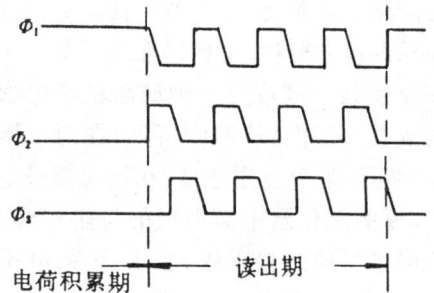

4. 电荷输出方式

图 8-12　光注入时驱动栅上电压波形

CCD 信号电荷的输出方式主要有电流输出、浮置扩散放大器输出和浮置栅极放大器输出。

(1) 电流输出

最简单的电流输出形式如图 8-13(a) 所示,它包括输出栅 OG 和输出反向二极管 OD,分别加正偏压。当 ϕ_3 的控制脉冲从高电平变为低电平时,输出的信号电荷被输出二极管收集,形成反向电流,通过负载电阻输出电脉冲。

(2) 浮置扩散放大器输出

其形式如图 8-13(b) 所示。T_1 复位管和 T_2 放大管都与 CCD 做在同一片子上。复位管在 ϕ_3 下的势阱未形成之前,在 R_G 端加复位脉冲 ϕ_R,使复位管导通,把浮置扩散区剩余电荷抽走,复位到 V_{bb};而当电荷到来时,复位管截止,由浮置扩散区收集的信号电荷来控制放大管 T_2 的栅极电位,在输出端获得放大了的信号电压,因此也称电压输出,这种输出结构,由于所有的单元做在同一衬底上,因此抗噪声性能比电流输出好。

以上两种输出方式均为破坏性的一次性读出,下面介绍一种非破坏性读出方式。

(3) 浮置栅放大器输出

图 8-13(c) 为浮置栅放大器输出结构图。图中 T_2 的栅极是与沟道上面的浮置栅相连,不象

前面两种直接与信号电荷的转移沟道相连接,当信号电荷传输到浮置栅下面的沟道时,在浮置栅上感应为镜象电荷,以控制 T_2 的栅极电位,达到信号的检测与放大的目的,这种结构由于栅极电容较小,可得到比较大的输出信号。

三、体内沟道电荷耦合器件(BCCD)

前面所介绍的电荷耦合器件中,信号电荷的存贮和传输都是在氧化层与 p 型半导体的界面处进行的,因此称它为表面沟道电荷耦合器件,由于界面处存在着表面态,它可以接受信号电荷,也可发射电子,即信号电荷在传输过程中受其影响,从而降低了转移速度和转移效率,为了克服这些缺点,研制出在半导体体内传输信号电荷的所谓体内沟道电荷耦合器件(BCCD)。

BCCD 结构由于信号电荷是在体内进行传输的,避免了表面态对信号的作用,图 8-14 示出了 BCCD 的结构示意图。其工艺是:在 p 型硅衬底上用外延法或扩散法形成一层与衬底相反的 n 型薄层,再在 n 型薄层两端形成 n^+ 型区,n^+ 区加足够高的正偏压,相当于 n 型薄层与初底间的 p-n 结处于反偏,从而使 n 型薄层处于全耗尽状态,并在 n 区和 p 区交界处形成体内耗尽。当栅极上加正偏压时,主要改变 n 区和 p 区交界处的耗尽层厚度,

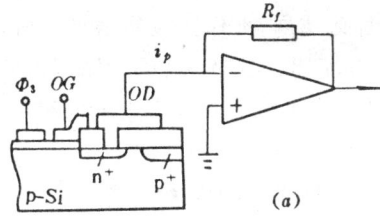

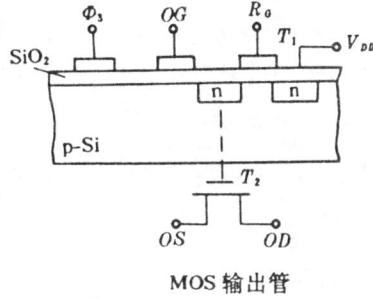

MOS 输出管

(b)

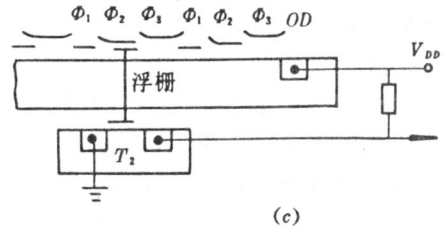

(c)

图 8-13 电荷输出电路

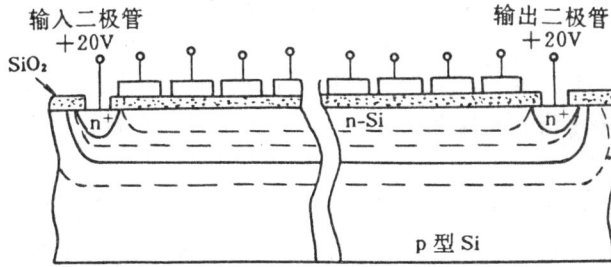

图 8-14 BCCD 的结构示意图

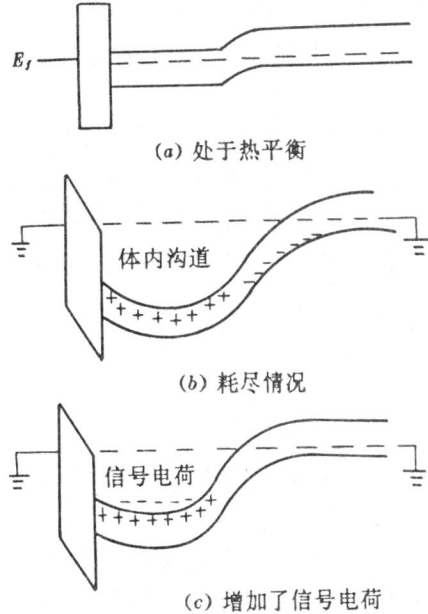

(a) 处于热平衡

(b) 耗尽情况

(c) 增加了信号电荷

图 8-15 BCCD 的能带弯曲示意图

达到控制势阱深度,就可使信号电荷在各电极之间在体内进行传输。

图 8-15 为该 BCCD 的能带弯曲示意图。从图中看出,最低势能不在氧化层和半导体界面处,而在半导体体内,被作为收集信号电荷和传输信号电荷的通道。

与 SCCD 相比,BCCD 避免了表面态的影响,提高了器件的转移效率和脉冲驱动频率,驱动脉冲频率可达 100MHz,并且显示了低噪声的优点。缺点是 BCCD 处理信号电荷的能力比 SCCD 小一个数量级。

四、电荷耦合器件的特性参数

1. 电荷转移效率和转移损失率

电荷转移效率是表征 CCD 器件性能好坏的一个重要参数。设原有的信号电荷量为 Q_0,转移到下一个电极下的信号电荷量为 Q_1,其比值

$$\eta = \frac{Q_1}{Q_0}\% \tag{8.6}$$

称为转移效率。没有被转移的电荷量设为 Q',则与原信号电荷 Q_0 之比

$$\varepsilon = \frac{Q'}{Q_0} \tag{8.7}$$

称为转移损失率。显然,

$$\eta + \varepsilon = 1 \tag{8.8}$$

当信号电荷转移 n 个电极后的电荷量为 Q_n 时,总转移效率为

$$\frac{Q_n}{Q_0} = \eta^n = (1 - \varepsilon)^n \approx e^{-n\varepsilon} \tag{8.9}$$

对于一个二相 CCD 移位寄存器,若移动 m 位,则 $n = 2m$。如果 $\eta = 0.999$、$m = 512$,最后输出的电荷量将为初始电荷量的 36%,可见信号衰减比较严重;当 $\eta = 0.9999$ 时,此时 $Q_n/Q_0 \approx 0.9$。所以若要保证总效率在 90% 以上,要求转移效率必须达 0.9999 以上。一个 CCD 器件如果总转移效率太低,就失去实用价值,也就是说,如果 η 一定,那末器件的位数就受到限制。

影响转移效率的因素很多,如自感应电场、热扩散、边缘电场以及电荷与表面态及体内陷阱的相互作用等等,其中最主要因素还是表面态对信号电荷的俘获。为此采用"胖零"工作模式,即让"零"信号也有一定的电荷来填补陷阱,这就能提高转移效率和速率。

2. 工作频率

由于 CCD 器件是工作在不平衡状态,所以驱动脉冲频率的选择显得十分重要:频率太低,热激发少数载流子过多,它的加入降低了输出信号的信噪比;频率太高,又会降低总转移效率,减小了输出信号幅值,同样降低信噪比。

为了避免热激发所产生的少数载流子对信号电荷的影响,信号电荷从一个电极转移到另一个电极的转移时间 t_1 必须小于少数载流子的寿命 τ。对于三相 CCD,其转移时间 t_1 应该是

$$t_1 = \frac{T_L}{3} = \frac{1}{3f_L} < \tau$$

所以

$$f_L > \frac{1}{3\tau} \tag{8.10}$$

式中,f_L 为驱动脉冲工作频率下限。(8.10) 式表明,工作频率的下限与少数载流子的寿命有关。

如果工作频率取得太高,则将有一部分电荷来不及转移而使转移损失率增大。假定达到要求转移效率 η 所需的转移时间为 t_2,则信号电荷从一个电极转移到另一电极的转移时间应大于或等于 t_2,对于三相 CCD,其转移时间应该为

$$\frac{T_h}{3} = \frac{1}{3f_h} \geqslant t_2$$

所以 $\qquad f_h \leqslant \dfrac{1}{3t_2}$ $\qquad\qquad\qquad\qquad\qquad$ (8.11)

式中,f_h 为工作频率的上限。

从(8.10)、(8.11)式可知,CCD 器件的工作频率应选择在 f_L 和 f_h 之间。

3. 电荷贮存容量

CCD 的电荷贮存容量表示在电极下的势阱中能容纳的电荷量。由于 CCD 是电荷存贮与转移的器件,因此电荷存贮容量等于时钟脉冲变化幅值电压 ΔV 与氧化层电容 C_{ox}(忽略耗尽层电容 C_d,因为 $C_{ox} \approx 10 C_d$)的乘积,即

$$Q = C_{ox} \cdot \Delta V \cdot A \qquad\qquad\qquad\qquad (8.12)$$

式中 $\quad \Delta V$ 为时钟脉冲变化幅值;C_{ox} 为 SiO₂ 层的电容;A 为栅电极面积。

如果 SiO₂ 氧化层的厚度为 d,则每一个电极下的势阱中,最大电荷贮存容量

$$N_{\max} = \frac{C_{ox} \cdot \Delta V \cdot A}{q} = \Delta V \cdot \frac{\varepsilon_0 \varepsilon_s}{d} \cdot A \qquad\qquad (8.13)$$

若设电极下氧化层厚度 $d = 1500 \text{Å}$,而 $\Delta V = 10V$,$\varepsilon_s = 3.9$,$\varepsilon_0 = 8.85 \times 10^{-2} \text{pF/cm}$、$q = 1.6 \times 10^{19} C$、$A = 1 \text{cm}^2$,将以上各值代入(8.13)式计算,得 $N_{\max} = 7 \times 10^6$,这足以容纳 1000lx 的光照射 2ns 所产生的载流子。

提高时钟脉冲的幅值或减小 d 值,均可以增大电荷贮存量。但这两个条件都受到二氧化硅击穿电场强度的限制,通常电场强度 $E_{\max} = 5 \sim 10 \times 10^{10} V \cdot cm^{-1}$。

对体内沟道 CCD 在相同电极尺寸和相同的时钟脉冲变化幅值下,当 n 沟道厚度为 1μm 时,其最大电荷贮存容量为表面沟道 CCD 的 50%。

4. CCD 的噪声

CCD 在存贮和转移信息电荷的过程中,作为信息的各个少数载流子,在 P-Si 内保持隔离状态,可以认为 CCD 自身是低噪声器件。但信号电荷在注入、转移和检测等过程中都叠加有噪声,使信号再现的精度受到影响。CCD 的噪声归纳起来主要有三类,它们有散粒噪声、转移噪声及热噪声。

散粒噪声主要表现为微观粒子的无规律性,在 CCD 器件中,无论是用光注入、电注入还是热产生的信号电荷(电子数)总有一定不确定性(即随机变化),这就引起了散粒噪声。

在 CCD 器件中,信号电荷由于每次转移后剩下少部分电荷,对平均值来说,其总有一个涨落。另外,由于界面态和体内陷阱俘获而发射的电子,从 CCD 的一端转移到另一端,也是一个随机过程。这样就构成了转移噪声。

在 CCD 器件中,信号电荷注入回路及信号电荷检出时的复位回路均可等效为 RC 回路,由于电阻 R 的存在,就产生了电阻热噪声。

综上所述,以上三类噪声是独立无关的,因此 CCD 的总噪声功率应是它们的均方和。

§8-2　电荷耦合摄象器件(CCID)

电荷耦合器件的一个重要应用是作为摄象器件,电荷耦合摄象器件可分为一维(线阵)的和二维(面阵)两种,它们的功能都能把二维光学图象信号转变成一维视频信号输出。它们的原理是:首先用光学成像系统(光学镜头)将被摄的景物图象成象在 CCD 的光敏面(光敏区)上,在每一个光敏单元(MOS 电容器)的势阱中存贮与图象照度成正比的光生信号电荷—完成了光电转换和电荷的积累。然后,转移到 CCD 的移位寄存器中,在驱动脉冲的作用下有顺序地

转移和输出,成为视频信号。

对于一维CCD,它可以直接接收一维光学图象,而不能直接将二维图象转变成视频信号输出。为了能得到二维图象的视频信号,就必须另加一维机械扫描来实现。

一、一维(线阵)CCID

图 8-16 是一维 CCID 结构原理图,其中图(a)是一种单排结构,它包括光敏区和移位寄存区(转移区) 两部分。移位寄存区被遮挡,每一光敏单元与移位寄存区之间用转移栅隔开,转移栅的作用是控制光敏单元所积累的光生信号电荷向移位寄存器转移,转移时间小于光照光敏区(光积分) 的时间。

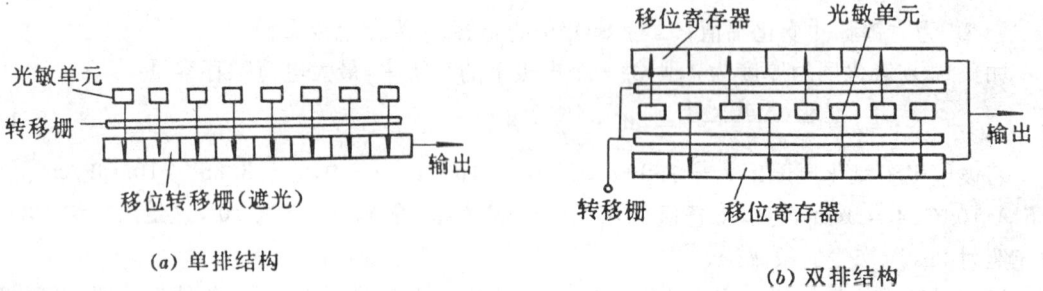

(a) 单排结构   (b) 双排结构

图 8-16　一维 CCID 结构原理图

简单的工作过程:转移栅关闭时,光敏区在光照时间内所积累信号电荷的多少与一行图象中每个光敏单元所对应的图象的光强成正比,当积分周期结束,转移栅打开,每一光敏单元势阱内的信号电荷并行地转移到移位寄存器相应的单元内;接着转移栅关闭,光敏区开始对下一行图象信号进行积分。与此同时,移位寄存器将已转移到移位寄存器内的上一行信号电荷,按上一节介绍的电荷传输过程输出视频脉冲信号。这种结构的 CCID 转移次数多、效率低,只适用于光敏单元较少的摄象器件。

双排结构的线阵 CCID 具有两列移位寄存器 A 和 B,分别在光敏区的两边,见图 8-16(b) 所示。当转移栅开启时,其奇、偶光敏单元势阱内所积累的信号电荷分别移入 A、B 两列移位寄存器内,然后串行输出,最后合二为一,恢复信号电荷的原有顺序。显然,这种双排结构的 CCID 比单排结构的 CCID 的转移次数少了一半,因此大大地提高了传输效率,一般在大于 256 位的一维 CCID 中采用。

二、二维(面阵)CCID

按照光敏区和暂存区的不同排列,二维 CCID 可分为两种结构。

1. 帧传输结构

图 8-17 是二维 CCID 帧传输结构示意图。这种结构是由光敏区(成象区)、暂存区和水平移位寄存器三部分组成,光敏区由并行排列的若干个(设 m 个) 电荷耦合沟道组成,各沟道间用沟阻隔开,使沟道内的电荷不能横向移动,但水平驱动电极(图中 ϕ_{VA1}、ϕ_{VA2}、ϕ_{VA3}) 横贯各沟道,每个沟道有 n 个光敏单元,因此整个光敏区有 $n \times m$ 个光敏单元。暂存区的结构和单元数与光敏区相同,而暂存区和水平移位寄存器是遮光的。工作过程如下:当光敏区接受图象照射后,经一定时间(积分时间),光敏区下的势阱内就积累和存贮了一定的图象信号电荷,在光敏区和暂存区各自的转移栅脉冲作用下把电荷图象完整地快速地移到了暂存区;紧接着,光敏区开始积累第二帧图象信号电荷,与此同时,暂存区的信号电荷在转移脉冲驱动下,一行一行地移至水平移位寄存器,并向外输出;一旦第一帧信号电荷全部读出,第二帧信号电荷又通过暂存区

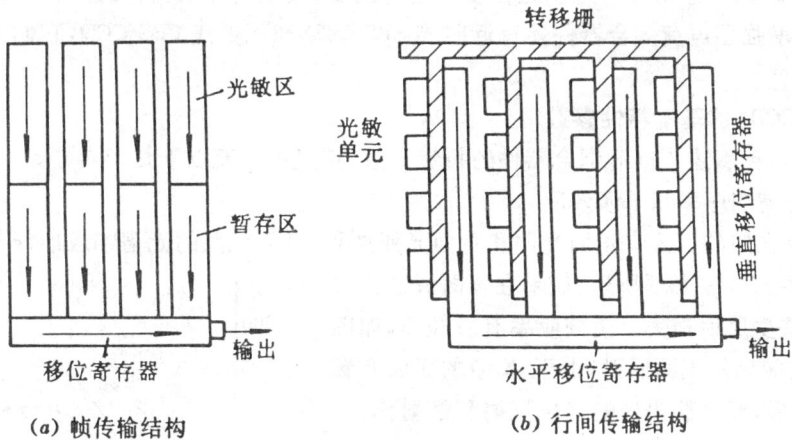

图 8-17　二维 CCID 的两种结构示意图

移入水平寄存器,实现连续地读出。

这种 CCID 的特点是结构简单,光敏单元的尺寸可以做得很小,但由于光敏区和暂存区的结构和光敏单元数一样,芯片尺寸显得较大,然而与真空摄象管相比,其体积仍显得很小。

2. 行间转移结构

图 8-17(b)为二维 CCID 行间转移结构示意图,这种结构类似于单通道线阵 CCID 的组合,只是为了同步而把所有的转移栅连在一起,组成了一个垂直移位寄存器,为了达到二维自扫描目的,又加了水平移位寄存器。其工作过程:光敏区接收图象照射后产生图象信号电荷并存贮在光敏区下面的势阱中,当积累到一定的信号电荷(经积分时间)时转移栅开启,把光敏区里的图象信号电荷转移到各自的垂直移位寄存器;当转移栅关闭后,光敏区继续积累图象信号电荷,垂直移位寄存器中的信号电荷在垂直转移脉冲驱动下向下移一位,紧接着水平移位寄存器在水平转移脉冲驱动下以极快的速度送至输出端输出,构成一行视频信号;如此重复直把刚才垂直移位寄存器中的所有信号电荷输出,此时才完成一帧图象信息的变换工作。

三、增强型电荷耦合器件

一般的 CCD 只能在 $10^{-1} \sim 10^5 \text{lm/m}^2$ 的光照度下拍摄景物,如果要在 10^{-3}lm/m^2 下拍摄景物,则必须在低温条件中工作,很不方便。例如第七章所介绍的象增强器用光学纤维面板与二维 CCID 耦合,就可把象增强器输出的图象转变为视频信号,这种组合的缺点就是 CCID 器件必须用冷却器冷却。

现有一种电子轰击 CCD(简称 EBS-CCD 器件),既解决了灵敏度问题,又不须用冷却器冷却。用它做成的摄象机已在军用的微光电视、X-射线电视、光电制导系统、宇航系统等方面应用。这种 EBS-CCD 器件是由光电阴极、电子光学系统和 CCD 构成,图 8-18 是倒象式 EBS-CCD 的结构原理图。从光电阴极发射出来的光电子被静电场加速并聚焦在 CCD 的背面,产生大量二次电子,产生二次电子的多少与加速电压成正比,例如:加速电压为 10kV 时,其增益为 10^3;加速电压为 25kV 时,增益大于 5 ×

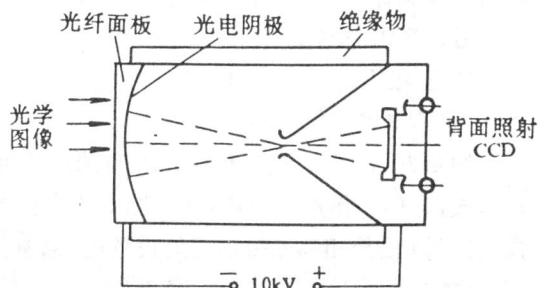

图 8-18　倒象式 EBS-CCD 结构原理图

10^3。二维 CCD 的各光敏单元建立相应的电荷图象,按电荷图象转移的某种方式向外输出电信号。另外,增强型电荷耦合器件还有近贴式 EBS-CCD 和磁聚焦 EBS-CCD,它们的结构这里不再介绍。

四、CCID 的基本特性参数

上一节已叙述了电荷耦合器件的特性参数,这里再补充以下几个参数。

1. 光谱响应率和干涉效应

CCID 光照的方式有正面光照和背面光照两种。背面光照的光谱响应曲线与光电二极管相似,如图 8-19 中曲线 2 所示。如果在背面镀以抗反射膜,会减少反射损失而使响应率有所提高,如图中曲线 3。如果从正面照射,由于 CCID 的正面布置着很多电极,光照绕电极的多次反射和散射作用,一方面使响应率减低,另一方面多次反射产生的干涉效应使光谱响应曲线出现多次起伏,如图中曲线 I 所示。为了减小在短波方向多晶硅的吸收,用 SnO_2 薄膜代替多晶硅薄膜做电极,可以减小起伏幅度。

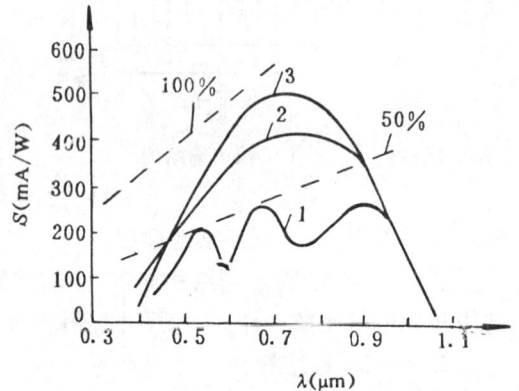

图 8-19　光谱响应率曲线

2. 分辨率和调制传递函数(MTF)

CCID 是由很多分立的光敏单元组成,根据奈奎斯特定律,它的极限分辨率为空间采样频率的一半,如果某一方向上的象区间距为 p,则在此方向上象元的空间频率为 $1/p$(线对／毫米),其极限分辨率将小于 $1/2p$(线对／毫米)。如果用 TVL(电视线)来表示,即在某一方向的象元数就是极限 TVL 数,显然 TVL 数的一半与 CCID 光敏面高度尺寸的比值就是相对应的线对／毫米数。

若用调制函数来评价 CCID 的图象传递特性,那末,总 MTF 取决于器件结构(象元宽度、间距)所决定的几何 MTF_1、载流子横向扩散衰减决定的 MTF_D 和转移效率决定的 MTF_T,总的 MTF 是三者的乘积。总的来说,MTF 随空间频率的提高而下降。

3. 动态范围

动态范围是表征器件能在多大照度范围内正常工作。最小照度受噪声限制,最大照度受电荷处理容量的限制,一般定义动态范围是输出饱和电压和暗场时噪声的峰值电压之比,一个好的 CCID 器件,其动态范围可达 $1000 \sim 5000$。增大动态范围的途径是降低暗电流值,特别是控制暗电流尖锋,不均匀的暗电流及尖峰都会构成图象噪声,从而影响象质。

五、CCID 器件介绍

1. 三相驱动一维 CCID

(1) 基本结构及工作原理

图 8-20 是 DL40 型 256×1 CCID 的逻辑框图,它主要由光敏区、转移栅、移位寄存器、输出栅组成,它们的作用与前述相同。图中还有排洪栅和排洪漏是为防止某些象元中电荷过载(如强光照射)溢至相邻光敏单元所设置的,通常工作时加有直流偏置,使超过光敏元件中最大电荷量的电荷流入排洪漏;OS' 是补偿放大器的源极输出,它提供与主放大器相关的暗电流信号,包括复位脉冲串扰;OS 输出视频信号;OS 和 OS' 两者输出的信号进行差分放大,可以抑制噪声的影响。

该器件需要 Φ_S、Φ_1、Φ_2、Φ_3、φ_R 五路驱动脉冲及 V_p、V_{OG} 等直流偏置电压,图 8-21 示出了该器

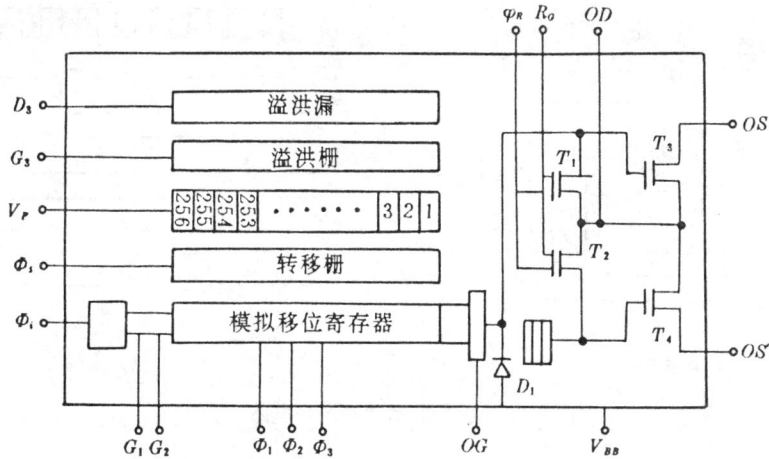

图 8-20　DL40 型 256×1 CCID 逻辑框图

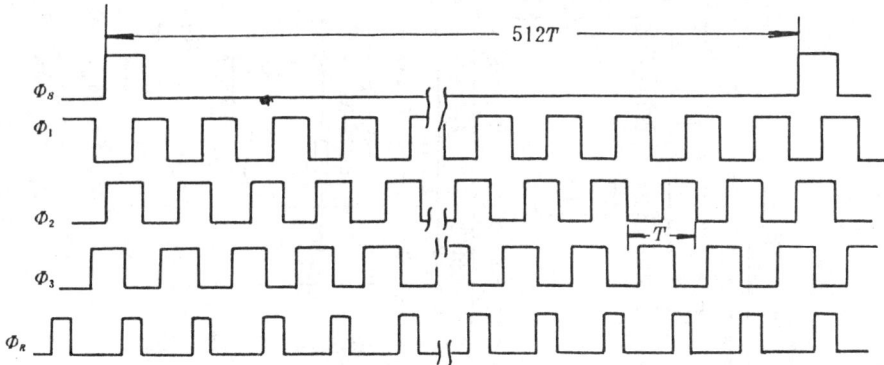

图 8-21　DL40 型 256×1 CCID 驱动脉冲时序图

件的工作波形图,其中 Φ_S 为转移栅脉冲。转移栅开启时间为 $T/2$(高电平),其余为关闭时间(低电平),所以转移栅 Φ_S 脉冲的周期为 $512T$。Φ_1、Φ_2、Φ_3 为移位寄存器的三相驱动脉冲,其周期为 T。φ_R 为复位脉冲,它的作用是每输出一位信号复位一次,因此周期也为 T。

当图象信息(已积累好)需要转移时,转移栅脉冲 Φ_S 和接收信号电荷的移位寄存器都应为高电平,即转移栅开启,使光敏单元下势阱中积累的一行图象信号电荷通行无阻地进入已形成势阱的移位寄存器。当信号电荷进入移位寄存器后,Φ_S 脉冲马上为低电平(关闭),此时阻止信号电荷再从光敏区流向移位寄存器,光敏区再进行光积分,与此同时,移位寄存器在三相驱动脉冲 Φ_1、Φ_2、Φ_3 的作用下将 256 位光敏单元的信号电荷输出。

(2)驱动线路

三相驱动一维 CCID 是在三相交叠脉冲 Φ_1、Φ_2、Φ_3 的驱动下,一位位地转移,最后输出视频信号的,因此,三相驱动脉冲的产生非常重要。本节介绍一种使用元件较少、电路比较简单的驱动线路。

现用一片四联 D 触发器产生三相驱动脉冲电路,如图 8-22 所示。设 $D_1 = \overline{Q_3}$、$D_2 = Q_1$、$D_3 = Q_2$,三个 D 触发器的时钟端 CK 联在一起并将其接到振荡器的输出端,三个 D 触发器的复位端 R 也联在一起接至开机自动复位电路上。

当开机时,三个 D 触发器均自动复位(置零)状态,此时 $D_1 = 1$、$D_2 = 0$、$D_3 = 0$,经过一段时

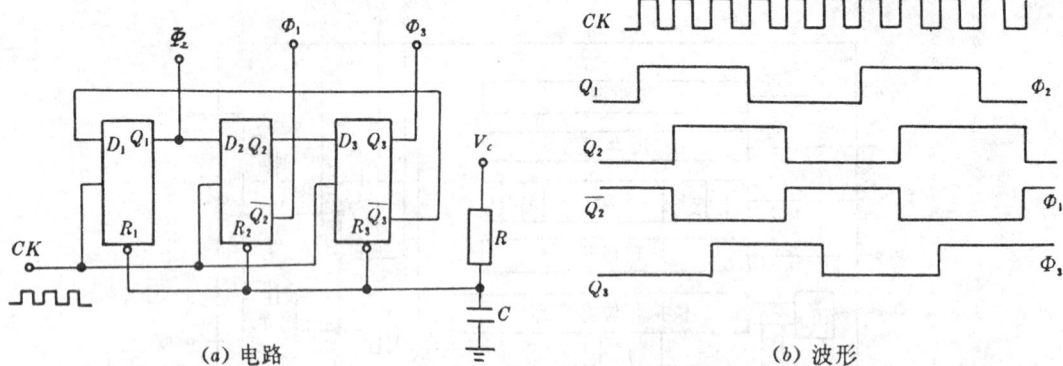

(a) 电路   (b) 波形

图 8-22　三相驱动脉冲产生电路及波形

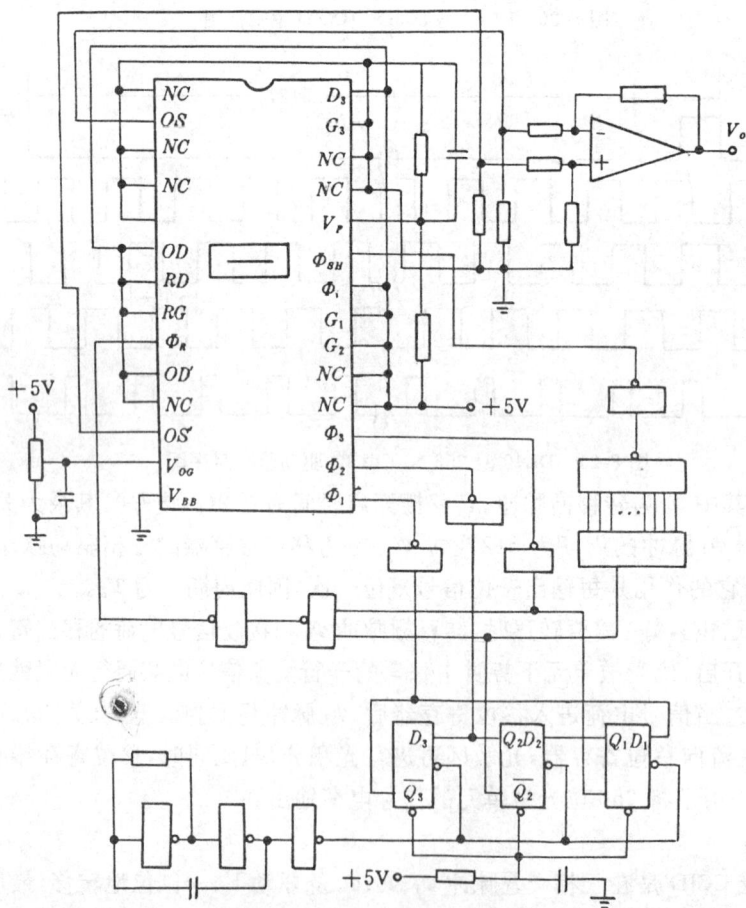

图 8-23　256 × 1 CCID 驱动电路图

间 t_1 后，电容 C 充电到高电平，复位端为"1"，不再复位，三个 D 触发器将从零开始接受时钟脉冲的作用，按 D 端的状态工作，产生如图 8-22(b) 所示的波形，设 $\overline{Q_2} = \Phi_1$，$Q_1 = \Phi_2$，$Q_3 = \Phi_3$，此时 $\overline{\Phi_1}$、Φ_2、$\overline{\Phi_3}$ 为三相交叠脉冲。

图 8-23 中转移栅脉冲 Φ_s 的产生是利用 Φ_2 脉冲送到 12 级二进制计数器 CD4040 的时钟输

入端,则从它的各级输出端可得到2至2^{12}分频,用13输入端与非门74LS133作译码器,便可获得256、512、1024直到2048 CCID所需要的Φ_s,所以应用很广。对256×1 CCID的Φ_s来说,一个Φ_s的周期为512个Φ_1周期。此时,只要令$\overline{\Phi_s} = \overline{\Phi_2 Q_1 Q_2 Q_3 Q_4 \cdots Q_8 Q_9}$,可见,只有当$\Phi_2 = Q_1 = Q_2 = Q_3 = \cdots Q_8^{\cdot} = Q_9 = 1$时$\overline{\Phi_s}$才为零,即$\overline{\Phi_s} = 0$的时间仅为$T/2$($T$为$\Phi_2$的周期),而$\overline{\Phi_s}$为1的时间为$(511 + 1/2)T$,即能满足前面所提的要求。复位脉冲$\Phi_R$的产生可从图8-23看出$\Phi_R = \Phi_2 \overline{\Phi_3}$,因此只要一个与非门即可产生$\Phi_R$。

至此,五路"非"脉冲(即$\overline{\Phi_s}$、$\overline{\Phi_1}$、$\overline{\Phi_2}$、$\overline{\Phi_3}$、$\overline{\Phi_R}$)均已产生,然而用一级反相器将这五路"非"脉冲反相,即可获得Φ_s、Φ_1、Φ_2、Φ_3、Φ_R,整个256×1CCID驱动电路如图8-23所示

2. 二维CCID器件

(1) 基本结构和工作原理

图8-24为DL32型二维CCID器件的基本结构示意图,它是n型表面沟道、三相三层多晶硅电极,帧传输结构的二维CCID。该器件由光敏区、暂存器、水平移位寄存器和输出电路四部分构成。光敏区和暂存区由256×320个光敏单元组成。水平移位寄存器有320位,用三相时钟驱动。输出电路同DL40型,同样有输出栅DG,补偿放大器和主放大器组成。

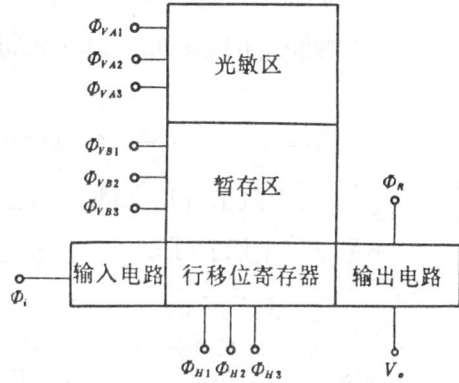

该器件正常工作需11路驱动脉冲和六路直流偏置电压。11路驱动脉冲:光敏区需三相驱动脉冲Φ_{VA1}、Φ_{VA2}、Φ_{VA3};暂存区三相驱动脉冲为Φ_{VB1}、Φ_{VB2}、Φ_{VB3};水平移位寄存器也需三相驱动脉冲

图8-24 DL32型二维CCID器件结构示意图

Φ_{H1}、Φ_{H2}、Φ_{H3};"胖零"注入脉冲Φ_i和复位脉冲Φ_R。6路直流偏置电压:复位管及放大管的漏极电压V_{OD};直流复位栅电压V_{RD};注入直流栅电压V_{G1}和V_{G2};输出直流栅电压V_{OG}和衬底电压V_{BB}。

当光敏区工作时,三相电极中的一相为高电平并处于积分状态,其余二相为低电平,此时,各光敏单元进行光电转换,图象信号电荷存贮在相应单元下面的势阱中,即完成光积分过程。从图8-25脉冲时序图中可见:第一场,当Φ_{VA3},处于高电平时,Φ_{VA1}和Φ_{VA2}处于低电平,凡是接Φ_{VA3}的256×320个光敏单元均处于光积分状态;当第一场光积分结束后,摄象区和存贮区均处于帧转移脉冲工作状态,它们在高速转移脉冲驱动下,将光敏区256×320个光敏单元的信号电荷平移到暂存区,在暂存区的256×320个单元中暂存起来,接着,光敏区的转移脉冲处于第二场光积分状态,此时由于Φ_{VA2}处于高电平,而Φ_{VA1}、Φ_{VA3}处于低电平(如图中所示),凡接T_{VA2}的256×320个光敏单元均处于第二场的光积分状态,与此同时,暂存区的驱动脉冲将处于行转移周期,即在整个第二场光积分周期中,暂存区内要进行256次转移,每次行转移脉冲驱动暂存区各单元,将信号电荷向水平移位寄存器平移一行,即第一个行转移脉冲将第一行信号电荷平移入水平移位寄存器中,水平移位寄存器在水平三相驱动脉冲的驱动下快速地将这一行的320个信号移出给输出电路输出,一行全部移出后,暂存区又进行一行转移,各行信号又步进一行,第二行信号进入水平移位寄存器,再由水平移位寄存器的三相驱动脉冲驱动使之输出,这样在光敏区积累第二场图象信号电荷期间,把第一场的256行的信号电荷逐行输出,当第二场光积分结束,第一场的信号输出也完成,然后将第二场的图象信号电荷转入暂存器存贮,在光敏区进行第三场信号电荷积累的同时,输出第二场的视频信号,这样以次类推,显然,

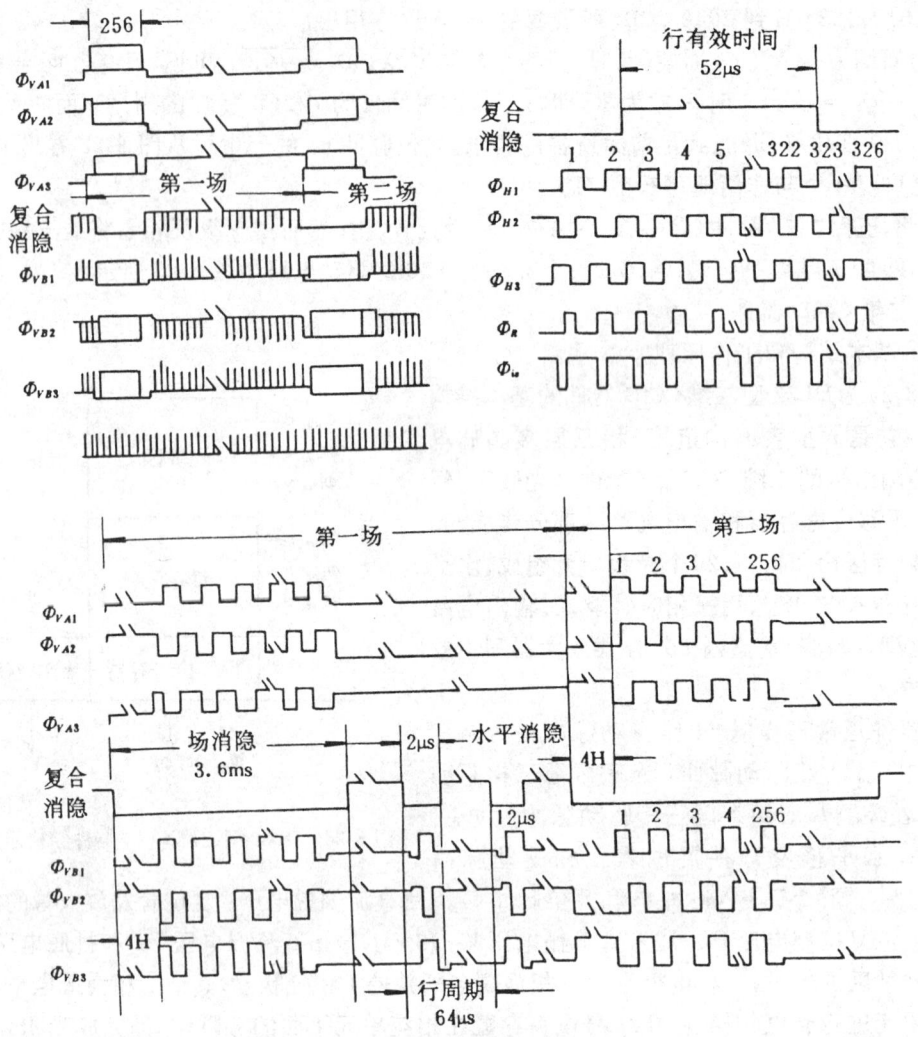

图 8-25　DL32 型 CCID 驱动脉冲时序图

由奇偶两场组成一帧图象,实现了电视系统中的隔行扫描。

由图 8-25 可看出:为了与电视系统统一,光敏区中的信号电荷转移到暂存区的过程一定是在场消隐期间完成;存贮区中的信号电荷一行一行地向水平移位寄存器转移的转移过程,必定在行消隐(即行回扫)期间完成。也就是说,场正程期间,面阵 CCID 的光敏区处于光电转换,进行光积分,暂存区将一行一行信号电荷往水平移位寄存器送,而水平移位寄存器一直处于水平高速转移工作状态,场逆程期间,光敏区与暂存区都在高速三相驱动脉冲(频率相同)作用下,将光敏区的信号电荷平移到暂存区。在行正程期间,水平移位寄存器将在水平三相驱动脉冲 Φ_{H1}、Φ_{H2}、Φ_{H3} 作用下,高速地将并行转移到水平移位寄存器中的一行信息电荷转移出来,送给输出电路,在行逆程期间,刚好是暂存器中的一行信息电荷转入到水平移位寄存器中,具体看波形图。

从上分析看出,面阵 CCID 的驱动脉冲波形比较复杂,若要产生这些波形,则电路较线阵 CCID 复杂得多,且由于所用器件不同,线路也不同,本节从略。

DL32 型 CCID 的管脚如图 8-26 所示。各驱动脉冲分别接到相应的管脚上,衬底电压 V_{BB} 接

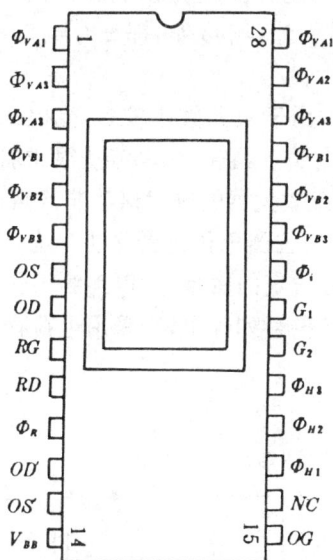

图 8-26　DL32 型(256 × 320)CCID 管脚图

零电位,OD 和 OD' 及 RG,RD 均可并接起来接到直流高电平 + 12V 电源上,输出栅 DG 接可调电平上,不同的管子输出栅电平值不同(可适当调整),其它同 DL40 型。

§ 8-3　自扫描光电二极管列阵
(SSPD)

光电二极管有两种列阵型式,一种是普通光电二极管列阵,它是将 N 个光电二极管同时集成在一个硅片上,将其中的一端(N 端)连接在一起,另一端各自单独引出。这种器件的工作原理及特性与分立光电二极管完全相同,象元数也较少,只有几十位,通常也称它们为连续工作方式。另一种就是本章将详细论述的自扫描光电二极管列阵 SSPD,它是在器件的内部还集成了数字移位寄存器等电路,其工作方式与普通的光电二极管有所不同,工作在电荷存贮方式。

自扫描光电二极管列阵根据象元的排列形状不同,可分成线阵、面阵以及其它形式的特殊列阵等。线阵的象元数有 64、128、256、512 位,以至 4096 位等等,主要用于一维图象信号的测量,例如光谱测量,衍射光强分布测量,机器视觉检测等。面阵能直接测量二维图象信号,它的制造工艺难度和成本比线阵高。随着半导体技术的发展,制造工艺的完善,SSPD 器件将会得到越来越广泛的应用。

一、电荷存贮工作原理

1. 连续工作方式

在第 3、6 章中,我们曾讨论过光电二极管的光电效应原理及特性。图 8-27 所示是电荷存贮的连续工作方式,当一束光照到光电二极管的光敏面上时,假设光电二极管的量子效率为 η,那么光电流为

$$I_p = \frac{q\eta}{h\nu} AE \tag{8.14}$$

式中　E 为入射光的辐照度;A 为光电二极管光敏区面积;ν 为入射光的频率。由式(8.14)可

见，光电二极管的光电流与入射光的辐照度和光敏区面积成正比。设光电二极管的响应率为 S_r，$S_r = q\eta A/h\nu$，那么 $I_r = S_r \cdot E$。

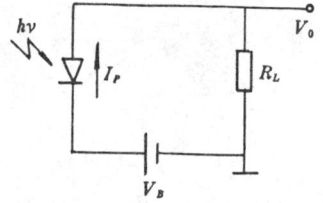

图 8-27　连续工作方式

在自扫描光电二极管列阵中，由于象元数比较多，光电二极管的面积很小，在一般的入射光照下，它的光电流是很微弱的。要读取图象信号，就要求光电流放大器的放大倍数非常高。此外，采用上述的连续工作方式，N 位图象传感器至少应有 $N+1$ 根信号引出线，且布线上也有一定的困难，所以连续工作方式一般只用于 64 位以下的光电二极管列阵中。在自扫描光电二极管列阵中，则采用电荷存贮工作方式，它可以获得较高的增益，并克服布线上的困难。

2. 电荷存贮工作方式

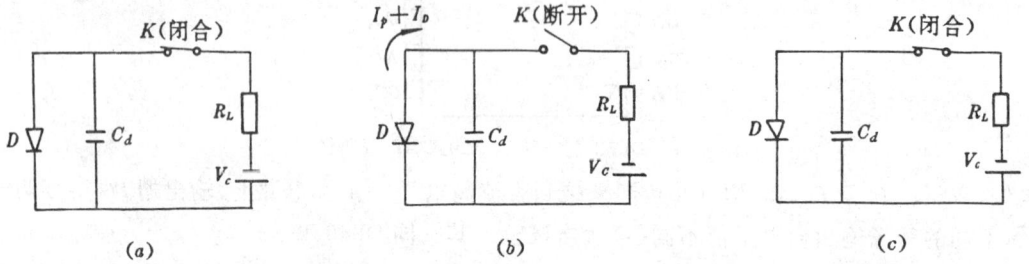

图 8-28　光电二极管电荷存贮工作方式

光电二极管电荷存贮工作方式的原理如图 8-28 所示。图中，D 为理想的光电二极管，C_d 为等效结电容，V_c 为二极管的反向偏置电源（一般为几伏），R_L 为等效负载电阻。光电二极管光电信号的取出是通过下面几步实现的：

(1) 准备　首先闭合开关 K，如图 8-28(a)。偏置电源 V_c 通过负载电阻 R_L 向光电二极管充电，由于光电流和暗电流都很小，充电达到稳定后，p-n 结上的电压基本上为电源电压 V_c。此时结电容 C_d 上的电荷

$$Q = C_d \cdot V_c \tag{8.15}$$

(2) 曝光过程　打开开关 K，如图 8-28(b)。由于光电流和暗电流的存在，结电容 C_d 将缓慢放电。若 K 断开的时间为 T_s（电荷积分时间），那么在曝光过程 C_d 上所释放的电荷是

$$\Delta Q = (I_r + I_D) \cdot T_s \tag{8.16}$$

室温下，光电二极管的暗电流为 pA 数量级，一般可忽略。如果在曝光过程中，辐照度 $E(t)$ 和光电流 $I_r(t)$ 都是时间的变化函数，那么 C_d 上所释放的电荷

$$\Delta Q = \int_0^{T_s} I_r(t)dt = \bar{I}_r \cdot T_s \tag{8.17}$$

式中　$\bar{I}_r$ 为平均光电流。同时，结电容 C_d 上的电压因放电而下降到 V_{cd}，它的值为

$$V_{cd} = V_c - \frac{\Delta Q}{C_d} \tag{8.18}$$

(3) 再充电过程　光电二极管上的信号经过时间 T_s 的积分后，再闭合开关 K，如图 8-28(c) 所示。电源 V_c 通过负载电阻 R_L 向结电容 C_d 再充电，直到 C_d 上的电压达到 V_c。显然，补充的电荷等于曝光过程中 C_d 上所释放的电荷。再充电电流在负载电阻上的压降 V_R 就是输出的光电信号。输出的峰值电压

$$V_{Rmax} = V_c - V_{cd} = \frac{\Delta Q}{C_d} \tag{8.19}$$

将式(8.17)代入,则

$$V_{Rmax} = \frac{\bar{I}_p \cdot T_s}{C_d} = \frac{S_p \bar{E} T_s}{C_d}$$ (8.20)

式中,$\bar{E} = \int_0^{T_s} E(t)dt$ 为平均辐照度。

若重复(2)、(3)两步,就能不断地从负载上获得光电输出信号,从而使列阵中的光电二极管能连续地进行摄象。若将上述开关 K 的"开"和"闭"分别用低电平"0"和高电平"1"表示,则结电容上的电压 V_D 和输出信号 V_R 随开关信号的变化关系如图 8-29 所示。

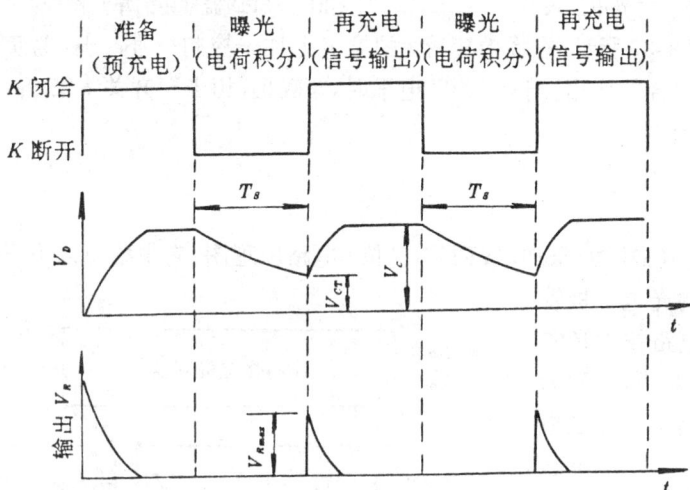

图 8-29 电荷存贮工作方式下的信号波形

上述过程表明,由光照引起的光电流信号的存贮是在(2)步中完成的。输出信号是在(3)步再充电过程中取出的。由式(8.20)可见,输出信号的最大值 V_{Rmax} 与入射光的辐照度和积分时间 T_s 的乘积(即曝光量 $H = \bar{E} \cdot T_s$)成正比,与结电容 C_d 成反比。因此增加积分时间 T_s 或减小结电容 C_d,均可提高器件的灵敏度。

当然,在积分时间 T_s 一定的情况下,输出信号并非一直随入射光的辐照度而增加,且存在一个最大的曝光量 H_{max}。即当曝光量 H 达到某一数值时,光电二极管产生的光电流使结电容 C_d 上的全部电荷都释放掉,因此

$$\Delta Q_{max} = I_p \cdot T_s = C_d \cdot V_c$$

那么

$$H_{max} = (\bar{E} \cdot T_s)_{max} = \frac{C_d \cdot V_c}{S_p}$$ (8.21)

与连续工作方式相比,在电荷存贮工作方式下负载电阻上的光电流输出信号:

$$I_0 = \frac{V_{Rmax}}{R_L} = \frac{I_p \cdot T_s}{R_L \cdot C_d} = I_p \cdot \frac{T_s}{\tau}$$ (8.22)

式中,$\tau = R_L \cdot C_d$ 为电路的时间常数。从上式可见,电荷存贮工作方式下的光电流输出信号比连续工作方式下的光电流信号大得多。定义增益

$$G = I_0/I_p = T_s/\tau$$ (8.23)

例如,某一SSPD器件的光电二极管上的结电容 C_d 为2pF,如果负载电阻 R_L 为 1kΩ,积分时间 T_s 为1ms,则增益 G 为 5×10^5。由此可见,在电荷存贮工作方式下,光电二极管可以获得很高的灵敏度。通过调整积分时间 T_s 的长短,还可以改变器件的灵敏度,以适应不同强度入射光信号的检测。

在实际的 SSPD 器件中,控制光电二极管的电荷积分及再充电过程,一般由 MOS 场效应晶

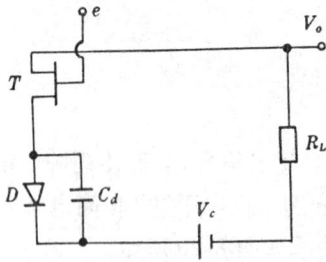

图 8-30 电荷存贮光电二极管

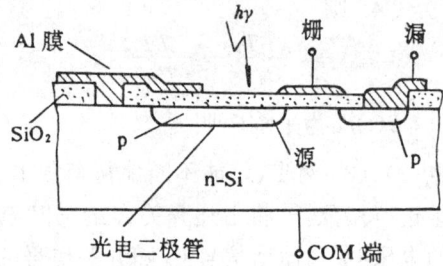

图 8-31 SSPD 器件中的单元结构图

体管(FET)完成的。如图 8-30 所示,在场效应管 T 的栅极上加一控制信号 e,当 e 为负电平时,管子 T 导通,起到开关 K 闭合的作用;当 e 为"0"电平时,T 截止,相当于开关 K 断开。图 8-31 是 SSPD 器件内部单元的结构图。

二、SSPD 线列阵

1. 原理结构

图 8-32 是一种再充电采样的 SSPD 线列阵(N 位)电路原理图。它主要由以下三部分组成:

(1) N 位完全相同的光电二极管列阵 用半导体集成电路技术把它们等间距地排列成一条直线,故称为线阵。每个二极管上有相同的存贮电容 C_d。所有二极管的 N 端连在一起,组成公共端 COM。

(2) N 个多路开关 由 N 个 MOS 场效应管 $T_1 \sim T_N$ 组成,每个管子的源极分别与对应的光电二极管 p 端相连。而所有的漏极连在一起,组成视频输出线 V_0。

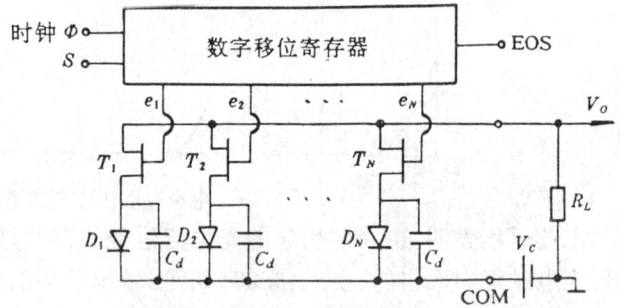

图 8-32 SSPD 线阵电路原理图

(3) N 位数字移位寄存器 它提供 N 路扫描控制信号 $e_1 \sim e_N$(负脉冲)。每路输出信号与对应的 MOS 场效应管的栅极相连。

SSPD 线阵的工作过程可用图 8-33 来说明。给数字移位寄存器加上时钟信号 $\varnothing$(实际 SSPD 器件的时钟有二相、三相、四相和六相等等),当用一个周期性的起始脉冲 S 引导每次扫描开始,移位寄存器就产生依次延迟一拍的采样扫描信号 $e_1 \sim e_N$,使多路开关 $T_1 \sim T_N$ 按顺序依次闭合、断开,从而把 $1 \sim N$ 位光电二极管上的光电信号从视频线上输出。若照射 SSPD 器件上的辐照度为 $E(x)$,因在积分过程中存贮电容 C_d 上的电荷变化量与辐照度成正比,因此每一单元输出的光电信号幅度 $V_0(t)$ 也随不同位置上的辐照度大小而变化。这样一幅光照随位置变化的光学图象,就转变成了一列幅值随时间变化的视频输出信号。

2. 开关噪声的补偿

SSPD 器件存在的一个缺点,就是视频输出信号中的开关噪声比较大,这是由于它的结构引起的。当 SSPD 器件中各二极管按顺序被扫描采样时,采样脉冲的瞬变(前后沿)通过 MOS 开关的栅漏电容串入视频线上,形成微分状尖脉冲,如图 8-34 所示,使 SSPD 器件输出信号的信噪比降低。开关噪声的大小,与器件的线路板图设计、驱动信号的质量以及所采用的工艺等都有关系。

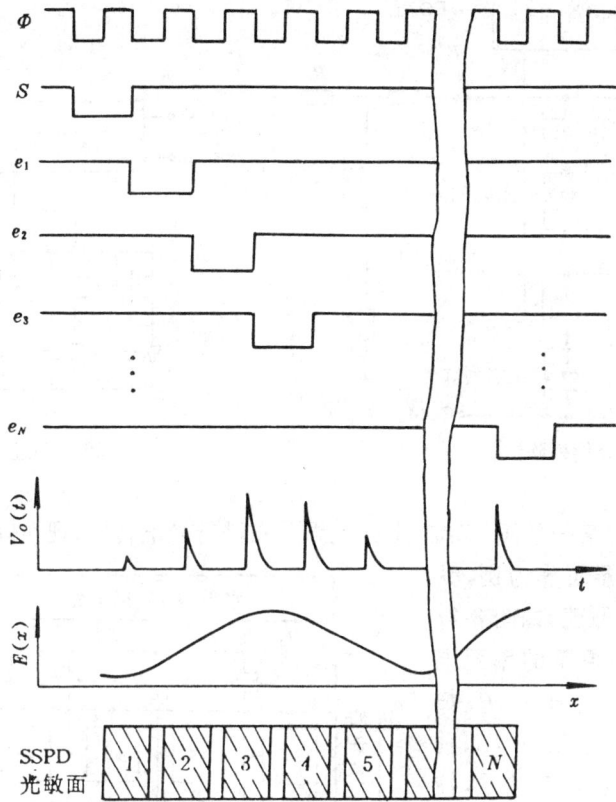

图 8-33 SSPD 线阵的工作过程

补偿开关噪声一种比较好的常用方法是在 SSPD 内增加一列补偿列阵,如图 8-35 所示。设计时使补偿列阵的 MOS 开关管尺寸和形状同光敏列阵的完全一样,同时用铝膜把补偿列阵的二极管盖住,使之不产生光电信号。这样,补偿列阵的输出端 V_N 只输出与视

图 8-34 开关噪声

频信号线上相同的开关噪声,然后,再把噪声 V_N 和视频输出 V_0 送差分放大,就基本上能抵消其中的开关噪声,使信噪比明显提高。

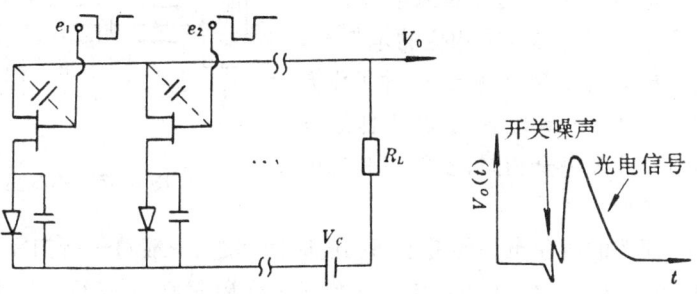

另一种消除开关噪声的方法是所谓的邻近位相关方法,如图 8-36 所示。它是用同一扫描信号去控制两个 MOS 开关,分别与相邻两位二极管相连,两个 MOS 开关的漏极则分别接噪声输出线 V_N 和视频输出线 V_0。当对某位二极管的光信号采样时,由于前一位二极管电容上的电荷刚被充满,紧接着采样,就基本上只输出开关噪声信号。同样,通过差分方式,可去掉视频信号中的开关噪声成分。这种结构的第一位前面需要安排一个用铝膜全部盖住的暗二极管,以便对消第一位的开关噪声。

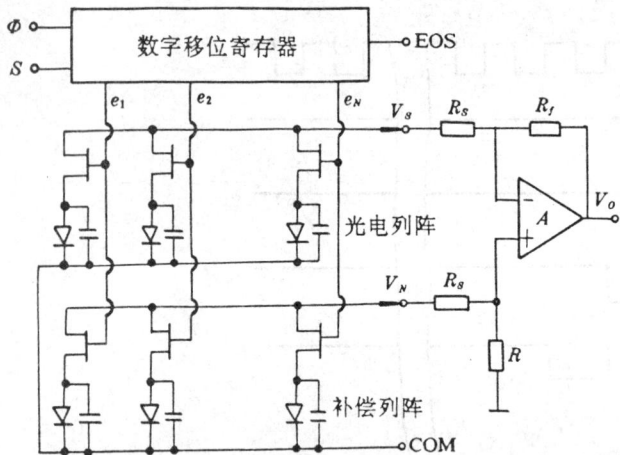

图 8-35　补偿列阵法

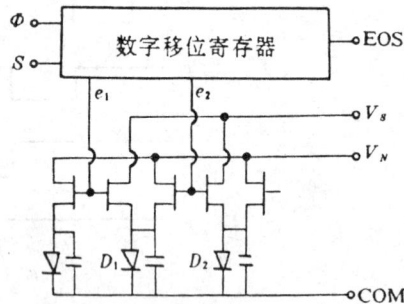

图 8-36　邻近位相关法

三、SSPD 面阵

SSPD 面阵可以对某一平面(二维)上的光强分布进行光电转换。现在以 $3 \times 4 = 12$ 个象元

的 MOS 型图象传感器面阵为例,介绍再充电面阵的工作原理。如图 8-37 所示:右下角是每一象素的单元电路;水平扫描电路输出的 $H_1 \sim H_4$ 扫描信号,控制 MOS 开关 $T_{h1} \sim T_{h4}$;垂直扫描电路输出的 $V_1 \sim V_3$ 信号,控制每一象素内的 MOS 开关的栅极,从而把按二维空间分布照射在面阵上的光强信息转变为相应的电信号,从视频线 V_o 上串行输出。这种工作方式又称为 XY 寻址方式,其工作原理和前述线阵完全相同,图 8-38 是它的工作波形。

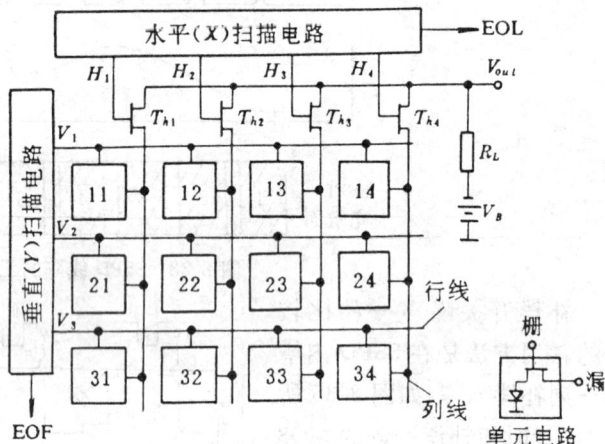

图 8-37　MOS 型 $3(V) \times 4(H)$ 面阵框图

面阵的时序电路要考虑回扫的时间问题。一般每一行扫完后,要留出 2 个象元采样时间间隔。图中,t_{Lfb} — 行回扫时间,t_s — 象元采样周期,T_{EOL} — 行采样周期,t_{Ffb}- 场(帧)回扫时间。一般 $t_{Lfb} \geqslant 2t_s$,$t_{Ffb} \geqslant 2T_{EOL}$,便于在荧光屏上再现图象时产生相应的回扫锯齿波并消隐。

四、SSPD 的主要特性参数

1. 光电特性

在电荷存贮工作方式下的 SSPD 器件,其光照引起的二极管输出电荷 ΔQ 正比于曝光量。如图 8-39 所示,存在一线性工作区。当曝光量达到某一值 H_s 后,输出电荷就达到最大值 Q_s,Q_s 不再随曝光量而增加。H_s 称为饱和曝光量,而 Q_s 为饱和电荷。若器件最小允许起始脉冲周期为 T_{smin},(由最高多路扫描频率决定),那么对应的照度 $E_s = H_s/T_{smin}$ 称为饱和照度。

在低光照水平下,由光电二极管热激发产生电子 - 空穴对与贮存电荷的复合(暗电流),而在积分过程中引起电荷的自衰减,从而限制了弱光照图象的检测。在这两个极端之间,根据列阵位数和二极管尺寸的不同,SSPD 器件一般有三至六个量级的线性工作范围。

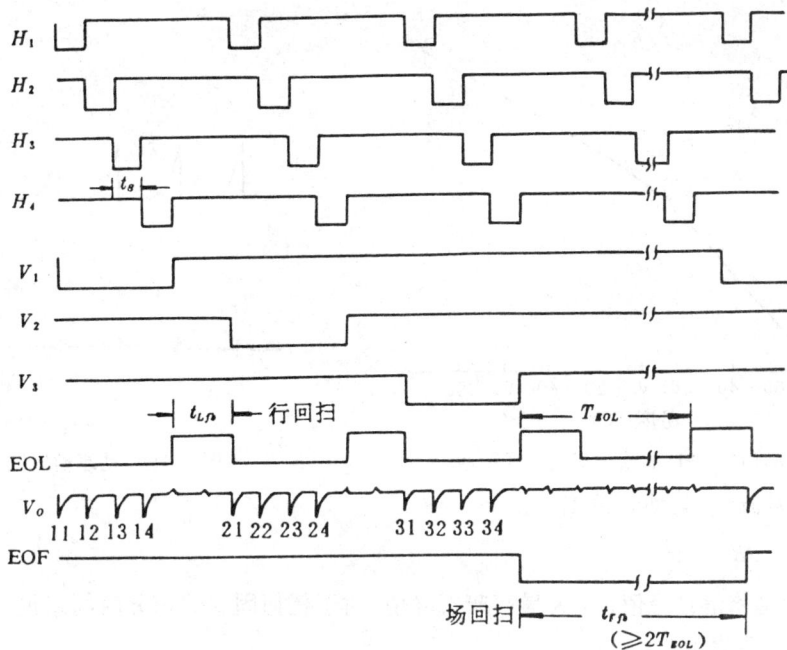

图 8-38　3(V) × 4(H) 面阵工作波形示意图

2. 暗信号

SSPD 器件的暗信号主要由以下几部分组成：(1) 积分暗电流；(2) 开关噪声；(3) 热噪声。

在室温下，SSPD 器件中光电二极管的暗电流典型值小于 1pA。假定暗电流等于 1pA、积分时间 $T_s = 40$ms 时，暗电流将提供 0.04pC 的输出电荷。如果饱和电荷 $Q_s = 4$pC，则暗电流将贡献 1% 的饱和输出信号。对于 $T_s = 4$ms 时，暗电流贡献降为 0.1%。暗电流与温度有密切的关系，即温度每升高 7℃，暗电流约增加一倍，因此，随着器件温度升高，最大允许的积分时间缩短。如果降低器件的工作温度，如采用液氮或半导体致冷，可使积分时间大大延长（几分钟乃至几小时），这样便可探测

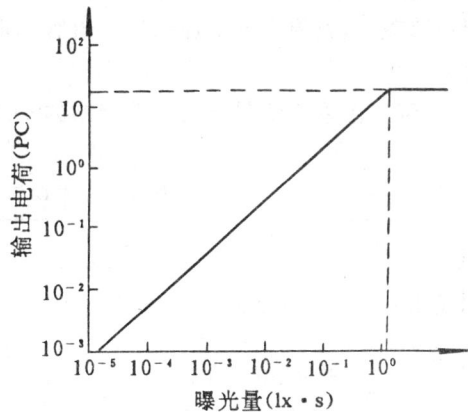

图 8-39　光电输出特性

非常微弱的光强信号。图 8-40 是 RL-S 系列线阵 SSPD 的暗电流 - 温度特性。

前面已讲过开关噪声，它与时钟脉冲的上升时间和下降时间、电路的布局以及器件的工艺和设计方案等有密切关系。采用比较好的驱动和放大电路，开关噪声幅度可小于 5% 饱和电平。开关噪声大部分是周期性的，可以用特殊的电荷积分、采样保持电路加以消除。剩下的是暗信号中的非周期性固定图形噪声，其典型值一般小于 1% 饱和电平。

热噪声是随机的、非重复性的波动，它叠加在暗电平上，是一种不能通过信号处理去掉的极限噪声，其典型幅值为 0.1% 饱和电平，对大多数应用影响不大。

3. 动态范围

SSPD 器件的动态范围为输出饱和信号与暗场噪声信号之比值。如图 8.41 是普通电流放

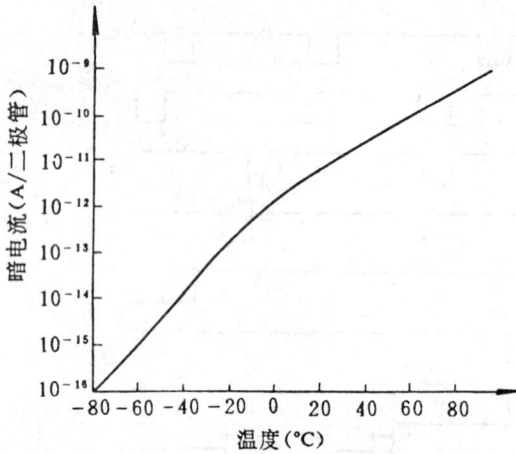

图 8-40 SSPD 的暗电流 - 温度特性

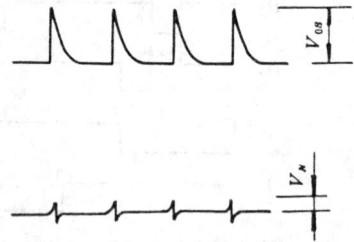

图 8-41 动态输出波形

大输出的信号波形,其动态范围

$$DR = \frac{V_{os}}{V_N}$$ (8.24)

式中 V_{os} 为饱和信号峰值;V_N 为噪声暗态峰值。对于任何固定的积分时间来说,再充电取样的动态范围典型值为 100：1。

在动态范围要求很高的场合,可通过给 SSPD 线阵每个二极管附加电容器(漏电很小),使动态范围高达 10000：1。二极管面积沿着与阵列垂直方向增加,但大部分面积由不透明的铝层所覆盖,这就提供了附加的自身电容和电荷贮存能力,而不增大光电敏感面积或严重增加暗电流。

SSPD 图象传感器与上一节介绍的 CCD 图象传感器的性能比较,如表 8-1 所示。

表 8-1 SSPD 与 CCD 图象传感器的性能比较

性 能	SSPD	CCD
光敏单元	反向偏置的光电二极管	透明电极(多晶硅)上电压感应的表面耗尽层
信号读出控制方式	数字移位寄存器	CCD 模拟移位寄存器
光谱特性	具有光电二极管特性,量子效率高,光谱响应范围宽 200 ～ 1000nm	由于表面多层结构,反射、吸收损失大,干涉效应明显,光谱响应特性差,出现多个峰谷
短波响应	扩散型二极管具有较高的蓝光和紫外响应	蓝光响应低
输出信号噪声	开关噪声大,视频线输出电容大,信号衰减大	信号读出噪声低,输出电容小
图象质量	每位信号独立输出,相互干扰小,图象失真小	信号逐位转移输出,转移电荷损失,引起图象失真大
驱动电路	简单	对时序要求严格,比较复杂
形状	灵活,可制成环形、扇形等特殊形状的列阵	各单元要求形状、结构一致
成本	较高	易于集成,成本低

五、SSPD 器件的信号读出及放大电路

从前面分析 SSPD 器件的工作原理可知,其输出信号是在视频线上流动的一串共 N(N 位器件)个电流脉冲。由于实际器件的视频线电容 C_v 远比单个光电二极管的结电容 C_d 大(一般的小列阵器件 $C_v \approx 20\text{pF}$,而 $C_d \approx 0.2\text{pF}$),所以光电信号在输出之前就被衰减了(电荷的再分配)。一般信号都比较小,因而需要加读出放大器。

信号读出放大器通常分为两种类型:(1)电流放大器,输出信号为尖脉冲,其优点是工作速度高(可达 10MHz),电路简单;(2)电荷积分放大输出,输出信号为箱形波,其优点是信号的开关噪声小,动态范围宽,扫描频率中等(2MHz)以下。

1. 电流放大输出

图 8-42 是常用电流放大器的原理图。加在视频线公共端 COM 上的偏压 V_B 一般为 $+5\text{V}$。当扫描信号 e 使 MOS 开关管 T 导通时,二极管电容 C_d 立即以时间常数 $R_{sw}C_d$ 充电,R_{sw} 为开关管 T 的导通电阻。若充电电流为 I_0,那么通过电流放大器后的输出电压

$$V_0 = I_0 \cdot R_f \tag{8.25}$$

在列阵的输出端和放大器之间串接电阻 R_s,可以限制放大器的噪声频带,减少开关噪声。

式(8.25)中的电流 I_0 信号是比较理想的情况。实际中由于存在视频线电容 C_v,当开关管 T 闭合时,C_v 开始也提供电荷,给二极管电容 C_d 充电,然后再由外部电源通过 R_s 充电,充电的时间常数为 R_sC_v,一般比 C_d 的充电时间常数大得多,所以串联 R_s 会使信号读出速度降低。为既能减少开关噪声又不影响读出速度,R_s 应这样调整:在给定最高工作频率 f_0 下,使视频脉冲波形正好能恢复到基线。

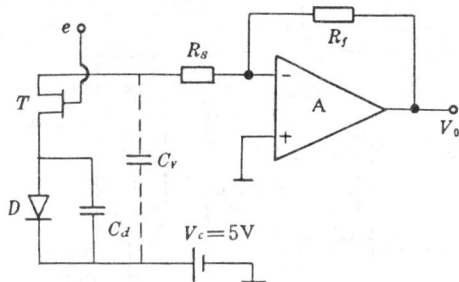

图 8-42 电流放大电路

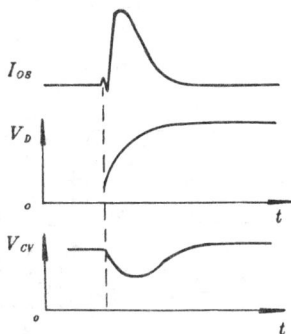

图 8-43 电流电压波形

图 8-43 是该放大电路的电流电压波形。图中,V_D 是光电二极管上的电压,V_{cv} 是视频电容上的电压,I_{os} 为流过电阻 R_s 的电流。显然放大器 A 输出的电压信号与 I_{os} 的波形相同。

2. 电荷积分输出

电荷积分输出方式就是在输出视频线上对每一光电二极管的输出电流脉冲进行积分,然后输出一串"箱形"的电压信号。输出电路如图 8-44(a)所示,采用积分放大器,反馈电容为 C_f。当 MOS 开关管 T_1 导通、T_2 截止时,输出端通过放大器对光电二极管结电容 C_d 再充电。因此放大器的输出电压信号

$$V_0 = \frac{1}{C_f} \int_0^{T_v} I_0(t)dt = \frac{C_d}{C_f} V_d \tag{8.25}$$

式中的 V_d 为结电容 C_d 上贮存的信号电压。由于开关噪声是周期性的正负脉冲,因此在积分过程中它的影响就大大降低。信号 R 提供给积分放大器复位脉冲,在下一个视频信号脉冲输出之前,使放大器复位到初始状态。输出信号的波形如 图 8-43(b)所示。由于积分及复位电路响应

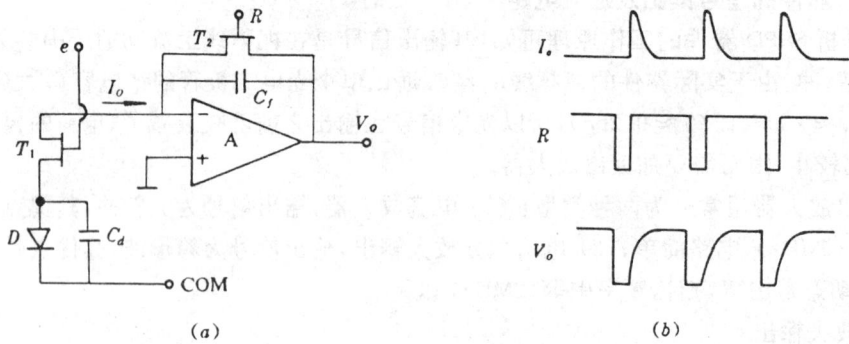

图 8-44　电荷积分工作原理

的限制,这种输出方式的信号读出速度不能很高。这种输出方式的主要优点是输出信号的信噪比较高,动态范围宽,适用于高精度光辐射测量等场合。

§8-4　固体摄象器件的应用

一、CCD 彩色摄象机

CCD 摄象器件的一个主要方面的应用是用 CCD 器件组成电视摄象机。这种摄象机具有寿命长、工作电压低、体积小、重量轻、使用方便、抗震动等优点,所以发展很快,应用范围广。本节介绍三管式 CCD 彩色摄象机。

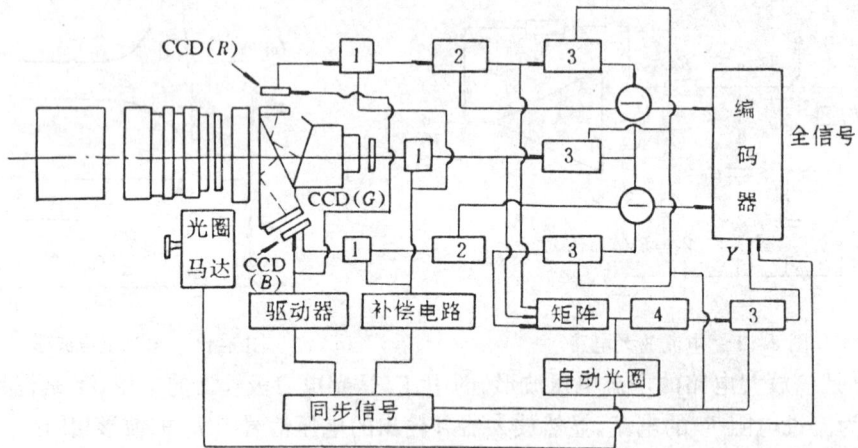

图 8-45　三管式 CCD 彩色摄象机的原理框图

图 8-45 是三管式 CCD 彩色摄象机的原理框图,由光学系统(包括成象镜头和分光棱镜)、三片二维 CCID 和装在机内的驱动板组成。驱动板上装有所需要的各种驱动电路。同步控制电路,信号处理电路,矩阵电路,编码电路等。这些电路均由体积很小的集成电路构成,三片 CCID 分别按装在分光棱镜分出的红(R)、绿(G)、兰(B)光的象面上,分别标为 CCID(R)、CCID(G)、CCID(B)。当驱动器发出适当的驱动脉冲分别送到(R)、(G)、(B)CCID 中,按面阵 CCID 的工作原理,最后分别输出 V_R、V_G、V_B 三路信号,这三路信号分别经采样保持电路(图中 1)、自动白电平平衡电路(图中 2)和信号处理电路(图中 3),进行彩色处理后,送至编码器,输出全电视信号。上述各种电路都是在同步控制电路的控制下同步工作的。为了使摄象机能在较宽的光照范

围内正常工作,将 R、G、B 三路信号经矩阵电路分出强光信号送回到自动光圈电路,用它去控制马达实现光圈自动调节。另外,矩阵电路输出的图象信号经外形补偿电路(图中 4)送至信号处理电路,获得亮度信号 Y 给编码器。

由于 CCD 摄象机所需的驱动电路因 CCD 器件类型的不同而不相同,即使同一类型的 CCID,脉冲时序关系也可设计得不同,本节不作统一介绍。

三管 CCD 摄象机是分辨率最高的一种固体彩色摄象机,因用三片 CCID,故体积相应较大。另外,三片 CCID 在不同位置需进行成象面的倾斜调整和图象中心的调整,这比较复杂,产品成本高,所以已研制出两管式或单管式 CCD 摄象机,这里亦不再一一介绍。

二、在计量检测方面的应用

图 8-46 是以一维 CCD 为核心检测物体尺寸(直径 D) 实时监测系统原理图。图中光源发出

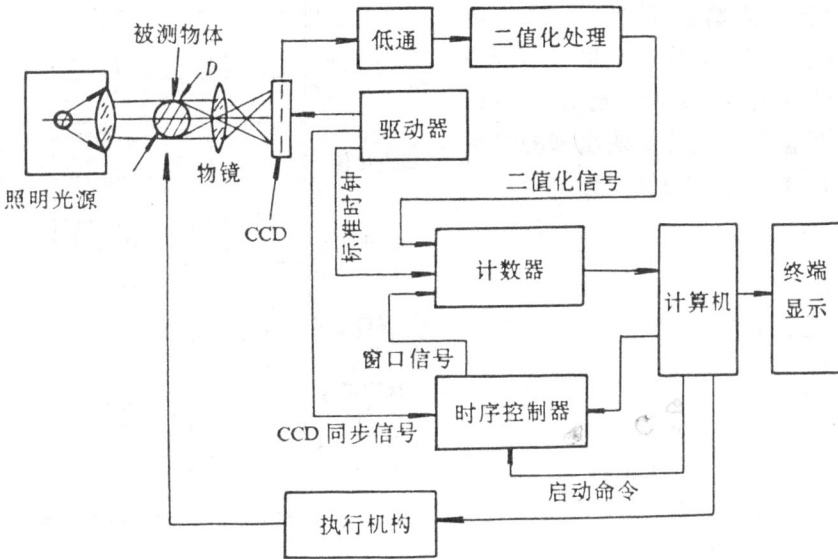

图 8-46 尺寸检测系统原理图

的光通过透镜成一组平行光,照射到被测物体上,通过物镜成象在一维 CCD 的光敏面上。从图中看出,由于被测物体的遮挡,CCD 上大部分光敏单元未受光照,未受光照与受光照的光敏单元输出的电荷多少明显不同,此时输出的视频脉冲幅值也不相同。通过低通滤波器变成连续信号,对该连续信号进行二值化处理,即把 CCD 视频信号中图象尺寸部分与背景部分分离成二值电平,常用的方法是采用比较电路,在比较器的输出端得到一个具有一定宽度的二值化电平的脉冲信号,如图 8-47 所示。该脉冲宽度对应被测物体的图象尺寸大小,由于每个光敏单元与标准时钟脉冲有确定的关系,因此代表物体尺寸的二值化脉冲内所覆盖的光敏单元数目,作为二值化信号的数据进行采集,可以用标准脉冲填入二值化信号宽度内来代替,用计数器记录下脉冲数,送入计算机内进行数据处理,就可得出被测物体尺寸的大小,即

$$D = \frac{D'}{\beta} = \frac{nM}{\beta} \tag{8.26}$$

式中 D' 为被测物件直径的象尺寸;n 为所测尺寸的脉冲数;M 为脉冲当量(CCD 空间分辨率);β 为光学系统放大倍率。

二值化处理中的关键问题是比较电平(阈值电平)的确定。由于图象边界在 CCD 视频信号中存在过渡区,如何确定真实的边界(合适的比较电平)将是影响测量精度的因素之一,本系

统可采用比较简单的微分法,实现 CCD 视频信号边界特征的提取,原理图如图 8-48 所示,它是将连续视频信号通过微分 I,找出视频信号边界过渡区中变化最大点 A 及 A',再由 A 及 A' 确定二值化边界,每个方框图输出波形已在图 8-47 中表明。

整个系统可在计算机控制下进行,如果预先给计算机输入该物件的尺寸及上、下限尺寸,那末,每测一个物件计算获得的尺寸可与先存入的尺寸比较,如在上、下限范围内,则物件为合格,否则为不合格。所得结果一方面从终端显示,另一方面送给执行机构发出命令,区分开合格与不合格品。如果让计算机连续测量一批物件,算出平均尺寸,根据平均尺寸反映出来的情况自动调整加工机构,以控制生产。

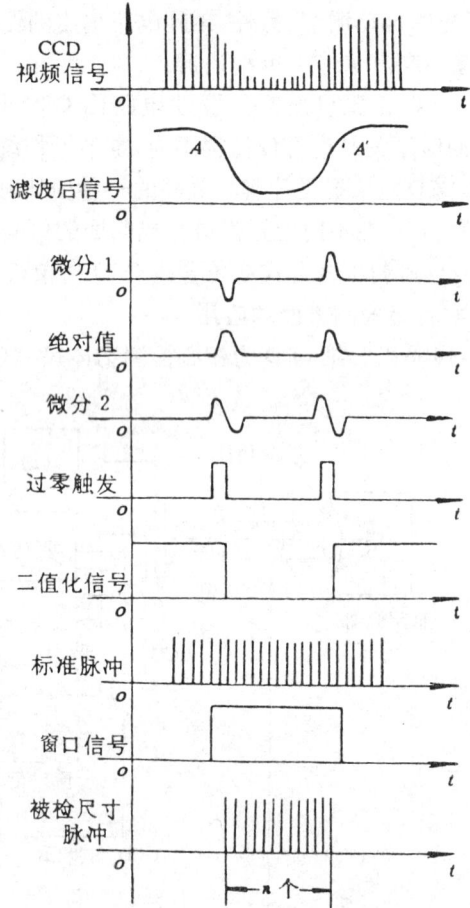

图 8-47　电路工作波形图

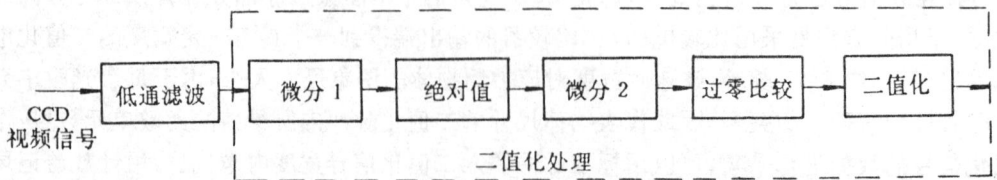

图 8-48　用微分法提取边界特征原理图

思考题与计算题

[8-1]　简述一维 CCD 摄象器件的基本结构和工作过程。

[8-2]　在 SCCD 器件中,信息电荷为什么会沿着半导体表面转移,以三相或二相 SCCD 为例,具体说出它们的转移过程。

[8-3]　CCD 器件为什么必须在动态下工作?其驱动脉冲频率的上下限受哪些条件限制?

[8-4]　二相驱动 CCD,象元数 $N = 1024$,若要求最后位仍有 50% 的电荷输出,求电荷转移损失率 $\varepsilon = ?$

[8-5]　简述光电二极管的电荷存贮工作原理。它与连续工作方式相比有什么特点?

[8-6]　自扫描光电二极管列阵 SSPD 由哪几部分组成?画出 SSPD 线列阵电路框图,并简述其工作原理。

[8-7]　SSPD 中产生开关噪声的原因是什么?怎样才能减小开关噪声?

[8-8]　试比较 CCD 器件与 SSPD 器件的主要优缺点。

参考文献

1. 孙白尧等. 摄象与显示器件原理. 北京：国防工业出版社,1986

2. 陈东波. 固体成象器件和系统. 北京：兵器工业出版社,1991

3. 袁祥辉. 固体图象传感器及其应用. 重庆：重庆大学出版社,1992

4. 王庆有等. CCD 应用技术. 天津：天津大学出版社,1993

5. P. J. W. 诺布尔著,李锦林译. 集成光电器件和系统. 北京：科学出版社,1983

6. 齐丕智等. 光敏感器件及其应用. 北京：科学出版社,1987

7. 日本浜松. HAMAMATSU 手册. PCD Linear Image Sensors

8. 日本浜松. HAMAMATSU 手册. Photodiodes for scientific Instruments,

9. Hobson,G. S. Charge Transfer Devices. Wiley,New York,1978

10. Paul G. Jespers. Solid State Imaging. Noordhoff,Leyden,1976

11. D. F. Barbe. Charge-Coupled Devices. Springer-Verlag,New York,1980

第九章　红外探测器及其阵列

通常,把红外光谱定义为从 0.7 到 1000μm 的电磁辐射。同时,又把它分为几个谱段,最常见的符号是 SW1R(短波红外,0.7 ～ 3μm)、MW1R(中波红外,到 6μm)、LW1R(长波红外,到 16μm) 和 F1R(远红外,大于 16μm)。随着波长增加,光子能量减小,提高了探测难度,产生了具有特色的探测器系列。

红外探测器主要分热探测器和光子探测器两种。本章对热探测器将详加讨论,对光子探测器则在以前讨论的基础上作些补充,讨论一些新问题和新器件。对红外成象器件则集中补充红外(探测器)阵列,也就是焦平面阵列(FPA)的内容。

与一般的光电器件比较,红外探测器常在低温下工作;同时,为探测来自目标的弱辐射,常需采取措施,以抑制噪声、提高信噪比。

§9-1　热探测器

热探测器是利用探测元吸收入射光辐射,产生热,而引起温升,再借助各种物理效应把温升转变成电量的探测器。热探测器光电转换的过程分两步:第一步是探测器吸收光辐射引起温升,对各种热探测器都一样;第二步利用探测器某些温度效应把温升转变成电量。根据热效应的不同,可把热探测器分为:测辐射热计、测辐射热电偶和热电堆、热释电探测器和高莱管。

热探测器与前述的各种光电器件相比具有下列特性:(1)响应率与波长无关,属无选择性探测器;(2)受热时间常数的制约,响应速度慢;(3)其探测率比光子探测器的峰值探测率低;(4)可在室温下工作。

本节将先讨论由光辐射引起的温升,再分别介绍各种热探测器,然后讨论和比较其性能。

一、光辐射引起探测元的温升

热探测器的探测元通常是一片均质材料或晶片,在其光敏面上涂上能全部吸收辐射的膜层(如金黑、碳黑或 Parson 黑),通过探测元的电极和引线输出电量。探测元通过电绝缘紧贴在散热器上,然后将探测元封装或真空封装起来,通过窗口接收光辐射。

1. 探测元的热容量、热导和热时间常数

设探测元从热源吸收微小的热量 ΔQ,其温度从 T_0 升高到 $T_0 + \Delta T$,则其热容量为

$$C_t = \frac{\Delta Q}{\Delta T} = C_e V \tag{9.1}$$

式中　C_e 为探测元的体积比热,等于比热和体积密度的乘积;V 为探测元体积。因此热容量可定义为探测元每温升 1K 所需的热量,单位为 JK^{-1}。由于考虑到探测元与散热器相接触,精确计算时要考虑散热器对热容量的影响,因此式(9.1)是一近似值。

设探测元的温度比周围温度 T_0 高,那么它将通过热传导向四周散热,如在单位时间内散失的总热量 ΔW 与下降的温度 ΔT 成正比,两者的比值称为探测元的热导,即

$$G_t = \frac{\Delta W}{\Delta T} \tag{9.2}$$

其单位为 $JK^{-1}S^{-1}$ 或 WK^{-1}。探测元的热传导存在三种方式：与散热器、电极和导线等的接触导热；与周围空气对流传热；通过辐射向空间散热。热导的倒数称热阻 R_t，它与实际器件的环境、安装和封装情况、电极和引线尺寸等很多因素有关。

如 探测元吸收光辐射后温度升高 ΔT_0，然后停止辐照，那么它的热导损失的热量应等于探测元温度下降释放出的热量，可用下式表示：

$$-C_t \frac{d\Delta T}{dt} = G_t \Delta T \text{ 或 } C_t \frac{d\Delta T}{dt} + G_t \Delta T = 0 \tag{9.3}$$

此式的解为

$$\Delta T = \Delta T_0 e^{-t/\tau_t} \tag{9.4}$$

式中，τ_t 称为热时间常数，等于 C_t/G_t 或 $C_t R_t$。由此式可见，探测元温度呈指数下降，τ_t 愈小，温度下降愈快。τ_t 相当于下降到 $\Delta T_0/e$ 所需的时间。

2. 调制辐照引起的温升

假设入射到探测元光敏面上的调制辐通量为 $\Phi = \Phi_0(1 + e^{j\omega t})$，探测元的吸收比为 η，温升 ΔT。按热平衡方程吸收的辐射量等于探测元温升所需热量和通过热导散失的热量，可写出下式

$$C_t \frac{d\Delta T}{dt} + G_t \Delta T = \eta\Phi_0(1 + e^{j\omega t}) \tag{9.5}$$

由于调制通量 Φ_0 可分解为连续辐通量 Φ_0 和交变辐通量 $\Phi_0 e^{j\omega t}$，最后得到的温升也是在不变的温升 ΔT_d 上叠加交变温升 ΔT_ω。结果为

$$\Delta T_d = \frac{\eta\Phi_0}{G_t} \tag{9.6}$$

$$\Delta T_\omega = \frac{\eta\Phi_0}{G_t(1 + \omega^2\tau_t^2)^{1/2}} e^{j(\omega t + \varphi)} \tag{9.7}$$

温升和辐照之间的相角 $\varphi = -\operatorname{arctg}(\omega\tau_t)$。从此式可知：当 $\omega\tau_t \ll 1$ 的低频时，$\Delta T_\omega \cong \eta\Phi_0/G_t$，即与调制频率无关；频率增高而 ΔT_ω 逐渐变小；当 $\omega\tau_t \gg 1$ 时，$\Delta T_\omega \cong \eta\Phi_0/\omega C_t$，即交变温升幅值将与 ω 和 C_t 成反比，随着 ω 的增大急剧下降，这就是热探测器常用于低频调制辐照场合。同时，设计者总尽力降低器件的热时间常数值。

二、测辐射热计和测辐射热敏电阻

这类器件以某些材料吸收红外辐射产生热效应，并引起温升为基础，温升改变材料的电阻值，通过相应的电路输出与辐通量成比例的电信号。

已知，材料的电阻温度系数 α 可表示为

$$\alpha = \frac{dR}{RdT} \tag{9.8}$$

式中，R 和 T 分别表示电阻和温度。

测辐射热计是指采用金属(镍、铋或铂)薄膜作为探测元的器件，α 值小，在 $0.34 \times 10^{-2} \sim 0.6 \times 10^{-2} K^{-1}$ 范围内，响应率比较低。

测辐射热敏电阻利用某些半导体材料(通常是锰、镍和钴的氧化物的混合物)的薄膜，具有相当大的负温度系数。α 值与 T^2 成反比，常用 $-\beta/T^2$ 来表示，在室温作用时约为 $-4 \times 10^{-2} K^{-1}$，比金属的大 10 倍左右。

使用这些器件的电路有二种，如图 9-1 所示。其中：图(a) 为测辐射热敏电阻结构示意图；图(b) 为利用单个探测器的电路；图(c) 为桥式电路，具有较强的抗干扰性。现以热敏电阻为例分析这二种电路产生的信号电压、热敏电阻的温升和响应率。

1. 一般电路的情况(图 9-1(b))

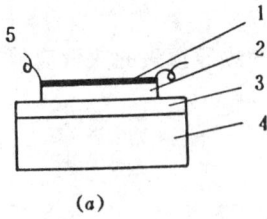

1-黑化层,2-热敏电阻薄膜,

3-衬底,4-散热片,5-电极引线

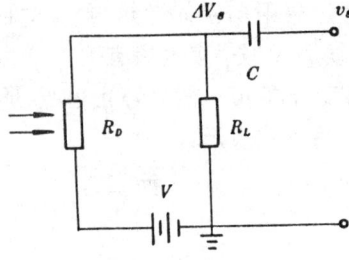

R_D-热敏电阻 R_L-负载电阻

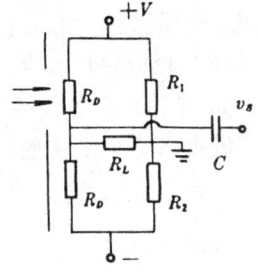

图 9-1   热敏电阻及其电路图

当测辐射热敏电阻吸收红外辐射时产生温升 ΔT,与 ΔT 相应的阻值变化为 ΔR_D。$\Delta R_D \ll R$,在负载电阻上的电压变化为

$$\Delta V_s = \frac{VR_L\Delta R_D}{(R_D + R_L)^2} \tag{9.9}$$

在接收弱红外信号时 $\Delta R = aR_D\Delta T$,代入上式,得

$$\Delta V_s = \frac{aVR_LR_D\Delta T}{(R_D + R_L)^2} = \frac{aIR_LR_D\Delta T}{R_D + R_L} \tag{9.10}$$

对热敏电阻的温升,可分析如下:

(1)设热敏电阻的温度分布是均匀的,在不受红外辐照时,由于偏置电压在热敏电阻上产生热功率 I^2R_d,从而产生温升 ΔT_0。于是热平衡式

$$G_{to}\Delta T_0 = I^2R_D$$

$$\Delta T_0 = \frac{I^2R_D}{G_{to}} = \frac{V^2R_D}{G_{to}(R_D + R_L)^2} \tag{9.11}$$

(2)当热敏电阻吸收红外辐射时,热敏电阻的阻值和偏置电流均发生变化,进一步产生温升 ΔT,这时的热平衡方程为

$$C_t\frac{d\Delta T}{dt} + G_t\Delta T = \frac{d(I^2R_D)}{dT}\Delta T + \eta\Phi_0(1 + e^{j\omega t}) \tag{9.12}$$

式中:等式右边第一项是由于热敏电阻吸收红外辐射后阻值变化引起的热功率的变化;第二项 Φ 为辐通量,η 为吸收比。其中

$$\frac{d(I^2R_D)}{dT} = \frac{d\dfrac{V^2R_D}{(R_L + R_D)^2}}{dT} = \frac{V^2(R_L - R_D)dR_D}{(R_D + R_L)^3 dT} = aI^2R_D\frac{R_L - R_D}{R_L + R_D}$$

代入上式,得

$$C_t\frac{d\Delta T}{dt} + G_{te}\Delta T = \eta\Phi_0(1 + e^{j\omega t}) \tag{9.13}$$

式中

$$G_{te} = G_t - aI^2R_D\frac{R_L - R_D}{R_L + R_D} = G_t - aG_{to}\Delta T_0\frac{R_L - R_D}{R_L + R_D} \tag{9.14}$$

G_{te} 称为有效热导,也称动态热导。

参照前一节讨论的结论,得到热敏电阻温度 ΔT_ω 的幅值,即

$$\Delta T_\omega = \frac{\eta\Phi_0}{G_{te}(1 + \omega^2\tau_{te}^2)^{1/2}} \tag{9.15}$$

式中,$\tau_{te} = C_t/G_{te}$。将式(9.15)代入式(9.10),再除以 $\eta\Phi_0$,可得到响应率的公式

$$S_v = \frac{\Delta V_s}{\Phi} = \frac{\eta aIR_LR_D}{G_{te}(1 + \omega^2\tau_{te}^2)^{1/2}(R_D + R_L)} \tag{9.16}$$

2. 桥式电路情况

用相同的方法可求得

$$\Delta V_s = \frac{IR_L\Delta R_D}{2R_L + R_1 + R_2} = \frac{IR_L R_D\alpha\Delta T}{2R_L + R_1 + R_2} \tag{9.17}$$

$$G_{te} = G_t - 2G_{te}\Delta T_0 \frac{R_L - R_D}{R_L + R_D} \tag{9.18}$$

$$S_v = \frac{\eta\alpha IR_D}{2G_{te}(1 + \omega^2\tau_{te}^2)^{1/2}} \tag{9.19}$$

为了提高测辐射热敏电阻的 D^* 值,常采用浸没技术,如图 9-2 所示,把热敏电阻胶合在球形透镜的平面上,这对于具有一定尺寸的光敏面来说,相当于增大了接收立体角,即增加了辐照度。在这样情况下光敏面面积可减小到 $1/n^2$(n 为材料折射率)。如利用锗透镜,$n = 4$,光敏面可减小 16 倍,D^* 增大 4 倍。

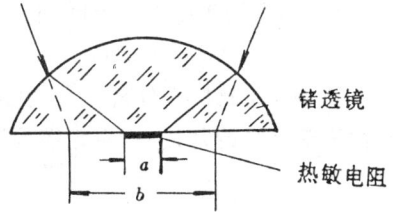

锗透镜

热敏电阻

图 9-2　浸没型测辐射热敏电阻

三、测辐射热电偶和热电堆

测辐射热电偶和热电堆是基于温差电效应制成的热探测器,其热电偶的原理图示于图 9.3(a)。图中,在材料 A 和 B 的连接点上粘上涂黑的薄片,形成接受辐照的光敏面,在辐照作用下产生温升,称为热端。在材料 A 和 B 与导线形成的连接点保持同一温度 T_d,形成冷端。在两个导线间(输出端)产生开路的温差电势

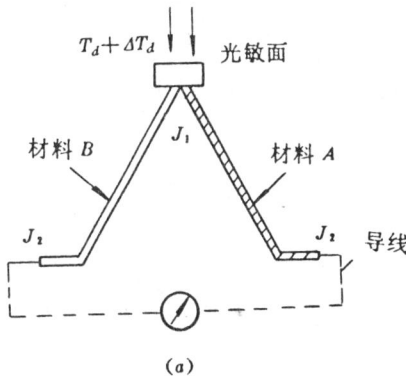

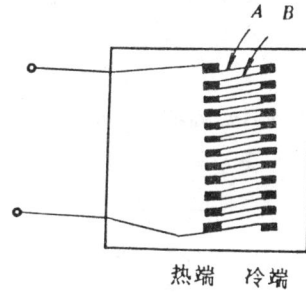

图 9-3　测辐射热电偶
(a) 和热电堆　(b) 原理图

$$V_0 = \alpha_{ab}\Delta T_d \tag{9.20}$$

式中,α_{ab} 称为温差电动势率或塞贝克系数,单位为 VK^{-1},其值取决于材料性质,例如 Bi-Sb 的 α 为 $100\mu V/\text{℃}$,Co- 康铜的 α 为 $39\mu V/\text{℃}$。

如果输出端连接具有内阻为 R_m 的电表,于是在回路中产生电流 I。当电流流过 J_1 时,由于珀耳贴效应将冷却此结,单位时间带走的热量

$$P_\pi = -\pi_{ab}I \tag{9.21}$$

式中　π_{ab} 称珀耳帖系数,单位为 W/A,负号表示带走或释放热量。而 π_{ab} 与 α_{ab} 有下列关系

$$\pi_{ab} = T_d\alpha_{ab} \tag{9.22}$$

这样,将因珀耳帖效应使热端降温,其值为

$$\Delta(\Delta T_d) = I\alpha_{ab}T_d/G_t = I\alpha_{ab}R_tT_d \tag{9.23}$$

式中　G_t、R_t 为热结的热导、热阻,而由于降温使温差电动势下降值为

$$V_\pi = \alpha_{12} \cdot \Delta(\Delta T_4) = -I\alpha_{ab}^2 R_t T_4 \qquad (9.24)$$

由于红外辐射照射 J_1 产生的温升和珀耳帖效应产生的总电动势为

$$V_t = V_0 + V_\pi = V_0 - I\alpha_{ab}^2 R_t T_4 \qquad (9.25)$$

电流 I 与 V_t 的关系为

$$I = \frac{V_t}{R_4 + R_m} \qquad (9.26)$$

式中 R_4 为热电偶电阻;R_m 为电表内阻。将式(9.26)代入式(9.25),得

$$V_0 = I(R_4 + R_m + \alpha_{ab}^2 R_t T_4) = I(R_4 + R_m + R_{dym}) \qquad (9.27)$$

这表明,珀耳帖效应等效于增加了电路中一个电阻 R_{dym},它被称为热电偶的动态电阻,即

$$R_{dym} = \alpha_{ab}^2 R_t T_4 \qquad (9.28)$$

下面,让我们来分析一个连续红外照射热电偶的情况。设其辐通量为 Φ,通过回路的电流 I,由于珀耳帖冷却效应,使热端升温的实际功率为 $\Phi - \alpha_{ab} I T_4$,由它产生的温升为

$$\Delta T_4 = \frac{\eta\Phi - \alpha_{ab} I T_4}{G_t} = (\eta\Phi - \alpha_{ab} I T_4)R_t \qquad (9.29)$$

由它产生的电势为 $\alpha_{ab}\Delta T_4$,在回路中产生电流

$$I(R_4 + R_m) = \alpha_{ab}\Delta T_4 = \alpha_{ab}(\eta\Phi - \alpha_{ab} I T_4)R_t$$
$$= \alpha_{ab}\eta\Phi R_t - R_\pi I$$
$$I = \frac{\alpha_{ab}\eta\Phi R_t}{R_4 + R_m + R_\pi} \qquad (9.30)$$

在开路情况下,由于没有电流,也就没有珀耳帖效应,这时热端的温升应为

$$\Delta T_0 = \eta\Phi R_t \qquad (9.31)$$

开路电动势

$$V_0 = \alpha_{ab}\Delta T_0 = \alpha_{ab}\eta\Phi R_t \qquad (9.32)$$

代入式(9.30),得

$$I = \frac{V_0}{R_4 + R_m + R_\pi} \qquad (9.33)$$

求得

$$\Delta T_4 = \frac{\Delta T_0(R_4 + R_m)}{R_4 + R_m + R_\pi} \qquad (9.34)$$

于是,温差热电偶的响应率为

$$S_v = \frac{V_0}{\Phi} = \eta\alpha_{ab} R_t \qquad (9.35)$$

也就是说要得到高响应率应选用 α_{ab} 大的材料对、大的吸收比、大的热阻(小的热导)。

如果采用调制的红外辐射入射,可用同样方法求得其响应率

$$S_v = \frac{\eta\alpha_{ab} R_t}{(1 + \omega^2\tau_t^2)^{1/2}} \qquad (9.36)$$

通常,热电偶的热时间常数为 $4 \sim 50\mathrm{ms}$,所以选用的调制频率就不能很高。

通常由于测辐射热电偶响应率太小,不实用,因此常把数十个热电偶串联起来构成测辐射热电堆。一种用于红外光谱仪出射狭缝处的细丝式热电堆示于图 9-3(b)。在每对材料的连接处镀以金黑,中间一排 12 个结接收从狭缝出射的红外辐射,成为热端;右边的一排屏蔽起来,成为冷端。这时,它的响应率比热电偶提高近 12 倍。这种器件的阻抗为 $2 \sim 50\Omega$,时间常数为 $0.1 \sim 2\mathrm{s}$,响应率为 $0.25\mu\mathrm{V} \cdot \mu\mathrm{W}^{-1}$。如果用薄膜代替细丝,并把热电堆封装在气室内,制成薄膜型热电堆,其响应率可增至 $50 \sim 280\mu\mathrm{V} \cdot \mu\mathrm{W}^{-1}$,时间常数降至 $13 \sim 150\mathrm{ms}$,但这类探测只能测弱辐射,电流不允许超过 $100\mu\mathrm{A}$,不然就会烧坏。

根据制造厂提供的数据测辐射热电堆的主要噪声是热噪声。

四、热释电探测器

热释电红外探测器是一种新型热探测器,它是利用某些材料的热释电效应探测辐射能量的器件。由于热释电信号正比于器件温升随时间的变化率,因此它只能探测调制辐射,调制频率可从低频到高频。这类器件探测率高,属于热探测器中最好的,因此得到了广泛应用。

1. 工作原理

根据转动对称性,晶体被分为 32 种类型。在 32 类晶体中,有 20 类压电晶体,它们都是非中心对称的。在这 20 类压电晶体中,有 10 类具有唯一的极性轴,称为极性晶体。对压电晶体施加应力能产生电极化;反之在电场作用下,压电晶体会产生应变。对于极性晶体,即使在外电场和应力均为零的情况下,晶体内正负电荷的中心并不重合,而是呈现电偶极矩,也就是说,晶体本身具有自发的电极化。在单位体积内由自发极化产生的电矩称为自发极化强度矢量,通常用 P_s 表示。因为自发极化强度是温度的函数,所以极性晶体又称为热释电晶体。

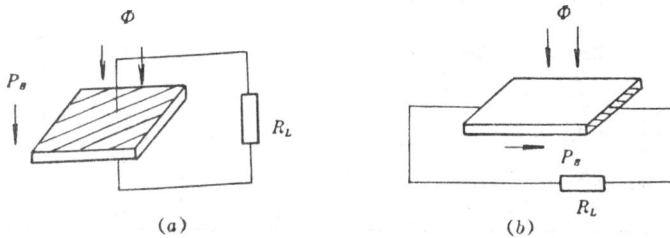

图 9-4 热释电探测器的二种结构

由此可见,压电晶体只具有压电性能;只有热释电晶体既具有压电性能又具有热释电性能。

由于热释电晶体内部具有自发极化,因此在与自发极化强度垂直的两个晶体表面上将出现面束缚电荷,一面是正束缚电荷,另一面是负束缚电荷。面束缚电荷密度等于自发极化强度 P_s。平时这些束缚电荷常被晶体内或表面附近空间的自由电荷所中和,故显现和测量不出来。但只要温度一变化,由于自发极化强度的变化使束缚电荷密度也随之变化。使输出电量也随之变化,由于自由电荷中和面束缚电荷所需的时间很长,大约需数秒到

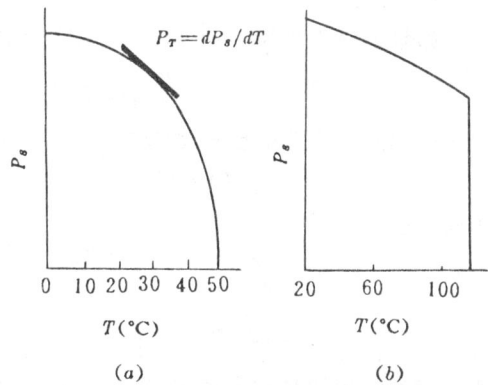

图 9-5 二种热释电晶体的特性曲线

数小时,而晶体自发极化的弛豫时间很短,约为 10^{-12}s。因此热释电晶体可响应快速的温度变化。这种现象被称为热释电效应。

如果垂直于晶轴方向切割出热释电晶体薄片,并镀上电极,可构成热释电探测器的面电极结构(图 9-4(a))或边电极结构(图 9-4(b))。如果受连续辐射的照射,那么由于探测器的温升会输出电量,但由于自由电荷的中和作用,此电量会不断衰减直至消失,当用调制辐射照射探测器,只要调制周期小于中和时间,就会输出与调制频率相同的交变电量。这说明,热释电探测器只能探测调制和脉冲辐射。

图 9-5(a) 和 (b) 分别示出硫酸三甘酞(TGS)和钛酸钡($BaTiO_3$)的自发极化强度 P_s 和温度 T 的关系曲线。在某一温度 T 上温度变化 1K 引起的自发极化强度的变化称为热释电系数 $P(T)$,单位为 C/m^2K 或 C/cm^2K,C 表示电荷量,单位为库仑。热释电系数等于在 T 处的斜率。很

明显,TGS 的 $P(T)$ 随着温度的升高而不断增加,相反,BaTiO$_3$ 的 $P(T)$ 随温度的变化比较缓慢。当温度上升到居里温度时热释电晶体发生相变,即从极性晶体变为非极性晶体,自发强度下降到零。TGS 的 P_s 是逐渐变化的,到居里温度时为零,属于二级相变;对于 BaTiO$_3$,P_s 在居里温度时急剧变化到零,属一级相变。因此,热释热探测器的工作温度选得比居里温度低,热释电系数变化较平稳的区段。

现将常用的热释电材料的参数列于表 9-1。

表 9-1　常用热释电材料的参数

材　　　料	居里温度 (K)	工作温度 (K)	热释电系数 $[cm^{-2}K^{-1}]$	C_p $(Jcm^{-3}K^{-1})$	1 千赫时电阻率 (Ωcm)
BaTiO$_3$	399	300	2×10^{-8}	≈ 2	
		333	7×10^{-8}	≈ 2	
LiTaO$_3$	891	300	1.9×10^{-8}	≈ 3	
硫酸三甘肽 (TGS)	322	300	3×10^{-8}	≈ 1.8	$\approx 10^{12}$
Sr$_{1-x}$Ba$_x$Nb$_2$O$_6$ (SBN)					
$x = 0.33$	335	300	1.1×10^{-8}	≈ 2	1.2×10^8
$x = 0.4$	351	300	8.5×10^{-8}	≈ 2	1.6×10^8

2. 响应率

如果把辐通量为 $\Phi = \Phi_0(1 + e^{j\omega t})$ 照射到热释电器光敏面上,其温升为

$$\Delta T_\omega = \frac{\eta \Phi_0}{G_t(1 + \omega^2 \tau^2)^{1/2}} e^{j\omega t}$$

由它引起的热释电电量变化为

$$\Delta Q = P(T) A_d \Delta T_\omega \tag{9.37}$$

由此产生的电流

$$i_d = \frac{dQ}{dt} = P(T) A_d \frac{d\Delta T_\omega}{dt}$$

$$= \omega P(T) A_d \frac{\eta \Phi_0}{G_t(1 + \omega^2 \tau_t^2)^{1/2}} e^{j\omega t} \tag{9.38}$$

再考虑到探测器具有的电容 C_d 和内阻 R_d、负载电阻 R_L,因此可画出如图 9-6 所示的等效电路。由于 R_d 一般为 $10^{10} \sim 10^{13}\Omega$,而 R_L 小得多,此电路的时间常数 $\tau \approx C_d R_L$,这时输出电压

$$V_0 = \omega P(T) A_d \frac{\eta \Phi_0}{G_t(1 + \omega^2 \tau_t^2)^{1/2}} \frac{R_L}{(1 + \omega^2 \tau_e^2)^{1/2}} e^{j\omega t} \tag{9.39}$$

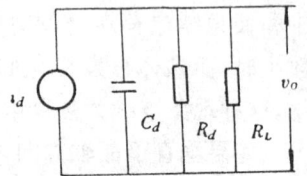

图 9-6　热释电探测器等效电路

其响应率

$$S_v = \frac{V_0}{\Phi_0} = \omega P(T) A_d \eta \frac{R_t}{(1 + \omega^2 \tau_t^2)^{1/2}} \frac{R_L}{(1 + \omega^2 \tau_e^2)^{1/2}} \tag{9.40}$$

下面分析热释电探测器与辐射调制频率的关系。

在低频时 $\omega \tau_t \ll 1$、$\omega \tau_e \ll 1$,响应率 $S_v = \omega P(T) A_d \eta R_t R_L$,即其响应率与调制频率成正比。此式也说明,如 $\omega = 0$,S_v 也等于零,即该探测器不能响应连续辐射。在很高频率时 $\omega \tau_t \gg 1$、$\omega \tau_e \gg 1$,

响应率 $S_v = P(T)A_t\eta R_t R_L/(\omega\tau_t\tau_e)$，这时响应率与调制频率成反比，即随着频率的提高响应率不断下降。

在中频段，$\omega\tau_t \gg 1$、而 $\omega\tau_e < 1$，此时 $S_v = P(T)A_t\eta R_t R_L/\tau_t$，即响应率基本不变。从这些公式可见，当增大 R_L 时响应率会成正比提高，因此人们力图提高 R_L 值，当然也应考虑由此增大 τ_e 值后的影响。此外，还要使放大器的输入电容、输入阻抗与它们相匹配，如果输入阻抗小于负载电阻值，响应率就会显著下降。

在热释电探测器的实际结构中，常采用场效应管作高输入阻抗的预放大器，也有采用由高放大系数集成块组成的电流电压变换器作为预放大器的。一般都把探测器和预放大器封装在一起。为了防止外界振动使探测器产生干扰信号，有的厂家将二只探测器背对背粘结起来作一只用，使一只探测器受光；也可采用二只探测器，一只受光、一只屏蔽，通过差动放大来抵消由振动引起的干扰信号。

五、高莱气动探测器

高莱气动探测器又称高莱(Golay)管，是高莱于 1947 年发明的。它曾广泛应用于红外光谱仪中作红外辐射探测器用，但由于它使用寿命短、动态范围小、器件结构复杂、价格昂贵等缺点，使用范围日益缩小。

高莱管的基本工作原理示于图 9-7。调制辐射通过窗口射到气室的吸收薄膜上，引起薄膜温度的周期变化。温度的变化又引起气室内氙气的膨胀和收缩，从而使气室另一侧的柔镜产生膨胀和收缩，另一方面，可见光光源发出的光通过聚光镜、光栅、新月形透镜的上半边聚焦到柔镜(外部镀反射膜的弹性薄膜)上，再通过它们的下

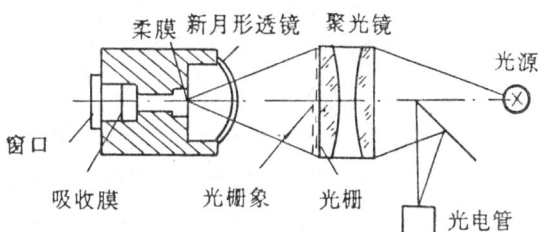

图 9-7　高莱管示意图

半边会聚到光电管上。高莱管是这样设计制造的，在无红外辐射入射时，上半边光栅的不透光的栅线刚好成象到下半边光栅透光的栅线上，而上半边的透光栅线刚好成象到下半边光栅不透光栅线上，于是没有光量透过下半边光栅射到光电管上，输出为零。而有调制辐射入射时，柔镜发生周期性的膨胀收缩，光栅栅线象移位，于是就有光射到光电管上，并且光量的大小与入射辐通量成正比。

高莱管使用的斩光器频率很低，在 20Hz 以内，其响应率在 $10^5 \sim 10^6$V/W 范围内，NEP 在 $10^{-9} \sim 5 \cdot 10^{-11}$W，时间常数约 20ms。

六、电定标辐射计

电定标辐射计(ECR)是一台精密测量辐射功率(通量)的仪器，是热探测器的一种重要应用。这类仪器是辐射测量实验室必备的定标用仪器。

电定标辐射计是利用光辐射加热和电加热等效原理设计而成的。这可以理解为先用光辐射照射热探测器，引起温升而输出电量，然后挡掉光辐射，改用电加热这一热探测器，也引起温升而输出电量，当两个输出电量相等，那么所加的电功率应等于光辐射功率。因此，这是借助于高精度的电测技术来提高光辐射测量精度的新设想。

电定标辐射计的原理图示于图 9-8。一个特殊的核心器件示于图(a)，可利用测辐射热敏电阻、热电堆或热释电探测器作为底层的热探测器，在两个绝缘层间布置由细电热丝构成的电加热器，在最上面涂金黑的吸收层。这样热探测器既可感知光辐射加热，又可感知电加热。

从图 9-8(b) 的电路图中可见,光辐射通过斩波器射向图(a) 的传感器上(调制成梯形);同时,利用点光源和光电二极管从斩波器中取出矩形参考信号,经移相使两个波形相差 180°,频率为 10 ～ 20Hz,参考信号经可变功率放大器放大后给加热器供电。从热探测器输出交替出现的光辐射电信号和加热电信号,通过同步检波器后两个信号成反相,调节参考信号功率放大器的输出电压,直至同步检波器的输出信号等于零为止,即探器输出的两个信号功率彼此相等。加热器的功率通过标准电阻(测定电流)和加热器两端的电压测定,由乘法器的输出获得其功率值。

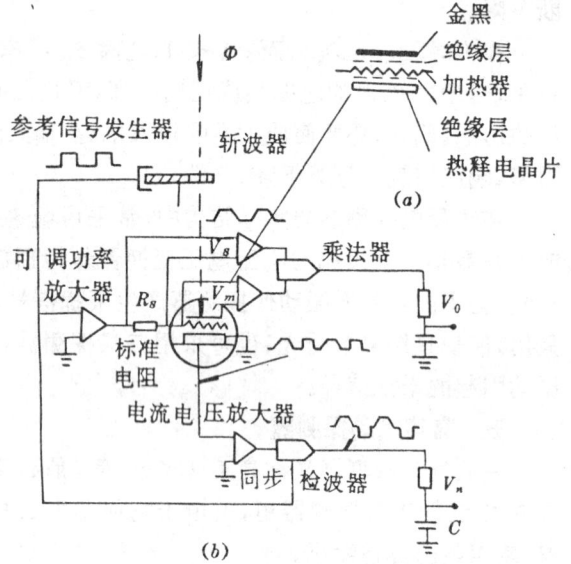

图 9-8　电定标辐射计原理图

考虑到光辐射照射的是图(a) 的前表面,而加热器处于图(a) 的中间,两者对热探测器的温升因素稍有差异,因此要有一修正系数,即

$$\Phi = P_h F \tag{9.41}$$

式中　P_h 为加热电功率;F 为修正系数,一般为 1.015 ± 0.025。另一误差源是入瞳上光辐射的衍射损失,经计算约在 0.5% 以内,因此目前该仪器的精度最高为 0.5%。

这一电路是最简单的,实际上还需考虑同步检波器自动调零的环节和功率值加修正后的数字显示电路等。

七、热探测器的温度噪声和背景极限

热探测器是以光辐射引起热效应并继而升温为基础的,因此温度噪声为热探测器所专有,也是决定其极限探测率的主要因素。

当热探测器与周围介质(包括散热器)处于热平衡状态时,探测器的温度起伏用温度噪声来表征。其表达式为

$$\overline{\Delta T^2} = \frac{4KT^2 G_t \Delta f}{G_t^2 + \omega^2 C_t^2} = \frac{4KT^2 \Delta f}{G_t(1 + \omega^2 \tau_t^2)} \tag{9.42}$$

当调制频率很低($\omega \tau_t < 1$) 时,此式可简化为

$$\overline{\Delta T^2} = \frac{4KT^2 \Delta f}{G_t} \tag{9.43}$$

利用式(9.6),可求出由温度噪声决定的可探测的最小辐通量为

$$\overline{\Delta \Phi^2} = \frac{G_t^2 \Delta T^2}{\eta^2} = \frac{4KT^2 G_t \Delta f}{\eta^2} \tag{9.44}$$

由于热探测器的吸收比 η 接近于 1,可简化为

$$\overline{\Delta \Phi^2} = 4KT^2 G_t \Delta f \tag{9.45}$$

在最极限情况下,探测器悬挂在抽真空小室内,只依靠辐射进行热导,这时

$$G_t = \frac{dM_{eb}}{dT} = 4\sigma A T^3 \tag{9.46}$$

即温度变化 1K 时向空间发射的辐射通量,把它代入式(9.45),即得到理想探测器温度噪声等效的辐通量

$$\overline{\Delta\Phi^2} = 16\sigma k A_d T_d^5 \Delta f \tag{9.47}$$

$$\Delta\Phi = (16\sigma k A_d T_d^5 \Delta f)^{1/2} \tag{9.48}$$

式中　A_d 为探测器光敏面面积；σ 为史蒂芬-布尔兹曼常数；k 为布尔兹曼常数。当 $A_d = 1\text{mm}^2$、$\Delta f = 1\text{Hz}$、$T_d = 300\text{K}$ 时，$\Delta\Phi = 5.5\times 10^{-12}\text{W}$，$D^* = 1.8\times 10^{10}\text{cm}\cdot\text{Hz}^{1/2}\cdot\text{W}^{-1}$。

如果把探测器温度冷却到 T_d，而背景温度为 T_b，那么此等效辐通量将等于

$$\Delta\Phi = [8\sigma k A_d (T_d^5 + T_b^5)\Delta f]^{1/2} \tag{9.49}$$

式(9.48)或(9.49)的 $\Delta\Phi$ 称为背景探测极限或背景限，是热探测所能探测的最小辐通量。其物理含意为：在无信号辐射的情况下热探测器一方面接收从背景来的辐射，另一方面遵循黑体定律又向空间发射辐射。这些辐射由光子构成，光子入射和发射速率的随机起伏引起热探测器温度的随机起伏，即所谓的温度噪声。等效于这一噪声的辐通量就是背景探测极限。若在热探测器之前置以冷屏蔽、减小视场或安装致冷的滤光片，均可进一步降低这一极限值。

下面，分析一下各种热探测器的主要噪声源。

1. 测辐射热计的噪声

除 $1/f$ 噪声外，主要的噪声是温度噪声和热噪声，由它们决定的噪声等效功率为

$$(\text{NEP})^2 = \overline{\Delta\Phi^2} + S_v^{-2}\overline{V_{st}^2} \tag{9.50}$$

将 $\overline{\Delta\Phi^2}$ 和 $\overline{V_{st}^2}$ 的公式代入(9.50)式，得

$$(\text{NEP})^2 = 4KT_d^2 G_t \Delta f + S_v^{-2} 4kT_d R_d \Delta f \tag{9.51}$$

将测辐射热计的响应率和热导的公式代入，并假定 $\eta = 1$、$\alpha(\Delta t)\ll 1$，可求得

$$(\text{NEP})^2 = 4kT_d \Delta f \left[\frac{G_t^2}{G_{to}(\Delta T_d)\alpha^2}\right] \tag{9.52}$$

此式表明，测辐射热计或热敏电阻的 NEP 与探测器电阻 R_d 无关。它还指出，通过选用高 α 和低 G_t 材料可使其参数最佳化。但是低 G_t 材料的 τ_t 较大，除非同时降低 C_t 值。

2. 热电偶和热电堆的噪声

其主要噪声也是温度噪声和热噪声。将式(9.36)代入，得

$$(\text{NEP})^2 = 4KT_d^2 \Delta f \left[G_t + \frac{R_d(1 + \omega^2\tau_t^2)G_t^2}{\eta^2\alpha_{ab}^2 T_d}\right] \tag{9.53}$$

因为 $\tau_t = C_t/G_t$，代入(9.53)式，得

$$(\text{NEP})^2 = 4kT_d^2 \Delta f \left[G_t + \frac{R_d(G_t^2 + \omega^2 C_t^2)}{\eta^2\alpha_{ab} T_d}\right] \tag{9.54}$$

探测器的热容 C_t 和热导 G_t 应是由探测器本身的热容和热导、充入封装用气室内气体的热容和热导、探测元与电极间导线的热容和热导分别相加而成。如把热电偶置入抽真空小室内，气体的热容和热导等于零，可降低 NEP 值。但是最重要的还是采用高 α_{ab} 值的材料。

3. 热释电探测器的噪声

其主要噪声也是温度噪声和热噪声，将式(9.40)代入，并设 $\omega^2\tau_e^2\ll 1$、$\omega^2\tau_t^2>1$、$\eta = 1$，那么

$$(\text{NEP})^2 = 4kT_d \Delta f \left[T_d G_t + \frac{G_t^2\tau_t^2}{P(T)^2 A_d^2 R_L}\right] \tag{9.55}$$

这意味着，可用减小 A_d 和选用高 $P(T)$ 的材料来降低其 NEP。

表 9-2 列举了热探测器的一些参数，供参考。

表 9-2 热探测器的一些参数

种 类	截止波长 (μm)	工作温度 (K)	响应率 (VW^{-1})	NEP (W)	D^* (cm·Hz$^{1/2}$W^{-1})	τ (ms)
半导体热电偶	50	300	5		3×10^9	10
金属薄膜热电偶	50	300	5×10^{-6}		1×10^6	3×10^{-4}
薄膜热电偶	50	300	100		3×10^8	0.1
测辐射热敏电阻	300	300	1000		2×10^8	1
测辐射低温锗	1000	4	2×10^4	7×10^{-13}		0.3
高莱管	1000	300	10^6	2×10^{-10}		10
热释电 TGS	300	300	10^3	1×10^{-10}	1×10^9	1
热释电 LiTaO₃	500	300	10^6	1×10^{-9}	1×10^8	1×10^{-4}

§9-2　光子探测器

在红外区主要的光子探测器的类型仍然是光电导器件和结型器件(表 9-3)。与可见区相比光电导器件中增加一种自由载流子器件,在结型器件中近十年来开展了量子阱结构红外探测器的研究,由于其卓越的性能吸引了世界著名的光电子实验室的关注,从而生长出新一代器件。

表 9-3　光电导器件、结型器件的分类和举例

探测器类型		举 例
光电导器件:	(1) 本征型	PbS、HgCdTe
	(2) 掺杂型	掺杂 Ge、掺杂 Si
	(3) 自由载流子型	InSb
结型器件:	(1) 同质结	InSb、PbTe
	(2) 异质结	GaAs/Ga$_{1-x}$Al$_x$As
	(3) 肖特结	Pt/Si
	(4) 雪崩管	Si、Ge
	(5) 量子阱	GaAs/GaAlAs

本节将在前述八章的基础上补充几种特殊器件、红外探测器的性能参数及极限探测等问题。

一、自由载流子型光电导器件

为探测大于 300μm 的红外辐射,60 年代提出采用自由载流子型光电导器件,它用具有很高迁移率的半导体材料(如 InSb)制成。与掺杂型光电导的区别示于图 9-9,入射辐射引起导带内电子的带内跃迁,改变电子的迁移率,因而改变材料的阻值(图 b),这需要把器件致冷到液氦温度以降低辐射能向晶格的传送速度,并引起导带内电子分布的显著变化。这些器件主要用在远红外波段,光子的吸收比很高,典型的在 1000～2000μm 区。在较短波长处,吸收比按波长的平方很快下降,使响应率降低到不合理的程度。

二、量子阱红外探测器

随着分子束外延(MBE)和金属有机化学汽相淀积(MOCVD)技术长足的发展,超晶格量子

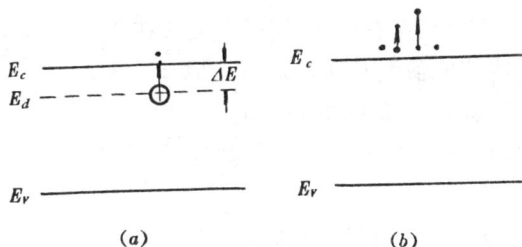

图 9-9　掺杂型(a)和自由载流子型(b)工作机制

阱结构及其应用的研究已成为当今半导体物理和固体物理学的重要前沿课题之一,由于其独特的量子尺寸效应,较之体材料具有更优越的电学、光学及输运特性。通过先进的生长技术精确控制阱层和垒层的厚度及掺杂浓度等参数,可设计制作具有指定能带结构的超晶格量子阱材料,从而获得具有各种特定特性的光电子器件。

　　量子阱红外探测器的研制,至今还不到十年,但成果颇丰,其中主要包括以 HgCdTe 为代表的 II-VI 族超晶格量子阱结构,以 Ge/Si 为代表的量子阱结构,以及以晶格匹配的 GaAs/AlAs、GaAs/AlGaAs、InGaAs/InAlAs 和应变层 InAsSb/InSb 为代表的 III-V 族量子阱结构。迄今,在各类超晶格量子阱红外器件中,仍以 GaAs/AlGaAs 多量子阱结构保持领先水平。下面讨论几种典型器件

1. GaAs/AlGaAs 量子阱红外探测器

　　利用分子束外延(MBE)技术,将不同组分和不同禁带宽度的半导体材料 GaAs 和 AlGaAs 交替沿垂直于表面的方向外延生长在同类单晶(GaAs 衬底上。其结构是窄的 GaAs 势阱层($\sim$ 40Å)和宽的 AlGaAs 势垒层($\sim$ 400Å)交替生长 50 个周期。这种人工合成的半导材料称为多量子阱结构(MQW)材料,用它制备的多量子阱红外探测器的结构示于图 9-10。两个 n^+ 层作为接触层供引出引线用。

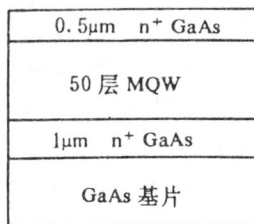

| 0.5μm　n^+ GaAs |
| 50 层 MQW |
| 1μm　n^+ GaAs |
| GaAs 基片 |

图 9-10　量子阱结构示意图

　　GaAs 是窄禁带材料,AlGaAs 是宽禁带材料。用 MBE 生长的多量子阱结构,其量子阱电子态的波函数可表示为原子晶格布洛赫波函数与包络函数的乘积。由于量子尺寸限制效应和超周期化效应,超晶格量子阱的导带中形成了量子化的子能带。当电子在子能带间发生光跃迁时,布洛赫函数保持不变,只改变包络函数。而通常所说的导带到价带的跃迁,则发生在布洛赫态之间,而其包络函数保持不变。因此,对量子阱探测器只需研究电子在导带中的跃迁情况。

　　量子阱子带间的光跃迁引起的红外吸收是红外量子阱材料的基本物理过程。从子带间光跃迁的性质可知,只有当入射光电场具有垂直于量子阱材料生长面的电场分量才能诱发子带间的光跃迁。因此影响光吸收的一个重要因素是光的偏振状态,图 9-11 示出用富里叶变换红外光谱仪测出的室温红外吸收光谱,从此吸收光谱可见,子带间光跃迁具有窄带性。其最大优点是量子阱红外探测器的响应峰值波

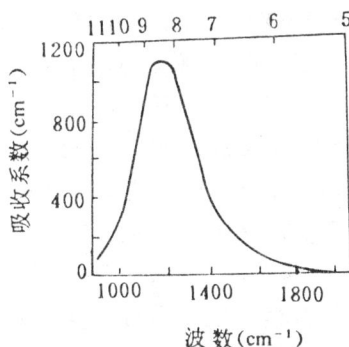

图 9-11　GaAs/AlGaAs MQW 室温吸收谱

长和响应波长范围可以通过改变量子阱材料的阱宽和势垒高度(Al 与 Ga 的组分比),可以将响

应波长调节到一个所需要的波长上。通常 GaAs 阱宽设计在 $30 \sim 50 \text{Å}$ 左右，AlGaAs 垒宽在 $300 \sim 500 \text{Å}$ 左右。其响应峰值波长在 $8 \sim 12 \mu\text{m}$ 左右。虽然降低势垒高度能使峰值波长向长波方向移动，但这会导致基态电子隧穿和热发射几率增加，从而引起暗电流的上升。因此，对于波长较长的量子阱探测器，通常要求在低于液氮温度下工作才能获得要求的信噪比。

图 9-12　量子阱红外器件的工作原理图

量子阱红外探测器的工作原理如图 9-12 所示，在图(a)中量子阱内有两个子能带，即基态 E_1 和第一激发态 E_2，为使量子阱中基态上有足够的电子占据，通常在阱内掺杂，使费米能级高于基态能级。这样使阱中基态具有一定的二维电子浓度。图(b)表示在施加偏压后，MQW 的能带结构发生倾斜，受辐照后，处于基态 E_1 上的电子被激发到 E_2 上，并隧穿过因倾斜而变薄的垒壁，形成自由电子，在外电场作用下形成光电流。

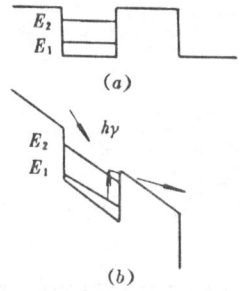

在量子阱材料设计中，让阱宽减小，激发态能级 E_2 接近于势垒顶时，就会发生强共振吸收。当阱宽进一步缩小，激发态能级越过势垒顶而形成连续态。这时子带间的光跃迁将由束缚态变为连续态。从测得的红外吸收谱表明其红外吸收强度有所下降，而吸收峰明显加宽，利用这种从束缚态到连续态跃迁的量子阱材料来制作红外探测器，由于不需要共振隧穿过程，因而可把势垒加厚，量子阱红外探测器的暗电流主要来源于热离子隧穿，增大势垒宽度能显著降低暗电流，制备出高响应率和高探测率的器件。

据华北光电所和中科院物理所研究人员发表的论文报导，已研制出工作温度 77K，峰值波长 $8.5 \mu\text{m}$、响应率 $2.3 \times 10^6 \text{V/W}$、$D^* = 1.4 \times 10^{11} \text{cmHz}^{1/2}\text{W}^{-1}$ 的高性能 GaAs/AlGaAs 量子阱红外探测器

2. 固态光电倍增器

这是量子阱探测器的又一重要应用，从图 9-13 可见，光敏面是一窄禁带半导体，辐照后产生电子空穴对，电子进入一组可变间隔的量子阱，由于阱宽不断变小，基态子能级不断上升，施加偏置后，基态子能级在一水平线上，激发的电子通过隧穿实现电子注入，由于它只让具有 E_1 能级的电子隧道电流通过，因此是一种能量滤波器 (Energy filter)，也就是让信号通过，而抑制噪声电流，有利于提高信噪比。

当电子进入由量子阱构成的第一级倍增级时，信号电子通过可变间距超晶格能滤波器 [Variably spaced superlattice energy filfer (VSSEF)] 输出时具有足够能量激发

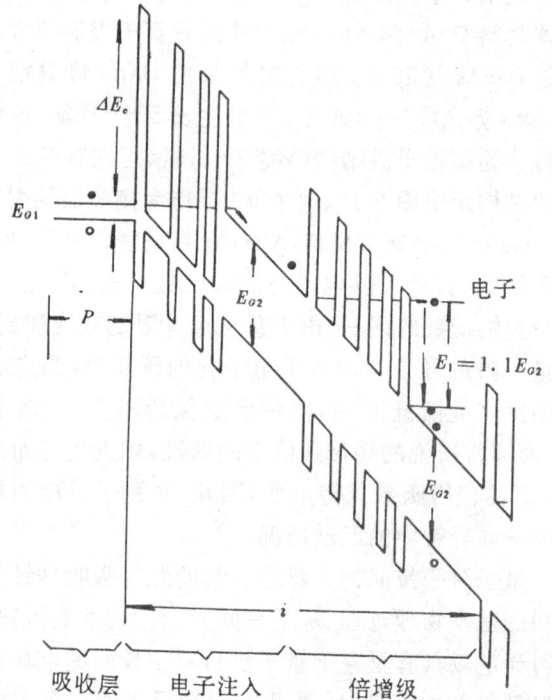

图 9-13　固态光电倍增器原理图

新的自由电子空穴对，也就是增加一倍电子，这样通过多级倍增，就构成 VSSEF 固态光电倍增器。

与雪崩光电二级管相比,它具有下列优越性:(1)通过能滤波器抑制噪声,成为低噪声器件;(2)可改变量子阱材料组分定做所需响应峰值波长及波长范围的器件,(3)可制成单个探测器或一维、二维探测阵列。由于它提供了制造具有倍增系数、低噪声的红外阵列的前景,很多国家均投入巨资争取抢先获得成果。

三、光子探测器性能的理论极限

通常红外光子探测器性能的理论极限是由背景光子到达光敏面上速度的起伏决定的。这一起伏称为光子噪声,表现为探测器输出端上随机的电压或电流变化,即由光子噪声引起的电压或电流噪声,本节主要研究由光子噪声引起的探测极限问题。

在一个很窄的波长间隔内到达表面的光子数的均方起伏,即光子噪声

$$\overline{\Phi_{pn}(\lambda)^2} = \Phi_p(\lambda)[1 + r(e^x - 1)^{-1}] \tag{9.56}$$

式中,$\Phi_p(\lambda)$ 是指在波长 λ 上的光子通量(每秒通过的光子数)、对单色光而言,光子通量等于**辐通量 $\Phi(\lambda)$** 除以光子能量,即

$$\Phi_p(\lambda) = \frac{\Phi(\lambda)}{h\nu} = \frac{\Phi(\lambda)\lambda}{hc} \tag{9.57}$$

式中 r 是相干系数;$x = c_2/\lambda T$;$c_2 = hc/k$。辐通量 $\Phi_p(\lambda)$ 等于信号光子通量 $\Phi_{ps}(\lambda)$ 和背景光子通量 $\Phi_{pb}(\lambda)$ 之和,即

$$\Phi_p(\lambda) = \Phi_{ps}(\lambda) + \Phi_{pb}(\lambda) \tag{9.58}$$

而光子噪声

$$\overline{\Phi_{pn}(\lambda)^2} = \overline{\Phi_{psn}(\lambda)^2} + \overline{\Phi_{pbn}(\lambda)^2} \tag{9.59}$$

当工作温度 $T = 300K$、相干系数 r 很小时,式(9.56)可简化为

$$\overline{\Phi_{pn}(\lambda)^2} = 2\Phi_p(\lambda) \tag{9.60}$$

将它代入式(9.59),得

$$\overline{\Phi_{pn}(\lambda)^2} = 2[\Phi_{ps}(\lambda) + \Phi_{pb}(\lambda)] \tag{9.60}$$

如果探测器的量子效率为 $\eta(\lambda)$,那么由信号光子通量产生的信号光电子数为

$$G_s(\lambda) = \eta(\lambda)\Phi_{ps}(\lambda) = \eta(\lambda)\frac{\lambda}{hc}\Phi_s(\lambda) \tag{9.61}$$

而产生光电子的离散性,即由光子噪声引起的光电子噪声为

$$\overline{G_{sn}^2}(\lambda) = 2\eta(\lambda)[\Phi_{ps}(\lambda) + \Phi_{pb}(\lambda)]\Delta f$$

$$= 2\eta(\lambda)\frac{\lambda}{hc}[\Phi_s(\lambda) + \Phi_b(\lambda)]\Delta f \tag{9.62}$$

式中,$\Phi_s(\lambda)$ 和 $\Phi_b(\lambda)$ 分别为波长 λ 的信号辐通量和背景辐通量。

光子探测量的 NEP 等于 $\Phi_s(\lambda)$ 除以信噪比,这时的信噪比(SNR)等于 $G_s(\lambda)/(\overline{S_{sn}^2})^{1/2}$。于是

$$\text{NEP} = \frac{\Phi_s(\lambda)}{\text{SNR}}$$

$$= \{2\eta(\lambda)\frac{\lambda}{hc}[\Phi_s(\lambda) + \Phi_b(\lambda)]\Delta f\}^{1/2} \times [\eta(\lambda)\frac{\lambda}{hc}]^{-1} \tag{9.63}$$

规一化的探测率

$$D^*(\lambda) = \frac{(A_d\Delta f)^{1/2}}{\text{NEP}}$$

$$= \{2\eta(\lambda)\frac{\lambda}{hc}[E_s(\lambda) + E_b(\lambda)]^{-1/2} \times [\eta(\lambda)\frac{\lambda}{hc}] \tag{9.64}$$

式中,$E_s(\lambda)$、$E_b(\lambda)$ 分别为波长 λ 的信号辐照度和背景辐照度。

实际上信号和背景不一定是单色光,而是有一定波长范围的,这时

$$D^* = \frac{\int_0^\infty \eta(\lambda) \frac{\lambda}{hc} \Phi_s(\lambda) d\lambda}{\left[\int_0^\infty \Phi_s(\lambda) d\lambda\right]\left\{\int_0^\infty 2\eta(\lambda) \frac{\lambda}{hc}\left[E_s(\lambda) + E_b(\lambda) d\lambda\right]\right\}^{1/2}} \tag{9.65}$$

当信号辐射是在一窄谱带内,而背景分布通常在一宽谱段内,那么

$$D^*(\lambda_s) = \frac{\lambda_s}{hc} \eta(\lambda_s) \left[\int_0^\infty 2\eta(\lambda) \frac{\lambda}{hc} E_b(\lambda) d\lambda\right]^{-1/2} \tag{9.66}$$

对很多探测器 $\eta(\lambda)$ 基本上是常数,λ_c 是长波限,那么

$$D_\lambda^* = \eta^{1/2}\left[\int_0^{\lambda_c} 2 \frac{\lambda}{hc} E_b(\lambda) d\lambda\right]^{-1/2} = \eta^{1/2}\left[\int_0^{\lambda_c} 2E_{pb}(\lambda) d\lambda\right]^{-1/2} \tag{9.67}$$

式中　$E_{pb}(\lambda)$ 为波长 λ 的光子辐照度

为了提高整个探测装置的探测率,一般采取致冷、减小视场角和加滤光器减少背景辐射的办法。从图 9-14 的一例可见,把探测器、圆锥屏蔽罩、滤光器一起致冷到 77K,滤光器只让从 10.5 到 10.7μm 的信号和背景辐射通过。这时

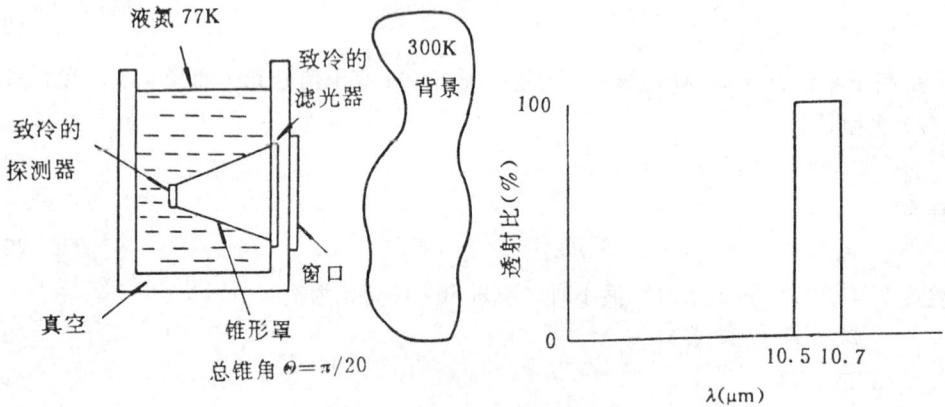

图 9-14　光谱滤波致冷探测器图

$$D^*(\lambda_c) = \frac{\lambda_c}{2hc \sqrt{\pi c}}\left\{\int_0^{10.5} \frac{\exp(c_2/\lambda T_1)}{\lambda^4[\exp(c_2/\lambda T_1) - 1]^2} d\lambda \right.$$
$$\left. + \int_{10.5}^{10.7} \frac{\exp(c_2/\lambda T_2)}{\lambda^4[\exp(c_2/\lambda T_2) - 1]^2} d\lambda\right\}^{-1/2} (\sin\pi/40)^{-1} \tag{9.68}$$

式中　$T_1 = 77K$;$T_2 = 300K$;$(\sin\pi/40)^{-1}$ 是由于减小视场增加的因子;$\lambda_c = 10.7\mu m$;$\eta = 1$。这时 D^* 的理论极限 $D^*(\lambda_c) = 1.3 \times 10^{11}(\sin\theta/2)^{-1} = 1.7 \times 10^{12}$ cmHz$^{1/2}$W^{-1}

上面分析了背景辐射决定的光子探测器的探测极限,即背景限(BLIP)。由于探测器输出的噪声包括了光子噪声和探测器本身的噪声(散粒噪声、$1/f$ 噪声、热噪声等),因此需在分析这些噪声的基础上求出总噪声功率谱,再决定其 NEP。对光敏电阻的这类分析,可参考第五章相关内容。

四、红外光子探测器的性能参数

由于主要的红外光子探测器仍然是光电导型和结型器件两种,其工作原理和性能参数在前几章已讨论过。表 9-4 和表 9-5 着重提供一些主要数据供参考。

表中的 4 个工作温度为:室温 300K;四级热电致冷器、freon-13 和干冰的温度 190K;液氮、用 N_2 或 Ar 气的 Joule-Thompson 致冷器或单级机械致冷器的温度 80K;两级或三级机械致冷器、液 Ne、H 或 He 的温度 $1.5 \sim 60$K。PV 为光伏型,PC 为光导型。

表 9-4 各种光子探测器的长波限(μm)

探测器	工作温度(K)			
	300	190	80	1.5 ~ 60
PbS	3.0	3.3	3.6	—
PbSe	4.4	5.4	6.5	—
InSb	7.0	6.1	5.5	5
P + Si	—	—	4.8	
PV HgCdTe	1 ~ 3	1 ~ 5	3 ~ 12	10 ~ 16
PC HgCdTe	1 ~ 11	3 ~ 11	5 ~ 25	12 ~ 25
掺杂 Si	—	—	—	8 ~ 32
掺杂 Ge	—	—	—	7 ~ 200

图 9-15 示出各种常用探测器波长 λ 与归一化探测率 $D^*(\lambda、f、1)$ 的关系曲线,生动地反映了各探测器的工作谱段、工作温度和 D^*,反映了其性能的高低,但是探测器能探测的最小辐射量是需要在求出其 NEP 后才能确定。

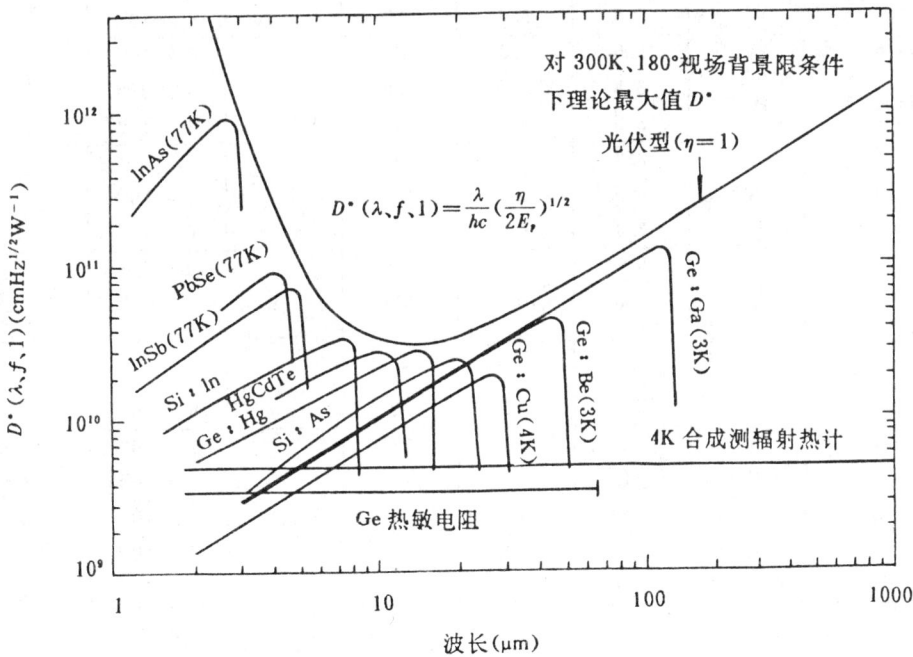

对 300K、180°视场背景限条件下理论最大值 D^*

光伏型($\eta = 1$)

$$D^*(\lambda、f、1) = \frac{\lambda}{hc}\left(\frac{\eta}{2E_t}\right)^{1/2}$$

图 9-15 常用探测器典型 D^*

五、光子探测器性能计算

测试光子探测器时利用实验室规定的条件(如光源、偏置电压 V_b、调制频率 f 和带宽 Δf 等);而使用光子探测器时由于测试对象的不同及使用条件的不同,这就要求计算在实际工作条件下探测器的性能。

表 9-5 探测器性能

探测器	工作模式	长波限 (μm)	峰值波长 (μm)	工作温度 (K)	响应率 (VW^{-1})	$D^{\cdot}$ (cmHz$^{1/2}$W^{-1})	响应时间 (μs)
Si	PV	1.1	0.8	295		2×10^{12}	1000
GaAs	PV	0.9	0.8	295		4.5×10^{11}	1000
Tl$_2$S	PC	1.1	0.9	295		2×10^{12}	530
Ga	PV	1.8	1.6	295		4×10^{11}	
PbS	PC {	2.5	2.3	295	1AW^{-1}	1×10^{11}	300
		3.5	2.8	193	5AW^{-1}	6×10^{11}	1000
		4.0	3.0	77	1AW^{-1}	1×10^{11}	1000
PbS	PC {	5	3.8	295	3×10^3	1×10^{10}	2
		6	4.8	193	6×10^3	2×10^{10}	30
		7.5	5.0	77	9×10^3	3×10^{10}	40
PbTe	PC	5.1	4.0	77		3×10^9	25
Pb$_{1-x}$Sn$_x$Te	PV	13	11.0	77	5×10^2	5×10^{10}	0.1
Pb$_{1-x}$Sn$_x$Te	PV	13	11.5	77		3×10^9	
InSb	PC {	7.3	6.5	295		4×10^8	0.2
		6.5	5.5	195		1×10^{10}	
		5.6	5.3	77	1×10^5	6×10^{10}	
InSb	PV	5.6	5.3	77		7×10^{10}	1
InAs	PC {	3.8	3.6	295		1×10^8	0.2
		3.5	3.2	193		3×10^{11}	0.5
InAs	PV {	3.7	3.4	295		7×10^9	2
		3.5	3.2	193		7×10^{10}	1
		3.4	3.0	77		7×10^{11}	1
InAs *	PV {	5.5	4.9	295		4×10^9	0.3
		5.5	5	193		4×10^{10}	0.2
		13	11	77	1×10^4	5×10^{10}	0.1
		27	20	77		1×10^{10}	
		36	30	20		6×10^{10}	
Hg$_{1-x}$Cd$_x$Te	PV	12	10	77		1×10^{10}	0.005
Ge-Au	掺杂 PC	11	5	77	10^4	2×10^{10}	0.1
Ge-Hg	掺杂 PC	14	10	30	10^4	3×10^{10}	0.1
Ge-Cu	掺杂 PC	27	20	20		3×10^{10}	0.1
Ge-Ga	掺杂 PC	150	100	4		3×10^{11}	0.5

探测器的响应率一般是偏置电压 V_b、调制频率 f、波长 λ 的函数,因此

$$S = S(V_b, f, \lambda) \tag{9.79}$$

由于任何实用探测器的参数可分别独立改变,即可分解,于是可写成

$$S_s(V_b, f, \lambda) = S_s(V_b)S(f)S(\lambda) \tag{9.70}$$

式中 S_s 表示响应率,而 S 表示归一化响应率。一般参数 $S_s(V_b)$、$S(f)$、$S(\lambda)$ 是分开测定,并用图表曲线表示,如图 9-16 所示。$S(V_b)$ 是为确定最佳偏置的图表;$S(f)$ 是频率响应的图表;$S(\lambda)$ 是光谱响应的图表。用下标 r 用来标明报告值,用下标 i 表示期望值,那么

$$S_s(V_{bi}, f_i, \lambda_i) = \frac{S_s(V_{br}, f_r, \lambda_r)S(V_{bi})S(f_i)S(\lambda_i)}{S(V_{br})S(f_r)S(\lambda_r)} \tag{9.71}$$

由于红外探测器的响应率常用 500K 的黑体标定,用 $S_{bb}(V_{br}、f_r、T)$ 表示,把它转换为峰值波长的响应率时,可利用下式

$$S(V_{br}、f_r、\lambda_p) = \frac{S_{bb}(V_{br}、f_r、T)}{r_p} \tag{9.72}$$

而相关系数 r_p 等于

$$r_p = \frac{\int_0^\infty S(\lambda)\Phi_r(\lambda)d\lambda}{\int_0^\infty \Phi_r(\lambda)d\lambda} \tag{9.73}$$

代入式(9.71)得

$$S(V_{bi}、f_i、\lambda_i) = \frac{S_{bb}(V_{br}、f_r、T)S(V_{bi})S(f_i)S(\lambda_i)}{r_p S(V_{br})S(f_r)} \tag{9.74}$$

但是,噪声不能分解为 V_b 和 f 的独立函数(内部噪声与 λ 无关)。因此只能通过噪声曲线的内插法或按噪声公式计算法来求得在工作条件下的噪声值。给出最大 D^*_{max} 的一组 V_b、f 和 λ 值用 V_{bp}、f_p 和 λ_p 来表示;在偏置电压 V_{bp} 时 SNR 最大;在调制频率 f_p 时,SNR 最大;在波长为 λ_p 时,信号电压最大。如给出 D^*_{max},可按下式求出在工作条件 V_{bi},f_i 和 λ_i 下的 D^*_i 值:

$$D^*(V_{bi}、f_i、\lambda_i) = D^*_{max}(V_{bp}、f_p、\lambda_p)\frac{v_n(V_{bp}、f_p)S((V_{bi})S(f)S(\lambda_i)}{v_n(V_{bi}、f_i)S(V_{bp})S(f_p)S(\lambda_p)} \tag{9.75}$$

表 9 6　PbSe 探测器的性能参数和测试条件

测试结果	
$S_p(500K、90Hz)$	$3.2 \times 10^4 VW^{-1}$
NEE$(500K、90Hz)(\Delta f = 1Hz)$	$2.9 \times 10^{-9} Wcm^{-2}$
NEP$(500K、90Hz)(\Delta f = 1Hz)$	$1.1 \times 10^{-10}W$
$D^*(500K、90Hz)$	$1.8 \times 10^9 cmHz^{1/2}W^{-1}$
λ_p	$4.5\mu m$
f_p	700Hz
$D^*(\lambda_p、f_p)$	$1.2 \times 10^{10} cmHz^{1/2}W^{-1}$
有效时间常数	$1.2 \times 10^2 \mu s$
$S(\lambda_p)/S_{bb}$	4.8
测试条件	
黑体温度	500K
黑体通量密度	$7.7\mu Wcm^{-2}$,rms
斩波频率	90Hz
噪声带宽	5Hz
探测器温度	78K
探测器电流	$50\mu A$
负载电阻	$1.0 \times 10^6 \Omega$
窗通光平面	$2.5cm^2$
周围温度	24℃
到探测器上的背景辐射	297K(仅此一种)

探测器描述			
类型	PbSe	面积	$3.9 \times 10^{-2}cm$
暗电阻	$10^7\Omega$	视场	180°
窗材料	蓝宝石		

下面举一个在液氮温度工作的 PbSe 的例子,即给出该光电导器件测试的结果(表9-6和图9-16),求在 $f_i = 10^3Hz$、$I_{bi} = 75\mu A$、$\lambda_i = 6.0\mu m$ 时的响应率、NEP 和 D_i^*。

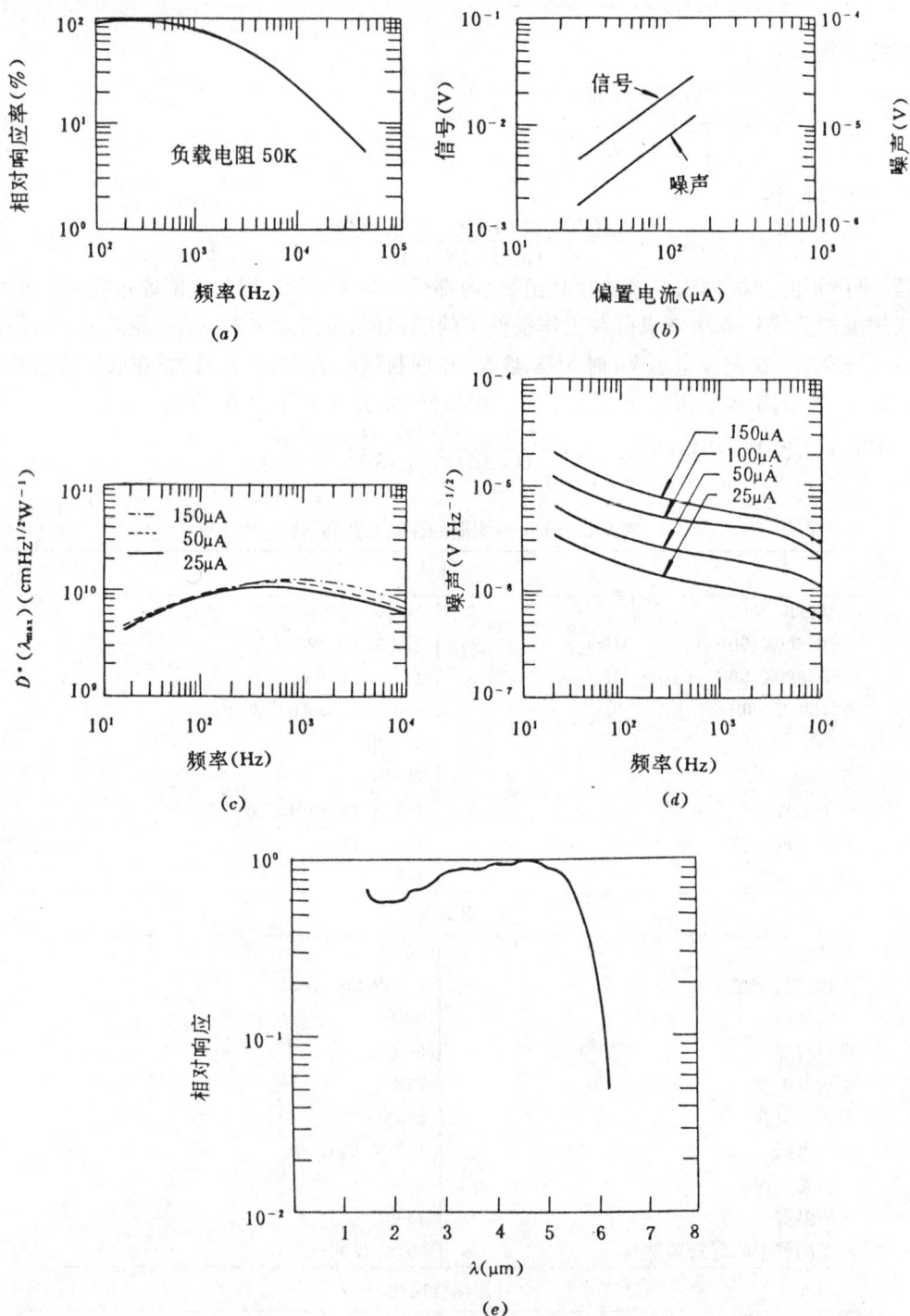

图 9-16　工作在液氮温度下的光电导 PbSe 探测器

(a) 频率响应；　(b) 最佳偏置的确定；

(c) 探测率与频率关系；　(d) 噪声谱；　(e) 光谱响应。

解：

从图 9-16(a) 得出探测器在 90 和 10^3Hz 的相对响应率：$S(90\text{Hz}) = 1, S(10^3\text{Hz}) = 0.78$。

从图 9-16(b) 得出在偏置电流 50 和 75μA 时的响应值：$S(50\mu\text{A}) = 9.0 \times 10^{-3}$V，$S(75\mu\text{A}) = 1.3 \times 10^2$V。

从图 9-16(e) 得出在 6.0μm 时的相对光谱响应率为 0.15。

从表 9-6 的测试结果中可得到 $S_{bb}(50\mu\text{A}、90\text{Hz}、500\text{K}) = 3.2 \times 10^4 \text{VW}^{-1}$ 和 $r = 4.8$。代入式(9.47)，得

$$S(75\mu\text{A}、10^3\text{Hz}、6.0\mu\text{m}) = 3.2 \times 10^4 \frac{1.3 \times 10^{-2}}{9.0 \times 10^{-3}} \times \frac{0.78}{1.0} \times 0.15 \times 4.8$$
$$= 2.6 \times 10^4 \text{VW}^{-1}$$

也就是在新的工作条件下探测器的响应率为 $2.6 \times 10^4 \text{VW}^{-1}$。为求出在 f_i、V_{bi} 上的噪声值，可利用图 9-16(d) 的噪声频谱曲线，用内插法求得：$v_n(75\mu\text{A}、10^3\text{Hz}) = 3.1 \times 10^{-6}$V；$v_n(150\mu\text{A}、700\text{Hz}) = 6.2 \times 10^{-6}$V。从图 9-16($c$) D^* 与频率的曲线上求得 $D^*(150\mu\text{A}、700\text{Hz}、4.5\mu\text{m}) = 1.2 \times 10^{10}$，将有关数据代入式(9.75)，得

$$D^*(75\mu\text{A}、10^3\text{Hz}、6.0\mu\text{m}) = 1.2 \times 10^{10} \frac{6.2 \times 10^{-6}}{3.1 \times 10^{-6}} \frac{1.3 \times 10^{-2}}{2.9 \times 10^{-2}} \frac{0.78}{0.83} \times 0.15$$
$$= 1.5 \times 10^9 \text{Hz}^{1/2}\text{cmW}^{-1}$$

$$\text{NEP} = \frac{A_d^{1/2}}{D^*} = \frac{(3.9 \times 10^{-2})^{1/2}}{1.5 \times 10^9} = 1.3 \times 10^{-10} \text{ W}$$

此例说明，为探测红外弱辐射要计算红外探测器性能时需获得大量的测试数据才能进行，因此红外系统和器件的研制单位总是建有先进的实验室来提供各种重要的测试数据。

六、相干外差探测

在电磁波的射频和微波波段，外差接收技术已在通信、广播、雷达等领域得到了广泛应用。激光器的出现为人类提供了优越的相干光源，为把外差探测技术引入光学(尤其是红外)领域创造了前提，从而提高了信号的信噪比和探测灵敏度。

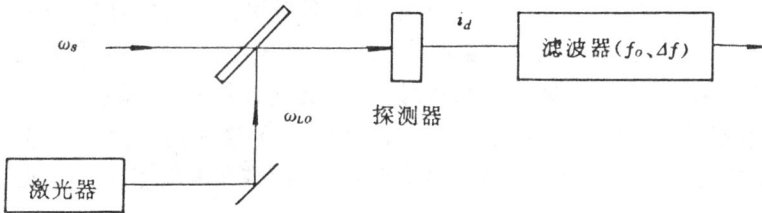

图 9-17　外差探测原理图

图 9-17 是外差探测原理图，ω_s 是待探测的弱红外辐射的光频，而 ω_0 是由激光器发出的本振红外辐射的光频，通过半透反射镜两光束重合并入射到探测器上，输出电流 i_d 正比于入射幅值的平方。

$$i_d = |A_{in}|^2 = (A_s\cos\omega_s t + A_0\cos\omega_{L0} t)^2$$
$$= A_s^2 (\frac{\cos 2\omega_s + 1}{2}) + A_{L0}^2 (\frac{\cos 2\omega_{L0} t + 1}{2})$$
$$+ A_s A_{L0}\cos(\omega_s + \omega_{L0})t + A_s A_{L0}\cos(\omega_s - \omega_{L0})t \qquad (9.76)$$

此方程式的前三项含有光频的两倍或光频之和，超过探测器的频响上限，因此只能贡献给探测器直流输出，而第四项为两光频之差，只要我们选择适当，就能得出一差频的交流输出。

$$i_d = i_{dc} + i_{ac} = \frac{\eta q \lambda}{hc}\Big[\frac{A_s^2 + A_{L0}^2}{2} + A_s A_0\Big] + \frac{\eta q \lambda}{hc}[A_s A_{L0}(\omega_s - \omega_{L0})t] \tag{9.77}$$

如选用滤波器的中心频率 $f = (\omega_s - \omega_{L0})/2\pi$，那么滤波器输出的 i_{ac} 为

$$i_{ac} = \frac{\eta q \lambda}{hc}[A_s A_{L0}(\omega_s - \omega_{L0})t] \tag{9.78}$$

在一般情况下，$A_s \ll A_{L0}$，探测器的散粒噪声占主要成份，于是其信噪比为

$$\text{SNR} = \frac{i_{ac}}{(2qi_{dc}\Delta f)^{1/2}} = (\frac{\eta \lambda}{hc\Delta f})^{1/2}A_s \tag{9.79}$$

令 SNR $= 1$，可求出噪声等效功率为

$$\text{NEP} = A_s^2 = \frac{hc\Delta f}{\eta \lambda} \tag{9.80}$$

将 $\lambda = 10.6\mu m$(CO_2 激光)，$\eta = 0.1$、$\Delta f = 1Hz$，代入上式得 NEP $= 1.8 \times 10^{-19}W$，达到了光子级能量极限。

从上述讨论中可见，相干外差探测具有下列优越性：(1) 利用足够大的本振光，可放大由弱辐射探测输出的电信号，并降低 NEP 达到光子级能量水平，因此是探测弱红外辐射的重要方法；(2) 如信号辐射中含有频率调制的信号，则可利用外差法解调。但要接近上述极限值，对光学系统设计、光学零件质量、探测器的致冷、低噪声电子系统设计均有严格要求。

§9-3　红外探测器阵列

一、引言

60 年代以来，红外图象传感技术得到了迅猛发展，在以军事应用为主导的基础上推广到科学研究、遥感、工业和医疗卫生等领域。这些需求和集成电路工艺的成熟推动了红外图象传感技术中关键器件 —— 红外探测器阵列的发展，几年前，美国提出了所谓"战略防御倡议(SDI)"，其中对红外技术提出了不少要求，并把"焦平面阵列(FPA)"列为为重点项目，从而推动它的发展。

1. 从红外图象传感技术的发展史来看，早期是采用光学机械对被测图象作二维扫描，用 PbS、InSb 或 Ge：Hg 单元探测器接收瞬时目标信号。信号经处理后，再现目标图象，这种系统的结构比较复杂，探测器的响应要快，时间常数要小，因而性能低，可靠性差。

进一步发展采用 n 个元件的线阵探测器代替原来的横向扫描。元件的数量就决定了图象的横向分辨率。以 n 个元件代替一个元件，可使电路频带宽度缩小 $1/n$ 倍，因而使信噪比增加 $\sqrt{n}$ 倍，另一个办法是用"延时积分"技术，让图象中的每一单元顺序扫描过线阵中 n 个单元探测器，然后把这对应于一个图象单元的 n 个信号逐个累加起来，即信号增加 n 倍，噪声提高 $\sqrt{n}$ 倍，即信噪比提高 $\sqrt{n}$ 倍。如果既用线阵又用延时积分法，与用单个探测器的扫描系统相比，信噪比可增大 n 倍。对延时积分的具体方法以下将作进一步讨论。

为提高分辨率和探测率，70 年代以来研制成多种红外探测器二维阵列（又称面阵），把被测图象成象于二维阵列上，并转换成电子图象，借助于 CCD 电子自扫描技术，以视频信号输出。由于该系统中摒弃了机械或光电扫描装置，因此被称为凝视系统。二维红外探测器加上必要的处理电路就组成焦平面红外阵列(FPA)。

不论那种阵列，提高分辨率的办法是增多单元数。图象扫描的工作模式可归纳为表 9-7。

表 9-7　红外探测器工作模式

图象系统	探测器类型		
	单个器件	线阵	面阵
双轴扫描系统	✓	TDI	
单轴扫描系统		✓	TDI
凝视系统			✓

2. 在 FPA 中,除各探测元必须具有优良性能外,又增加了一些新要求:(1)阵列探测器响应的均匀性和盲元件的个数都有严格要求。对 8 ～ 12μm 波段,在探测元响应率均匀性通过增益与偏置校正之后,其值要优于 0.1%。(2)必须采用一切办法提高"填充因子(Fill factor)",即提高光敏面的有效使用率。每个探测元占有的光敏面应为 A/m·n,A 为 FPA 的光敏面,$m \times n$ 为探测元数。由于探测元之间有间隔,导线也要复盖一部分面积,因而探测元的实际填充因子只有 30% ～ 60%,提高这个因子对系统性能的影响是很明显的。(3)高性能的阵列均在低温下工作。对于单元数很大的阵列,从器件输出到杜瓦瓶外的导线数目,必须减少到易于实施的程度。因此必须把一部分信号处理电路,如延时积分、前放、增益与偏置补偿、空间滤波等部件放到杜瓦瓶内,才能提高器件性能和可靠性。目前正在发展的立体结构,表面为红外探测器阵列,表面之下为处理电路。另外正发展把 4 个小的阵列拼接成大的阵列。

3. 目前可提供并在进一步改进的 FPA 有 PbS 和 PbSe、掺杂 Si、PtSi、InSb 和 HgCdTe 等制成的器件,其中 PtSi 肖特基势垒二极管(PtSi-SBD)的性能最好,用于 3 ～ 5μm 波段。光伏型的 HgCdTe 在 3 ～ 5μm 波段也有器件提供,同时正在开发 8 ～ 12μm 的器件。目前研制的重点是 HgCdTe 和多量子阱 GaAs/AlGaAs 长波红外探测器阵列。

二、FPA 的结构

在第八章中已讨论过 CCD 和 SSPD(自扫描光电二极管阵列),它们的探测元件和存贮元件均以硅材料为基础,并且工艺成熟,因此从接收图象到输出视频信号不论是行间转移结构或帧转移结构都制备在一起。但是,FPA 探测器有以硅为主的,如掺杂硅(非本征硅)和 PtSi 肖特结;也有非硅材料的,如 InSb、HgCdTe 等,而读出部分主要是以硅为基体的 CCD 器件,起着存贮和传输信息的作用。不同的材料热膨胀系数不同,制备的工艺也有差异。此外,FPA 还含有信息处理部分,它可能包括前放、滤波、增益和偏置补偿(用于提高光敏面的均匀性)、模拟数字变换和延时积分以及提供时钟脉冲等。由于对探测器、读出和信号处理的不同安排,构成了 FPA 的不同结构(图 9-18)。

1. 单片结构(图 9-18(c))

单片探测器阵列,如 IRCCD 或 IRCCID 具有集成探测器和读出功能。通常在探测器近旁而不是在下面安放具有指挥、控制和处理信息的电子线路板,在单片结构中信息处理电路不需与探测器／读出单元制备在同一基片上(如图所示),或与探测器在同一温度上。

2. 混合结构

(1)直接混合结构[图 9-18(a)]

由于探测器与读出单元使用不同的材料,因此只能分别制备,然后通过铟块把对应单元连接起来。

(2)间接混合结构[图 9-18(b)]

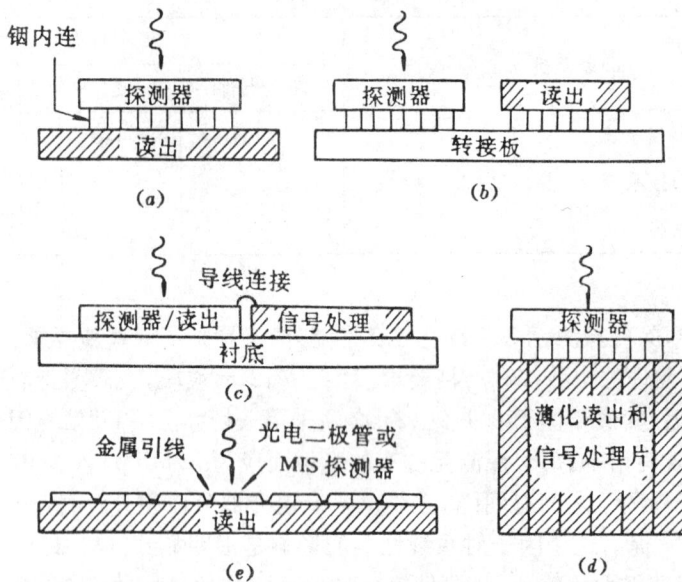

图 9-18 红外焦平面阵列的不同结构

由于材料性能的原因,或者由于要提供大于探测元的贮存元以扩大电荷存储容量或线性区(TDI 时需要),也可能要分割读出区以避免电荷转移损失过大,探测器通过一块集成线路板(Fanout)再连接到读出器上。已有一个探测器转移到 4 个具有同样尺寸的读出器的结构。

(3) 环眼(Loophole)、垂直集成金属 - 绝缘物 - 半导体(VIMIS)和垂直集成光电二极管(VIP)方法[图 9-18(e)]

依靠减薄的探测器材料把 VIMIS 或 VIP 与读出单元连接,采用的方法是刻蚀穿探测器材料连接到读出单元的凸缘(焊接点)并金属化。

3. Z 型混合结构[图 9-18(d)]

探测器安装在瓷片或硅片的边缘,彼此叠合起来形成组件,大量的信号处理电路安装或直接在硅片上制成,具有小尺寸、多功能和高性能的特点。

从图可见,单片和混合结构中信息处理器是单独考虑的,而在 Z 型混合结构中探测器、读出和信息处理单元是溶为一体的。后者利用最新集成电路工艺制造,应用于导弹的前视系统中。

三、延时和积分(TDI)技术

假设景物通过光学扫描器扫描线阵,景物中的一点依次扫描几个探测元,各个探测元的放大器输出电信号为 S_1、S_2、$\cdots S_n$,每个信号出现的时差等于光点扫描相邻探测元的时差。如果在各探测器之间配置延时电路,延时的时间等于信号顺序出现的时差,那么第一个探测元的信号会叠加到第二个探测元的信号上,然后再叠

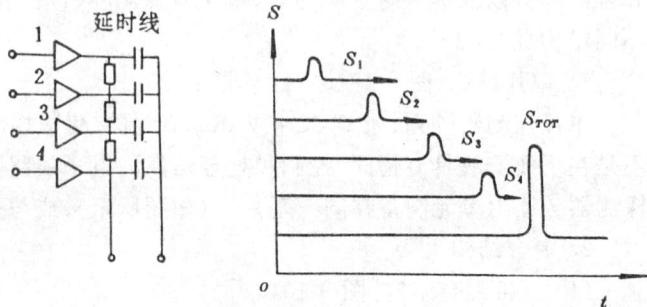

图 9-19 TDI 原理图

加到第三、第四、… 第 n 个探测元的信号上,如图 9-19 所示,总信号等于 n 个探测元信号的叠

加,即单个探测元输出信号的 n 倍,其散粒噪声则增加 $\sqrt{n}$ 倍,SNR 则也增大 $\sqrt{n}$ 倍。实现的条件是延时时间与扫描时差精确同步,不然会降低总信号幅值,增加脉冲宽度,影响视频信号质量。

我们也可设想一下,在 CCID 中如果景物中的某光点沿一行探测元扫描,并使经过相邻探测元的时差等于时钟脉冲变化一周期的时间,那么势阱中的电荷包也会成倍增加,起到 TDI 的作用(图 9-20)。

四、红外探测器阵列的性能与结构

从器件的成熟程度来看,PbS、PbSe 和 PC 型 HgCdTe 的器件较好地满足了必要的响应率、较低的 $1/f$ 噪声、较好的一致性和较高生产率的要求;InSb 和 PtSi 器件的工艺比较成熟,并仍在迅速发展中;PV 型 HgCdTe 和 IBC 掺杂

图 9-20 CCID 中 TDI 原理图

硅器件还未完全成熟,离大规模制造尚有距离;Ⅲ-Ⅴ 族量子阱器件和超导器件工艺是近几年才提出的新概念,且均为实验性成果。下面对这些器件的典型性能作些阐述,由于掌握的信息有限和保密等原因,肯定会有不少遗漏。

1. PbS 和 PbSe 阵列

PbS 和 PbSe 探测器材料用化学法以多晶形式淀积在绝缘的基片上,在 300K 和 70K 之间按光电导形式工作,随着温度下降峰值波长向长波方向漂移,具体数据见表 9-4。

根据工作温度、背景辐通量和添加料的不同,每个探测元的阻抗在 $10^6 \sim 10^9 \Omega$ 范围内,阵列响应率不均匀性在 3%-10% 范围内。用足够的致冷限制热噪声,它们的 D^* 可达到背景限的一半左右,由于化学淀积的厚度约 $1 \sim 2\mu m$,吸收红外辐射不充分,量子效率约为 30%。

PbS 和 PbSe 阵列已制成不同探测元数的线阵,对 128 探测元以内的阵列,可操作度(Operability)已达到 $99 \sim 100\%$;大于 1000 探测元的可操作度大于 98%,即有个别探测元的性能达不到指标,甚至是盲元。需注意 PbS 具有足够大的 $1/f$ 噪声,其转折频率(从以 $1/f$ 噪声为主转向以散粒和产生复合噪声为主的调制频率值):77K 为 300Hz;200K 为 750Hz;300K 为 7kHz。于是影响它在扫描图象传感中的应用。表 9-8 提供了 PbSe 线阵的有关数据。

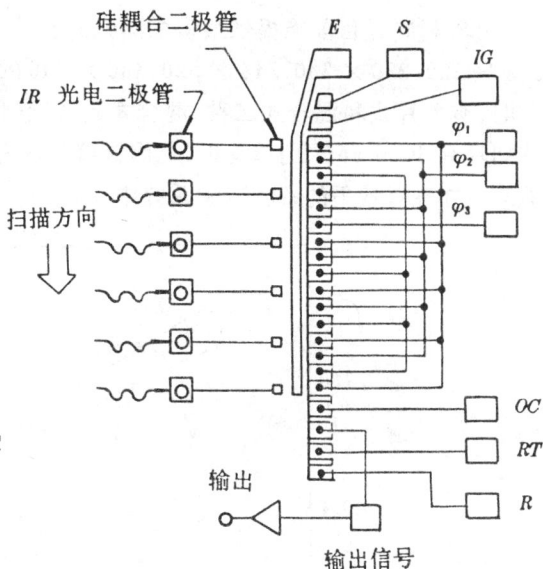

表 9-8 具有 CMOS 多路传输器读出的 PbSe 线阵的典型性能

参　　数	结　　构 64、128、256 线阵
探测元尺寸(μm)	38×56
间距(μm)	51
D^*(峰值 1400Hz)cm·$Hz^{1/2}$·W^{-1}	73×10^{10}
可操作度(%)	$\geqslant 98$
动态范围	2000
均匀性	$< 20\%$

2. PtSi 阵列

PtSi 材料是目前能提供最多探测元的器件,有 128×128、256×256、1024×1024 的方阵,244×320、280×340、244×520、480×640 的矩阵和 2048、4096 的长线阵(分别有 16 和 4 行 TDI),有单片式和混合式二种,混合式具有近似 100% 的填充因子,对小尺寸探测元的单片式阵列具有 $30 \sim 55\%$ 的填充因子。因该阵列具有探测元多和响应率均匀等特点,使得它能广泛地应用在亮背景下的各种成象系统中。

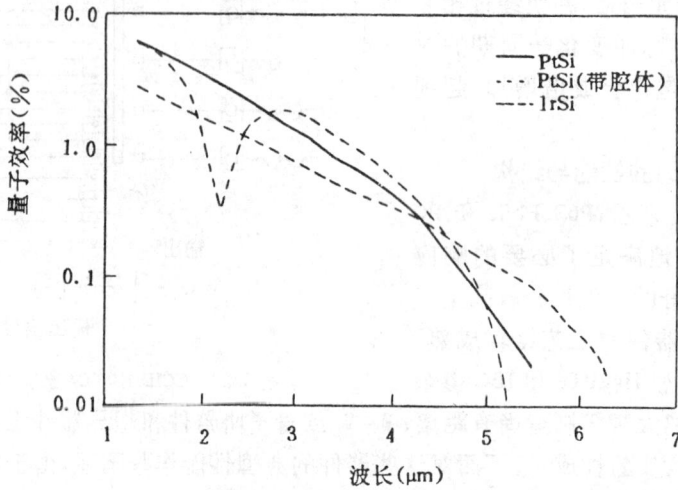

图 9-21　PtSi 和 IrSi 探测器的量子效率与波长的关系曲线

PtSi 阵列的光谱响应和量子效率是不寻常的,它涉及到探测机制,在 PtSi 层红外光子激发电子,然后通过 PtSi-Si 肖特结势垒,其通过的概率是光子能量的指数函数,光谱响应和量子效率与波长成指数衰减关系,并逐步降至截止波长。如图 9-21 所示。结果在 $4 \sim 5\mu m$ 谱段其量子效率仅为 $0.1 \sim 0.01\%$。但对亮背景来说,成象质量仍很好,表 9-9 提供一典型数据。

表 9-9　混合型 PtSi 面阵的典型数据(工作温度 77K)

参　　数	结　　构	
	256×256	488×640
探测元数	65536	312320
间距(μm)	30	20
填充因子(%)	＞88	＞80
发射系数	＞0.3	＞0.3
响应率(mV/W)	＞10	＞10
可操作度(%)	≥96	≥96
动态范围(dB)	64	64
噪声水平(电子数)	≤200	≤200
帧速(帧／秒)	60	60
NEΔT(% 在 $f/2$)*	＜0.09	＜0.09

* NEΔT 为噪声等效温度的术语符号

3. InSb 阵列

工作温度 80K 的结型 InSb 阵列是中红外波段的通用器件。由于 InSb 材料高度均匀,结合平面注入技术和高精度的尺寸控制,其响应率的均匀性很好,可得到 640×640 探测元以下背向照明的直接混合型器件和 128 探测元以下前向照明的线阵器件,CCID 型的 InSb 线阵和面阵已研制成功。

4. 掺杂(非本征)硅阵列

掺杂硅探测器依靠能隙中的杂质能级的内光电效应激发光电子,其光谱响应取决于特定杂质的能级和能级密度,表 9-10 示出掺不同杂质的掺杂硅探测器相应的长波限,图 9-22 示出其光谱响应曲线。与体材料制成的 Si:As 器件相比,IBC(Impurity-Band Conduction Device)Si:As 器件具有较大的光谱响应,这是由于 IBC 具有较高的掺杂浓度,减小了对电子的结合能。

表 9-10　掺杂硅红外探测器常用杂质能级(工作温度与 D^* 有关)

杂　　质	参量(meV)	长波限(μm)	温度(K)
In	155	8	$40 \sim 60$
Bi	69	18	$20 \sim 30$
Ga	65	19	$20 \sim 30$
As	54	23	13
Sb	39	32	10

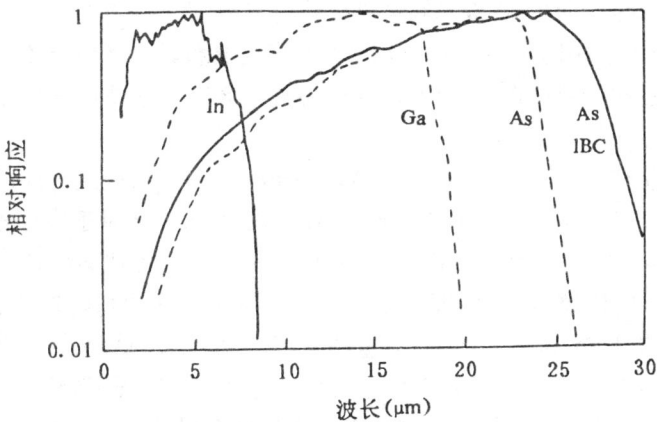

图 9-22　掺杂硅阵列光谱响应曲线

掺杂硅探测器的探测率通常可达到背景极,其量子效率与掺杂物的种类和浓度、波长以及器件厚度有关,典型的峰值波长量子效率为 $10 \sim 50\%$。

已制成用于弱光背景天文应用的 58×62 探测元的掺 Ge 硅探测阵列,工作温度 4K,峰值响应率大于 1A/W,暗电流 $\leqslant 0.1$fA。10×50 探测元阵列的 IBC 掺 As 器件已报导过,它具有标准偏差低于 1.5% 的卓越的响应率均匀性,在背景通量为每平方厘米每秒 5×10^{12} 光子的情况下,D^* 达到 6.7×10^{12}cmHz$^{1/2}$W^{-1} 的优良性能。

5. HgCdTe 阵列

HgCdTe探测器可通过改变组成比达到改变光谱响应的峰值波长,复盖范围为 1μm 到 25μm。但工艺比较成熟的范围是 1 ~ 10μm。若要扩展到远红外,还需解决材料制备、杂质和接触界面等问题。正因为如此,人们正在寻求新的远红外探测器件。

光导型 HgCdTe 已有:工作温度为 80K 的 180 探测单元的线阵,截止波长 12μm;工作温度为 190K 的 32 探测元以下的线阵,截止波长 5μm;也有 TDI 工作模式 10 探测元的线阵;定制的 10 × 10 面阵的器件也已闻世。

光伏型 HgCdTe 已制成具有 TDI 二维扫描的 240、288、480、960 探测元线阵和从 32 × 32 到 480 × 480 的二维凝视面阵,应用于地球资源探测和短波红外、中波红外和长波红外的热成象跟踪中。专门用作 CO_2 激光器的光伏型 HgCdTe 探测器,其峰值波长 10.6μm,工作温度 80K,响应频率可达 1GHz 或更高,用于外差探测系统中。表 9-11 示出了 HgCdTe 器件的典型性能。

表 9-11　一个远红外 HgCdTe 阵列的典型技术参数

参　　数	240 × 4 探测元的面阵
单元尺寸	40 × 40 μm²
截止波长	$10 < \lambda < 10.5$ μm
77K 和 70°FOV 时的 D^*	$> 1.2 \times 10^{11}$ cmHz$^{1/2}$W^{-1}
D^* 标准偏差	< 15%
低于 0.6×10^{11} cmHz$^{1/2}$W^{-1} 的探测元数	< 4
量子效率(未镀增透膜)	> 65%

器件大多采用背向照明的直接或间接混合结构。

近十年来研制了俘获模式(Trapping-mode)的探测器和具有阻挡层接触的探测器,这个光导型 HgCdTe 的增益得到显著改进,且在同样的偏置下响应率可提高一个数量级以上。

6. GaAs/AlGaAs 多量子阱阵列

过去报导的高响应率(3×10^4V/W)GaAs/AlGaAs 多量子阱长波红外探测器,在 77K 下工作波长为 8.3μm,D^* 为 1.0×10^{10}cmHz$^{1/2}$W^{-1},有人认为 GaAs 多量子阱探测器比 HgCdTe 器件有更大的潜力。GaAs 材料的单晶生长、器件制作和钝化工艺均比 HgCdTe 成熟,GaAs 基片比 HgCdTe 基片大且质优价廉,用分子束外延可使基片达到良好的均匀性、重复性,并能控制组分,其热稳定性也比 HgCdTe 好。改变 GaAs 量子阱宽度以及 AlGaAs 势垒的宽度和组分,可改变峰值吸收波长,使其在 8 ~ 14μm 波长内变化。由于这些优点,出现了研制 GaAs/AlGaAs 多量子阱探测器红外焦平面阵列的热潮。1991 年,美国洛克威尔国际公司报导了一种高性能长波红外 128 × 128 元 GaAs/AlGaAs 超晶格多量子阱混合式焦平面阵列,长波响应可达 10.7μm,探测元尺寸 60 × 60 μm²,工作温度 77K,响应率均匀性 2%,等效噪声温度(NEΔT) ≤ 0.1K,显示了它的优越性能。

上面讨论的六种阵列均是以光子探测器为基础的,下面再讨论一种热释电红外阵列,它也是热探测器中唯一的一种。

7. 热释电探测器阵列

对于某些热成象的应用,热释电材料最适宜制造大的探测器阵列。因为制造方法比较简单,用热压制成材料,再切割、细磨、抛光成直径 50mm、厚几十微米的薄片,探测元的尺寸一般

为 $100\mu m$，因此有足够大的面积制成大的阵列。

用场效应管读出探测元上的电荷，对于线阵用一般的导线耦合到硅电路板上，每个探测元连接到源跟随器 FET 上，这些三极管的输出馈送到多路传输器后按系列电信号形式输出，传输速度取决于应用要求。

在面阵的单元数超过 10×10 时，用引线连接就没有足够的空间了，于是采用前述的直接混合结构。

热释电探测器阵列的一个特殊问题仍然是对环境的严格要求，环境引起的微小振动均会造成虚假信号，因此要采取具体措施来抑制它，通常要安装在防振小室内，器件夹持不能有压力，用二个探测元（一个受光照一个屏蔽）的输出信号相减法以扣除干扰信号等。

据报导，在飞行器上使用 64 探测元的热释电线阵作图象传感器，斩光器频率为 20、30、50Hz，测量得到的 NEΔT 分别为 0.07K、0.12K 和 0.16K，与理论计算完全一致。

思考题和计算题

[9-1] 试比较热探测器和光子探测器的优缺点。

[9-2] 已知一热探测器的热时间常数为 τ_t，热容 C_t、热导 G_t，求出当调制辐射频率 f 变化时探测器温升的相对变化规律。

[9-3] 热电偶或热电堆探测红外辐射时开路和闭路时热端的温升是否相同？

[9-4] 热释电效应应怎样理解？热释电探测器为什么只能探测调制辐射？

[9-5] 已知一热释电探测器的 $D^* = 1 \times 10^9 cm \cdot Hz^{1/2}W^{-1}$、NEP $= 1 \times 10^{-10}W$（取 $\Delta f = 1Hz$），能否决定其光敏面面积？

[9-6] 可采取什么措施来降低热探测器和光子探测器的背景限？

[9-7] 叙述超晶格材料、多量子阱红外探测器、胁变（应变）超晶格红外探测器的原理（建议自学一些参考文献）。

[9-8] HgCdTe 探测器为什么能改变其峰值波长？为什么峰值波长愈长，工作温度愈低？

[9-9] 相干外差探测的基本原理和特点是什么？

[9-10] 红外探测器焦平面阵列(FPA)有几种基本结构，区别在那里？

[9-11] 一种探测器阵列的量子效率 1%、响应率均匀性 1.5%；另一种的量子效率 30%、响应率均匀性 10%，如何选用这二种阵列？

[9-12] TDI（延时积分）方法的概念是什么，如何把它用在 CCID 阵列中。

[9-13] 能否评价一下双轴扫描系统、单轴扫描系统、凝视系统中对探测器响应时间的要求？

[9-14] 焦平面阵列中的探测器，读出和信号处理各有什么功能（建议看一些参考文献）？

参考文献

1. 陈继述，胡燮荣，徐平茂编．红外探测器．北京，国防工业出版社，1986

2. 缪家鼎译．光辐射实用探测器．北京，机械工业出版社，1988

3. 王清正，胡渝，林崇杰编．光电探测技术．北京，电子工业出版社，1989

4. Eustace L. Dereniak,ed. Infrared Detectors and Arrays,SPIE Vol. 930,1988
5. Eustace L. Dereniak,Robert E. Sampson,ed. Infrared Detectors and Focal Plane Arrays,SPIE 1308,1990
6. T. S. Jay Jayadev,ed. Infrared Sensors：Detectors,Electronics and Signal Processing,SPIE 1541,1991
7. Jeseph S. Accetta,David,shumaker,ed. The Infrared and Electro-Optical Systems Handbook. SPIE Optical Engineering Press,1993
8. Spiro,Lrving J. Infrared Technology Fundamentals. New York and Basel；Makcel Dekker Inst, 1986
9. 吴人齐等. 高性能 GaAs/AlGaAs 量子阱红外探测器的研制. 激光与红外,1994,(4)：40
10. 汪艺桦. Ⅲ-Ⅴ族超晶格量子阱结构红外探测器最新进展. 激光与红外,1992,(5)：18
11. 汤定元. 红外探测器的发展现状. 激光与红外,1991,(1)：5
12. 程开富. 长波红外焦平面阵列的进展. 激光与红外,1992,(3)：19